“十四五”高等教育计算机辅助设计系列教材

计算机绘图教程

李兴田　杜　骞◎主编
张丽萍◎主审

中国铁道出版社有限公司
CHINA RAILWAY PUBLISHING HOUSE CO., LTD.

内 容 简 介

本书以高等院校工科专业计算机绘图课程最新教学大纲和技术制图标准为依据,介绍了 AutoCAD 2025 的实用方法与操作技巧,涵盖了从基础入门到高级应用的完整内容,全书共 7 章。第 1 章详述软件安装、文件管理、界面布局及帮助文件的使用;第 2 章介绍二维图形绘制,涵盖直线绘制、复杂图形的编辑等;第 3 章探讨复杂平面图形的绘制,包括图层管理、三视图及建筑平面图的绘制;第 4 至 7 章分别介绍图形注释、三维绘图初步、组合体建模和 Visual LISP 用户自定义基础。

本书适合作为高等院校工科专业教材,也可供从事计算机绘图相关工作的技术人员使用。

图书在版编目(CIP)数据

计算机绘图教程 / 李兴田, 杜骞主编. -- 北京 : 中国铁道出版社有限公司, 2025. 8. -- (“十四五”高等教育计算机辅助设计系列教材). -- ISBN 978-7-113-32254-0

Ⅰ. TP391.72

中国国家版本馆 CIP 数据核字第 2025VP7089 号

书　　名: 计算机绘图教程
作　　者: 李兴田　杜　骞

策　　划: 曾露平　　　**编辑部电话:**(010)63551926
责任编辑: 曾露平
封面设计: 郑春鹏
责任校对: 苗　丹
责任印制: 赵星辰

出版发行: 中国铁道出版社有限公司(100054, 北京市西城区右安门西街 8 号)
网　　址: https://www.tdpress.com/51eds
印　　刷: 河北燕山印务有限公司
版　　次: 2025 年 8 月第 1 版　2025 年 8 月第 1 次印刷
开　　本: 787 mm×1 092 mm　1/16　**印张:** 15　**字数:** 384 千
书　　号: ISBN 978-7-113-32254-0
定　　价: 48.00 元

前　　言

随着计算机技术和图形学的迅猛发展，计算机辅助设计（CAD）技术已将工程设计与计算机图形学紧密融合。CAD技术使众多工程师告别传统图板，将工程图纸转化为数字化数据，不仅显著减轻了图纸绘制的劳动强度，还大幅提高了设计效率。作为工程项目参与者之间信息交流的重要媒介，CAD技术通过标准化的数字格式，促进了设计数据的共享与协作，提升了项目精度和跨团队沟通效率，为现代工程设计提供了不可或缺的技术支持。

为帮助读者全面掌握AutoCAD 2025的使用方法与技能，提升图形表达、创新设计、自主学习及研究能力，本书以高等院校工科专业计算机绘图课程最新教学大纲和技术制图标准为依据，结合编者多年教学与改革经验以及全国图学大赛、大学生创新创业项目等实践成果编写而成，体现了强化实践能力培养、适应行业发展趋势的特点。

本书注重实用性，通过具体实例详细讲解作图步骤，完整呈现绘图与建模过程，阐述相关命令的使用方法和操作技巧，旨在引导读者入门，启发深入应用，帮助读者在掌握软件基本操作的基础上，逐步提升知识综合应用能力。

本书由兰州交通大学李兴田、杜骞主编，张丽萍主审。本书的编写得到了兰州交通大学“百人计划”、兰州交通大学土木工程学院“BIM教学团队”项目的支持；同时，兰州交通大学土木工程学院工程图学系的各位教师在本书的编写中给予了很大帮助，在此表示诚挚的感谢。

限于编者的学识水平，书中不当之处敬请读者、同行不吝指正。

编　者

2025年3月于兰州

目　　录

第1章 初识AutoCAD 2025

AutoCAD 是由 Autodesk 公司推出的集二维绘图、三维设计、参数化设计及协同设计等功能于一体的计算机辅助绘图软件包。AutoCAD 自 1982 年推出以来,经历多次版本更新和性能完善。

AutoCAD 不仅在土木建筑、机械、电子、园林和市政等工程设计领域得到了广泛应用,而且在地理、气象、广告等方面也得到了广泛应用,目前已经成为计算机 CAD 系统中应用最为广泛的图形软件之一。

AutoCAD 不仅是一个图形软件,它也是一个具有开放性的工程设计开发平台。用户可以在该平台上进行二次开发,形成各个行业更加专业化的应用产品。国内一些著名二次开发软件,如适用于机械的 CAXA、适用于土木建筑的天正系列等,都是在 AutoCAD 的基础上进行二次开发的产品。

1.1 AutoCAD 2025 的安装

1. AutoCAD 2025 软件包的获取

读者可登录 Autodesk 官网下载 AutoCAD 2025 试用版。

如果用户要进行正规的产品设计并展开相关的商业活动,请购买正版软件。

2. AutoCAD 2025 的安装

在 Windows 操作系统中安装 AutoCAD 2025 比较简单,用户只需要指定软件的安装路径并选定需要的功能,即可逐步完成安装。

详细的安装步骤读者可从搜索引擎获取帮助。

3. AutoCAD 2025 的系统要求

表 1-1 列出了 AutoCAD 2025 对系统的具体要求。为了获得良好的用户体验,建议读者尽量选用 64 位操作系统及较高参数的硬件配置。

表 1-1 AutoCAD 2025 的系统要求

操作系统	Windows 10(64 位)及以上
CPU 类型	64 位:3 GHz 或更高频率的 64 位(x64)处理器
内存	64 位:8 GB(建议使用 32 GB)

续表

显示器分辨率	传统显示器： 1 920 ×1 080 像素真彩色显示器 高分辨率和 4K 显示器： 在 Windows 10 64 位系统(配支持的显卡)上支持高达 3 840 ×2 160 像素
显卡	2 GB GPU 具有 29 GB/s 带宽并兼容 DirectX 11
浏览器	Internet Explorer 11 或更高版本
. NET Framework	. NET Framework 版本 8

1.2 AutoCAD 2025 的启动和退出

1. AutoCAD 2025 的启动方法

安装 AutoCAD 2025 后,可用下列方法之一来启动：

- 单击【开始】按钮,弹出图 1-1 所示的【开始】菜单,选择【AutoCAD 2025 – 简体中文】→【AutoCAD 2025 – 简体中文】命令；

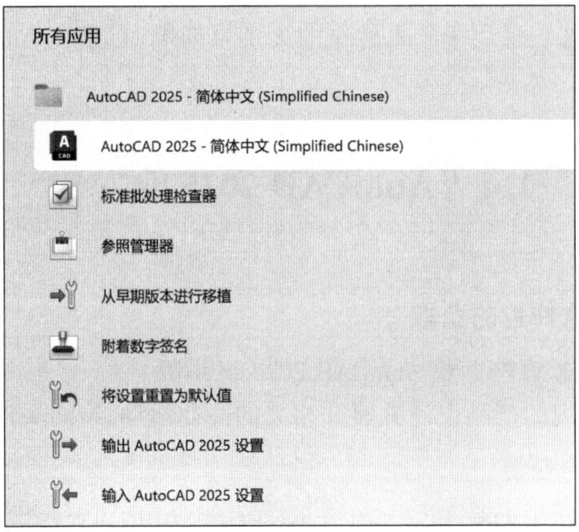

图 1-1 【开始】菜单

- 双击图 1-2 所示的桌面图标。

软件启动后,其初始界面如图 1-3 所示。其中包括【快速入门】、【最近使用的项目】、【通告】和【连接】四部分。

AutoCAD 2025 在初始开启状态下,并未创建任何图形文件。由图 1-3 可见,软件界面顶部的工具按钮处于灰显状态,所以不能进行绘图操作。

为了绘制图形,则需要新建图形文件。关于图形文件的创建和保存等操作,将在后面的内容中介绍。

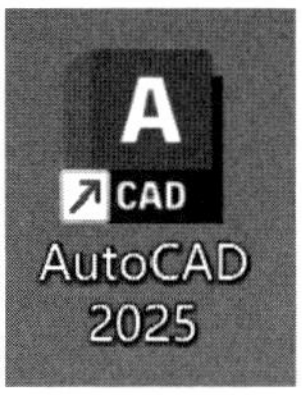

图 1-2 AutoCAD 2025 桌面图标

图 1-3　初始界面

2. AutoCAD 2025 的退出

退出 AutoCAD 2025 的方法有如下几种：

- 如图 1-4 所示，单击 AutoCAD 2025 界面左上角的应用程序按钮，在弹出的系统菜单中单击【退出 Autodesk AutoCAD 2025】按钮，如图 1-5 所示。

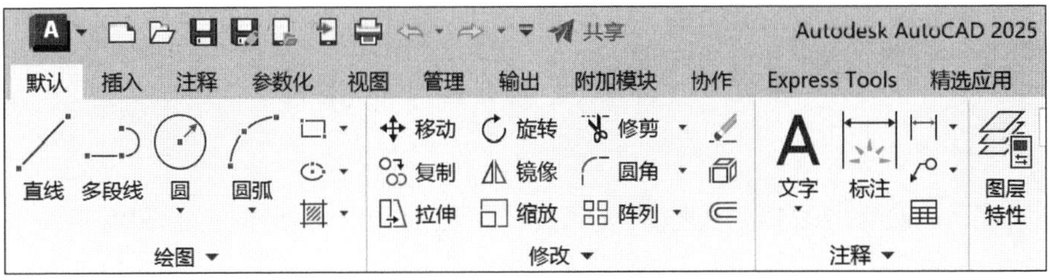

图 1-4　单击应用程序按钮

- 单击图 1-6 右上角的【关闭】按钮；
- 按【Alt + F4】组合键。

当用户要退出软件时，AutoCAD 2025 一般会提示用户是否保存还未保存的图形文件。此时，仔细阅读系统提示，避免图形文件被覆盖或丢失等重大操作失误。

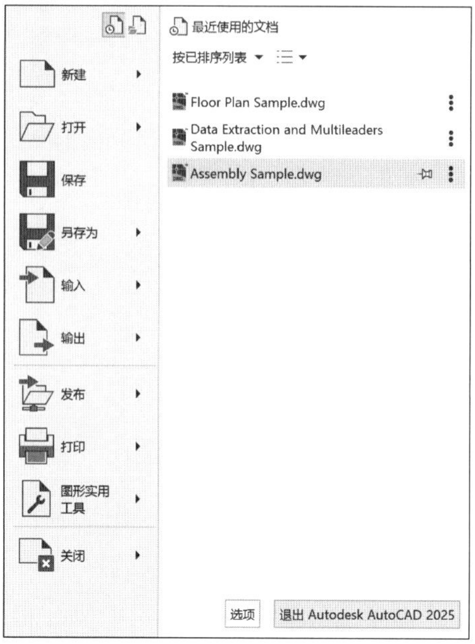

图 1-5　单击【退出 Autodesk AutoCAD 2025】按钮

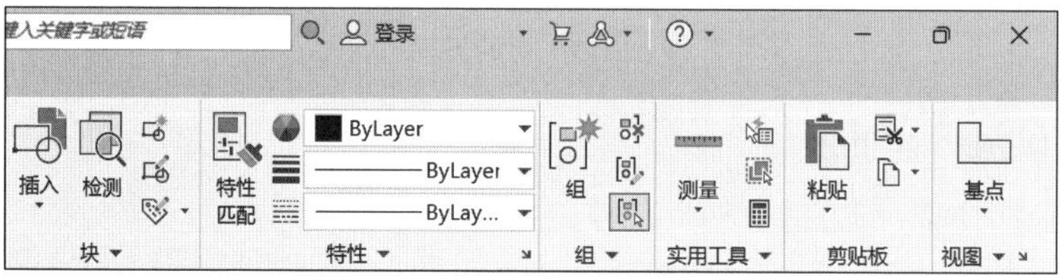

图 1-6　单击【关闭】按钮×

1.3　图形文件的基本操作

在开始用 AutoCAD 2025 绘图之前,先了解一下图形文件的新建、打开和保存。

1. 新建文件

启动 AutoCAD 2025 后,在初始界面下无法绘图。为了绘制图样,首先要创建新的图形文件。方法如下:

- 单击图 1-7 中的【新建】按钮,弹出图 1-8 所示的【选择样板】对话框;
- 单击图 1-8 右下角的【打开】下拉按钮,弹出图 1-9所示的下拉列表;
- 选择【无样板打开 – 公制(M)】选项。

图 1-7　单击【新建】按钮

这时,AutoCAD 2025 将创建名为【Drawing1. dwg】的图形文件,如图 1-10 所示。

创建新的图形文件,相当于提供了一张绘图纸。此时,用户可以在图 1-10 所示的环境中进行绘图操作。

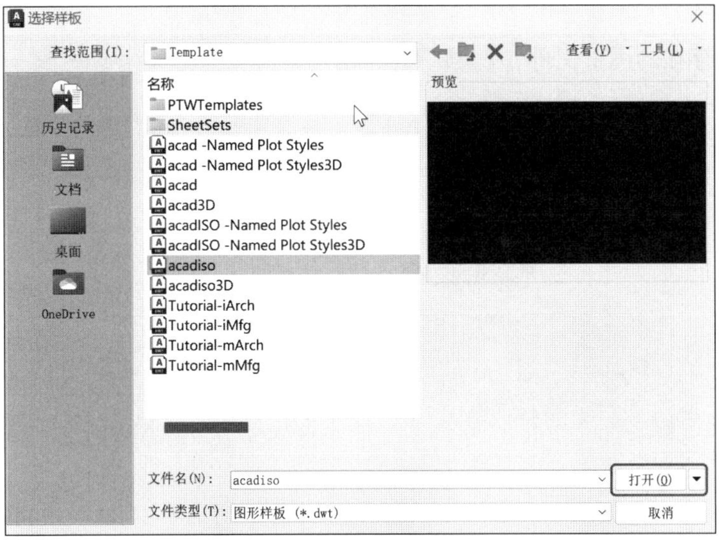

图 1-8　【选择样板】对话框

图 1-9　【打开】下拉列表

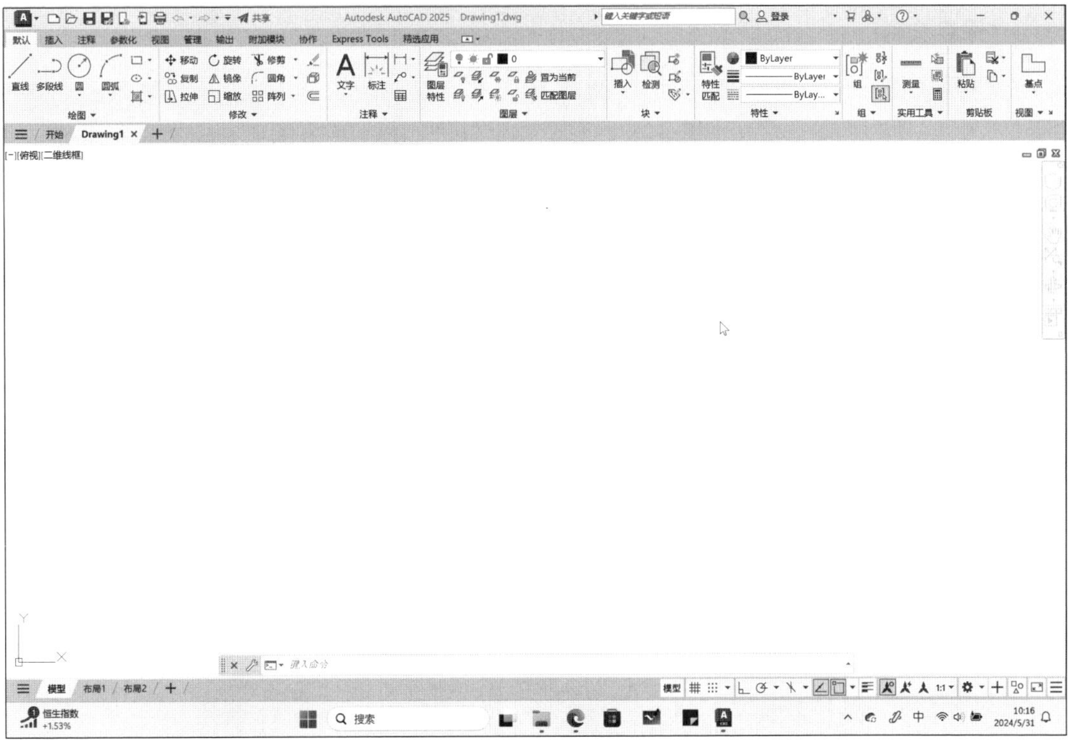

图 1-10　新建图形文件

2. 打开文件

要打开已经存在的图形文件,方法如下:

- 单击图 1-11 中的【打开】按钮;
- 弹出图 1-12 所示的【选择文件】对话框,在文件列表中选择要打开的文件并单击【打开】按钮。

图 1-11　单击【打开】按钮

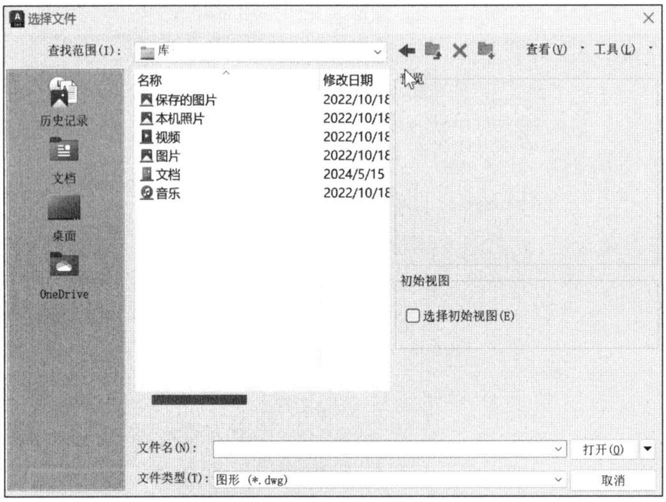

图 1-12　【选择文件】对话框

3. 保存文件

完成图形的绘制和编辑后,如果需要保存图形文件,方法如下:

- 单击图 1-13 中的【保存】按钮;
- 如图 1-14 所示,在【图形另存为】对话框中指定图形文件的保存路径和类型后,单击【保存】按钮。

图 1-13　单击【保存】按钮

图 1-14　【图形另存为】对话框

注意:如果图形已经被保存过,当单击图 1-13 所示的【保存】按钮时,系统不再弹出图 1-14 所示的【图形另存为】对话框,而是自动保存并更新已经存在的图形文件。

多数情况下 AutoCAD 图形文件的保存格式为“ *.dwg”。

为了使保存之后的图形能被较低版本的软件打开,可在图 1-14 的【文件类型】下拉列表中选择对应的软件版本并进行保存。

1.4　AutoCAD 2025 绘图界面

利用 AutoCAD 2025 绘图时,其界面各元素分布如图 1-15 所示。

按照默认设置打开 AutoCAD 2025 时,其绘图界面的主题颜色和绘图区的背景色并非图 1-15所示(为了清楚地标注绘图界面各部分的名称,已将界面的主题色和绘图区的颜色改成了浅色)。

如果要调整默认的暗黑主题和绘图区的颜色,可以按照下面的方法进行设置:

- 单击界面左上角的应用程序按钮,弹出图 1-16 所示的菜单,单击【选项】按钮;

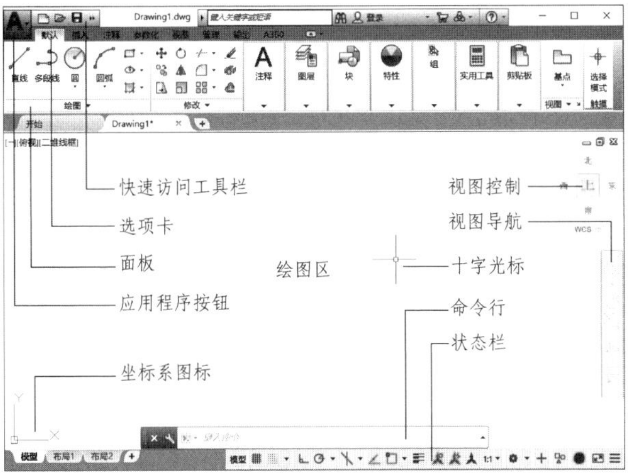

图 1-15　AutoCAD 2025 绘图界面

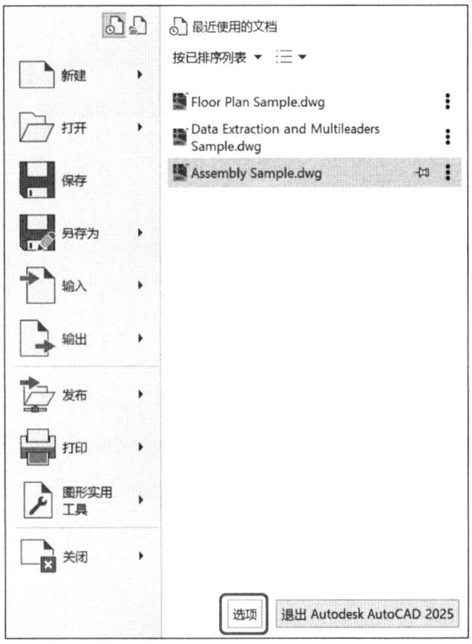

图 1-16　应用程序菜单

- 在图 1-17 所示的【选项】对话框中,选择【配色主题】为“浅色”,使软件界面的主题颜色变为浅色。
- 单击图 1-17 中的【颜色】按钮,弹出图 1-18 所示的【图形窗口颜色】对话框,将【颜色】切换为“白”。单击【应用并关闭】按钮,返回到图 1-17 所示的对话框并单击【确定】按钮,完成设置。

经过以上设置后,绘图界面的主题颜色变为浅色,绘图区的背景色变为白色。

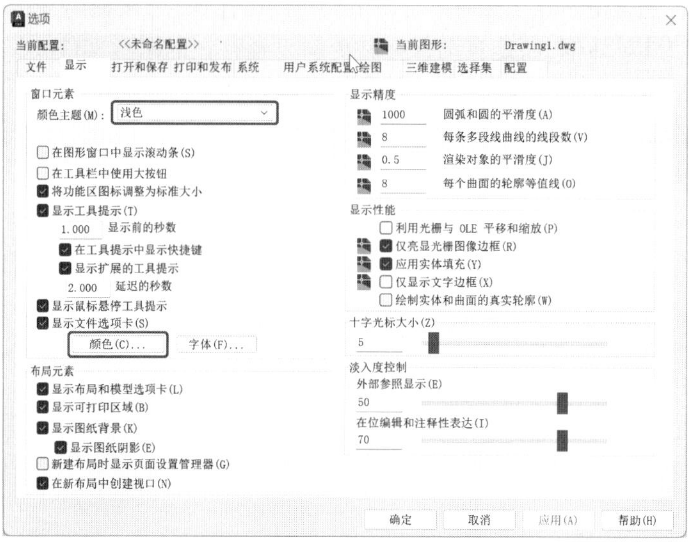

图 1-17 【选项】对话框

当然,读者也可根据自己的喜好,设定软件界面的主题颜色和绘图区的背景色。

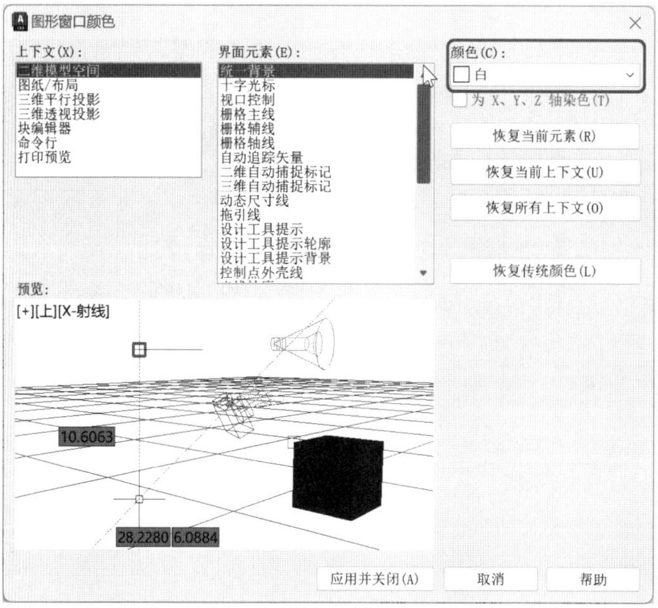

图 1-18 【图形窗口颜色】对话框

1.5 AutoCAD 2025 帮助文件的使用

AutoCAD 2025 中的绘图命令数量很多,每个命令对应不同的操作方法和步骤。要完全掌握所有命令的用法是不现实的,这就要求用户学会通过系统帮助文件获取相关命令的用法和操作步骤。

打开 AutoCAD 2025 帮助文档的方法：单击图 1-19 中的“帮助”按钮。当弹出图 1-20 所示的“帮助文档”窗口后，可在搜索框中输入命令关键词并按【Enter】键进行搜索。

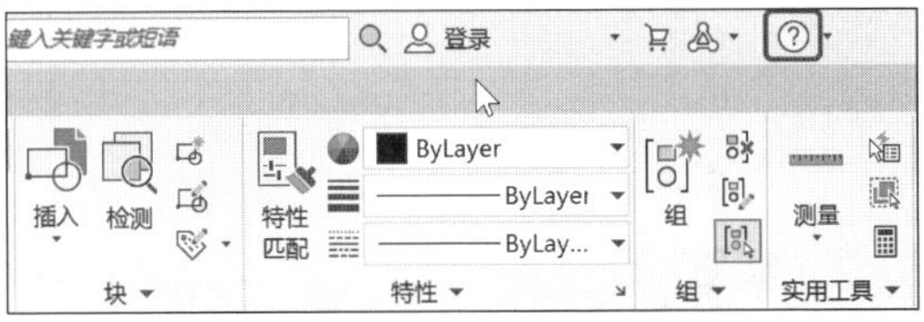

图 1-19　单击【帮助】按钮

图 1-20　“帮助文档”窗口

例如，在图 1-20 所示的搜索框中键入“直线”并按【Enter】键，“帮助文档”窗口中将显示与输入的关键词相匹配的帮助信息列表，如图 1-21 所示。

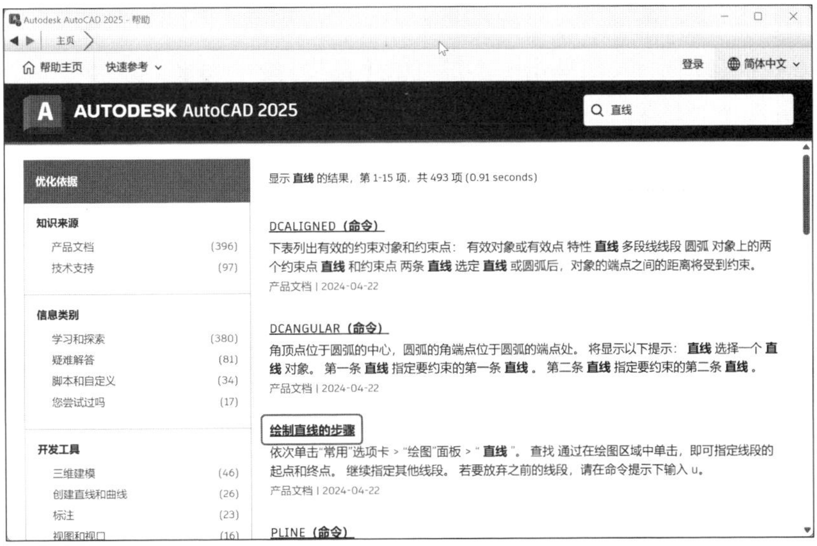

图 1-21　搜索“直线”

要了解直线的绘制方法，请单击图 1-21 左侧帮助信息列表中的“绘制直线的步骤”，系统将在帮助文档窗口的右侧列出相关帮助信息，如图 1-22 所示。用户可通过阅读该帮助信息，了解并掌握直线的绘制方法。

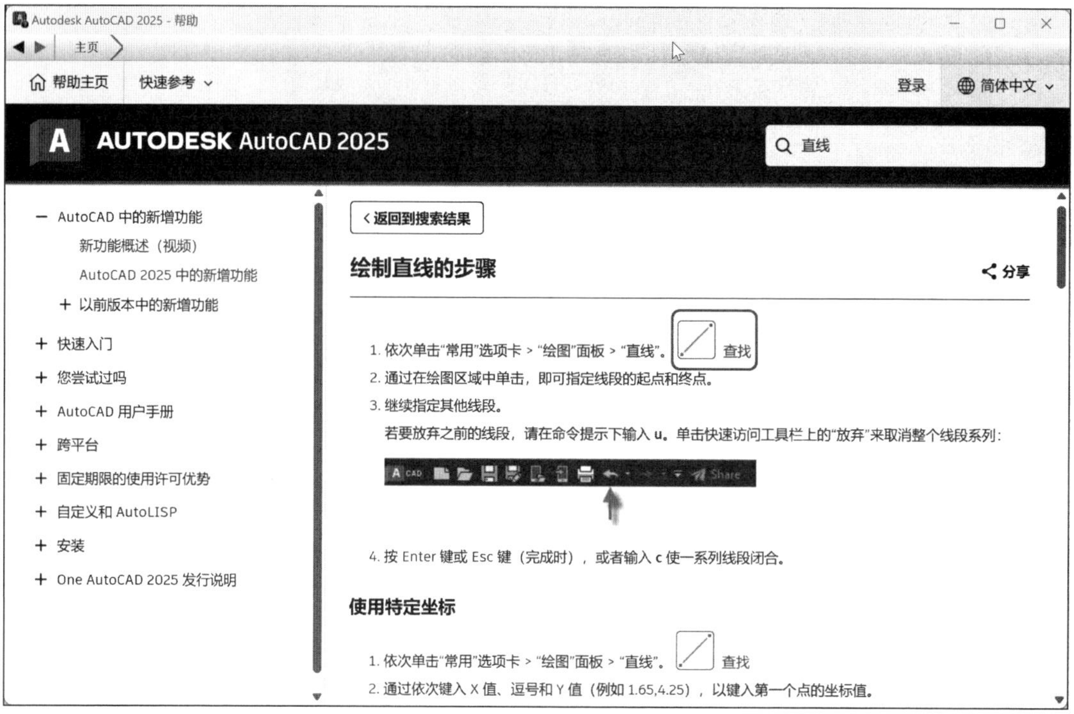

图 1-22 “直线”帮助文档

对于初学者来说，经常需要在功能区的选项卡之间进行切换来查找某个绘图命令。对于常用的命令按钮，可以轻易找到其所在的位置，但是对一些利用率较低的命令，经常会出现查找困难的情况。

如果利用系统帮助，命令的查找将会非常方便。例如，要在功能区查找【直线】命令，请单击图 1-22 中的【查找】按钮。此时，观察 AutoCAD 2025 主界面，系统将用动态箭头提示用户【直线】命令所在的位置，如图 1-23 所示。

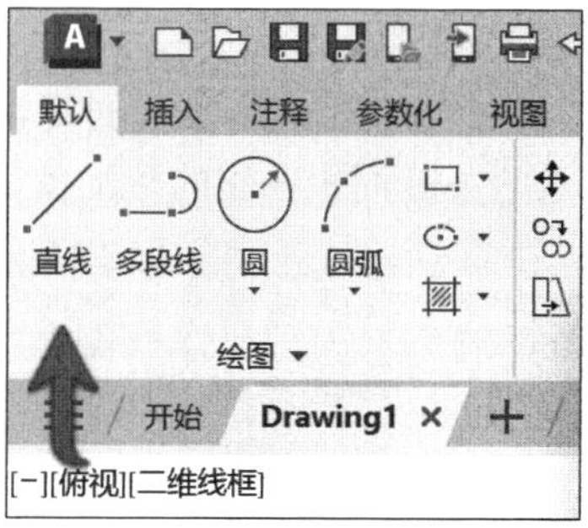

图 1-23 查找【直线】命令

如果要参考与【直线】命令相关的更多内容，请将图 1-22 中右侧滚动条拖动至窗口底部，然后单击相应链接进行查看。

第 2 章

二维绘图初步

二维绘图是工程图样绘制和三维建模的基础。只有熟练掌握了二维绘图基础，才能进一步学习复杂图形的绘制。

二维绘图前，首先应选择合适的工作空间。

为了方便用户的绘图操作，AutoCAD 预先定义了三种工作空间，每种工作空间仅显示与任务目标相关的菜单、工具栏和选项板。这三种工作空间分别为：

- 草图与注释：仅提供与二维绘图相关的菜单、工具栏和选项板；
- 三维基础：提供包含三维绘图常用命令的菜单、工具栏和选项板；
- 三维建模：提供与三维建模相关的菜单、工具栏和选项板。

简单地讲，AutoCAD 通过定义工作空间的方式，使用户能更加方便地使用软件。例如，有些命令适合二维绘图，有些命令更适合三维建模。如果将这些命令不加区分地置于面板之上，则给用户的拣选造成不便。所以，AutoCAD 将绘图命令进行归纳并分类，将二维绘图命令置于【草图与注释】工作空间，将三维建模命令置于【三维基础】和【三维建模】工作空间，极大地方便了用户的操作。

使用 AutoCAD 时，用户可根据任务目标，随时切换工作空间。方法如下：

- 如图 2-1 所示，在状态栏中单击【切换工作空间】按钮；
- 如图 2-2 所示，在弹出的菜单中选择工作空间的名称。

图 2-1　单击【切换工作空间】按钮

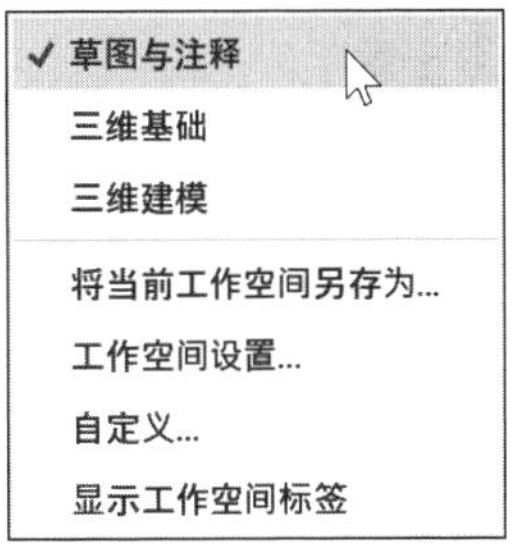

图 2-2　选择【草图与注释】选项

由于本章主要讲述二维绘图，所以这里选择【草图与注释】选项。

选择了适用于二维绘图的【草图与注释】工作空间后，AutoCAD 的界面如图 2-3 所示。由图可知，软件界面的功能区仅显示了二维绘图相关的命令。

本章将基于该工作空间，逐步讨论一些常见的绘图和编辑命令。

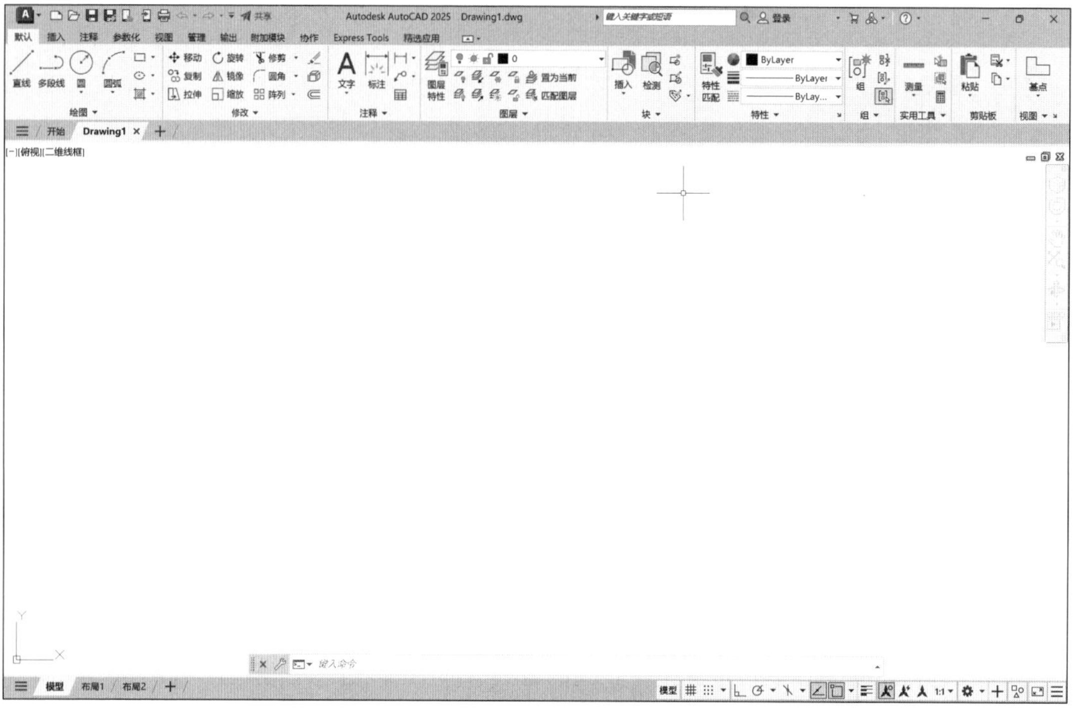

图 2-3 【草图与注释】工作空间

2.1 直线的绘制

直线是工程图样中最常见的图形。为了绘制直线，首先应向 AutoCAD 系统发出绘制直线的指令，然后在系统提示的引导下，分步输入直线两个端点的坐标，完成直线的绘制。

【例题】绘制一条任意位置和长度的直线。

【绘图步骤】

步骤 01 用下列方法之一执行【直线】命令：

- 依次单击【默认】选项卡→【绘图】面板→【直线】按钮，如图 2-4 所示；
- 在图 2-5 所示的命令行中输入 Line 并按【Enter】键。

启动【直线】命令的目的是向 AutoCAD 发出绘制直线的指令。当 AutoCAD 接收到指令后，将在图 2-5 所示的命令行中给出一系列提示，引导用户输入直线两个端点的坐标并完成绘图。其实，在 AutoCAD 中，所有命令都按照这种模式执行。所以，在绘图过程中，读者应时刻关注命令行给出的提示信息。

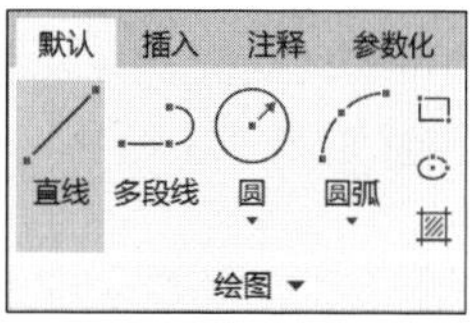

图 2-4 单击【直线】按钮

图 2-5 命令行

当 AutoCAD 接收到绘制直线的指令后，将在命令行出现下列提示：

步骤 02　指定第一个点：

该提示引导用户输入直线的第一个端点。

题目要求绘制一条任意位置和长度的直线，所以，请读者将鼠标移至绘图区的任意位置并单击，输入直线第一个端点的坐标。

注意：点的坐标输入方法较多，在绘图区单击仅是其中之一。关于更多的坐标输入方法，将在后续内容中展开讨论。

输入第一个端点的坐标后，再次移动鼠标，绘图区将出现一条跟随鼠标位置随时变化的“橡皮筋”，同时在命令行出现提示：

步骤 03　指定下一点或 [放弃(U)]：

该提示引导用户输入直线的第二个端点。

请读者在绘图区的任意位置再次单击，输入直线的第二个端点。

此时观察绘图区，软件已经在输入的两点之间画了一条直线段。这时在命令行出现下一步提示：

步骤 04　指定下一点或 [放弃(U)]：

按【Enter】键，完成直线绘制。结果如图 2-6 所示。

注意：如果在该提示下再次输入不同位置的点，则绘图区将出现三点连线形成的折线。

有关【直线】命令的其他操作，读者可自行尝试。

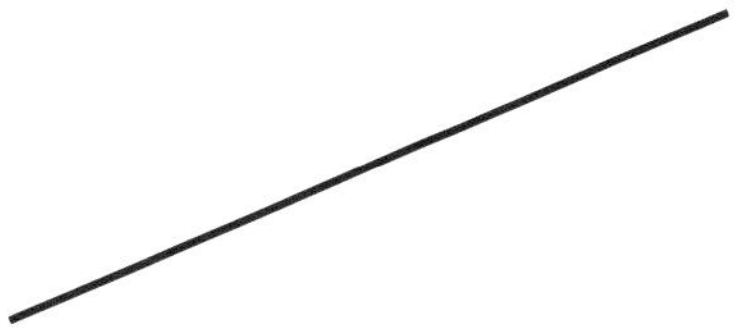

图 2-6　直线的绘制

2.2　图形的选择和删除

绘图过程中，经常需要删除多余或错误的图线。为了删除图形对象，首先应向 AutoCAD 发送删除图形的指令，然后选择要删除的图形对象并按【Enter】键。

【例题 1】删除上例中绘制的直线。

【绘图步骤】

步骤 01　用下列方法之一执行【删除】命令：

- 依次单击【默认】选项卡→【修改】面板→【删除】按钮，如图 2-7 所示；
- 在命令行输入 Erase 并按【Enter】键。

收到删除指令后，系统将在命令行给出下面的提示来引导用户选择要删除的图形对象。

步骤 02　选择对象：

提示用户选择要删除的图形对象。

观察鼠标光标，已经由原来的十字光标变成了呈小方框显示的拾取框。选择对象时，请将该拾取框移至直线上并单击，如图 2-8 所示。

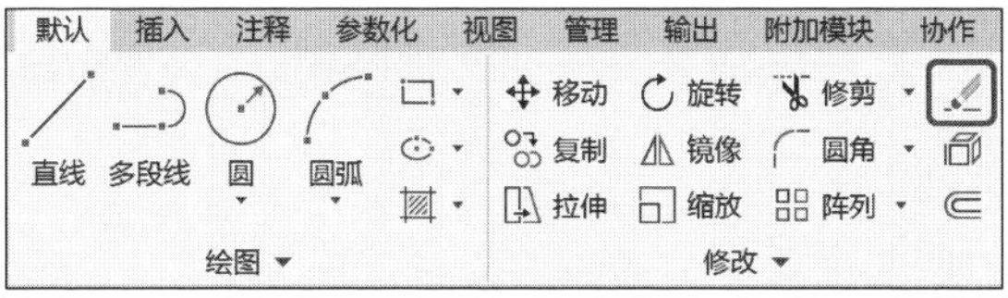

图 2-7　单击【删除】按钮

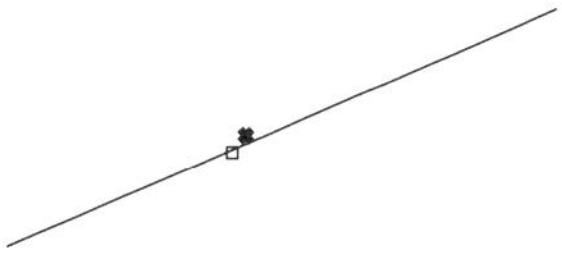

图 2-8　选择直线

选择直线后,系统继续给出提示:

步骤 03　选择对象:

因为已经选中了要删除的直线,所以,在该提示下按【Enter】键就能完成删除操作。

提示:还有一种删除方法是,将鼠标移至直线上并单击,然后按【Delete】键。

上例中,要删除的直线只有一条,操作过程也较为简单。如果要删除多条图线,那么在选择时应考虑合适的选择方法和技巧。AutoCAD 提供了多种选择方法,包括单击、窗口、窗交和栏选等。

下面举例说明各种选择方法的操作和应用。

【例题 2】用不同的选择方式选择并删除图 2-9 中的多条直线。

【绘图步骤】

首先启动【直线】命令,绘制图 2-9 所示的连续折线。

下面将采用不同的选择方式选择并删除部分图形对象,请读者对这些选择方式进行比较区分。

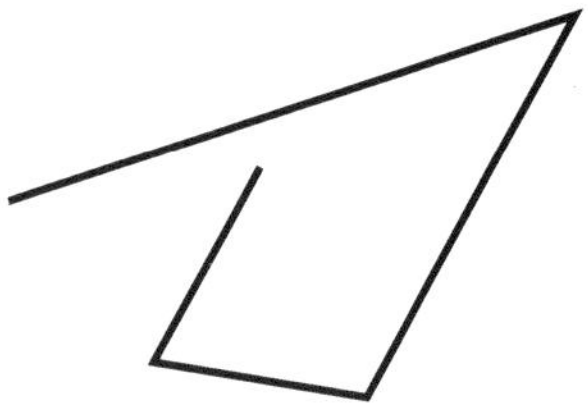

图 2-9　多条直线段

方式 1　单击选择

步骤 01　在命令行输入 Erase 并按【Enter】键。

步骤 02　选择对象:

首先,将拾取框移至其中一条直线上并单击。然后在其他未被选中的直线上重复单击动作,直到拾取完毕。

步骤 03　选择对象:

按【Enter】键,删除选中的图线。

显然,这种方法适合图形对象数量较少的情况。因为当图形对象数量较多时,单击选择的效率很低。

为了反复练习各种选择方法,请读者撤销本次删除,将图形还原到图 2-10 所示的状态。具体做法是,单击软件界面左上角快速访问工具栏中的【放弃】按钮,如图 2-10 所示。

图 2-10　单击【放弃】按钮

方式 2　窗口选择

窗口选择是一种通过定义实线矩形窗口选择对象的方法。利用该方法选择对象时,从左向右拉出实线矩形窗口,只有被该窗口完全包围的对象才能被选中。

步骤 01　在命令行输入 Erase 并按【Enter】键。

步骤 02　选择对象:

鼠标移至图形对象的左上角,然后单击,如图 2-11 所示。

步骤 03　选择对象:

如图 2-11 所示,移动鼠标至图形对象的右下角,再次单击。观察绘图区,只有被矩形窗口完全包围的图线变为灰显,才处于选中状态。

步骤 04　选择对象:

按【Enter】键,删除选中的图线。

这个例子说明,用户可通过窗口选择的方法一次选中多条图线。相比鼠标点选多条图线,这种选择方法更加快捷。

方式 3　窗交选择

窗交选择对象的选择方向正好与窗口选择相反。它通过定义虚线矩形窗口来选择对象，利用该方法选择对象时，从右向左拉出实线矩形窗口。只要和该窗口有交集，则图形对象就被选中。

步骤 01　在命令行输入 Erase 并按【Enter】键。

步骤 02　选择对象：

鼠标移至图形对象的右下角，然后单击，如图 2-12 所示。

步骤 03　选择对象：

如图 2-12 所示，移动鼠标至图形对象的左上角，再次单击。观察图形对象可知，只要和矩形窗口有交集，图线就被选中。

步骤 04　选择对象：

按【Enter】键，删除选中的图线。

相比而言，如果要无差别选择图形对象，窗交选择的方法比较适合；如果在选取时需要过滤某些图形对象，则窗口选择可能更加适合。

方式 4　栏选

栏选指的是在选择图形对象时，用鼠标拖动出任意折线，凡是和折线相交的图形对象均被选中。这种选择方式具有较高的灵活性，在图线修剪等操作中非常方便。

步骤 01　在命令行输入 Erase，并按【Enter】键。

步骤 02　选择对象：

输入 F 并按【Enter】键。

步骤 03　指定第一个栏选点或拾取/拖动光标：

按下鼠标左键并沿着图 2-13 所示的轨迹平移。只要和轨迹线相交，图线就被选中。

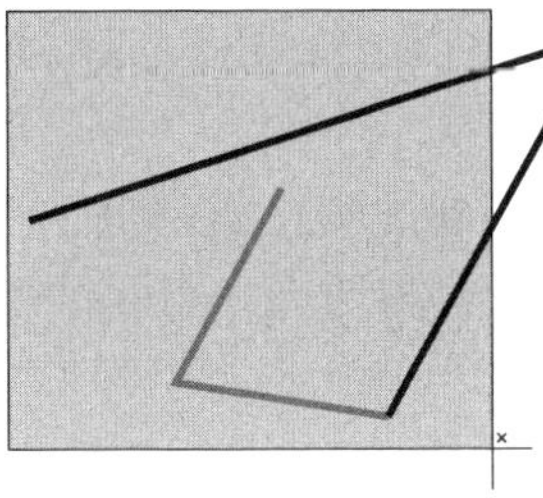

图 2-11　窗口选择

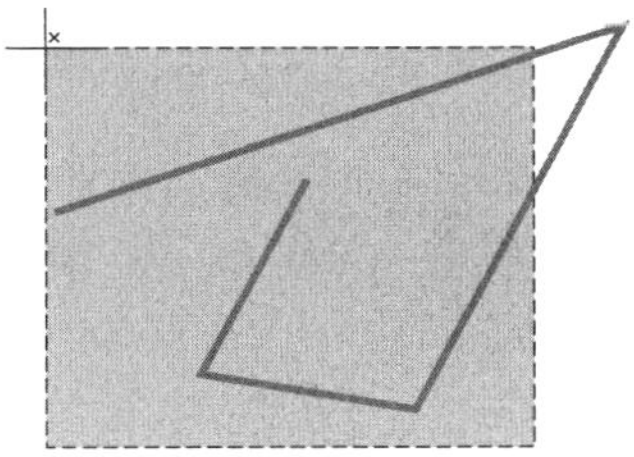

图 2-12　窗交选择

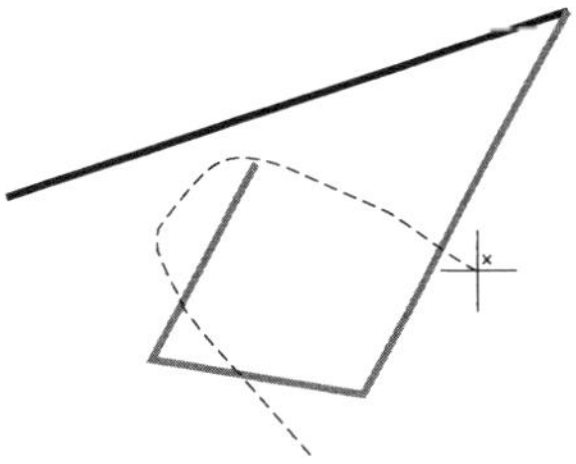

图 2-13　栏选选择

步骤 04　选择对象：

按【Enter】键，删除选中的图线。

2.3　点的坐标

AutoCAD 中的图形定位，主要由坐标系来确定。二维绘图中，一般使用默认的世界坐标系统，其坐标系图标位于绘图区的左下角，X 轴为水平向右，Y 轴为竖直向上。

由于每个平面图形或者工程图样的情况各不相同，所以在绘图时应选取更加方便的坐标输入方式。

点的坐标输入方式较多,包括单击、直角坐标、极坐标和直接输入距离等。前面已经讨论了单击输入的方式,下面讨论其他几种坐标输入方式。

1. 绝对直角坐标

当已知点坐标的 X 和 Y 分量时,应使用绝对坐标。

【例题 1】如图 2-14 所示,绘制角点位于(90,90)、长 200、宽 100 的长方形。

【绘图步骤】

根据已知条件可得到各个顶点的坐标,所以在命令行提示下顺次输入顶点坐标就能完成长方形的绘制。

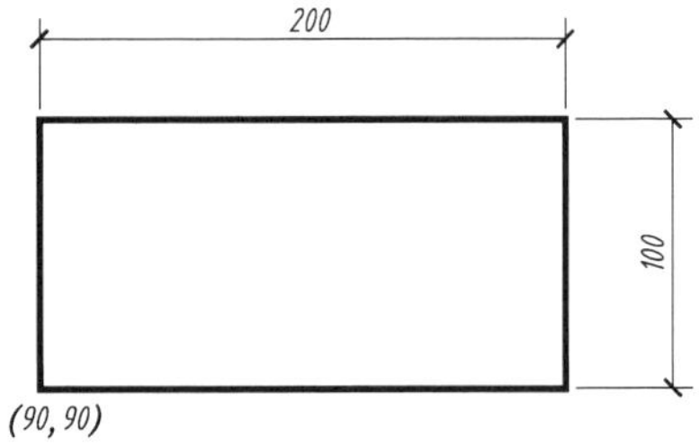

图 2-14 长方形

步骤 01 在命令行输入 Line 并按【Enter】键。

步骤 02 指定第一个点:

输入(90,90)并按【Enter】键。

注意:此处的一组圆括号是为了表述方便,不用在命令行输入;坐标分量之间的逗号应在英文输入状态下输入,否则将被视为无效输入。

步骤 03 指定下一点或 [放弃(U)]:

输入(290,90)并按【Enter】键。

步骤 04 指定下一点或 [放弃(U)]:

输入(290,190)并按【Enter】键。

步骤 05 指定下一点或 [闭合(C)/放弃(U)]:

输入(90,190)并按【Enter】键。

步骤 06 指定下一点或 [闭合(C)/放弃(U)]:

输入 C 并按【Enter】键,完成长方形的绘制。

注意:【闭合】选项可将同一绘图命令下绘制的直线首尾相接,形成闭合线框;【放弃】用来撤销上一步的绘图操作。

长方形是非常简单的二维图形,但是这个绘制过程让不少读者感到烦琐且效率低下。其实,这种感受是非常准确的。客观地讲,在 AutoCAD 中,很少采用输入绝对直角坐标的方式绘制较为复杂的图形。

2. 相对直角坐标

点坐标的 X 和 Y 分量未知,但是知道该点与前一点的位置关系,则应使用相对直角坐标。

【例题 2】如图 2-14 所示,绘制长 200、宽 100 且位置任意的长方形。

【绘图步骤】

由于长方形的位置任意,所以第一个顶点可通过单击输入。当输入长方形的第二个顶点时,虽不能确定其坐标分量的值,但是能确定该点与前一点的位置关系,也就是两点之间的坐标差,其格式为:(@ $\Delta X,\Delta Y$)。这就是相对直角坐标。

步骤 01 在命令行输入 Line 并按【Enter】键。

步骤 02 指定第一个点:

在绘图区单击输入长方形左下角顶点的坐标。

步骤 03 指定下一点或 [放弃(U)]:

输入(@200,0)并按【Enter】键。

注意:200 指的是该点与前一点的 X 坐标之差;0 是该点与前一点的 Y 坐标之差。

步骤 04　指定下一点或 [放弃(U)]:

输入(@0,100)并按【Enter】键。

步骤 05　指定下一点或 [闭合(C)/放弃(U)]:

输入(@-200,0)并按【Enter】键。

步骤 06　指定下一点或 [闭合(C)/放弃(U)]:

输入 C 并按【Enter】键,完成长方形的绘制。

读者可以看到,都是绘制长方形,采用相对直角坐标的方式并没有简化绘图过程,只是简化了坐标值的计算。坐标的输入方式是基础,希望读者能反复练习并掌握。

3. 相对极坐标

类似地,极坐标也包括绝对极坐标和相对极坐标。由于点到坐标系原点距离的不可知性,绝对极坐标很少用到,故此处略去。下面主要讨论相对极坐标的形成和使用方法。

如果极坐标的坐标分量未知,但知道该点与前一点的位置关系,则可使用相对极坐标,其格式为:($@\rho<\theta$)。其中 ρ 是两点之间的距离,θ 是两点的连线和极轴(X 轴正向)的夹角(逆时针为正)。

【例题 3】如图 2-14 所示,绘制长 200、宽 100 且位置任意的长方形。

【绘图步骤】

步骤 01　在命令行输入 Line 并按【Enter】键。

步骤 02　指定第一个点:

在绘图区单击输入长方形左下角顶点的坐标。

步骤 03　指定下一点或 [放弃(U)]:

输入(@200<0)并按【Enter】键。

注意:200 指的是该点和前一点连线的距离,0 是两点连线和 X 轴之间的夹角。

步骤 04　指定下一点或 [放弃(U)]:

输入(@100<90)并按【Enter】键。

步骤 05　指定下一点或 [闭合(C)/放弃(U)]:

输入(@200<180)并按【Enter】键。

步骤 06　指定下一点或 [闭合(C)/放弃(U)]:

输入 C 并按【Enter】键,完成长方形的绘制。

其实,无论相对直角坐标,还是相对极坐标,都指的是:将坐标系平移至前一点,要输入的点在该坐标系内的坐标就是相对坐标。不过在绘图中,为了和绝对坐标进行区分,输入时前面应加上“@”符号。

4. 直接输入距离

【例题 4】如图 2-14 所示,绘制长 200、宽 100 且位置任意的长方形。

【绘图步骤】

在图 2-14 中,长方形的长、宽分别平行于 X、Y 轴。在 AutoCAD 中,要绘制平行于坐标轴的直线,应利用状态栏中的【正交】功能。

【正交】功能将鼠标光标完全限定在水平或竖直方向上,方便水平或竖直直线的绘制。

步骤 01　可用下列方法之一开启【正交】功能：

图 2-15　单击【正交】按钮

- 如图 2-15 所示，单击状态栏中的【正交】按钮；
- 按【F8】键；
- 在命令行输入 Ortho 并按【Enter】键，接着在命令行提示下输入 ON 并按【Enter】键。

注意：当状态栏中按钮上的图标变为蓝色，说明对应的功能处于开启状态。如果灰显，说明该功能是关闭的。

步骤 02　在命令行输入 Line 并按【Enter】键。

步骤 03　指定第一个点：

在绘图区单击输入长方形左下角顶点的坐标。

步骤 04　指定下一点或［放弃(U)］：

向右移动鼠标，当给出直线的绘制方向后，在命令行输入 200 并按【Enter】键。

步骤 05　指定下一点或［放弃(U)］：

向上移动鼠标并指定方向后，在命令行输入 100 并按【Enter】键。

步骤 06　指定下一点或［闭合(C)/放弃(U)］：

向左移动鼠标并指定方向后，在命令行输入 200 并按【Enter】键。

步骤 07　指定下一点或［闭合(C)/放弃(U)］：

输入 C 并按【Enter】键，完成长方形的绘制。

比较而言，这种方法只需输入少量的数据就能完成图形的绘制，所以更加快捷和方便。

2.4　栅格和捕捉

栅格相当于木模测绘中的坐标纸，它按照相等的间距以点或线的形式出现在绘图区。用户可以通过栅格的数目确定距离，达到精确绘图的目的。

可用下列方法之一在绘图区显示栅格：

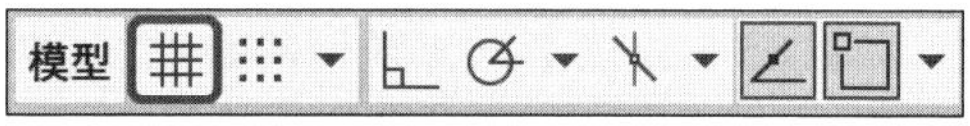

图 2-16　单击【显示图形栅格】按钮

- 单击状态栏中的【显示图形栅格】按钮，如图 2-16 所示；
- 按【F7】键；
- 在命令行输入 Grid 并按【Enter】键，接着在命令行提示下输入 ON 并按【Enter】键。

栅格功能开启后，绘图区的栅格如图 2-17 所示。

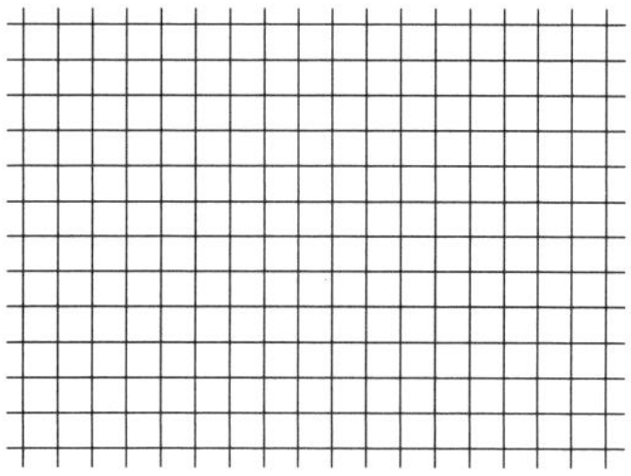
图 2-17　栅格

栅格仅在视觉上显示了一定的距离。为了在绘图中准确地输入距离，还应开启【捕捉】功能。

捕捉用于控制光标移动的距离。当打开捕捉后，在绘图状态下的鼠标只能停留在图 2-17 所示栅格线的交点处，从而方便了点的精确输入和图形对齐。

打开【捕捉】功能的方法有如下几种：

- 单击状态栏中的【捕捉模式】按钮，如图 2-18 所示；

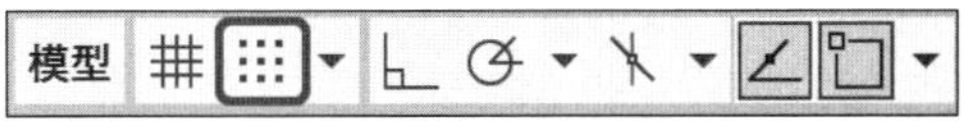

图 2-18　单击【捕捉模式】按钮

- 按【F9】键；
- 在命令行输入 Snap 并按【Enter】键，在系统提示下输入 ON 并按【Enter】键。

【**例题**】绘制图 2-19 所示的图形。

【**绘图步骤**】

步骤 01　如图 2-16 和图 2-18 所示，单击【显示图形栅格】和【捕捉模式】按钮，打开栅格和捕捉；

移动鼠标，此时光标只能停留在栅格线的交点处，捕捉并输入交点就非常方便。

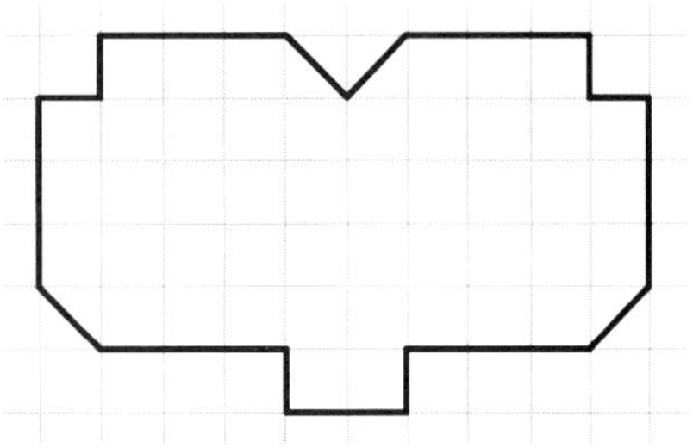

图 2-19　利用栅格和捕捉绘图

步骤 02　在命令行输入 Line，并按【Enter】键。

步骤 03　指定第一个点：

在栅格线的任意交点处单击，输入第一个点。

步骤 04　指定下一点或 [放弃(U)]：

在此及以后的提示下，按图 2-19 所示的二维图形的顶点顺次捕捉并单击，输入其他顶点的坐标。

步骤 05　指定下一点或 [放弃(U)]：

输入完成后按【Enter】键。

显然，当图形中的绝大多数顶点都位于栅格点上，则用这种方法进行绘图极为方便。

仔细观察，绘图区的图形并不够明显和清晰，这是因为默认情况下图线线宽为细线。关于图线线宽设置操作，将在后续内容说明。

为了更好地观察到所绘图形，再次单击【显示图形栅格】按钮，关闭栅格显示并查看图形绘制是否正确。

经常出现的问题是：虽然关闭了栅格，但捕捉仍处于打开状态。这使得绘图中的鼠标处于"跳跃"状态，可能造成使用上的不便。所以，建议同时关闭栅格和捕捉功能。

当需要按照给定的尺寸进行绘图时，默认的栅格和捕捉间距未必方便画图。这时，用户可根据具体问题，对栅格和捕捉间距进行调整。其方法如下：

- 将鼠标移至状态栏中的【显示图形栅格】按钮上并右击，弹出图 2-20 所示的【网格设置】快捷菜单；

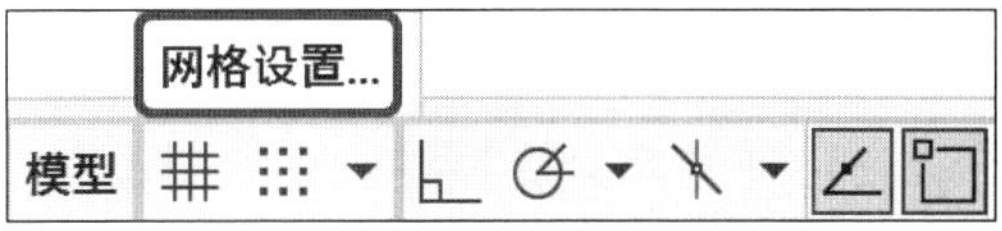

图 2-20　【网格设置】快捷菜单

- 单击该快捷菜单，弹出如图 2-21 所示的【草图设置】对话框，在相应的编辑框内输入新的间距值；
- 单击【确定】按钮完成设置。

图 2-21 【草图设置】对话框

注意:一般情况下,为了方便捕捉栅格点,应将栅格和捕捉间距设置为相等的数值。

2.5 对象捕捉和镜像

利用 AutoCAD 提供的对象捕捉功能能够自动捕捉到图形对象的特征点(如直线的端点、中点、两直线的交点等),这将极大地方便精确绘图。

为了在绘图中能实时捕捉并输入这些特殊点,应进行如下两步设置:

图 2-22 单击【对象捕捉】下拉按钮

1. 设置要捕捉的特征点

- 单击图 2-22 所示状态栏中的【对象捕捉】下拉按钮,弹出图 2-23 所示的快捷菜单。
- 在图 2-23 中单击要捕捉的特征点,使其前面出现"√"。设置完成后,将鼠标移至绘图区的任意位置并单击,关闭该快捷菜单。

图 2-23 【对象捕捉】快捷菜单

2. 打开【对象捕捉】功能,在绘图过程中随时捕捉已设置的特征点

用下列方法之一可开启【对象捕捉】功能:

- 单击图 2-22 所示状态栏中的【对象捕捉】按钮,使图标变为蓝色;
- 按【F3】键进行对象捕捉的开/关切换。

按照上述步骤设置后,在绘图过程中,当鼠标移至特征点附近时,系统将自动捕捉这些点并显示图 2-23 中对应特征点左侧的形状符号,提示用户输入。

注意:绘图过程中,可能要经常调整需要捕捉的特征点。在设置这些特征点之前,需要确定哪些点是必需的,哪些点是不需要的。这样不仅能提高捕捉效率，还能避免捕捉失误。

【例题】绘制图 2-24 所示的图形。

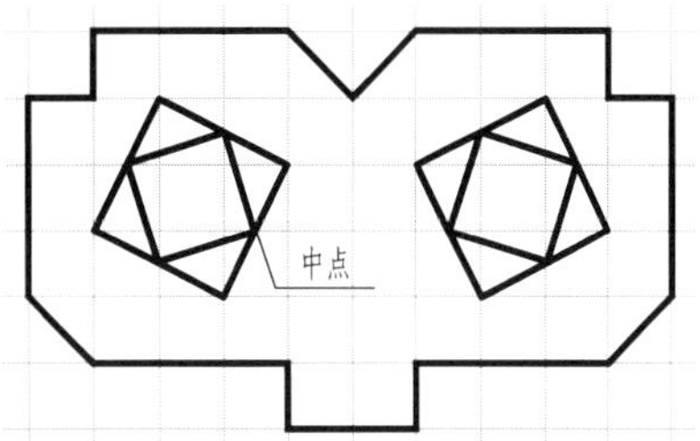

图 2-24 用对象捕捉和镜像绘制图形

【绘图步骤】

观察图 2-24，其中大部分顶点位于栅格点上，所以打开栅格和捕捉更便于绘图。由于绘图中要捕捉正方形边上的中点，所以在绘图前应设置并打开【对象捕捉】。

该二维图左右对称，绘制时只需画左侧一半，右侧一半利用【镜像】命令快速完成。下面是具体步骤：

步骤 01 如图 2-16 和图 2-18 所示，单击【显示图形栅格】和【捕捉模式】按钮，打开栅格和捕捉；

步骤 02 单击图 2-22 中的【对象捕捉】下拉按钮，弹出图 2-23 所示的快捷菜单；

步骤 03 在图 2-23 中单击“端点”和“中点”，使其前面出现“√”，设置完成后，将鼠标移至绘图区的任意位置并单击，关闭该快捷菜单；

步骤 04 单击图 2-22 中的【对象捕捉】按钮；

至此，我们已经完成了绘图前的准备工作。接下来是绘图过程：

步骤 05 执行【直线】命令，捕捉栅格线的交点并绘制图线如图 2-25 所示；

步骤 06 再次单击【显示图形栅格】和【捕捉模式】按钮，关闭栅格和捕捉功能；

当栅格和捕捉处于开启状态时，无法捕捉到图形对象的特征点，所以应关闭它们。读者可自行测试它们之间的冲突关系。

步骤 07 在命令行输入 Line 并按【Enter】键。

步骤 08 指定下一点或 [放弃(U)]：

如图 2-26 所示，移动鼠标至正方形边的中点附近，当出现中点符号（也就是黄色三角形）时，单击输入。

步骤 09 指定下一点或 [放弃(U)]：

重复上一步的操作，连续捕捉输入四个中点并按【Enter】键，完成内部小正方形的绘制，如图 2-27 所示。

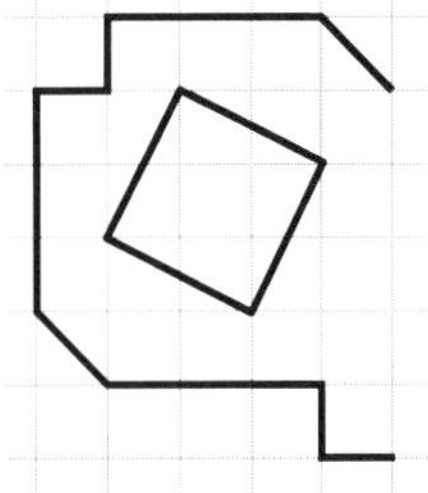

图 2-25 绘制左半边图形

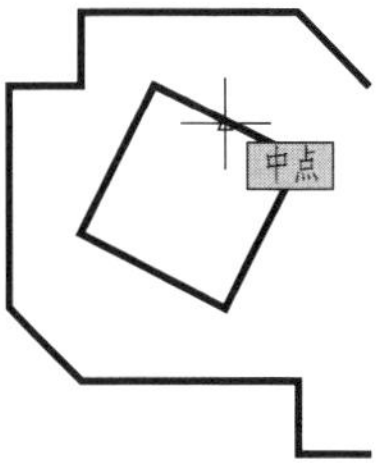

图 2-26 捕捉中点

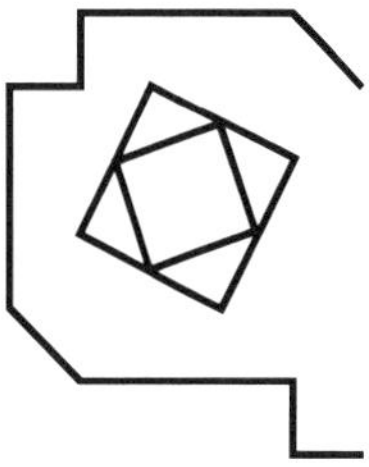

图 2-27 绘制小正方形

左半边完成后，利用【镜像】命令完成右半边的绘制。下面是详细的操作步骤：

步骤 10 用下列方法之一执行【镜像】命令；

- 依次单击【默认】选项卡→【修改】面板→【镜像】按钮,如图 2-28 所示;
- 在命令行输入 Mirror 并按【Enter】键。

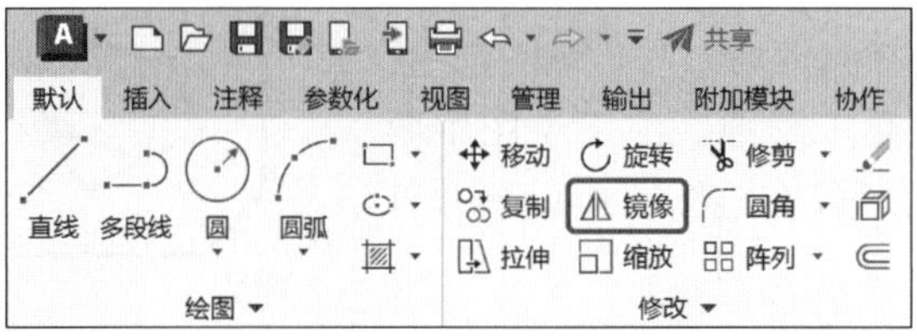

图 2-28　单击【镜像】按钮

步骤 11　选择对象:

在该提示下选择左半边图形并按【Enter】键。由于图线较多,这里可用窗口或窗交的方式进行选择。

步骤 12　指定镜像线的第一点:

如图 2-29(a)所示,捕捉端点并单击,输入镜像线上的第一个点。

步骤 13　指定镜像线的第二点:

如图 2-29(b)所示,捕捉端点并单击,输入镜像线上的第二个点。

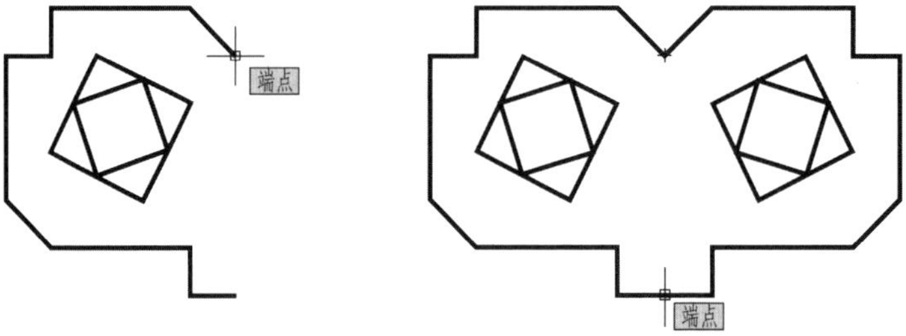

(a)选择第一个点　　(b)选择第二个点

图 2-29　选择镜像线

步骤 14　要删除源对象吗? [是(Y)/否(N)] <否>:

按【Enter】键,完成图形绘制。

2.6　圆和长方形

圆和长方形都是最基本的二维图元,只需要较少的参数就能确定其形状大小。

1. 圆的绘制

输入圆心和半径,这是最简单和直接的画圆方式。下面是绘图步骤:

步骤 01　用下列方法之一执行画圆命令:

- 依次单击【默认】选项卡→【绘图】面板→【圆】按钮,如图 2-30 所示;
- 在命令行输入 Circle 并按【Enter】键。

步骤 02　指定圆的圆心或 [三点(3P)/两点(2P)/切点、切点、半径(T)]:

在绘图区单击,输入圆心坐标。

这个提示告诉大家，AutoCAD 提供的画圆方式较多，包括：用不在同一直线上的三个点画圆、用直径的两个端点画圆、用相切关系和半径画圆。具体绘图时，应选择最容易实现的画圆方式。

步骤 03　指定圆的半径或 [直径(D)]:

接着移动鼠标，绘图区将出现随鼠标位置而变化的圆。在任意位置单击后，就确定了一个位置和大小均任意的圆，如图 2-31 所示。

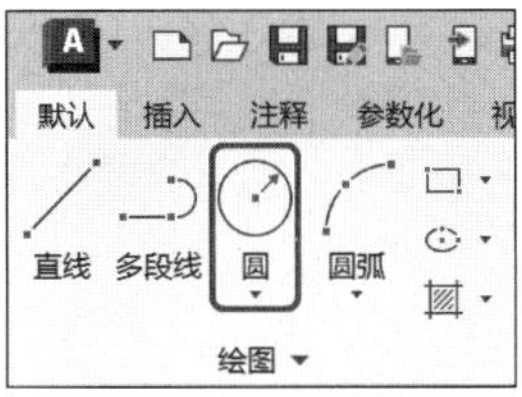

图 2-30　单击【圆】按钮

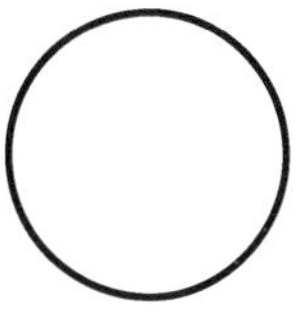

图 2-31　绘制圆

在该提示下，也可以输入任意的半径值完成绘制。

下面是画圆的一些例子，请读者认真练习、仔细体会。

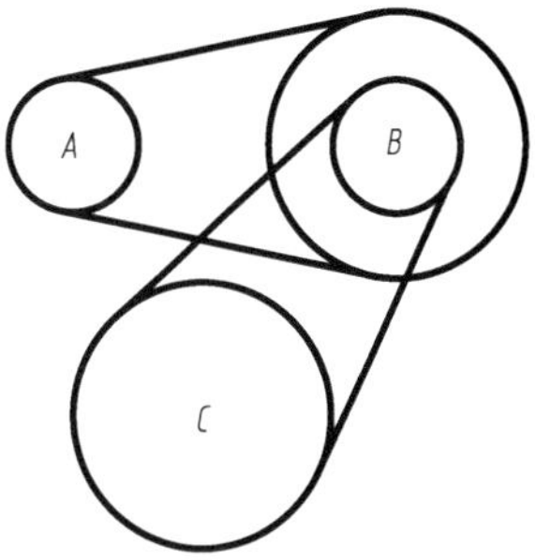

图 2-32　包含多个圆的二维图形

【例题 1】绘制图 2-32 所示的二维图形。其中 A、B、C 三个圆心坐标分别为：$A(1.5,6.5)$、$B(4.0,6.5)$、$C(2.5,4.5)$，小圆半径为 0.5，大圆半径为 1.0。

【绘图步骤】

步骤 01　在命令行输入 Circle 并按【Enter】键。

步骤 02　指定圆的圆心或 [三点(3P)/两点(2P)/切点、切点、半径(T)]:

输入圆心坐标(1.5,6.5)并按【Enter】键。

步骤 03　指定圆的半径或 [直径(D)]:

输入 0.5 并按【Enter】键，完成左上角小圆的绘制。

已经完成了小圆的绘制，但是该圆半径过小，在绘图区很难找到。为了方便下一步绘图，必须调整该圆的位置和大小，使其处于利于绘图的状态。下面是详细的调整过程：

步骤 04　命令行输入 Zoom 并按【Enter】键。

步骤 05　指定窗口的角点，输入比例因子 (nX 或 nXP)，或者[全部(A)/中心(C)/动态(D)/范围(E)/上一个(P)/比例(S)/窗口(W)/对象(O)] <实时>:

输入 A 并按【Enter】键，这时所有的图形对象将在绘图区显示出来。

经过仔细观察，小圆出现在绘图区的左下角，如图 2-33 所示。

步骤 06　将鼠标移至圆上，然后向前滚动鼠标中键，则小圆将随之变大，效果如图 2-34 所示。

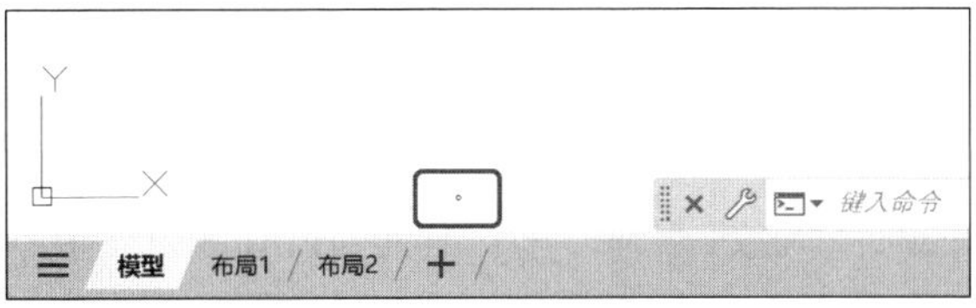

图 2-33　小半径圆

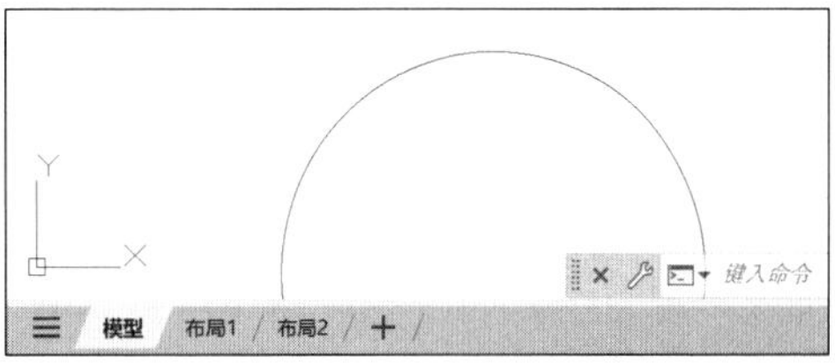

图 2-34　放大后的小圆

步骤 07　如图 2-35 所示,将鼠标移至圆内,然后按着鼠标中键并平移,将放大后的小圆移至绘图区的中心。

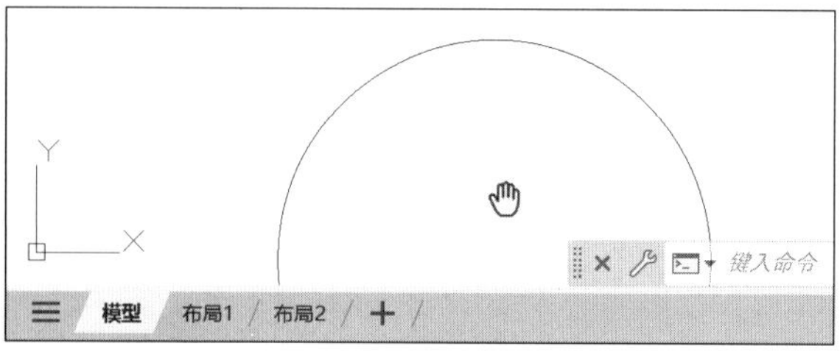

图 2-35　平移放大后的小圆

到此为止,我们完成了小圆位置和大小的调整。

如果需要,读者可进一步通过滚动鼠标中键来缩放图形,通过按下鼠标中键并平移来移动其位置。

步骤 08　反复执行第 1 ~ 3 步,绘制出其他三个圆。

下面通过设置并打开【对象捕捉】,完成切线的绘制。

步骤 09　单击图 2-22 中的【对象捕捉】下拉按钮,弹出图 2-23 所示的快捷菜单。

步骤 10　在图 2-23 中选择切点,使其前面出现"√"。设置完成后,将鼠标移至绘图区的任意位置并单击,关闭该快捷菜单。

注意:为了避免捕捉到不需要的特征点而影响绘图效率,请在图 2-23 中仅勾选"切点"。

步骤 11　单击图 2-22 所示状态栏中的【对象捕捉】按钮,使图标的颜色变成蓝色。

步骤 12　在命令行输入 Line 并按【Enter】键。

步骤 13　指定下一点或 [放弃(U)]:

如图 2-36(a)所示,将鼠标移至圆周上的切点附近,当出现黄色的切点符号时,单击输入即可。

步骤 14　指定下一点或 [放弃(U)]:

如图 2-36(b)所示,重复上一步的操作输入第二个切点,完成第一条切线的绘制。

步骤 15　重复第 12 ~ 14 步,完成其他三条切线的绘制。

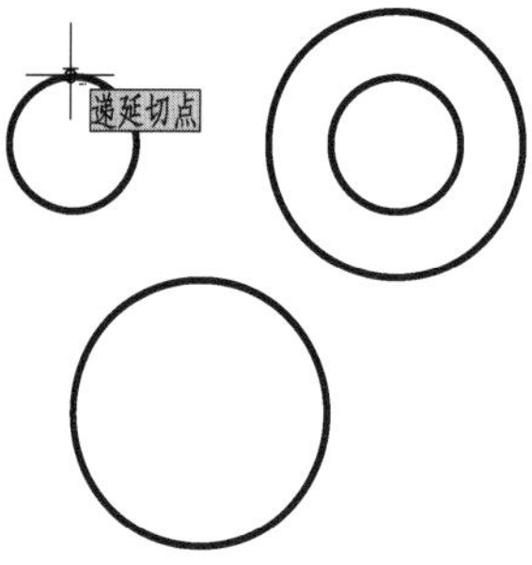

(a) 选择第一个切点

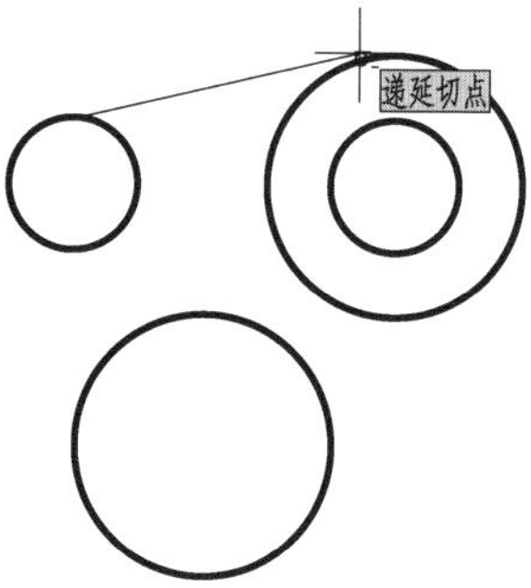

(b) 选择第二个切点

图 2-36　绘制切线

注意:在捕捉并输入切点时,切点的位置只需要"大致"正确即可。其实,在 AutoCAD 中系统将根据用户的输入判断参与相切的两个圆,然后根据其几何数据计算准确的切线并进行绘制。

除了能够用圆心、半径绘制圆以外，还能通过相切、相切、半径的方式画圆。请看下面的例子。

【例题 2】绘制图 2-37 所示的二维图。

【绘图步骤】

步骤 01　打开【正交】功能，绘制水平和竖直方向的两条直线。

步骤 02　在命令行输入 Circle 并按【Enter】键。

步骤 03　指定圆的圆心或 [三点(3P)/两点(2P)/切点、切点、半径(T)]：

输入 T 并按【Enter】键。

步骤 04　指定对象与圆的第一个切点：

如图 2-38(a)所示，将鼠标移至竖直直线上，当出现黄色的切点符号时单击，输入第一个切点。

步骤 05　指定对象与圆的第二个切点：

用同样的方法输入第二个切点，如图 2-38(b)所示。

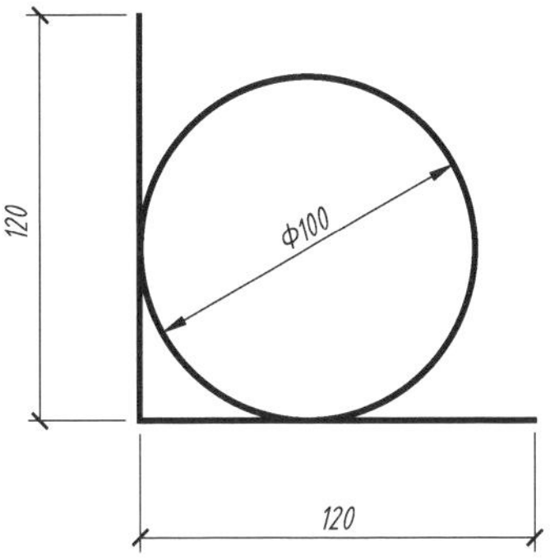

图 2-37　用相切、相切、半径的方式画圆

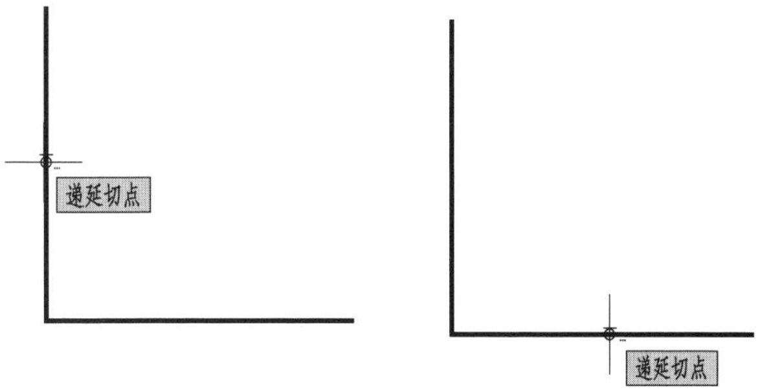

(a) 选择第一个切点　(b) 选择第二个切点

图 2-38　圆的绘制

步骤 06　指定圆的半径：

输入半径 50 并按【Enter】键，完成绘图。

2. 长方形的绘制

【例题 3】如图 2-14 所示，绘制长 200、宽 100 且位置任意的长方形。

【绘图步骤】

前面的例子都是通过【直线】命令来绘制长方形。其实，AutoCAD 提供了【长方形】命令。下面是该命令的使用方法：

步骤 01　用下列方法之一执行画长方形的命令：

- 依次单击【默认】选项卡→【绘图】面板→【长方形】按钮，如图 2-39 所示；
- 在命令行输入 Rectang 并按【Enter】键。

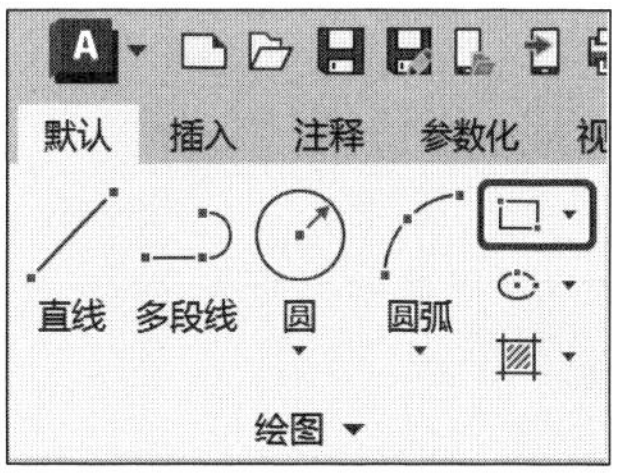

图 2-39　单击【长方形】按钮

步骤 02　指定第一个角点或 [倒角(C)/标高(E)/圆角(F)/厚度(T)/宽度(W)]：

用鼠标在绘图区的任意位置单击，输入长方形第一个角点的坐标。

步骤 03　指定另一个角点或 [面积(A)/尺寸(D)/旋转(R)]：

输入(@200,100)并按【Enter】键，完成长方形的绘制。

除此以外，还能通过输入长方形长和宽的方式完成绘图，步骤如下：

步骤 01　在命令行输入 Rectang 并按【Enter】键。

步骤 02　指定第一个角点或 [倒角(C)/标高(E)/圆角(F)/厚度(T)/宽度(W)]：

用鼠标在绘图区的任意位置单击，输入长方形第一个角点的坐标。

注意：如果要绘制带有圆角的长方形，则应在此处输入 F 并按【Enter】键。这种方法比绘制长方形并倒圆角具有更高的效率。

步骤 03　指定另一个角点或 [面积(A)/尺寸(D)/旋转(R)]：

输入 D 并按【Enter】键。

步骤 04　指定矩形的长度：

输入 200 并按【Enter】键。

步骤 05　指定矩形的宽度：

输入 100 并按【Enter】键。

步骤 06　指定另一个角点或 [面积(A)/尺寸(D)/旋转(R)]：

将鼠标移至第一个角点的右上角，在任意位置单击，完成绘图。

相比而言，第一种方法更加快捷方便。

2.7 阵　　列

阵列包括矩形阵列、环形阵列和路径阵列。矩形阵列按照行、列进行复制；环形阵列沿圆周进行复制；路径阵列是指沿选定的路径进行复制。

1. 矩形阵列

矩形阵列是指将某个图形按照给定的行距、列距沿 X、Y 轴方向复制得到多个相同图形对象的过程。

【例题 1】绘制图 2-40 所示的二维图形。

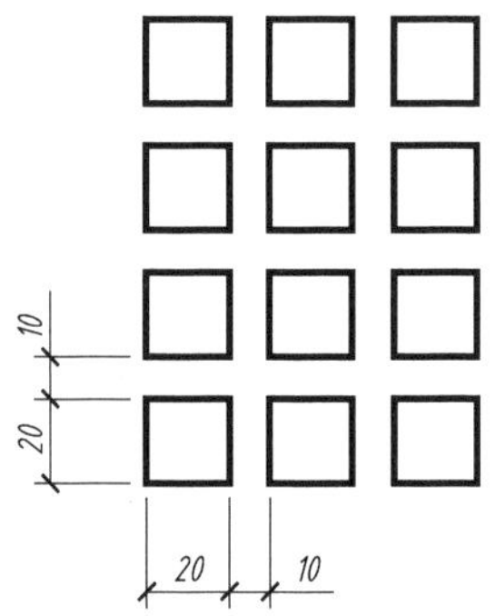

图 2-40　用矩形阵列绘制二维图

【绘图步骤】

首先画出左下角的正方形，然后用【阵列】命令绘制其他正方形。

步骤 01　绘制左下角边长为 20 的正方形；

可用【直线】或【矩形】命令绘制该正方形，详细做法请参考前述内容。

步骤 02　用下列方法之一执行【矩形阵列】命令：

- 依次单击【默认】选项卡→【修改】面板→【矩形阵列】按钮，如图 2-41 所示；
- 在命令行输入 Arrayrect 并按【Enter】键。

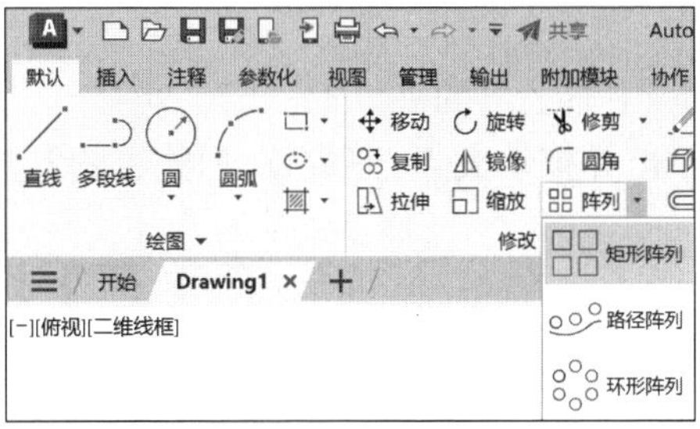

图 2-41　单击【矩形阵列】按钮

步骤 03　选择对象：

在该提示下，选择正方形并按【Enter】键。

选择对象结束后，在 AutoCAD 界面的功能区出现图 2-42 所示的【阵列创建】选项卡，同时在绘图区出现默认参数下的阵列结果，如图 2-43 所示。

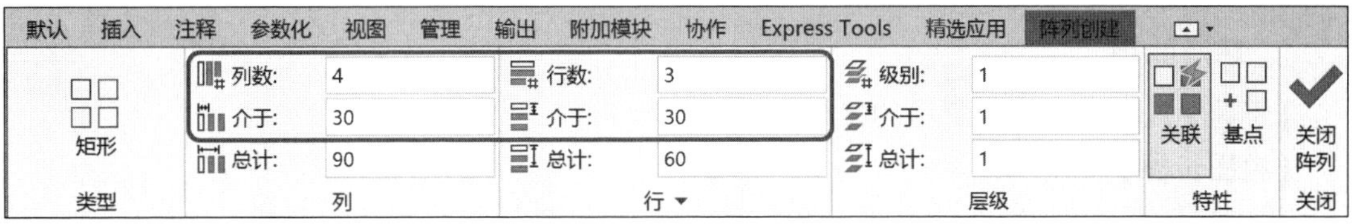

图 2-42　【阵列创建】选项卡

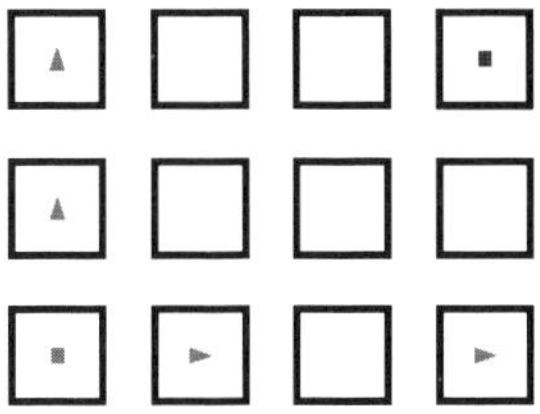

图 2-43　默认参数下的阵列

步骤 04　调整阵列参数：

由图 2-40 可知，阵列数为 4 行 3 列，其中行、列间距都是 30。如图 2-44 所示，输入正确的阵列参数，单击【关闭阵列】按钮完成阵列。

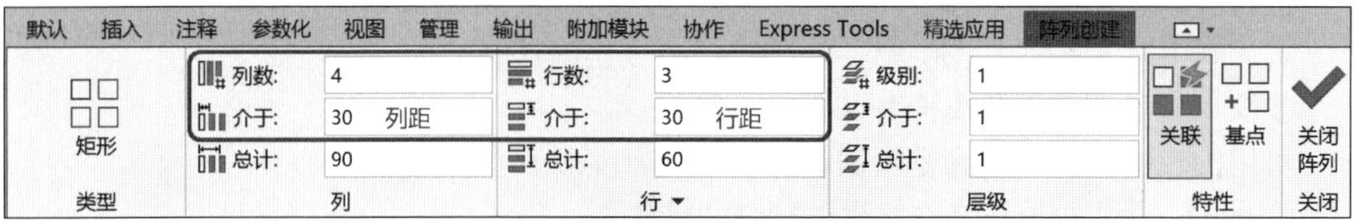

图 2-44　矩形阵列参数

注意：除了能在图 2-42 所示选项卡中调整阵列参数外，还可在图 2-43 所示的图形中对行、列数进行调整，做法如下：

- 将光标移至图 2-45(a)中右上角的夹点上；
- 如图 2-45(b)所示，单击并拖动夹点，完成行、列数目的调整。

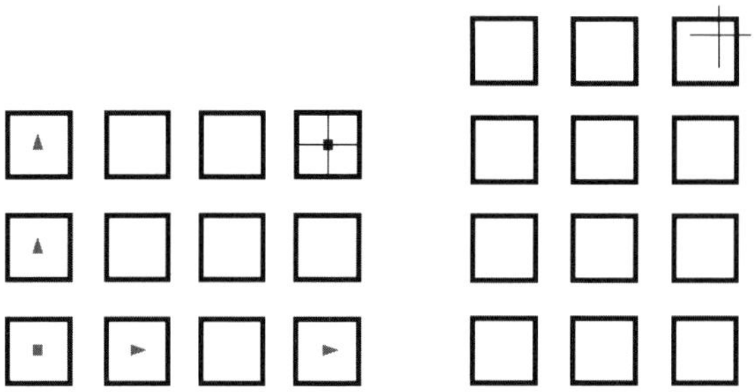

（a）选择夹点　　（b）拖动夹点调整行、列数

图 2-45　阵列参数调整

2. 环形阵列

【例题 2】绘制图 2-46 所示的二维图形。

【绘图步骤】

首先绘制直径为 121 的大圆及其顶部的一个小圆，然后将小圆绕大圆圆心进行环形阵列。

步骤 01　绘制大圆、水平和竖直两条直线以及顶部的一个小圆。

步骤 02　用下列方法之一执行【环形阵列】命令：

- 依次单击【默认】选项卡→【修改】面板→【环形阵列】按钮，如图 2-47 所示；
- 在命令行输入 Arraypolar 并按【Enter】键。

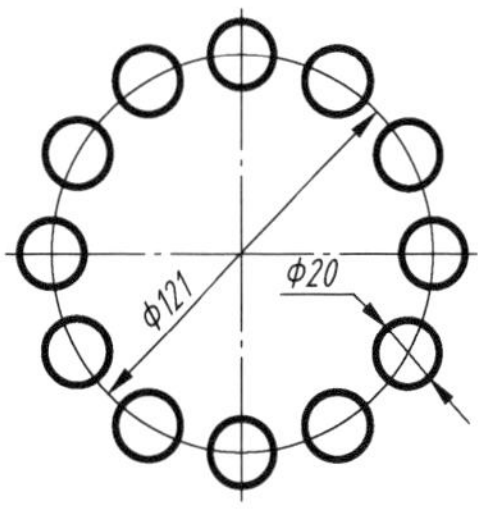

图 2-46　用环形阵列绘制二维图

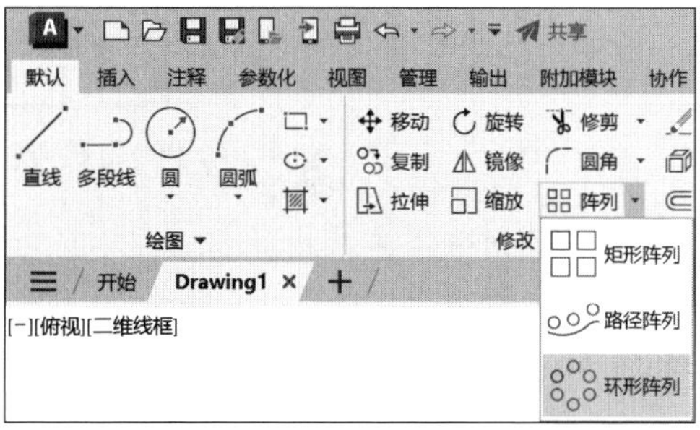

图 2-47　单击【环形阵列】按钮

步骤 03　选择对象：

选择顶部小圆并按【Enter】键。

步骤 04　指定阵列的中心点或 [基点(B)/旋转轴(A)]：

设置并打开对象捕捉，将鼠标移至大圆圆周上，当大圆圆心处出现黄色小圆时，单击鼠标左键输入阵列中心点。

确定阵列中心后，在 AutoCAD 界面的功能区出现图 2-48 所示的【阵列创建】对话框，同时在绘图区出现默认参数下的阵列结果，如图 2-49 所示。

图 2-48　【阵列创建】选项卡

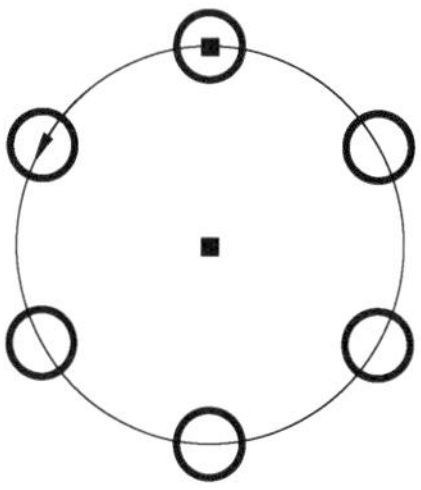

图 2-49　默认参数下的阵列

步骤 05　调整阵列参数：

由图 2-46 可知，12 个小圆均匀分布在大圆圆周上。所以，在图 2-50 所示的对话框中，将项目数调整为 12 并单击【关闭阵列】按钮，完成图形绘制。

图 2-50　环形阵列参数

3. 路径阵列

如图 2-51 所示，可将半径为 10 的小圆沿曲线路径进行阵列。这部分内容不再展开讲述，请读者利用 AutoCAD 的帮助文件完成学习并自行尝试。

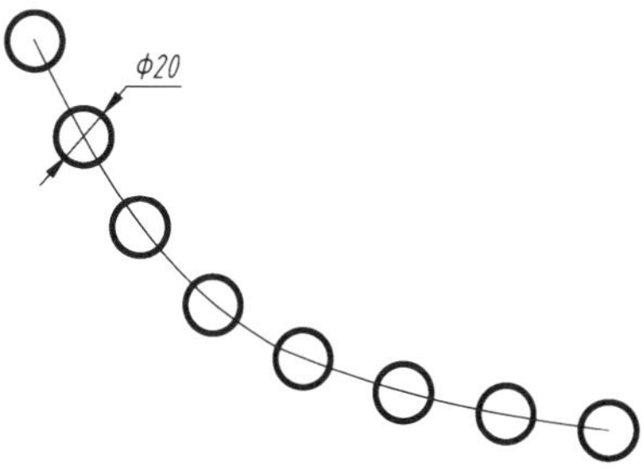

图 2-51　用路径阵列绘制二维图

2.8 圆角和剪切

圆角指的是用相切圆弧连接两个图形对象。剪切是指删除图形对象的部分,使之与其他图形刚好相交。

1. **圆角**

【例题 1】用实线代替点画线,绘制图 2-52 所示的二维图形。

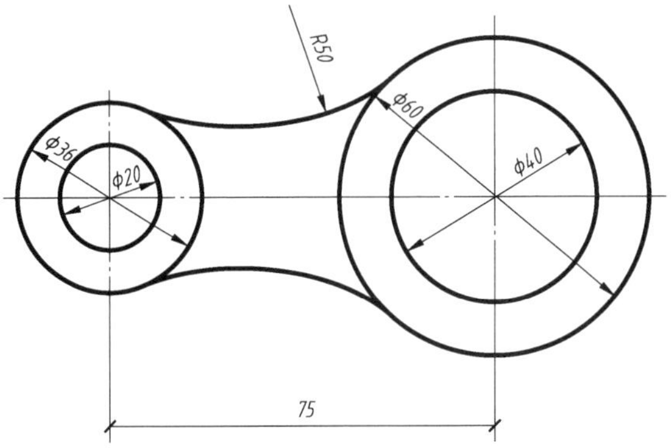

图 2-52 用圆角命令绘制相切圆弧

【绘图步骤】

步骤 01 首先绘制左侧两个同心圆;

输入第二个圆的圆心坐标时,应设置捕捉“圆心”并打开【对象捕捉】,提高绘图效率。

步骤 02 用同样的方法绘制右侧两个同心圆;

为了绘制上下两段半径为 50 的连接圆弧,应使用【圆角】命令。下面是该命令的执行过程:

步骤 03 用下列方法之一执行【圆角】命令:

- 依次单击【默认】选项卡→【修改】面板→【圆角】按钮,如图 2-53 所示;

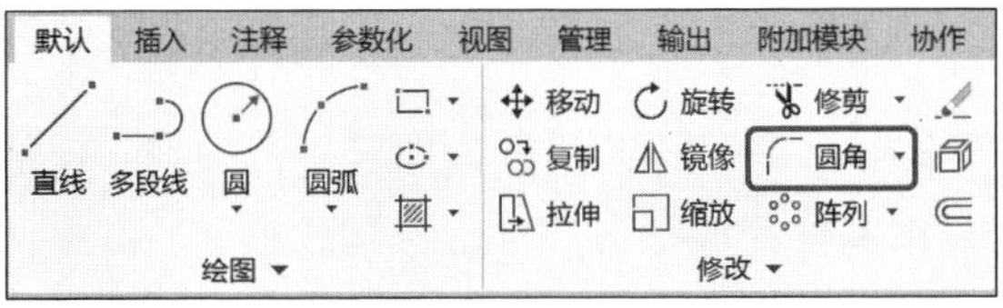

图 2-53 单击【圆角】按钮

- 在命令行输入 Fillet 并按【Enter】键。

步骤 04 选择第一个对象或 [放弃(U)/多段线(P)/半径(R)/修剪(T)/多个(M)]:

圆角的目的是用圆弧光滑连接两个图形对象,所以首先应指定连接圆弧的半径。在该提示下输入 R 并按【Enter】键。

步骤 05 指定圆角半径:

输入 50 并按【Enter】键。

因为圆角与两个相切的图形对象相关，所以接下来系统将引导用户在两个相切的图形对象上指定两个切点。

步骤 06　选择第一个对象或 [放弃(U)/多段线(P)/半径(R)/修剪(T)/多个(M)]：

将鼠标移至左侧大圆圆周上切点所在的大致位置，当出现"递延切点"的捕捉提示文本时，单击输入第一个切点。

步骤 07　选择第二个对象，或按住【Shift】键选择对象以应用角点或 [半径(R)]：

用同样的方法在右侧大圆周上捕捉输入第二个切点。

步骤 08　重复第 3 ~ 7 步，绘制下面的一段圆弧，完成二维图形的绘制。

2. 修剪

【例题 2】用实线代替点画线，绘制图 2-52 所示的二维图形。

除了上例中的画法，该图形中上下两段半径为 50 的圆弧还能这样绘制：先画出半径为 50 的圆，然后剪掉多余圆弧，留下连接圆弧。同时镜像生成另一段圆弧。

【绘图步骤】

步骤 01　绘制左侧两个同心圆；

步骤 02　绘制右侧两个同心圆；

步骤 03　启动【圆】命令，用【相切、相切、半径】的方式绘制半径为 50 的圆；

具体画法不再展开谈论，如有操作困难，请查看前述内容。

下面利用【修剪】命令删除上半段圆弧，保留下半段圆弧。详细的操作过程如下：

步骤 04　用下列方法之一执行【修剪】命令：

- 依次单击【默认】选项卡→【修改】面板→【修剪】按钮，如图 2-54 所示；

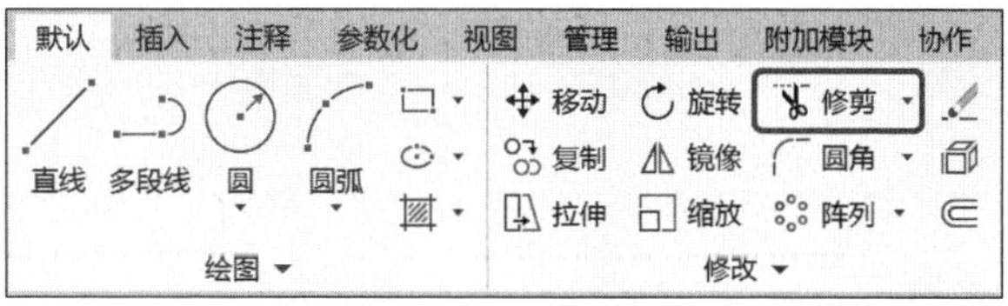

图 2-54　单击【修剪】按钮

- 在命令行输入 Trim 并按【Enter】键。

步骤 05　选择剪切边…选择对象或 <全部选择>：

此处提示选择剪切边界。两个切点所在的大圆将半径为 50 的圆分为上、下两段，所以在选择剪切边界时，只需用"窗交"的方式，如图 2-55(a)所示，选择左右两个大圆即可。

注意：选择剪切边界时，应选择相关的图形对象，不要尝试选择切点。

步骤 06　选择要修剪的对象，或按住【Shift】键选择要延伸的对象，或 [栏选(F)/窗交(C)/投影(P)/边(E)/删除(R)/放弃(U)]：

此处提示选择要剪掉的图形对象。如图 2-55(a)所示，将鼠标移至要剪掉的上段圆弧上，单击完成剪切删除。

到此为止，完成了上段圆弧的绘制，如图 2-55(b)所示。

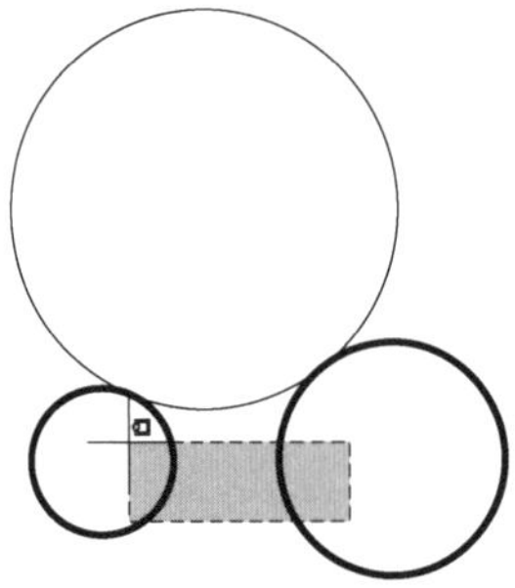

（a）选择剪切边界

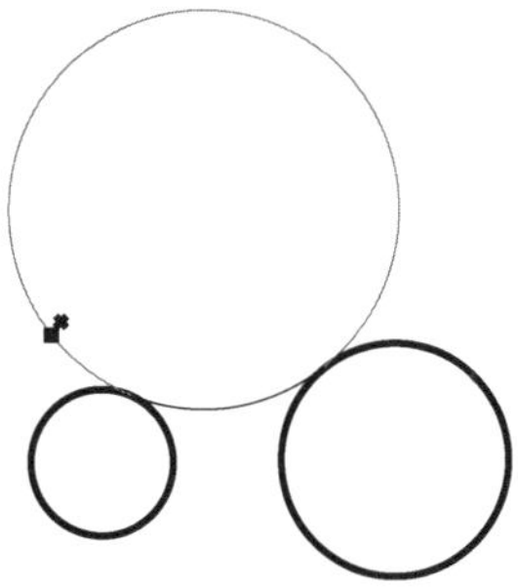

（b）选择要剪掉的圆弧

图 2-55 剪切圆弧

步骤 07 用镜像命令完成下段圆弧的绘制。

第3章 平面图形的绘制

本章讨论较为复杂的二维平面图形的绘制和编辑。

3.1 图　　层

在 AutoCAD 中,数量众多的图形对象是通过图层来组织和管理的。在绘图中,可将图线归类置于不同的图层,使图形的组织和管理更加方便。例如,通过关闭图层可以隐藏不需要看到的图线,降低图形的视觉复杂程度,并提高显示性能;通过锁定图层可以防止这些图层上的对象被意外修改等。

工程图样中一般包含各种不同线型、线宽的图线。默认状态下,AutoCAD 仅提供了一个图层,无法有效完成图线的绘制、组织和管理。所以,复杂平面图形的绘制中,图层就显得非常重要。

图层相当于大小确定而透明的图纸。因此,保持不同类型图线之间的位置关系不变,将图形中相同线型的图线绘制在同一图层上,然后将这些图层叠合在一起,就组成了完整的平面图形。

下面举例说明创建和使用图层的具体方法。

【例题】绘制图 3-1 所示的二维图形。

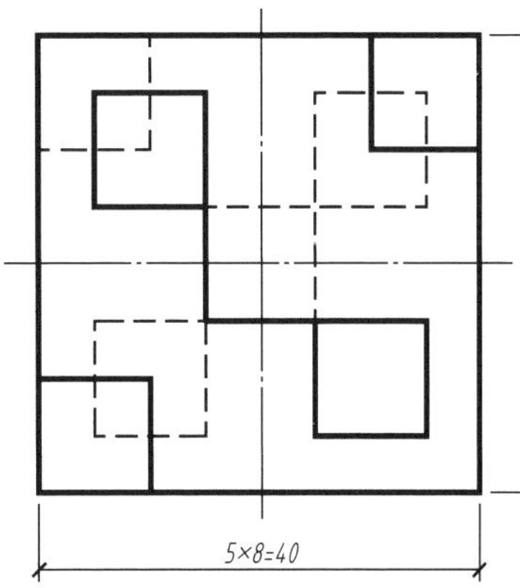

图 3-1　创建图层并绘制图形

【绘图步骤】

由图可知,该二维图包括三种图线:粗实线、中粗虚线和细点画线。如果将相同线型、线宽的图线绘制在同一图层上,则应创建三个图层。下面是图层创建的方法和过程:

(1)创建新图层

步骤 01　用下列方法之一执行创建新图层的命令:

- 如图 3-2 所示,依次单击【默认】选项卡→【图层】面板→【图层特性】按钮;
- 在命令行输入 Layer 并按【Enter】键。

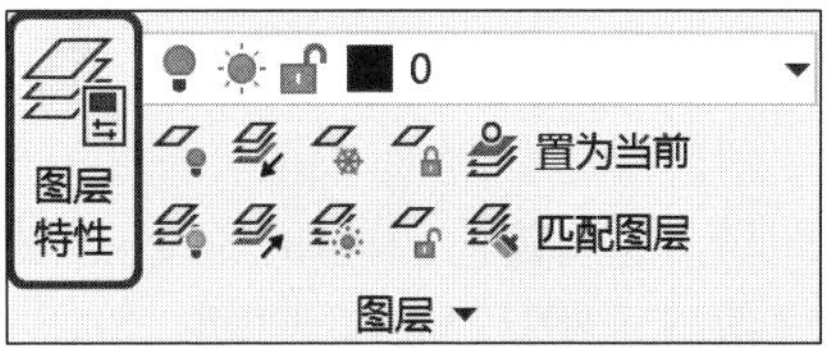

图 3-2　单击【图层特性】按钮

命令执行后,弹出图 3-3 所示的【图层特性管理器】对话框(如果对话框中的内容显示不完整,读者可将鼠标移至其右下角进行拖动调整)。

在该对话框中,高亮显示的一行是 AutoCAD 中默认的当前图层,又称 0 层。也就是说,只要打开 AutoCAD,其中就包含了这个图层。从另一个角度理解:AutoCAD 为了方便用户绘图,在软件打开之际,自动为用户准备了一张图纸。

由于复杂图形的绘制中经常需要一些辅助线来帮助绘图。所以,经常保持 0 层的原状并在其上绘制辅助线。

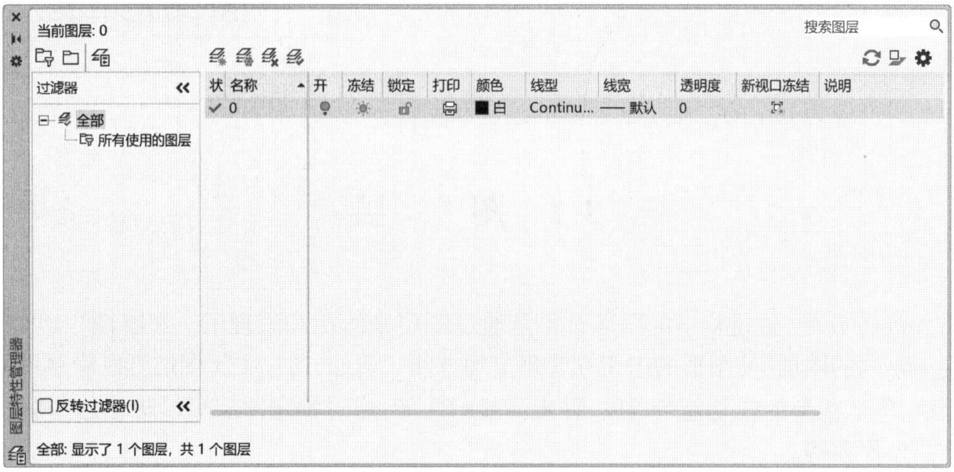

图 3-3 【图层特性管理器】对话框

步骤 02 如图 3-4 所示,单击【新建图层】按钮三次,创建三个新的图层,结果如图 3-5 所示。

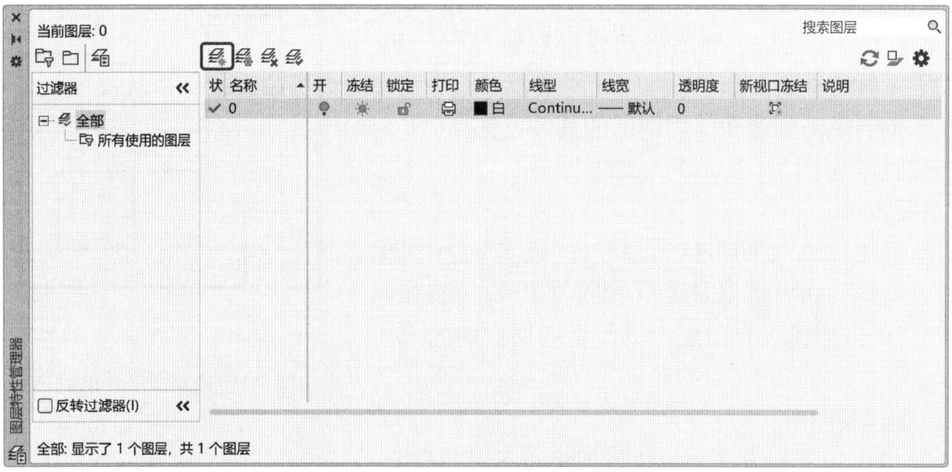

图 3-4 单击【新建图层】按钮

图层创建后,应完成图层特性的设置,包括图层的线型、线宽和颜色。也就是说,为了在某个图层上绘制蓝色、中粗的虚线,必须(考虑到对初学者养成良好的操作习惯,我们强烈建议这样做)将该图层的颜色、线型、线宽分别设置为蓝色、虚线和中等宽度。

下面是图层设置的具体过程。

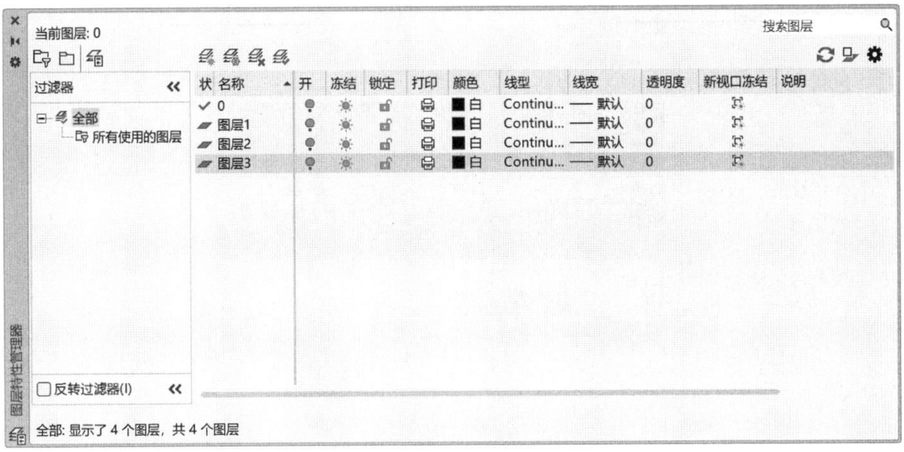

图 3-5　新建三个图层

(2)图层的设置

最常见的设置包括图层的名称、颜色、线型和线宽的设置，下面将分别详述设置方法和过程。

步骤 03　请按照下面的顺序设置图层名称：

- 将鼠标移至图层所在行并单击，则该行高亮显示；
- 如图 3-6 所示，单击图层名称，重新输入图层名；
- 将鼠标移至对话框空白处单击，完成图层名称的修改。

重复图层名称的设置过程，完成新建图层名的修改，结果如图 3-7 所示。

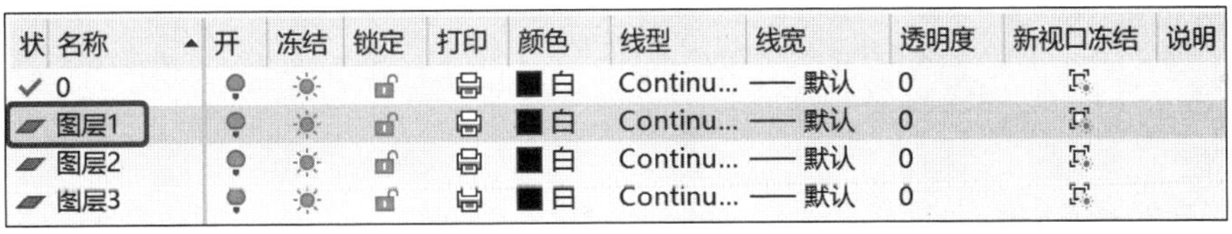

图 3-6　编辑图层名称

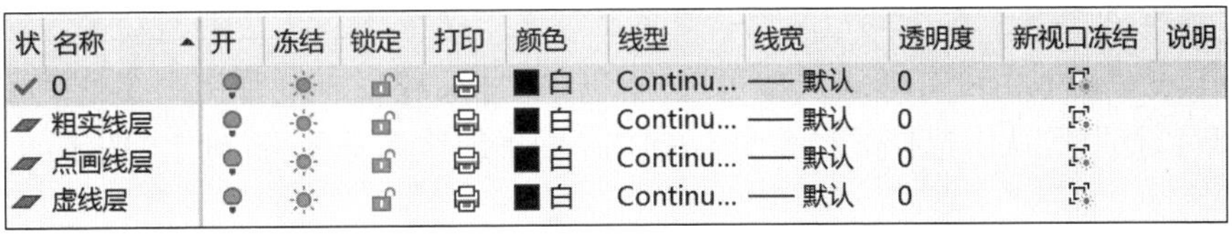

图 3-7　修改后的图层名称

步骤 04　设置图层颜色。

将鼠标移至与图层对应的“颜色”列小方块上并单击，弹出图 3-8 所示的【颜色选择】对话框。在该对话框内选择目标颜色后单击【确定】按钮，完成设置。

请读者用相同的方法给三个新建的图层设置不同的颜色。

步骤 05　设置图层线型。

为了正确表达工程图样，线型的设置非常关键。下面以虚线层线型的设置为例，说明其设置方法。

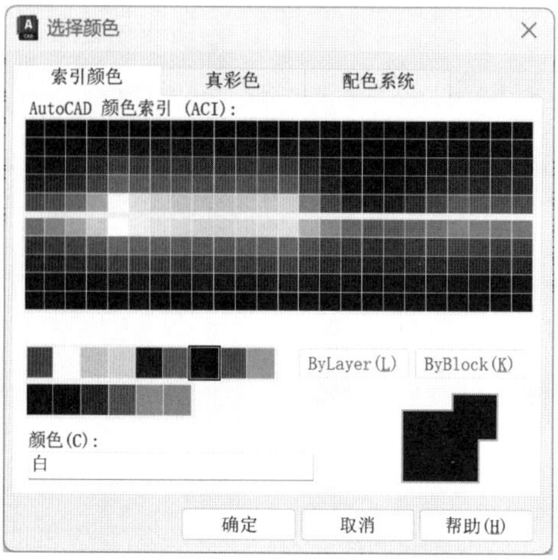

图 3-8 【选择颜色】对话框

• 如图 3-9 所示，将鼠标移至虚线层的“线型”列并单击线型名称，弹出图 3-10 所示的【选择线型】对话框；

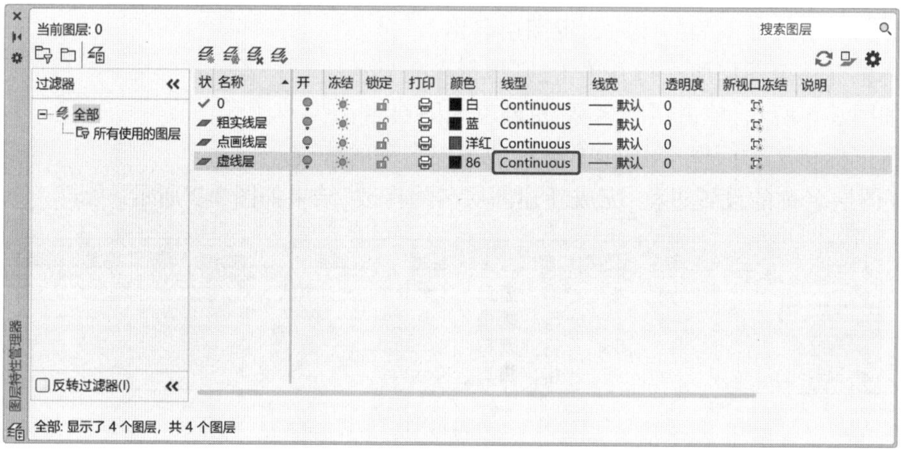

图 3-9 【图层特性】对话框

• 由于该对话框中没有虚线线型可选，所以单击【加载】按钮，弹出图 3-11 所示的【加载或重载线型】对话框，从中选择线型名为 HIDDEN 的虚线线型并单击【确定】按钮；

图 3-10 【选择线型】对话框

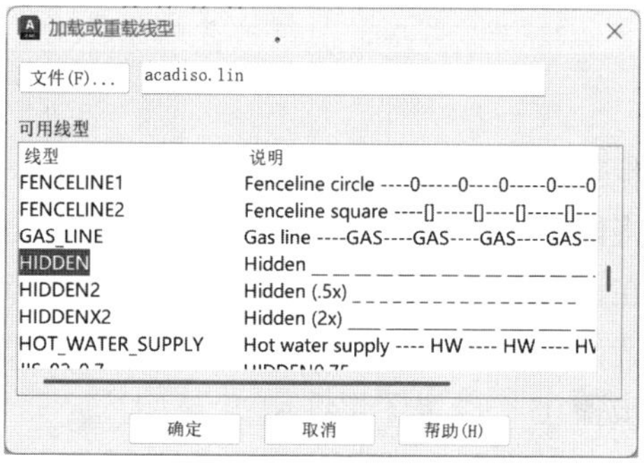

图 3-11 【加载或重载线型】对话框

- 再次回到图 3-12 所示的【选择线型】对话框,选择 HIDDEN 线型并单击【确定】按钮;

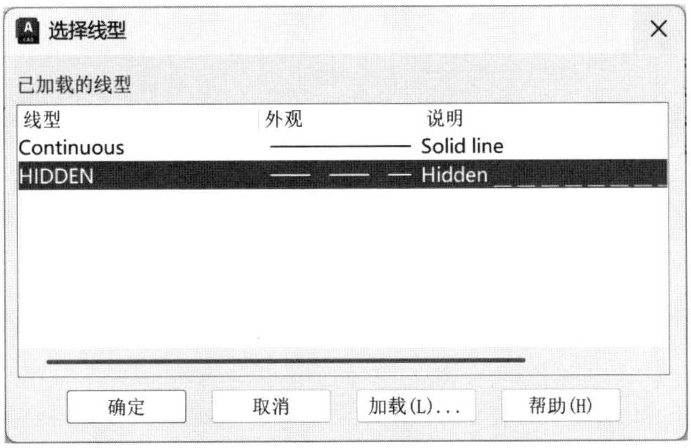

图 3-12　选择虚线线型

- 设置结果如图 3-13 所示。前后比较发现,虚线层的线型名称发生了变化。

图 3-13　虚线层线型设置

- 用相同的方法设置点画线层的线型(点画线线型选择 CENTER),结果如图 3-14 所示。

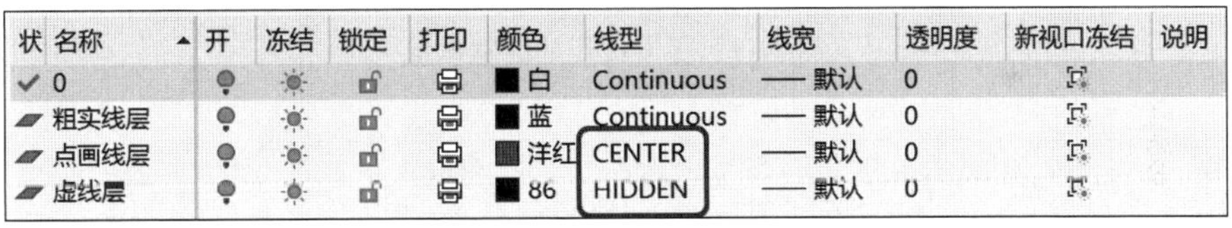

图 3-14　所有图层线型设置

步骤 06　设置图层线宽。

工程图样中,可见的轮廓线用粗实线来表达,所以线宽设置非常必要。下面以粗实线层的线宽设置为例,说明其设置方法:

- 如图 3-15 所示,将鼠标移至粗实线层的“线宽”列并单击默认线宽,弹出图 3-16 所示的【线宽】对话框;

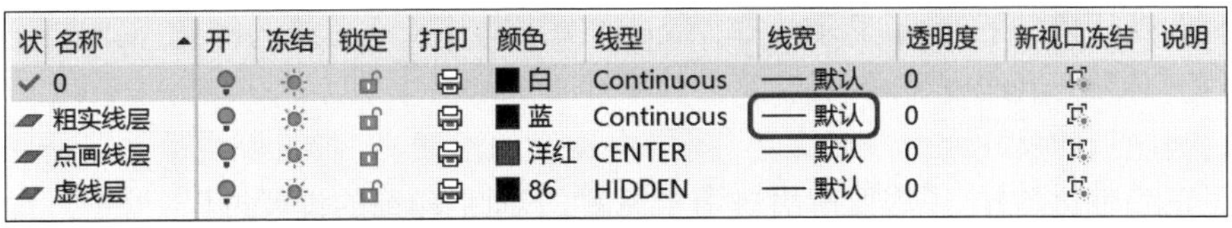

图 3-15　选择粗实线层的线宽名称

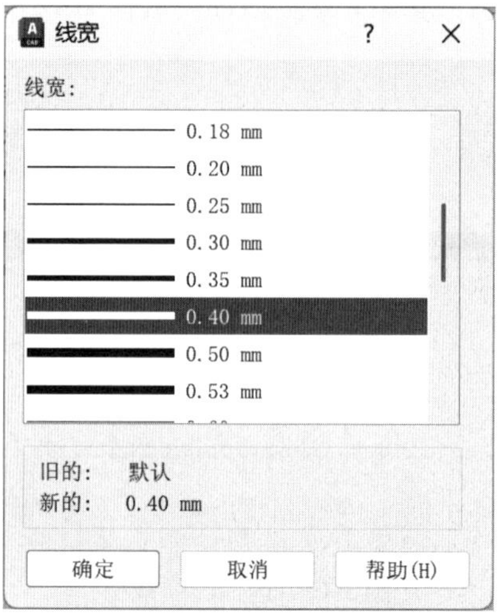

图 3-16 【线宽】对话框

- 在【线宽】对话框中,选择相应线宽并单击【确定】按钮;
- 粗实线层设置线宽后的结果如图 3-17 所示;
- 用同样的方法对虚线层进行设置,最终所有图层的设置情况如图 3-18 所示。

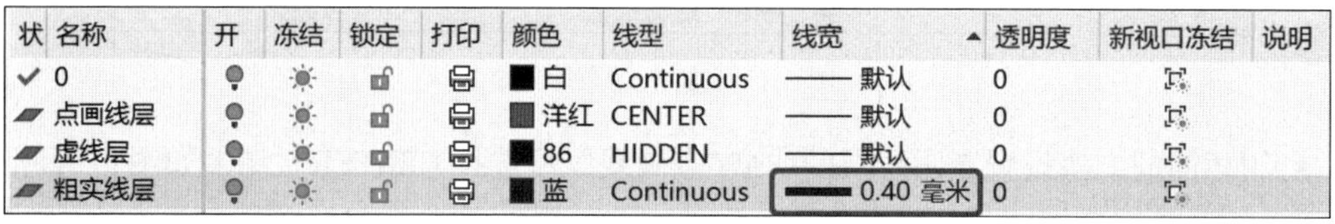

图 3-17 粗实线层的线宽设置

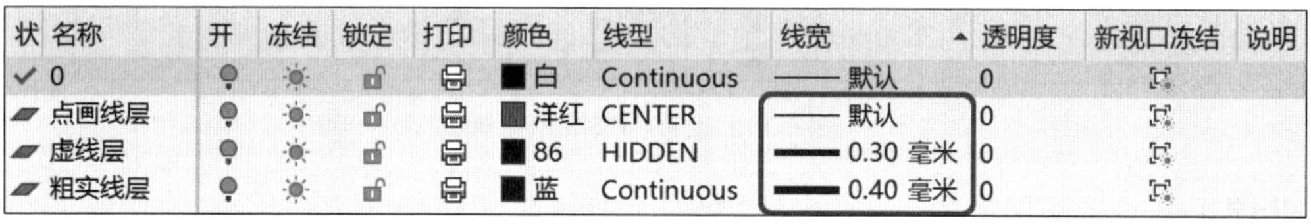

图 3-18 所有图层的线宽设置

到此为止,我们对新建图层的图名、线型、线宽和颜色分别进行了设置。按照预想,在粗实线层、虚线层、点画线层上绘制的图线分别是蓝色的粗实线、绿色中粗的虚线、洋红色细的点画线。

但是,在默认情况下,为了显示效率,AutoCAD 并没有显示图线的线宽。要在绘图中直观地看到线宽,必须开启线宽显示功能。

还有,当图形的尺寸太大或者太小,图层中预设的虚线、点画线等线型并不能正确显示。所以,为了正确表达图样,还需要解决这两个问题,下面是详细的设置过程。

(3)开启线宽显示

尝试在粗实线层上绘制一段直线,观察其线宽显示是否正确。

步骤 07 将粗实线层设置为当前层。

如图 3-19(a)所示,依次单击【默认】选项卡→【图层】面板→图层下拉列表,弹出

图 3-19(b)所示的图层下拉列表,在该列表中选择【粗实线层】后,结果如图 3-19(c)所示。

将粗实线层设置为当前层,则后面绘制的所有图形对象都将出现在粗实线层上,且图线为蓝色的粗实线。

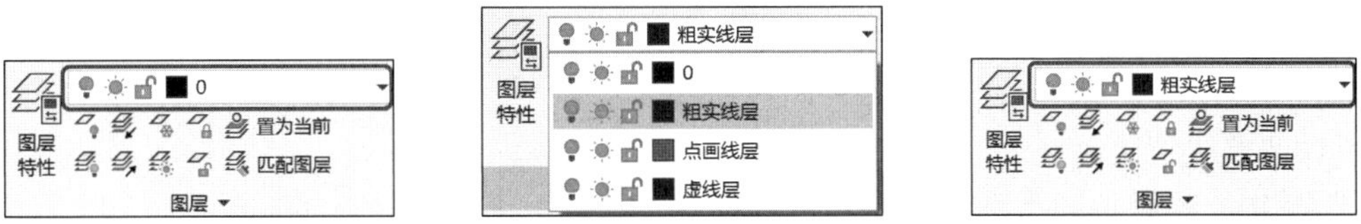

(a) 选择图层下拉列表　(b) 选择粗实线层　(c) 将粗实线层置为当前

图 3-19　将图层置为当前

步骤 08　如图 3-20 所示,绘制长为 40 的一段直线。

因为要绘制的二维图是边长为 40 的正方形,所以绘制长为 40 的一段直线方便观察和进行针对性的调整。

依据粗实线层的特性,该图层上绘制的图线应该是蓝色的粗实线。观察绘图区,该段直线的线宽并未正确显示。

图 3-20　长为 40 的直线

步骤 09　打开线宽显示。

如图 3-21 所示,将鼠标移至状态栏最右侧的【自定义】按钮上并单击,弹出图 3-21 所示的自定义快捷菜单,选择【线宽】命令后将光标移至绘图区单击,退出快捷菜单。

图 3-21　选择【线宽】命令

这时,在状态栏中出现图3-22所示的【显示/隐藏线宽】按钮,单击该按钮,打开线宽显示。观察绘图区的直线,其宽度明显增大。

图3-22　单击【显示/隐藏线宽】按钮

(4)调整线型比例

步骤10　绘制不同类型的图线并观察线型显示是否正确。

将虚线层设置为当前层并绘制长为40的一段直线;用同样的方法将点画线层设置为当前层并绘制同样长度的直线段,结果如图3-23所示。

在图3-23中,从上到下分别为粗实线层、虚线层、点画线层上的直线。默认情况下,图层及其上图线的特性应该保持一致,所以这三条线应分别为粗实线、中粗虚线、细点画线。显然,最后一段直线的线型显示不正确。

下面通过调整线型比例,使最后的一段直线显示为点画线。方法如下:

步骤11　为了便于观察和调整,用鼠标中键将图形放大到填满绘图区。

步骤12　在命令行输入Ltscale并按【Enter】键,在后面的提示下输入0.1并按【Enter】键,结果如图3-24所示。

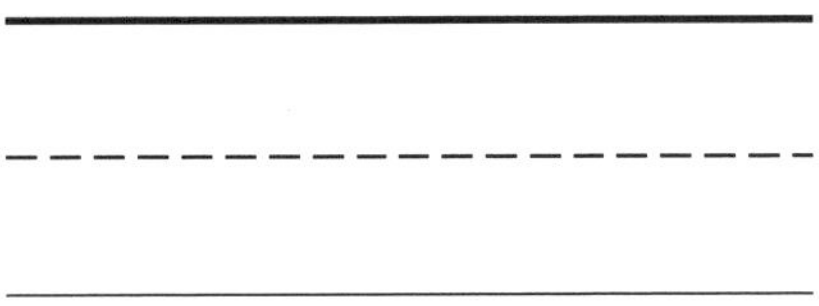
图3-23　不同类型的图线

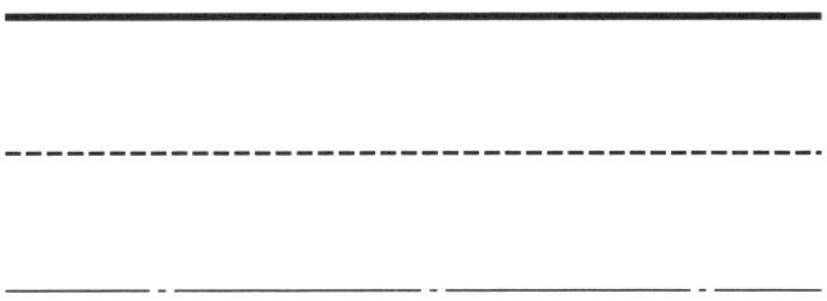
图3-24　调整线型比例后的效果

此时,所有图线的线型显示均符合设置预期。

上面输入的线型比例因子0.1只是经验值。在具体绘图中,需要经过反复调整才能得到满意的结果。总的来说,线型比例因子越小,相同长度的虚线短画的重复将会越多。

到目前为止,我们真正完成了绘图前的准备工作。由于这些准备工作对绘图非常重要,所以请读者反复练习,并掌握设置方法。

(5)绘制二维图

图3-1的尺寸非常规整,每个顶点刚好位于二维栅格线上。所以,利用栅格和捕捉功能,将大大提高绘图效率。

步骤13　设置栅格和捕捉间距,并打开【栅格】和【捕捉】功能。

如图3-25所示,在状态栏中右击【显示图形栅格】按钮并选择快捷菜单中的【网格设置】命令,弹出图3-26所示的对话框,在该对话框中将栅格和捕捉间距均设为5,然后单击【确定】按钮,关闭对话框。

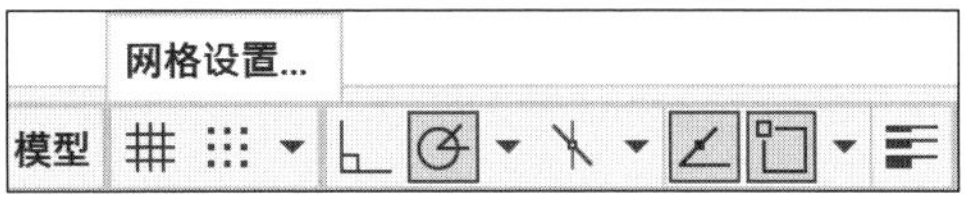

图3-25　选择【网格设置...】

最后,在状态栏中分别单击【显示图形栅格】和【捕捉模式】按钮,打开栅格和捕捉功能。

绘图时,只需恰当地切换图层、捕捉栅格点并绘制直线即可。

图 3-26　设置栅格和捕捉间距

步骤 14　将粗实线层设置为当前层，如图 3-27(a)所示，绘制所有粗实线；然后将当前图层切换为虚线层，绘制所有虚线，结果如图 3-27(b)所示；最后将点画线层置为当前，补画所有点画线，如图 3-27(c)所示。

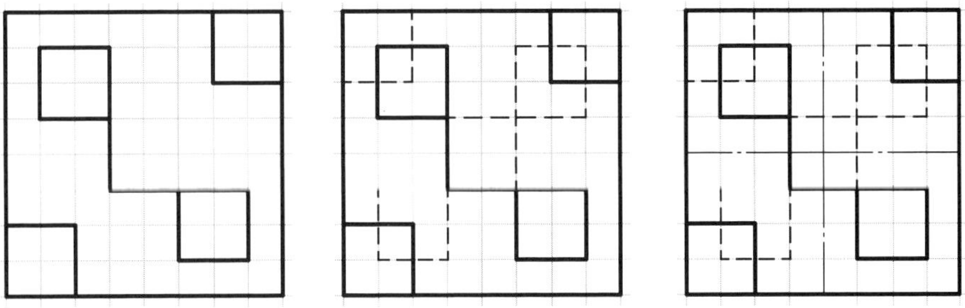

(a) 绘制粗实线　(b) 绘制虚线　(c) 绘制点画线

图 3-27　绘制二维图

步骤 15　调整点画线的长度。

绘制工程图样时，要求点画线超出图形轮廓 2～3mm。为了方便调整，请先打开【正交】模式，然后利用夹点编辑模式来调整点画线的长度。下面是详细的做法：

- 如图 3-28(a)所示，用鼠标单击水平点画线，出现了三个蓝色的夹点；
- 如图 3-28(b)所示，将鼠标移至左侧夹点上单击并向左移动鼠标，当直线发生向左的长度变化时，输入 2 并按【Enter】键，结果如图 3-28(c)所示；
- 按【Esc】键，退出夹点编辑模式；
- 用同样的方法完成其余部分的调整。

到此为止，图形绘制完毕。

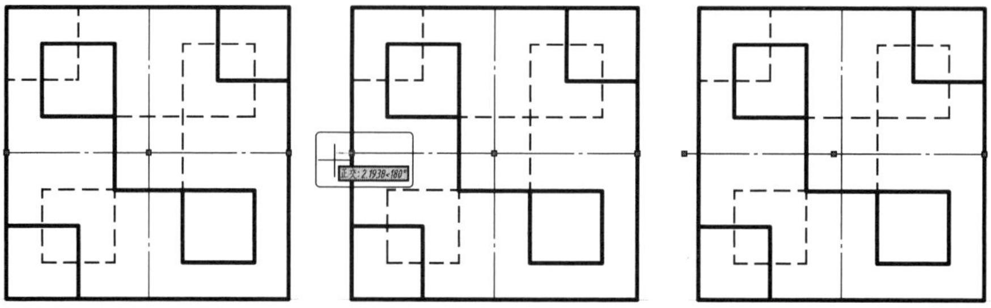

（a）单击选中点画线　　（b）单击夹点延长直线　　（c）延长后的点画线

图 3-28　夹点编辑

通过这个例子，读者体会到了图层在线型表达上的方便之处。除此之外，图层还能控制显示图形对象，方便进一步编辑和修改。如图 3-29 所示，通过图中三列图标，还能对图层实施开/关、冻结/解冻、锁定/解锁操作。

- 开/关：图层打开时，图层上的对象可见；图层关闭时，图层上的对象不可见。
- 冻结/解冻：类似于图层关闭和打开。但是，在处理具有大量图层的图形时，冻结不需要的图层可以提高图形显示和重新生成的速度。
- 锁定/解锁：锁定选定图层来防止这些图层上的图形对象被意外修改。

请读者结合上例尝试相关操作。

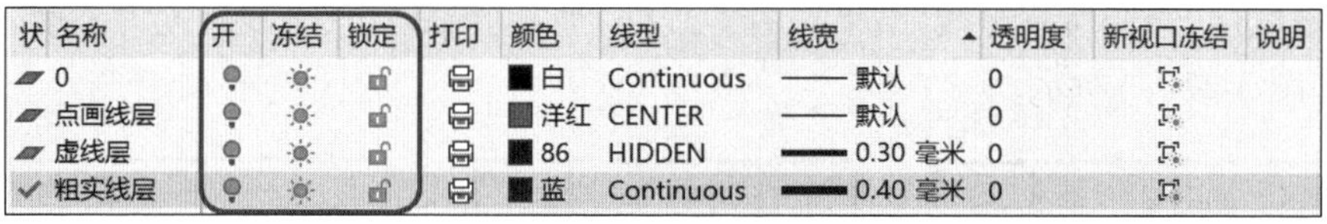

状	名称	开	冻结	锁定	打印	颜色	线型	线宽	透明度	新视口冻结	说明
	0					白	Continuous	—— 默认	0		
	点画线层					洋红	CENTER	—— 默认	0		
	虚线层					86	HIDDEN	—— 0.30 毫米	0		
✓	粗实线层					蓝	Continuous	—— 0.40 毫米	0		

图 3-29　图层管理

3.2　常见的绘图和修改命令

下面是平面图绘制中常用的二维绘图和修改命令。

1. **复制**

在 AutoCAD 中，经常利用【复制】命令绘制形状和大小相同的图形对象。

【例题 1】绘制图 3-30 所示宽、高相等的长方体的二投影图。

【绘图步骤】

步骤 01　打开【正交】模式，执行【直线】命令，绘制位于下方的长方体的水平投影；

下面利用【复制】命令绘制长方体的正面投影，具体操作如下。

步骤 02　用下列方法之一执行【复制】命令：

- 依次单击【默认】选项卡→【修改】面板→【复制】按钮，如图 3-31 所示；

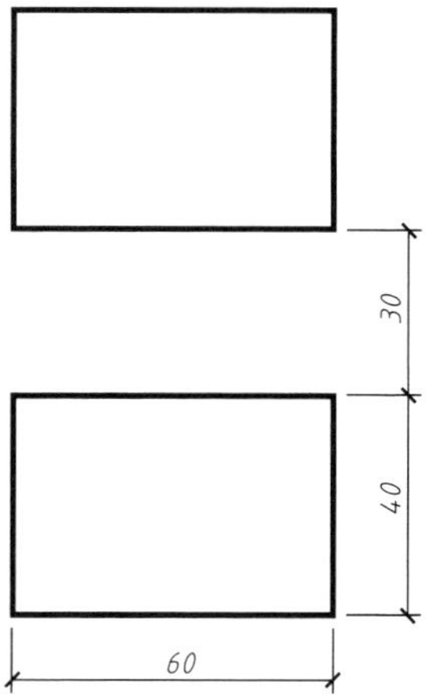

图 3-30　长方体的二投影图

- 在命令行输入 Copy 并按【Enter】键。

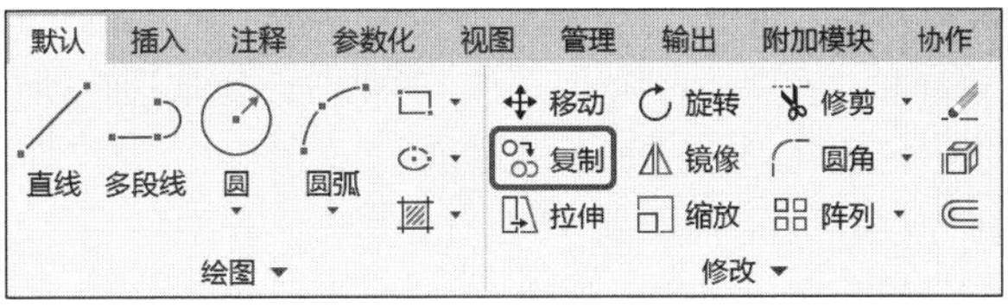

图 3-31　单击【复制】按钮

步骤 03　选择对象：

在该提示下，如图 3-32(a)所示，用窗口方式选择已绘制的长方形并按【Enter】键。

步骤 04　指定基点或 [位移(D)/模式(O)] <位移>：

如图 3-32(b)所示，用鼠标单击长方形的右下角顶点。

注意：理论上，复制的基准点可任意指定。但在实际绘图中，为了能快速确定并输入目标对象的位置，一般会选择便于位置控制的点作为基准点。

步骤 05　指定第二个点或 [阵列(A)] <使用第一个点作为位移>：

如图 3-32(c)所示，向上移动鼠标给出正确的复制方向后，在命令行输入 70，然后按两次【Enter】键。

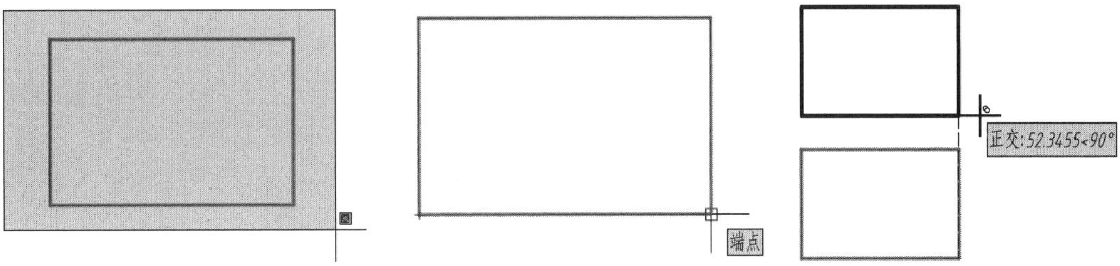

(a) 窗口选择　(b) 选择基点　(c) 输入位移

图 3-32　复制长方形

2. 极轴追踪

极轴追踪常用于绘制倾斜一定角度的直线。

【例题 2】绘制图 3-33 所示的半圆形二维图。

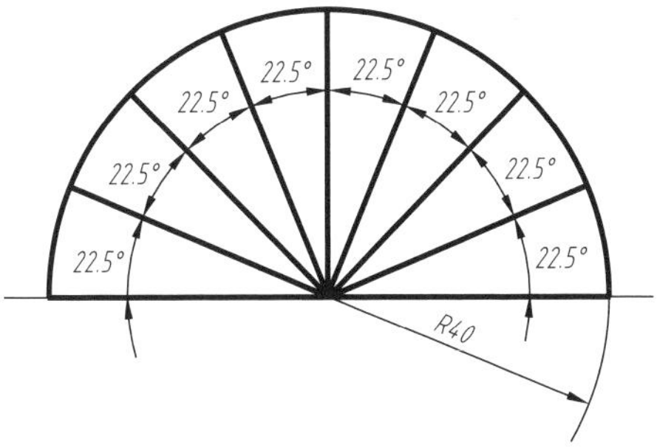

图 3-33　半圆形二维图

【绘图步骤】

步骤 01　在绘图区的任意位置绘制半径为 40 的圆。

步骤 02　打开【正交】和【对象捕捉】，执行【直线】命令，捕捉圆心并绘制一条水平线。

步骤 03　用夹点编辑方式调整上一步绘制的直线长度，结果如图 3-34 所示。

由图 3-33 可知，应该保留上半圆，删除下半圆。接着用【修剪】命令删除下半圆，步骤如下：

步骤 04　在命令行输入 Trim 并按【Enter】键。

步骤 05　选择剪切边... 选择对象或 <全部选择>：

选择直线并按【Enter】键。

步骤 06　选择要修剪的对象，或按住【Shift】键选择要延伸的对象，或[栏选(F)/窗交(C)/投影(P)/边(E)/删除(R)/放弃(U)]：

将鼠标移至直线下面的半圆弧上并单击，完成剪切删除，结果如图 3-35 所示。

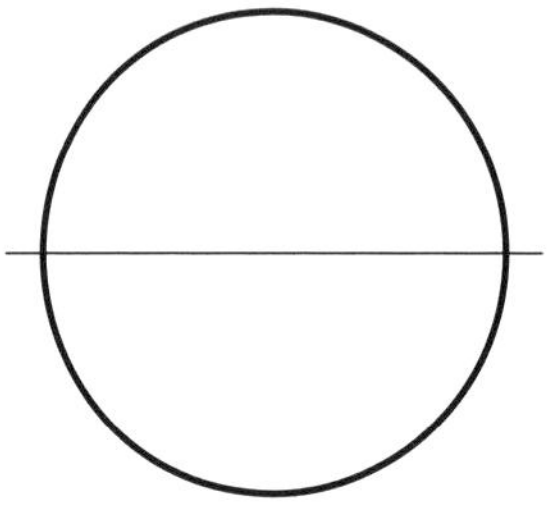

图 3-34　绘制圆和直线

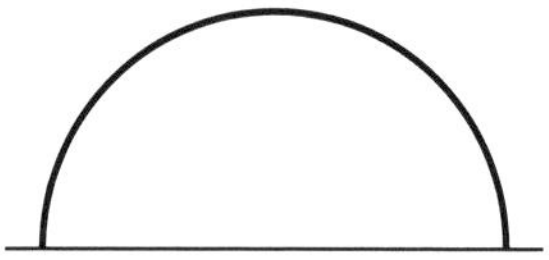

图 3-35　剪切后的图形

最后利用【极轴追踪】绘制相互之间夹角均为 22.5°的系列直线，详细步骤如下：

步骤 07　如图 3-36 所示，将鼠标移至状态栏的【极轴追踪】按钮上并右击，弹出图 3-37 所示的快捷菜单，然后选择【正在追踪设置】命令。

图 3-36　右击【极轴追踪】按钮

步骤 08　如图 3-38 所示，在弹出的对话框中，打开【增量角】下拉按钮并选择 22.5°，然后单击【确定】按钮并关闭对话框。

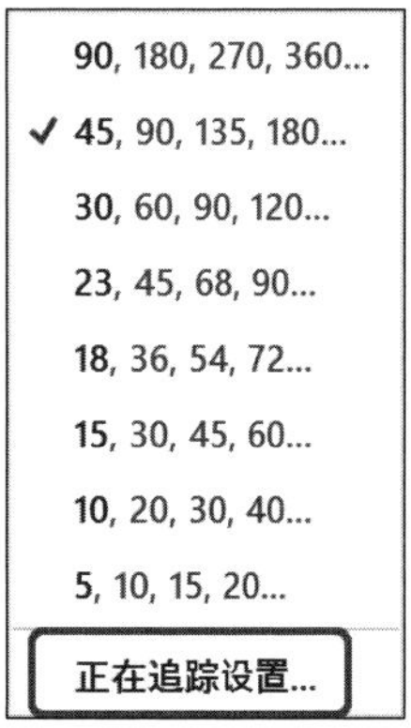

图 3-37　选择【正在追踪设置】命令

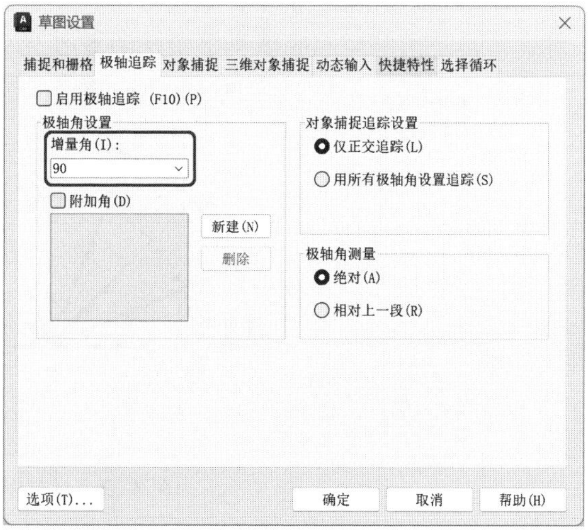

图 3-38　【草图设置】对话框

步骤 09　再次回到状态栏中，单击【极轴追踪】按钮，使其图标变为蓝色。

设置极轴追踪的角度并打开【极轴追踪】功能后，绘制直线时，随着鼠标的移动，AutoCAD 将实时追踪倾斜 22.5°整数倍的直线，大大方便了用户的输入。

步骤 10　执行【直线】命令，捕捉圆心作为第一个端点，然后移动鼠标，直到出现图 3-39 所示的追踪路径时，单击完成直线绘制。

步骤 11　反复执行【直线】命令，利用极轴追踪绘制右侧斜线，如图 3-40 所示。

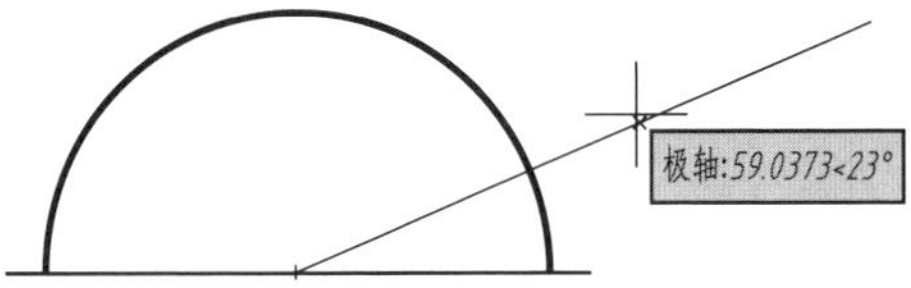

图 3-39　用极轴追踪绘制直线

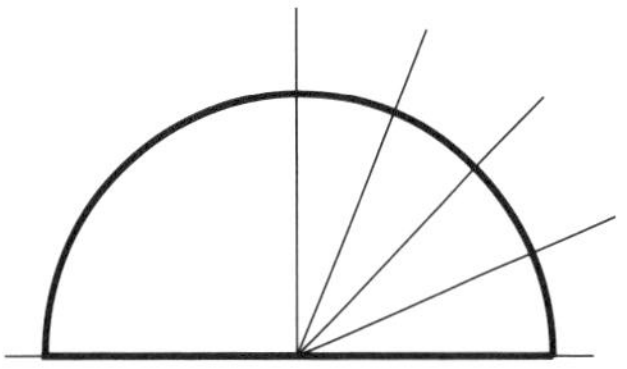

图 3-40　用极轴追踪绘制其他倾斜直线

步骤 12　执行【镜像】命令绘制左侧斜线，结果如图 3-41 所示。

目前为止，基本完成了二维图的绘制。最后，利用【修剪】命令将圆弧以外的直线剪切删除。

步骤 13　在命令行输入 Trim 并按【Enter】键。

步骤 14　选择剪切边... 选择对象或 <全部选择>：

选择圆弧并按【Enter】键。

步骤 15　选择要修剪的对象，或按住 Shift 键选择要延伸的对象，或[栏选(F)/窗交(C)/投影(P)/边(E)/删除(R)/放弃(U)]：

输入 F 并按【Enter】键。

步骤 16　指定第一个栏选点或拾取/拖动光标：

如图 3-42 所示，按下鼠标左键并移动，使鼠标移动的轨迹线和要删除的所有线段相交。选择完毕后按【Enter】键，完成图形修剪。

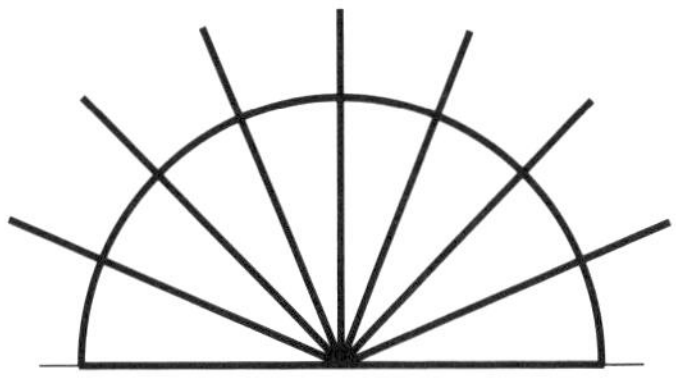

图 3-41　镜像生成左侧图线

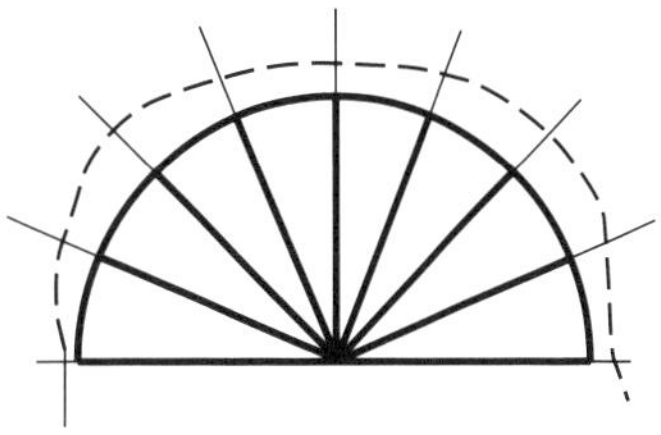

图 3-42　多余的图线

3. 偏移和延伸

偏移用于绘制平行线，也能绘制同心圆。延伸用于将图线延长到和目标图线相交。

【例题 3】绘制图 3-43 所示的半圆形二维图。

【绘图步骤】

由图 3-43 可知，只要在前例的基础上增加一些图线就能完成对该图的表达。

首先用【偏移】命令绘制同心圆弧，方法如下：

步骤 01　用下列方法之一执行【偏移】命令：

- 依次单击【默认】选项卡→【修改】面板→【偏移】按钮，如图 3-44 所示；
- 在命令行输入 Offset 并按【Enter】键。

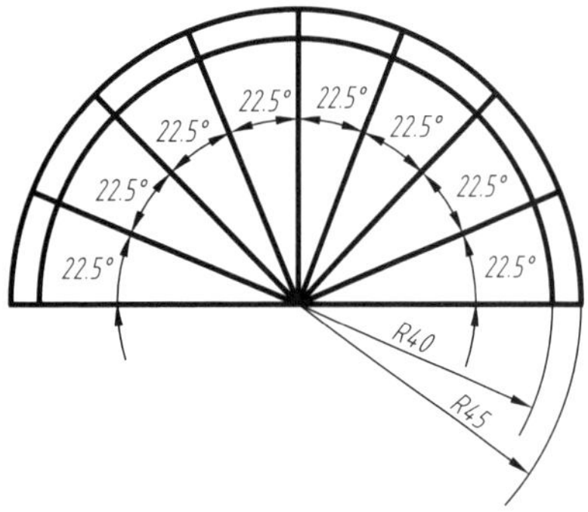

图 3-43　半圆形二维图

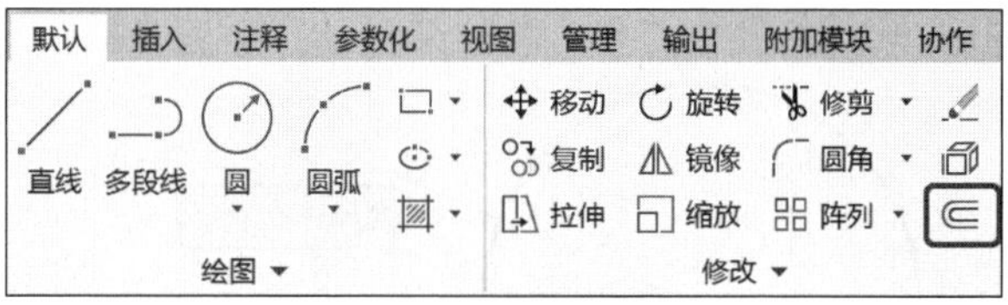

图 3-44　单击【偏移】按钮

步骤 02　指定偏移距离或 [通过(T)/删除(E)/图层(L)]：

输入同心圆弧之间的距离 5 并按【Enter】键。

步骤 03　指选择要偏移的对象，或 [退出(E)/放弃(U)] <退出>：

将鼠标移至圆弧上并单击。

步骤 04　指定要偏移的那一侧上的点，或 [退出(E)/多个(M)/放弃(U)] <退出>：

向圆弧外移动鼠标，当出现要绘制的圆弧时，单击进行确认。最后按【Enter】键退出命令，结果如图 3-45(a)所示。

最后，利用【延伸】命令将圆周内的径向直线向外侧圆弧延伸即可。

步骤 05　用下列方法之一执行【延伸】命令：

- 依次单击【默认】选项卡→【修改】面板→【延伸】按钮，如图 3-45(b)所示；
- 在命令行输入 Extend 并按【Enter】键。

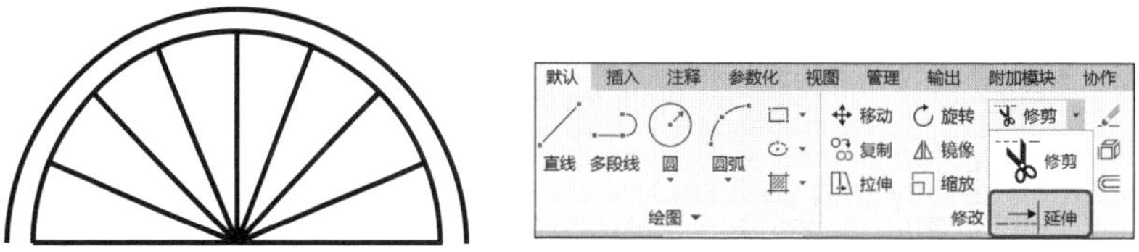

(a) 绘制同心圆　　(b) 单击【延伸】按钮

图 3-45　绘制同心圆并延伸直线

步骤 06　选择边界的边... 选择对象或 <全部选择>：

因为要将直线延伸到和外侧圆弧相交，所以在该提示下，用鼠标单击外侧圆弧，作为延伸到的边界线。

步骤 07　选择要延伸的对象，或按住【Shift】键选择要修剪的对象，或 [栏选(F)/窗交(C)/投影(P)/边(E)/放弃(U)]：

输入 F 并按【Enter】键。

步骤 08　指定第一个栏选点或拾取/拖动光标：

如图 3-46 所示，按下鼠标左键并移动，使鼠标移动

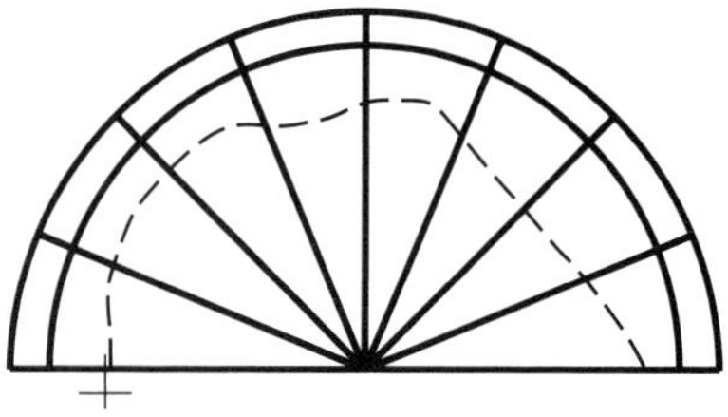

图 3-46　延伸图线

的轨迹线和要延长的所有线段相交。直线延伸后按【Enter】键，完成二维图的绘制。

4. 特性修改

用户可通过特性面板来控制或改变图形对象的几何尺寸和显示特征。

【例题 4】绘制图 3-47 所示的半圆形二维图。

【绘图步骤】

将前述例子中的某些图线加以调整，就能得到图 3-47所示的图形。

步骤 01　单击内侧圆弧，单击图 3-48所示【特性】面板中的【线型】下拉按钮。

步骤 02　下拉列表展开后如图 3-49 所示。由于该列表中并未出现虚线线型，所以选择【其他】选项。

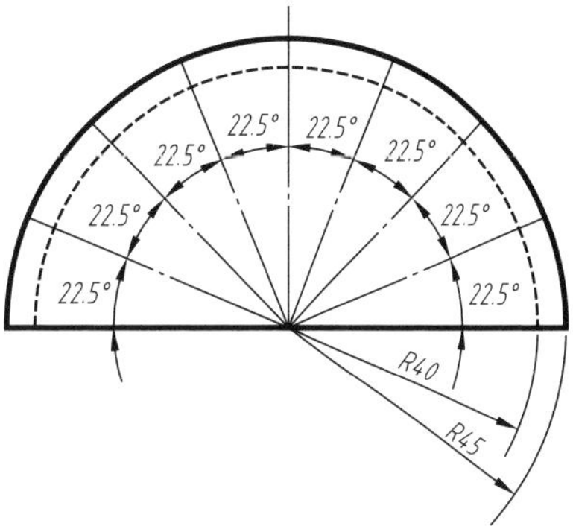

图 3-47　半圆形二维图

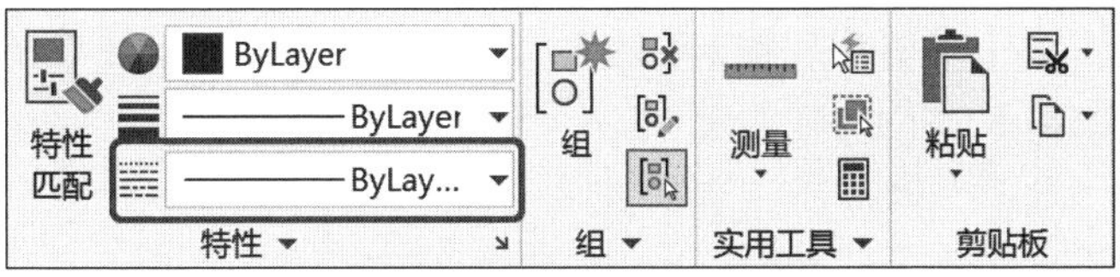

图 3-48　单击【线型】下拉列表

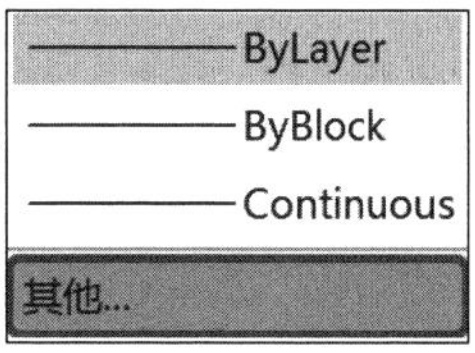

图 3-49　“线型”下拉列表

步骤 03　在弹出的图 3-50 所示的【线型管理器】对话框中，单击【加载】按钮。

图 3-50　【线型管理器】对话框

步骤 04　在图 3-51 所示的【加载或重载线型】对话框中，选择 HIDDEN、Center 线型并单击【确定】按钮，完成线型加载。

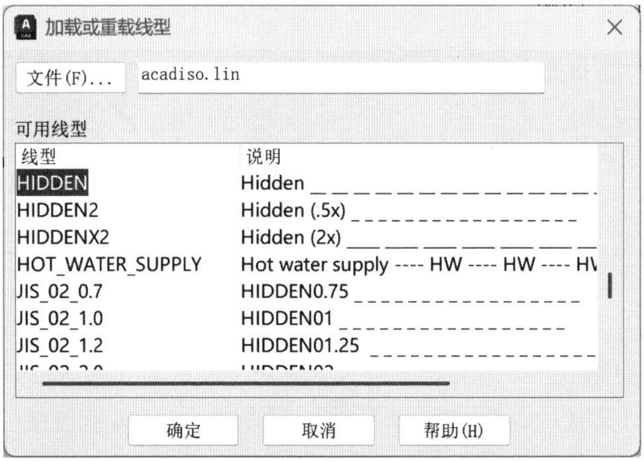

图 3-51 【加载或重载线型】对话框

步骤 05 再次回到图 3-52 所示的【线型管理器】对话框,选择 HIDDEN 线型并单击【确定】按钮,则内侧圆弧变为虚线,如图 3-53 所示。

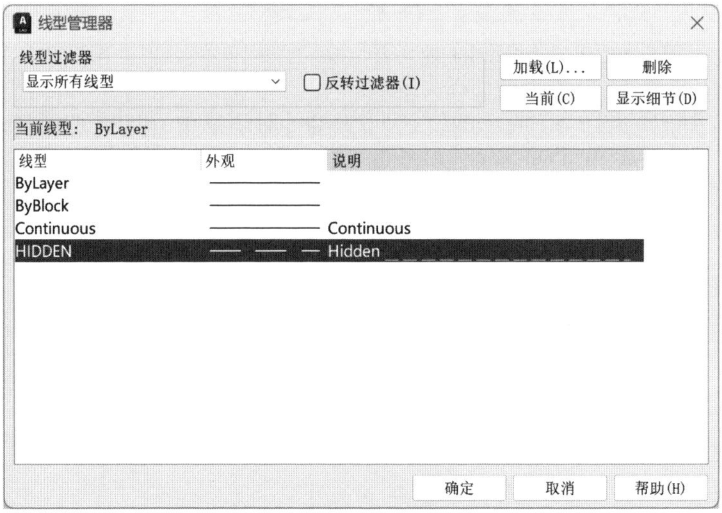

图 3-52 【线型管理器】对话框

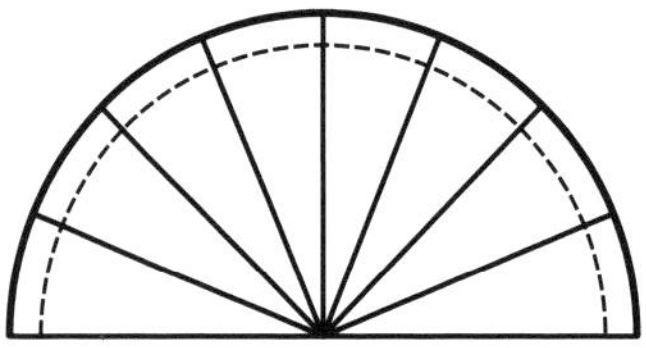

图 3-53 内侧圆弧的特性修改

注意:如果特性修改后,圆弧仍为实线,则应调整线型比例因子。

下面用类似的方法将圆弧内部的直线修改为细点画线。

步骤 06 如图 3-54(a)所示,用窗交方式选择圆弧内部的直线。

步骤 07　如图 3-48 所示，在【特性】面板的【线型】下拉列表中选择 Center 线型后，结果如图 3-54(b)所示。

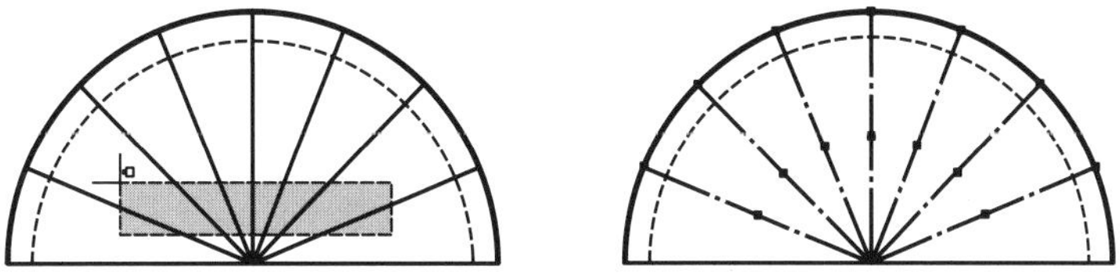

（a）窗交选择　　（b）修改线型

图 3-54　直线的线型修改

步骤 08　线型修改成功后，下面对线宽加以调整。

如图 3-55 所示，在【特性】面板的【线宽】下拉列表中选择"默认"选项，将线宽改为细线，然后按【Esc】键退出编辑模式。

步骤 09　利用夹点编辑的方法调整竖向点画线的长度，使其超出图形轮廓 2 ~ 3 mm，完成二维图的绘制。

由此可见，除了用图层管理图线线型、线宽和颜色外，还能通过【特性】面板实现图线显示特性的快速调整。

注意：用这种方法完成图中图线的线型调整后，图线所在图层的线型设置将对该图线失效。

如果要对图形对象进行更多控制和调整，则应利用【特性】对话框来实现。方法如下：

- 单击图形对象；
- 如图 3-56 所示，依次单击【默认】选项卡→【特性】面板右下角的箭头；
- 在弹出的图 3-57 所示的【特性】对话框中，可以修改其颜色、图层、线型等特性；
- 修改完成后关闭对话框。

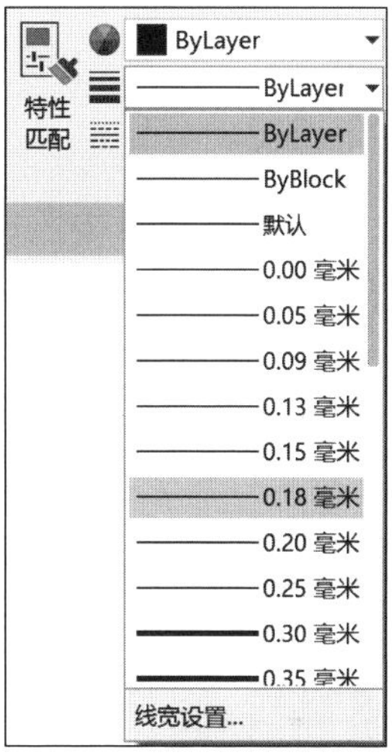

图 3-55　直线的线宽修改

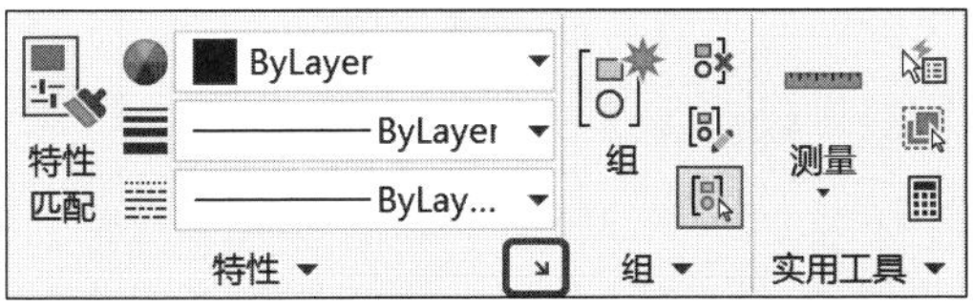

图 3-56　单击【特性】面板右下角的箭头

图 3-57　【特性】对话框

5. 特性匹配

本质上，特性匹配属于特性修改。不过该方法在使用上非常便捷，所以单独列出，方便读者查阅。

【例题5】如图3-58所示，将圆弧内的粗实线改成细点画线。

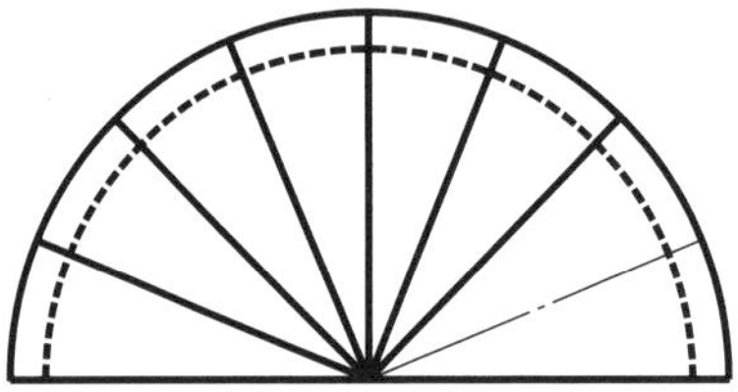

图3-58 用特性匹配修改图线

【绘图步骤】

步骤01 如图3-59所示，依次单击【默认】选项卡→【特性】面板→【特性匹配】按钮。

步骤02 选择源对象：

在此提示下，单击选择右侧的点画线。系统将以该段直线为准，把后面选择的目标对象的颜色、线型等统一到该直线上。

步骤03 选择目标对象或 [设置(S)]：

如图3-60所示，用窗交的方式选择要改变的图形对象并按【Enter】键。

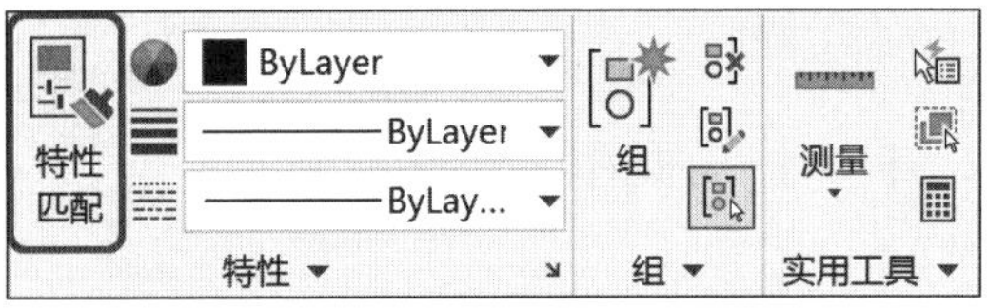

图3-59 单击【特性匹配】按钮

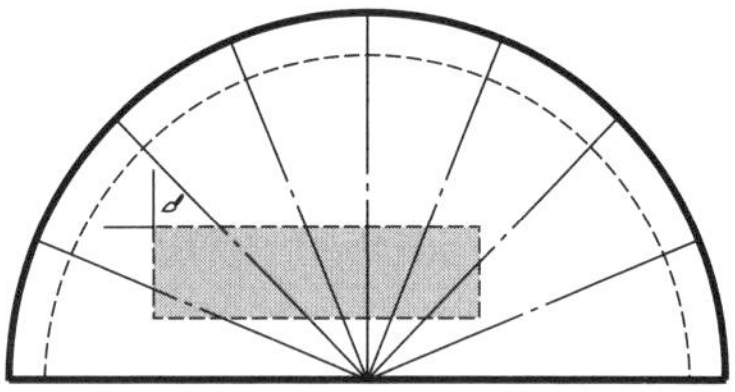

图3-60 窗交选择

6. 对象捕捉追踪

对象捕捉追踪可让用户沿着基于对象捕捉点的对齐路径进行追踪。也就是说，首先移动鼠标至对象的特征点并稍作停留，然后沿着出现的对齐路径进行追踪输入。

【例题6】如图3-61所示，已知宽、高相等的长方体的两个投影，按照“长对正、高平齐、宽相等”投影规律绘制其侧面投影。

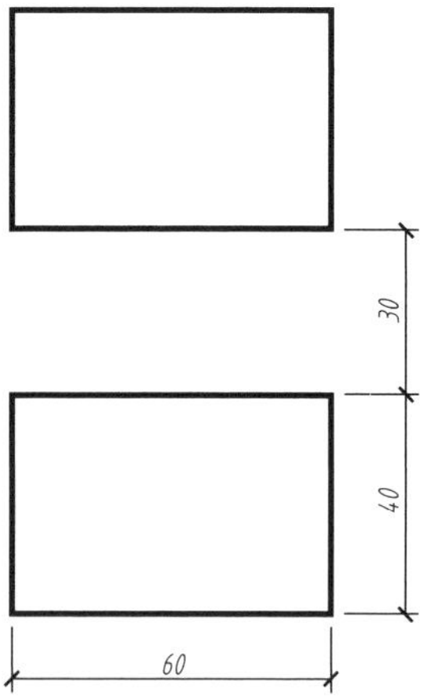

图3-61 长方体的二投影图

【绘图步骤】

步骤01 打开【正交】模式，执行【直线】命令，绘制水平投影。

步骤02 执行【复制】命令，绘制正面投影。

步骤03 将极轴追踪中的增量角设置为45°，分别绘制X、Z轴和用于“宽相等”的45°角分线，结果如图3-62所示。

根据组合体投影图的绘制原理，X、Z轴的位置较为灵活。简单地讲，只要将X轴置于水平投影和正面投影之间，将Z轴置于正面投影和侧面投影之间即可。

步骤 04　利用“高平齐”绘制图 3-63 所示的两条辅助线;

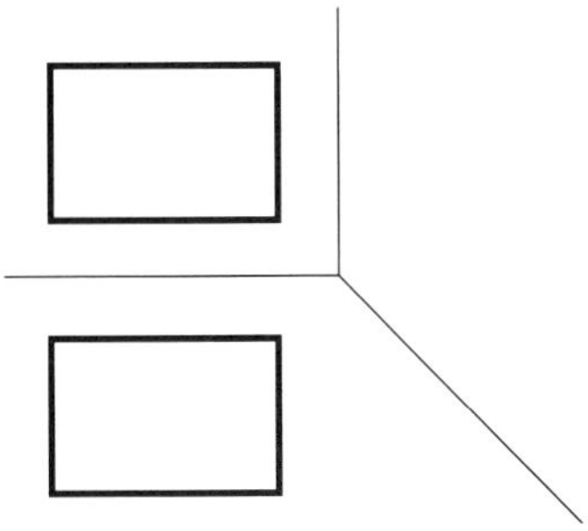

图 3-62　绘制 X、Z 轴和 45°角分线

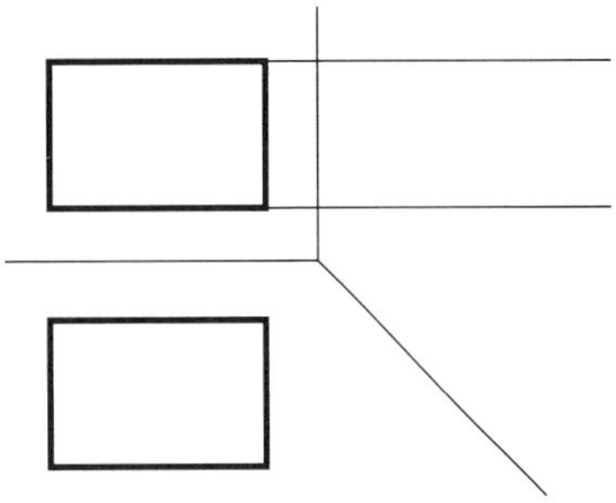

图 3-63　利用“高平齐”绘制直线

接着打开对象捕捉追踪,按照“宽相等”的规律绘制其他必要的辅助线。

步骤 05　右击状态栏中的【对象捕捉】按钮,在弹出的快捷菜单中选择【对象捕捉设置】命令,弹出图 3-64 所示的【草图设置】对话框,勾选【启用对象捕捉追踪】复选框并单击【确定】按钮,关闭该对话框,开启对象捕捉追踪功能。

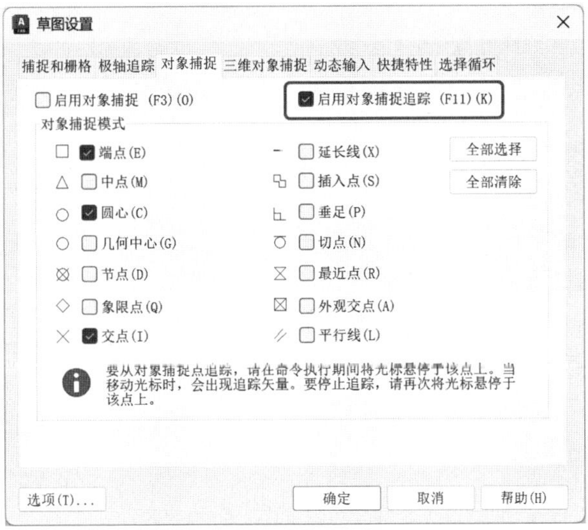

图 3-64　【草图设置】对话框

对象捕捉追踪的原理是:在捕捉图形对象特征点的基础上实施追踪。所以,为了使用对象捕捉追踪功能,就必须打开【对象捕捉】和【对象捕捉追踪】功能。

在默认情况下,AutoCAD 中的【对象捕捉追踪】和【正交】处于开启状态。用户真正需要做的,就是打开【对象捕捉】功能。

步骤 06　执行【直线】命令,在水平投影中捕捉端点并单击,如图 3-65(a)所示。

步骤 07　在图 3-65(a)所示的端点上稍作停留后,将鼠标向右移动,此时系统沿水平方向自动追踪到与 45°角分线的交点处,如图 3-65(b)所示。当出现黄色的交点符号时,用鼠标单击输入即可。

步骤 08　如图 3-65(c)所示,向上追踪交点并输入,绘制竖向辅助线。

步骤 09　利用“宽相等”绘制另一部分图线,如图 3-65(d)所示。

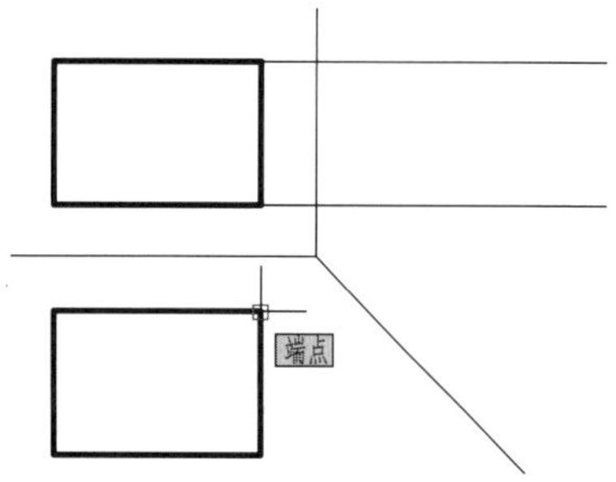

（a）捕捉端点并单击输入

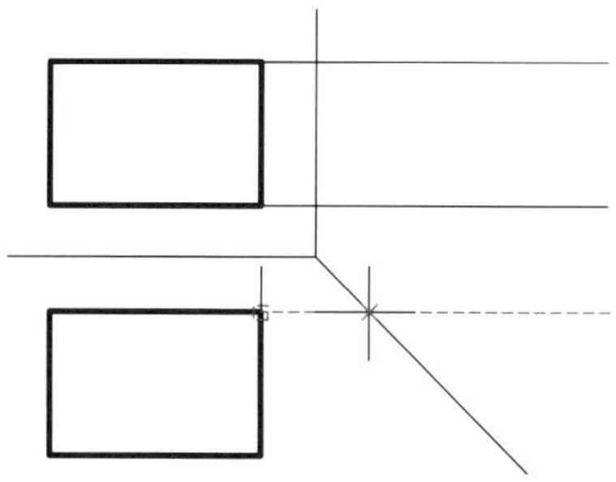

（b）对象捕捉追踪到交点

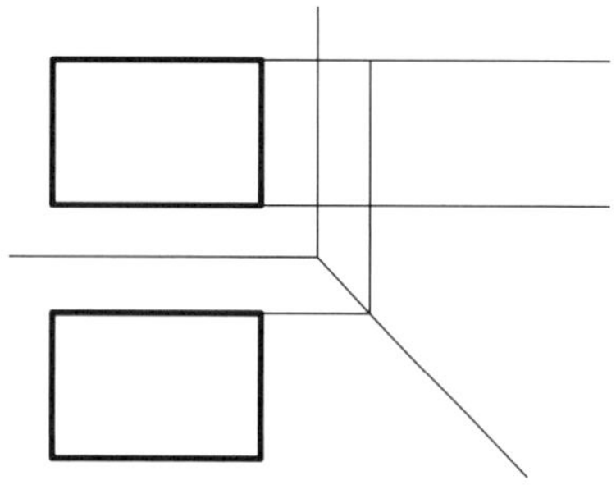

（c）向上捕捉追踪交点

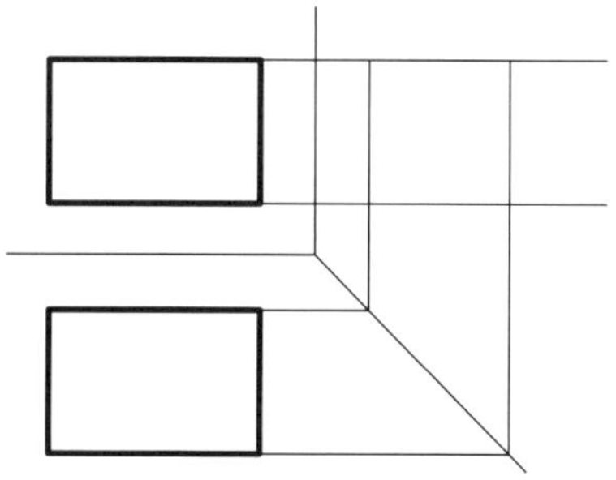

（d）绘制另一部分图线

图 3-65　绘制“宽相等”辅助线

步骤 10　在辅助线的基础上捕捉其角点并绘制侧面投影长方形，如图 3-66 所示。

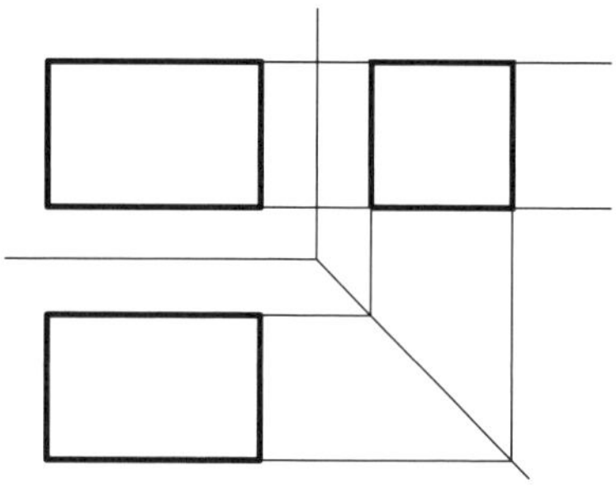

图 3-66　绘制侧面投影

由于投影图的绘制中经常用到这种辅助图线的画法，所以请读者务必熟练掌握。对象捕捉追踪的概念较为抽象，初次接触会感觉无序和混乱。下面是对象捕捉追踪的另一个例子，请读者练习并体会其方便之处。

【例题 7】如图 3-67 所示，已知长方体的三个投影，试补画用于“宽相等”的角分线。

【绘图步骤】

如果要对已有的三投影图做修改，快速补画用于“宽相等”的角分线将使后续的绘图过程更加方便。

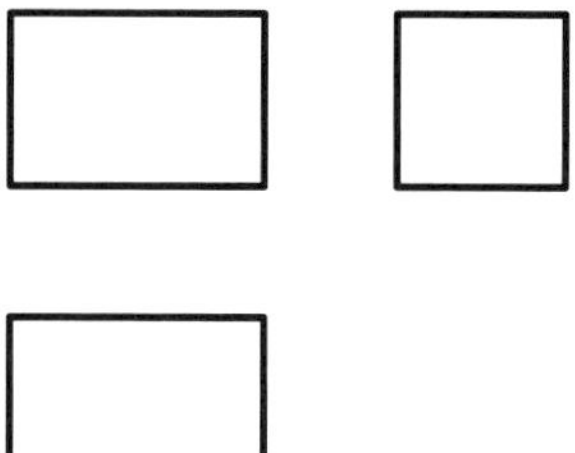

图 3-67　长方体的三投影图

步骤 01　打开【对象捕捉】功能。

步骤 02　执行【直线】命令。

步骤 03　如图 3-68（a）所示，在水平投影中，将鼠标移至该端点上，出现黄色方框后移开鼠标。

步骤 04　如图 3-68（b）所示，在侧面投影中，将鼠标移至该端点上，出现黄色方框后移开鼠标。

步骤 05　如图 3-68（c）所示，移动鼠标，直到出现两个方向的追踪路径并出现交点符号时，单击鼠标左键输入角分线的第一个端点。

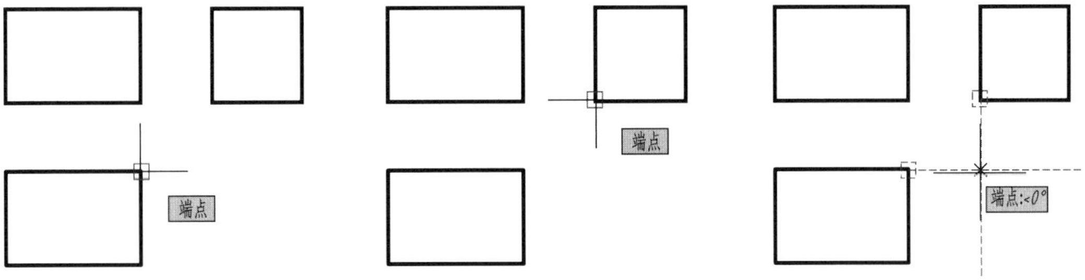

（a）捕捉水平投影中的端点　　（b）捕捉侧面投影中的端点　　（c）对象捕捉追踪

图 3-68　对象捕捉追踪绘制直线

步骤 06　如图 3-69(a)所示,用同样的方法捕捉输入角分线的第二个端点。图线绘制完成后,结果如图 3-69(b)所示。

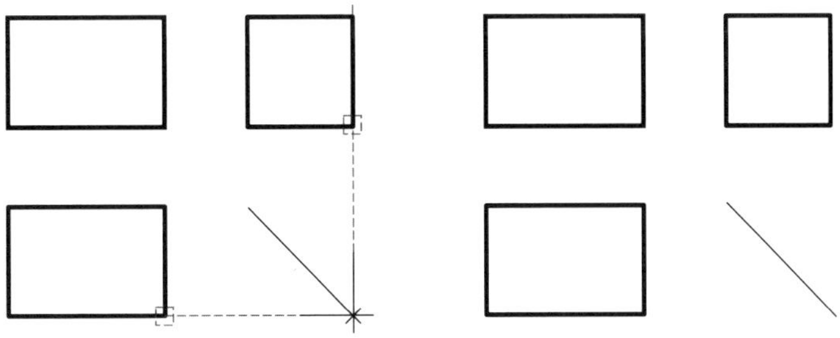

（a）捕捉角分线的第二个端点　　（b）绘制完成后的结果

图 3-69　角分线的绘制

7. 打断

打断用于删除指定的两点之间的图线。

【例题 8】如图 3-70 所示,按照给定的尺寸绘制圆筒的二投影图。

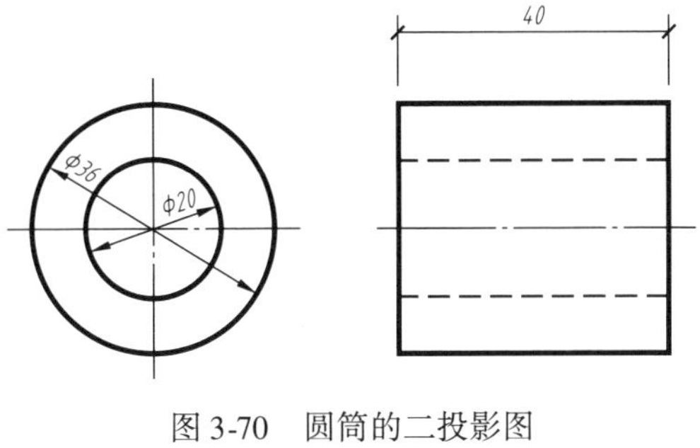

图 3-70　圆筒的二投影图

【绘图步骤】

步骤 01　打开【对象捕捉】功能并绘制左侧的同心圆。

步骤 02　根据“高平齐”,绘制圆筒的侧面投影。

步骤 03　补画点画线,结果如图 3-71 所示。

制图标准规定,点画线不能超出图形轮廓太长,一般为 2 ~ 3 mm。为了调整点画线的长度,可以利用夹点编辑方法,或者用【打断】命令。

之前的篇幅中已经讨论过前者,下面主要讨论【打断】命令的用法。

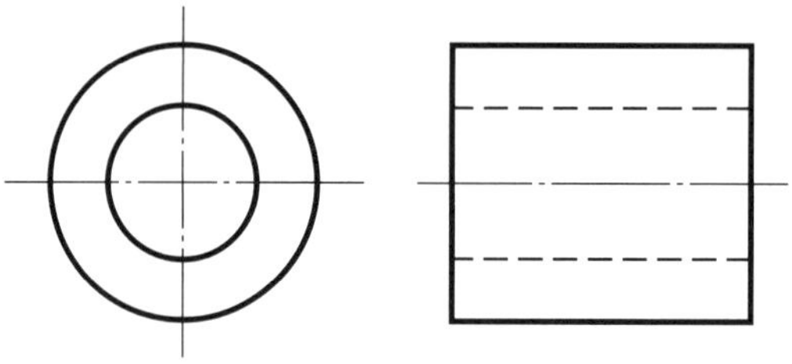

图 3-71　圆筒草图

步骤 04　用下列方法之一执行【打断】命令：

- 依次单击【默认】选项卡→【修改】面板→【打断】按钮，如图 3-72 所示；
- 在命令行输入 Break 并按【Enter】键。

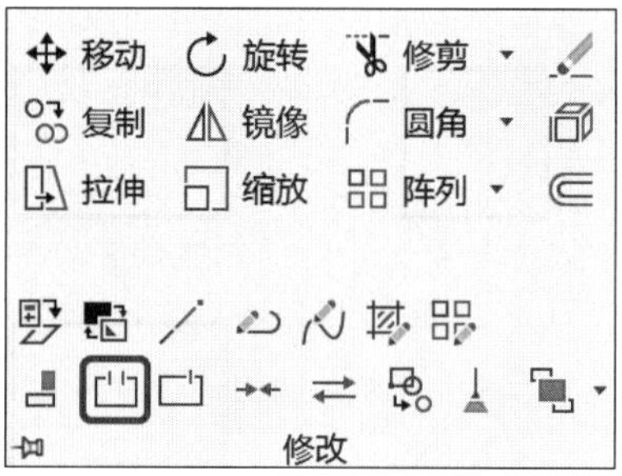

图 3-72　单击【打断】按钮

步骤 05　选择对象：

在该提示下，如图 3-73(a)所示，在侧面投影的点画线上距离图形轮廓 2～3 mm 处单击，输入第一个打断位置点。

步骤 06　指定第二个打断点 或 [第一点(F)]：

如图 3-73(b)所示，在点画线右侧端点以右的任意位置单击，输入第二个打断点，则两点之间的图线被删除。

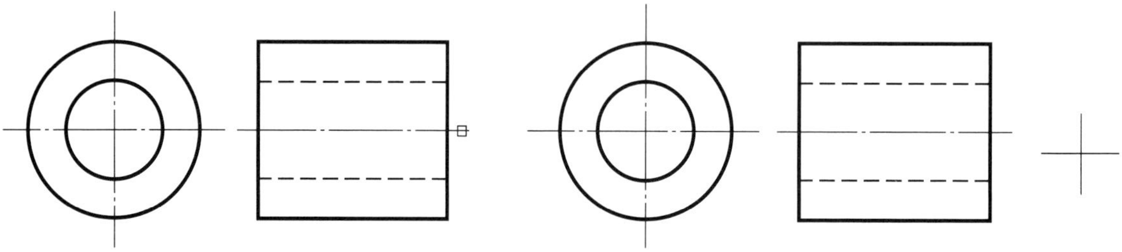

(a) 捕捉第一个端点

(b) 捕捉第二个端点

图 3-73　打断直线

步骤 07　用相同的办法打断其他位置的点画线，完成点画线的编辑。

对称线和中心线的绘制方法较多，但是多数情况下都需要进行二次编辑，而且绘图效率较低。其实，AutoCAD 提供了一种更快捷的方法，也就是中心线的标注，将在第 4 章展开讨论。

3.3　投影图的绘制

组合体的三投影图不但包括各种线型的绘制，还要求各投影之间满足投影关系。所以和单个二维图形的绘制相比，投影图的绘制更加复杂。

下面举例讲述组合体投影图的画法。

【**例题**】绘制图 3-74 所示组合体的三投影图。

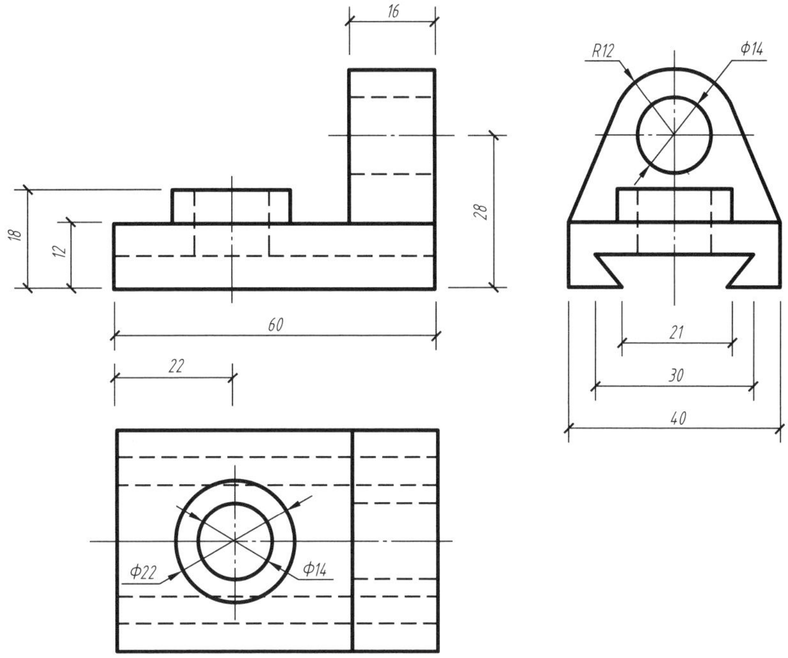

图 3-74　组合体的三投影图

【绘图步骤】

步骤 01　准备绘图环境；

- 启动 AutoCAD，按照图 3-75 所示创建并设置图层特性（颜色可任意选择）；

状	名称	开	冻结	锁定	打印	颜色	线型	线宽	透明度	新视口冻结	说明
✓	0					白	Continuous	—— 默认	0		
	点画线层					洋红	CENTER	—— 默认	0		
	虚线层					86	HIDDEN	0.30 毫米	0		
	粗实线层					蓝	Continuous	0.40 毫米	0		

图 3-75　图层特性

- 尝试在每个图层上绘制长为 60 的直线段，观察并调整线型比例因子；
- 打开线宽显示；
- 确认线型比例适当、线宽显示正确的情况下删除绘制的图线。

详细步骤不再列出,如有疑问,读者可参考图层设置的相关内容。

步骤 02　将 0 层设置为当前层,打开【正交】模式,执行【直线】命令,绘制水平投影中 60 ×40 的长方形外轮廓。

步骤 03　利用【复制】命令将长方形向其正上方 70 处(这个数值可以任意,只要有足够的空间容纳尺寸标注并使投影图之间的距离较为适当)进行复制,得到图 3-76 所示的二维图。

图 3-76　二投影的外轮廓

步骤 04　绘制占位线;

用【复制】命令,按照图 3-74 给定的尺寸,以图 3-76 中每个投影图最下面的水平直线为复制对象,连续复制图线,如图3 –77(a)所示。

同时在水平投影中绘制同心圆,依据“长对正”向上绘制图线,如图 3-77(b)所示。

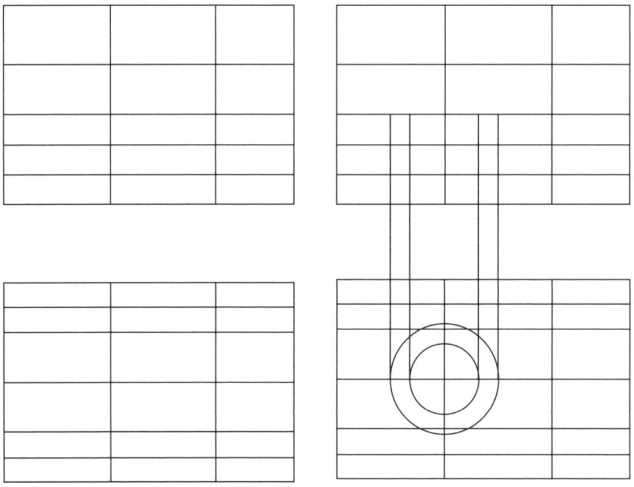

(a)复制图线　　(b)画圆

图 3-77　绘制占位线并画圆

步骤 05　修剪多余的图线并调整其余图线的线型特性;

首先,如图 3-78(a)所示,准确选择剪切边界后,剪掉多余的图线(这里需要重复多次剪切,才能得到该图的效果。希望初学者能对照图 3-74,在仔细分析的基础上作出有效剪切);

然后对照图 3-74,通过将图线置于不同的图层,实现图线线型特性的调整,结果如图 3-78(b)所示。

步骤 06　如图 3-79 所示,首先绘制 *X*、*Z* 轴及用于宽相等的 45°线;接着依据“高平齐”,从正面投影向右绘制水平方向的图线;最后按照“宽相等”绘制侧面投影中的竖向占位线。

注意:为了方便绘图,请打开【极轴】和【对象捕捉】功能。

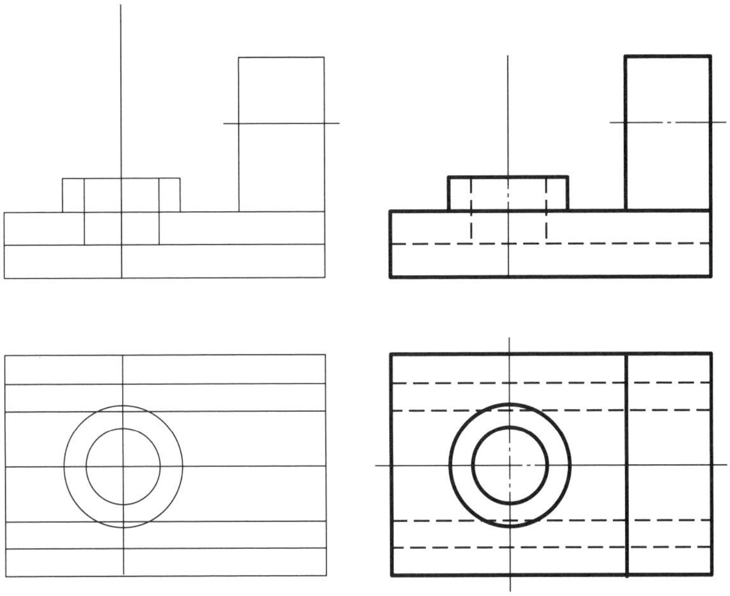

（a）修剪多余的图线　（b）调整图线特性

图 3-78　编辑并调整图线特性

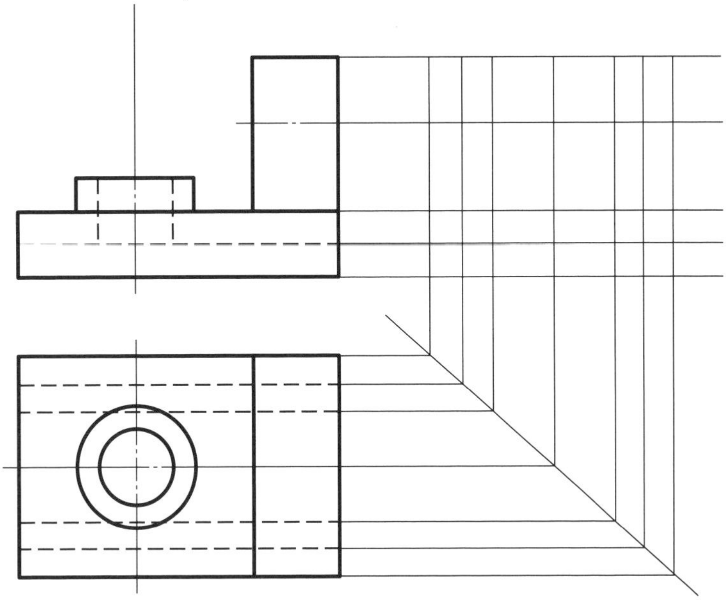

图 3-79　绘制侧面投影中的占位线

步骤 07　将粗实线层设置为当前层，在图 3-79 所示的侧面投影的占位线上“描出”部分投影线；然后将点画线层设置为当前层，补画两条点画线。最终结果如图 3-80 所示。

步骤 08　关闭 0 层，将正面投影中圈起来的部分复制到侧面投影，剪切掉侧面投影中的下半段圆弧，结果如图 3-81 所示。

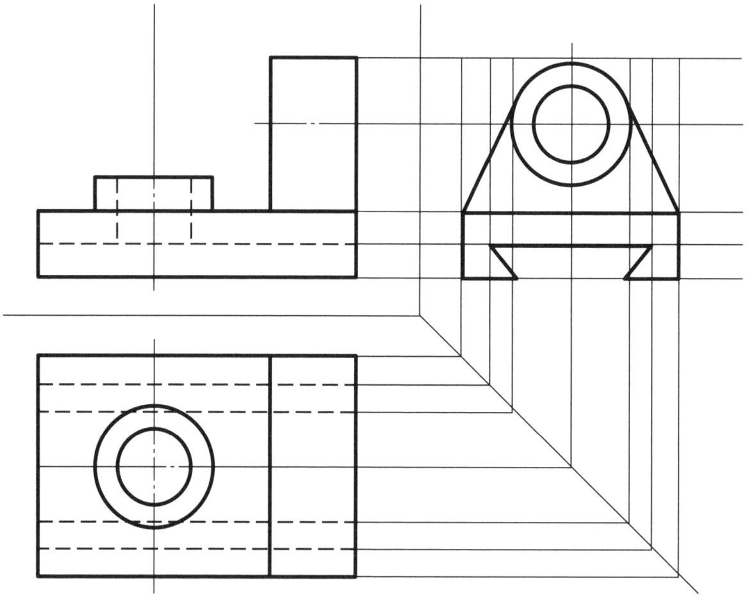

图 3-80　补画侧面投影

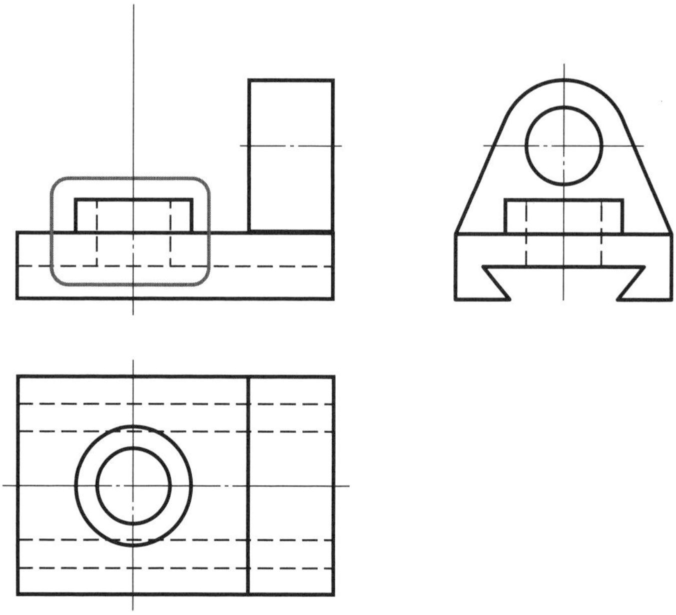

图 3-81　关闭 0 层

步骤 09　由侧面投影中的小圆按照“高平齐”绘制正面投影中的两段虚线，然后将其复制到水平投影中。最后调整点画线的长度，完成三投影图的绘制。

本例中，绘图步骤的描述中省略了很多细节性的操作。如果读者对其中的方法或思路存有疑问，请及时查阅前面讲过的内容，否则会造成问题的积累和学习上的被动。

在绘制图形时，可能方法各异，绘图过程也不尽相同。需要做的就是在熟练掌握基本操作的基础上反复绘制练习，找到最快捷方便的绘图方法。

3.4　建筑平面图的绘制

在房屋建筑平面图中，多数图线是对墙体轮廓的表达。为了方便绘制墙体的投影，经常使用【多线】命令来绘图。

多线指的是由多条互相平行的直线组成的图形对象。也就是说，用【多线】命令画图时，一次可以绘制互相平行的两条或多条直线。

1. 多线的简单应用

下面举例详细讲述多线样式的创建和应用。

【例题 1】用多线绘制图 3-82 所示墙体的投影图。

【绘图步骤】

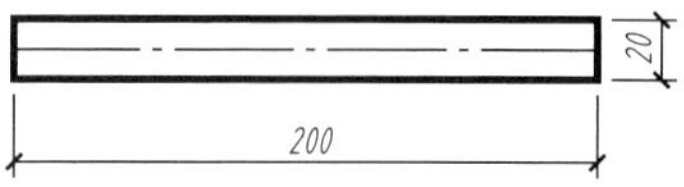

图 3-82　墙体投影

步骤 01　先画一条长度为 200 的水平点画线。

步骤 02　命令行输入 ML 并按【Enter】键。

步骤 03　指定起点或 [对正(J)/比例(S)/样式(ST)]:

在该提示下输入 S 并按【Enter】键。

步骤 04　输入多线比例:

输入 20 并按【Enter】键。默认的多线样式中，两条互相平行的直线之间的距离为 1.0。为了绘制距离为 20 的平行线，应将多线的比例设为 20。

步骤 05　指定起点或 [对正(J)/比例(S)/样式(ST)]:

输入 J 并按【Enter】键。

步骤 06　输入对正类型 [上(T)/无(Z)/下(B)] <无>:

输入 Z 并按【Enter】键。默认的"上对正"方式是将多线中的一条直线和鼠标给出的绘图轨迹线重合。如果要使两条平行线沿绘图轨迹线对称绘制，则应选择"居中"对齐，也就是"无"对齐方式。

步骤 07　指定起点或 [对正(J)/比例(S)/样式(ST)]:

捕捉点画线的左端点并单击，输入多线的起始点。

步骤 08　指定下一点:

捕捉并单击点画线的右端点，然后按【Enter】键，结果如图 3-83 所示。

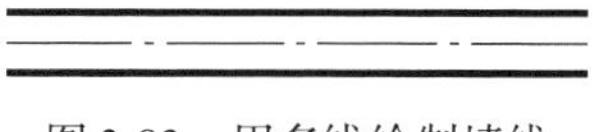

图 3-83　用多线绘制墙线

由图 3-83 可知，默认情况下，多线端部处于打开状态。要让绘制的多线端部闭合，就应创建端部封闭的多线样式，然后将其设置为当前样式，再进行绘制。详细操作步骤如下：

步骤 09　命令行输入 MLstyle 并按【Enter】键，弹出图 3-84 所示的【多线样式】设置对话框。

步骤 10　单击【新建】按钮，弹出图 3-85 所示的【创建新的多线样式】对话框，填写要创建的多线样式名后单击【继续】按钮。

图 3-84 【多线样式】对话框

图 3-85 【创建新的多线样式】对话框

步骤 11 如图 3-86 所示,在弹出的对话框中选中两个复选框后单击【确定】按钮,使绘制出的多线端部处于封闭状态。

步骤 12 回到【多线样式】对话框后,选中 NEW 样式,单击【置为当前】按钮,如图 3-87 所示。将新建的多线样式设置为当前样式。

步骤 13 在命令行输入 ML 并按【Enter】键,重新绘制多线,得到墙体的投影。

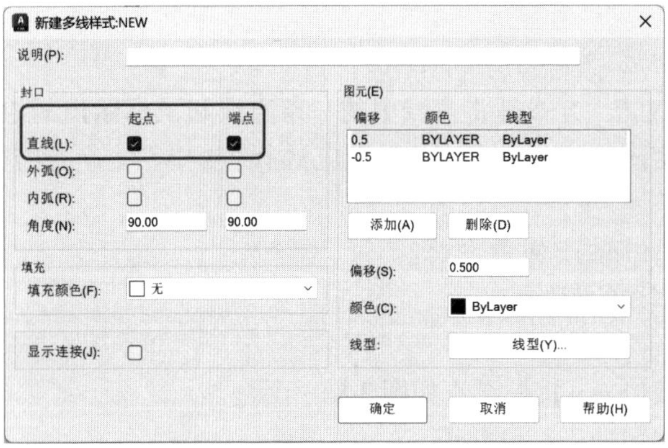

图 3-86 【新建多线样式】对话框

图 3-87 将新建的样式置为当前样式

2. 多线的编辑

在房建图中,墙体的投影远比上例来得复杂。为了方便墙体投影图的绘制,AutoCAD 提供了多种多线的编辑方式。下面是一个多线编辑的例子。

【例题 2】如图 3-88 所示,上面一行的每个图形中有两条多线,尝试编辑,使其变成下面一行对应的样子。

【绘图步骤】

首先设置多线样式并按照图 3-88 上面一行提供的样子绘制三组多线。然后按照下面的步骤完成多线编辑。

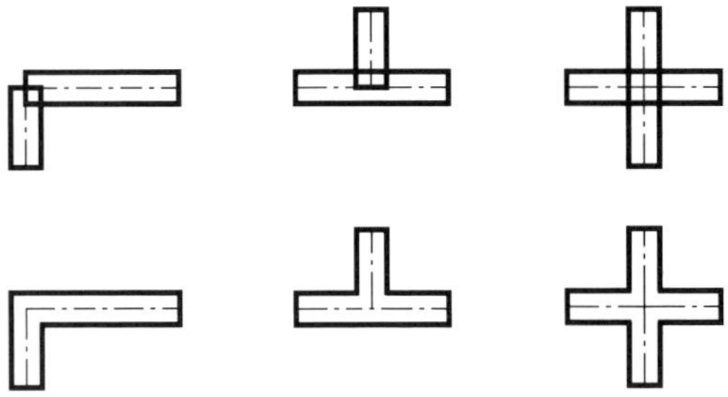

（a）角点编辑　（b）T形编辑　（c）十字形编辑

图 3-88　编辑多线

步骤 01　命令行输入 MLedit 并按【Enter】键。

步骤 02　如图 3-89 所示，在弹出的【多线编辑工具】对话框中选择【角点结合】编辑方式。

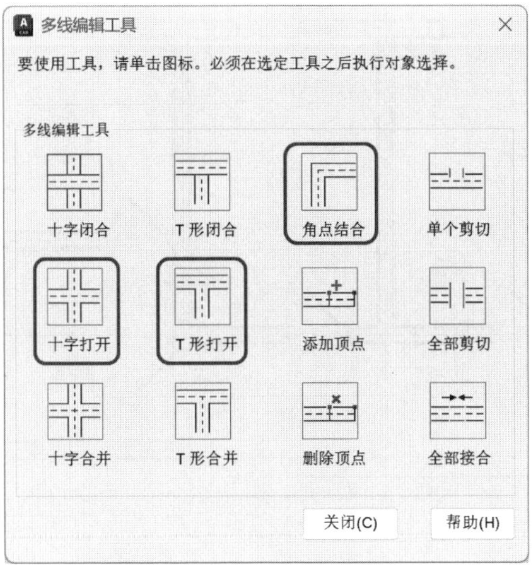

图 3-89　【多线编辑工具】对话框

步骤 03　选择第一条多线：

单击图 3-88(a)中的任一条多线。

步骤 04　选择第二条多线：

单击另一条多线，然后按【Enter】键，完成图 3-88(a)所示的角点编辑。

步骤 05　在命令行按【Enter】键，继续执行多线编辑命令。

步骤 06　在弹出的对话框中选择【T 形打开】编辑方式，如图 3-89 所示。

步骤 07　选择第一条多线：

单击图 3-88(b)中多线 T 字接头的竖线。

步骤 08　选择第二条多线：

单击 T 字一横方向的多线，然后按【Enter】键，完成图 3-87(b)所示的 T 形编辑。

注意：在【T 形打开】编辑方式中，多线的选择有顺序性。

步骤 09　在命令行按【Enter】键，继续执行多线编辑命令。

步骤 10　如图 3-88 所示，在弹出的对话框中选择【十字打开】编辑方式。

步骤 11　选择第一条多线：

单击图 3-88(c)中任一条多线。

步骤 12　选择第二条多线：

单击另一条多线，然后按【Enter】键，完成图 3-88(c)所示的十字形编辑。

3. 房建平面图的绘制

【例题 3】用多线绘制图 3-90 所示的房屋建筑平面图。

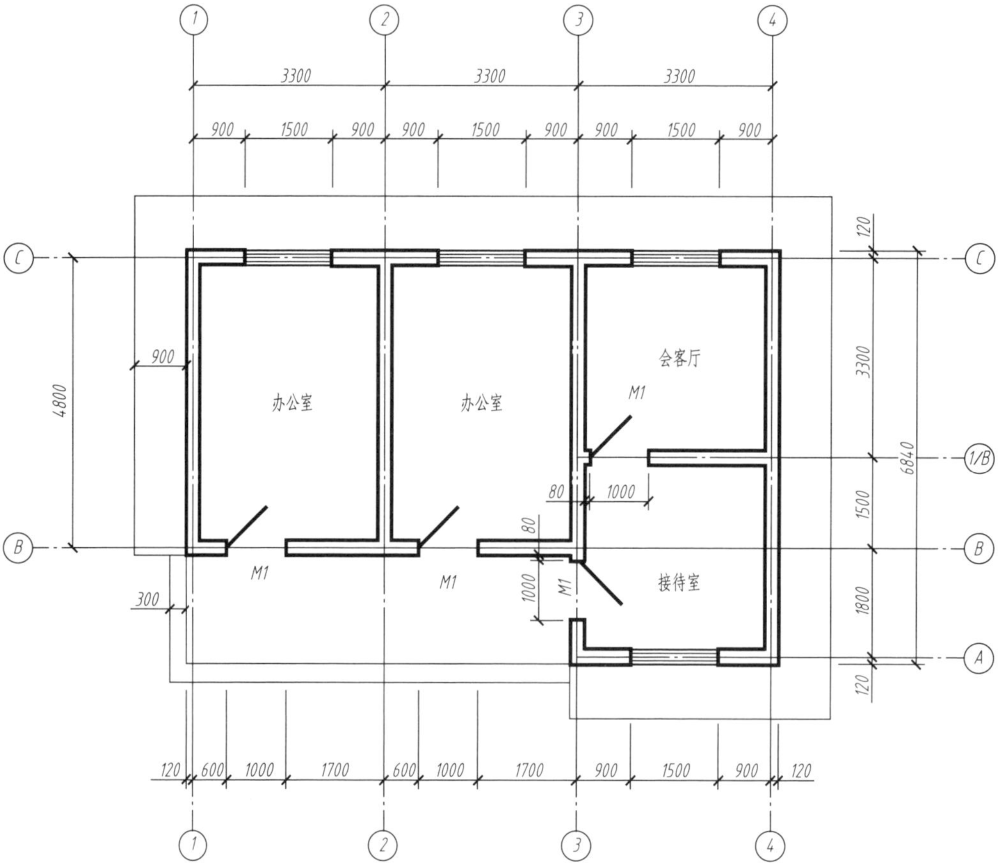

图 3-90　房屋建筑平面图

【绘图步骤】

绘图思路：先绘制墙轴线，然后用【多线】命令绘制墙体投影线，再采用合适的方式编辑已有的多线，最后补画台阶和散水的轮廓线。

步骤 01　将点画线层设置为当前层，绘制墙体轴线如图 3-91 所示。

步骤 02　设置端部封闭的多线样式并置为当前。

步骤 03　沿墙体轴线对称绘制长为 900、比例为 240 的多线，如图 3-92 所示。

步骤 04　打开【正交】和【对象捕捉】功能，执行【多线】命令。如图 3-93 所示，将鼠标移至第一条多线的右端点并稍作停留，当出现黄色的中点符号后，向右移动鼠标，输入 1500 并按【Enter】键，该点将作为第二条多线的起始点。然后输入 1800 并按【Enter】键，完成第二条直线的绘制，结果如图 3-94 所示。

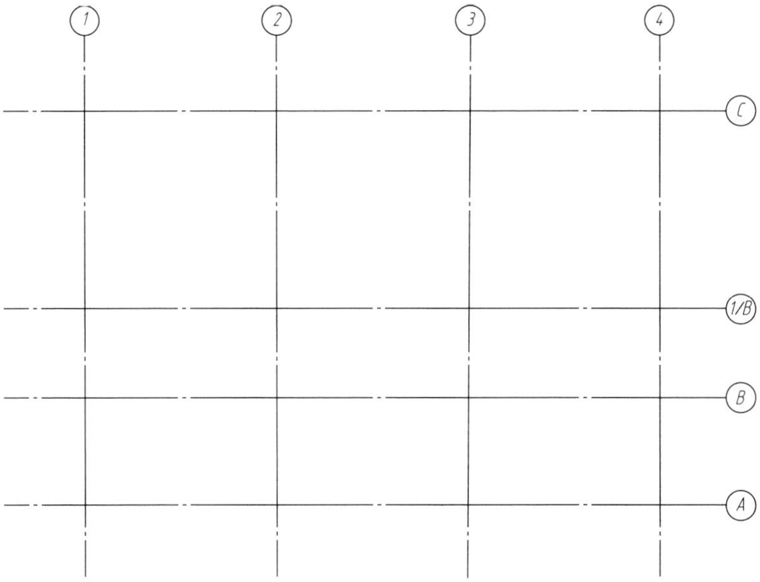

图 3-91　墙体轴线

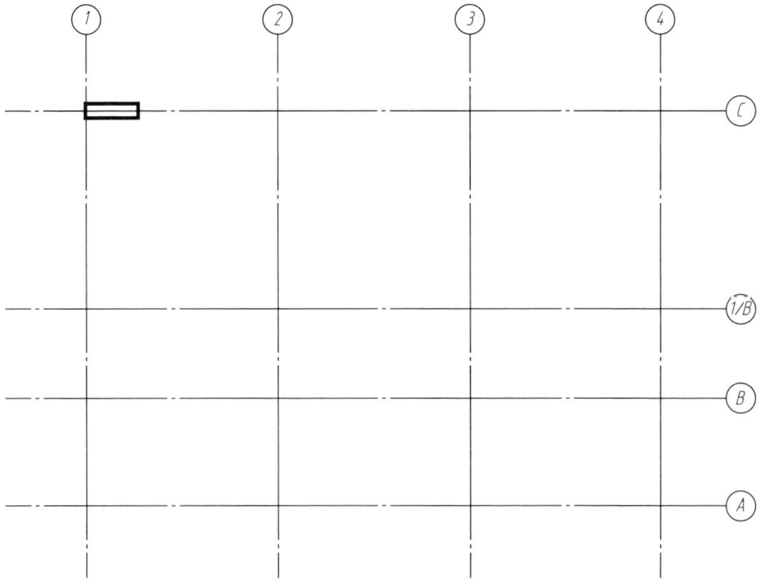

图 3-92　绘制第一条多线

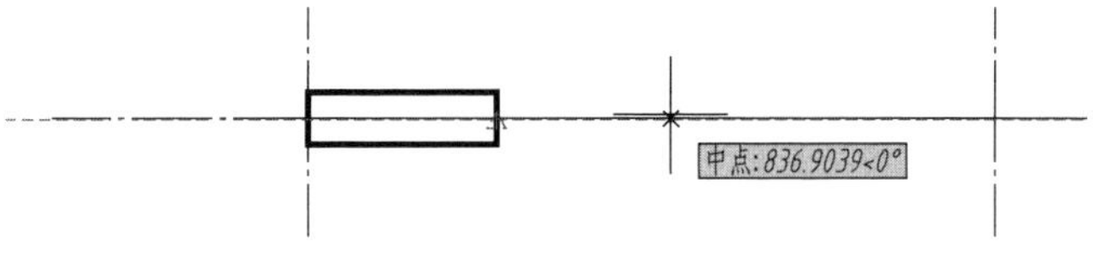

图 3-93　对象捕捉追踪第二条多线的起始点

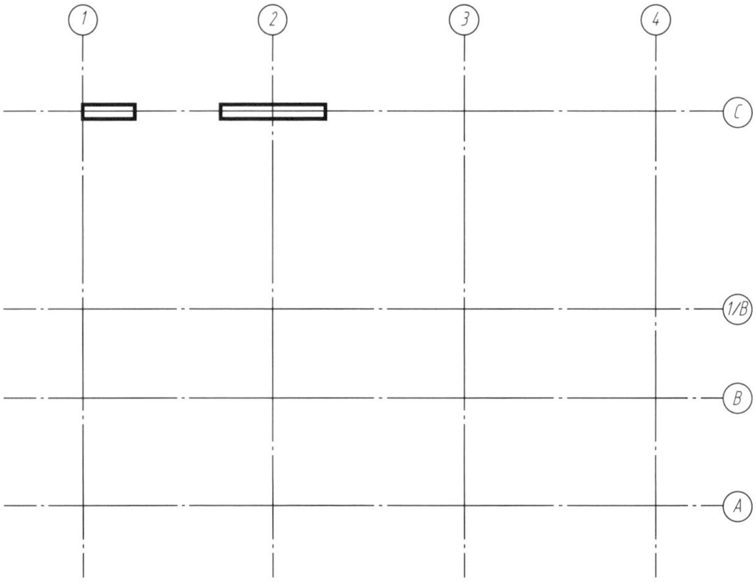

图 3-94 绘制第二条多线

步骤 05 绘制其他的墙体投影线如图 3-95 所示;详细的步骤和尺寸不再列出,请读者仔细阅读投影图并计算相关尺寸。

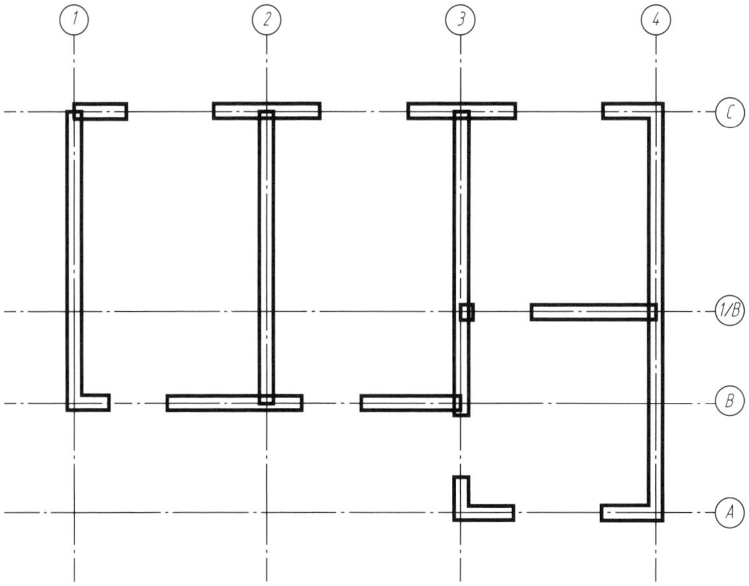

图 3-95 绘制其他墙体投影线

步骤 06 选择合适的多线编辑方式对图 3-95 中的多线进行编辑,结果如图 3-96 所示。

步骤 07 绘制门、窗、台阶和散水的轮廓投影。

具体过程省略,请读者继续完成平面图的绘制。

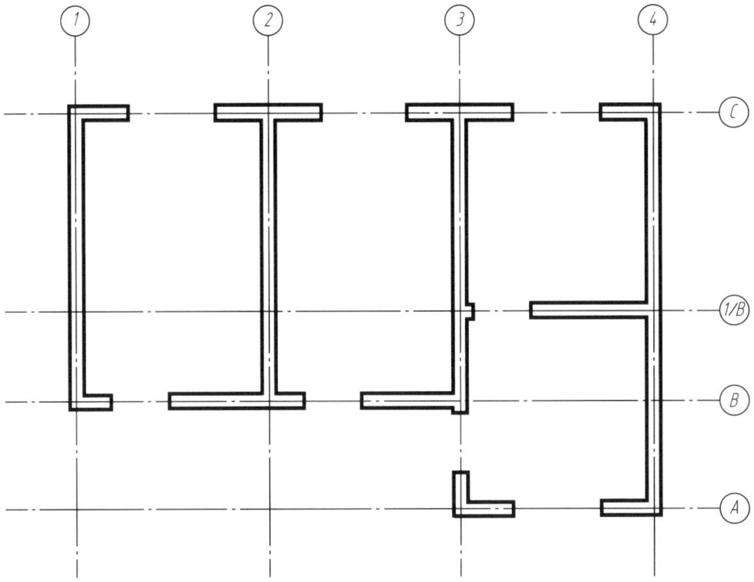

图 3-96　编辑多线

3.5　图案填充

图案填充是指用材料图例符号填充被剖切到的截面。在工程制图中,图案填充就是绘制剖面线的过程。

规范规定:在不需要指明材料时,可用等间距、同方向的 45°细实线对剖切到的截面进行填充。同一物体的剖面线画法应该一致,相邻不同物体的剖面线必须以不同方向或不同间距进行绘制。

【例题】绘制图 3-97 所示的投影图。

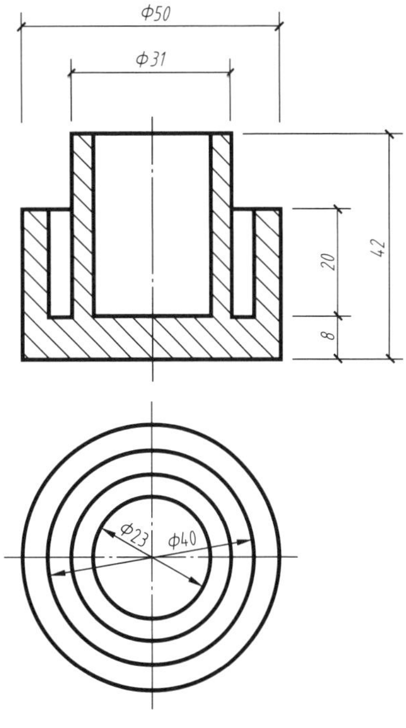

图 3-97　组合体的投影图

【绘图步骤】

按照给定的尺寸绘制二维图,然后用【图案填充】命令绘制剖面线即可。

步骤 01　创建必要的图层,绘制水平和正面投影图。

步骤 02　将细实线层设置为当前层,准备绘制剖面线。

步骤 03　用下列方法之一执行【图案填充】命令。

- 依次单击【默认】选项卡→【绘图】面板→【图案填充】按钮,如图 3-98 所示;
- 在命令行输入 Hatch 并按【Enter】键。

步骤 04　命令启动后,在软件界面的功能区出现【图案填充创建】选项卡,在【图案】面板中选择

ANSI31图案,如图 3-99 所示。

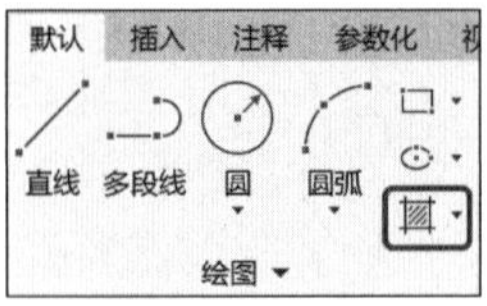

图 3-98 单击【图案填充】按钮

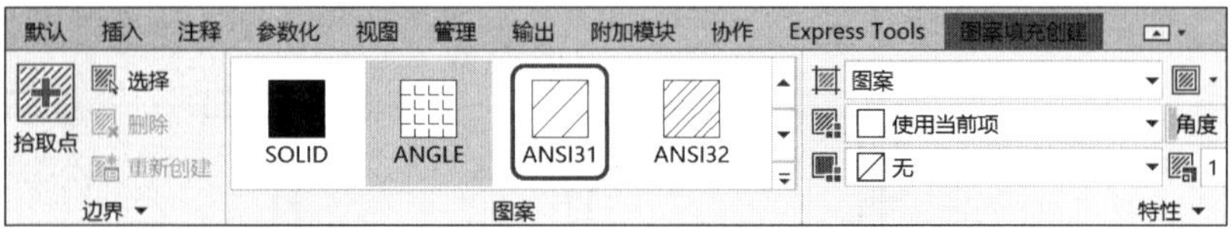

图 3-99 选择图案

观察命令行,有提示如下:

步骤 05 拾取内部点或 [选择对象(S)/放弃(U)/设置(T)]:

将鼠标移至要填充的范围内,单击并按【Enter】键,完成图案填充。

注意:如果在填充前已经绘制了点画线,则填充范围就被分为两部分。在图案填充时,应该用鼠标在两部分内分别单击,以确定全部的填充范围。

在图 3-100 中,剖面线的方向与题目要求的方向并不一致。所以,接下来需要编辑已有填充,使其满足要求。

步骤 06 用鼠标单击剖面线,在软件界面的功能区出现图 3-101 所示的【图案填充编辑器】选项卡,将【特性】面板中的【角度】修改为 90 并按【Enter】键,完成剖面线角度的调整。

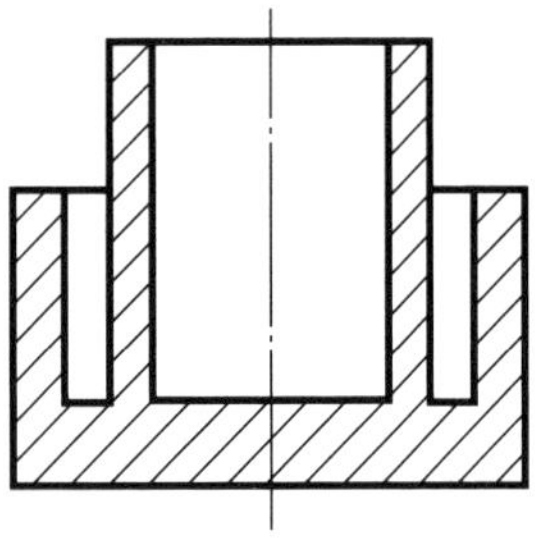

图 3-100 剖面线的绘制

图 3-101 编辑剖面线

步骤 07 右击【关闭图案填充编辑器】按钮,退出图案填充的编辑状态。

到此为止,完成了剖面图的绘制。

注意:在图案填充中,经常需要调整剖面线的间距,使图样更加协调。

为了调整剖面线的间距(尤其是混凝土符号的填充),请用鼠标单击已填充的剖面线,当界面功能区出现图 3-101 所示的选项卡时,更改【特性】面板上的比例值即可。

具体来说,比例值越大,图线越稀疏,反之越密。

3.6 图 块

图块是一组图形实体的总称。通过将一部分图形实体定义为图块,可实现在图形内部或图形文件之间的重复使用。

1. 创建简单图块

【例题 1】由图 3-102 所示的图形定义一个图块。

【绘图步骤】

由于没有给定详细的尺寸，请读者根据样式绘制窗户的示意图。该实例的目的是让读者掌握图块的定义方法。

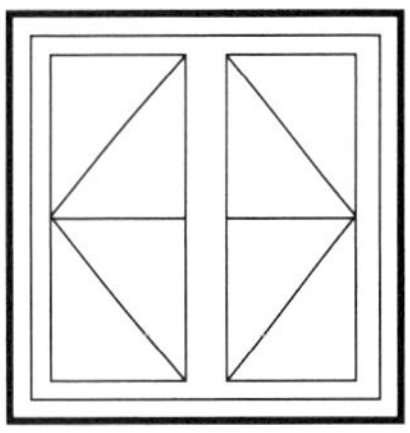

图 3-102　窗户立面图

步骤 01　用下列方法之一执行创建图块的命令：

- 依次单击【默认】选项卡→【块】面板→【创建】按钮，如图 3-103所示；
- 在命令行输入 Block 并按【Enter】键。

图 3-103　单击【创建】按钮

步骤 02　如图 3-104 所示，在弹出的【块定义】对话框中，首先输入图块的名称 new，然后单击【拾取点】按钮返回绘图界面。

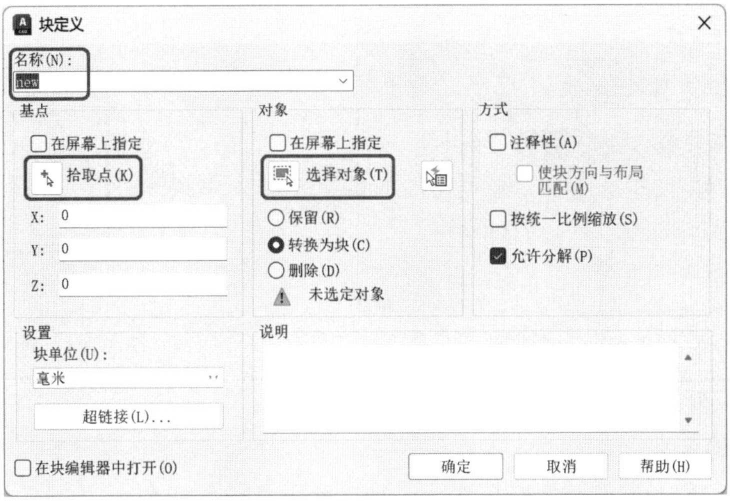

图 3-104　【块定义】对话框

步骤 03　如图 3-105 所示，单击窗户的左下角点，指定图块插入时的基准点。之后，系统将再次弹出如图 3-104 所示的对话框。

注意：定义图块的基点后，图块插入时，光标将停留在基点处。所以，为了方便后期使用图块，在定义时应选择合适的点作为插入时的基准点。

步骤 04　在图 3-104 所示的对话框中，单击【选择对象】按钮。

步骤 05　回到绘图界面后，如图 3-106 所示，选择窗户立面图并按【Enter】键。

步骤 06　当再次弹出图 3-104 的对话框时，单击【确定】按钮完成图块的定义。

完成以上步骤，就完成了图块的定义。这时，图块被保存在内存中，在当前图形文件内可供随时插入。

按图 3-104 中的【对象】一栏的设置，图块定义时，原图将被转化为一个图块。如果不想转化为图块，可选择其他选项并完成图块定义。

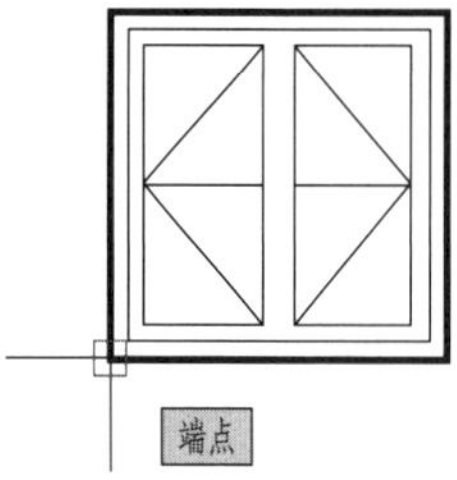

图 3-105　选择基点

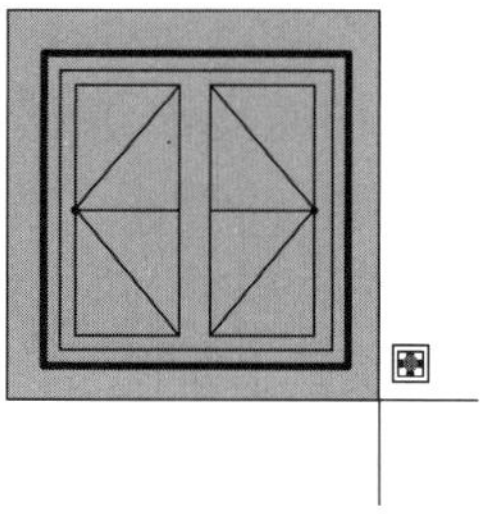

图 3-106　选择图形对象

2. **图块的插入**

【例题 2】在绘图区插入若干个上例中定义的图块。

【绘图步骤】

步骤 01　依次单击【默认】选项卡→【块】面板→【插入】按钮，在下拉列表中选择已定义的图块 new，如图 3-107 所示。

步骤 02　如图 3-108 所示，当绘图区出现跟随光标移动的图块时，选择合适的插入点并单击，完成图块插入。

图 3-107　选择图块

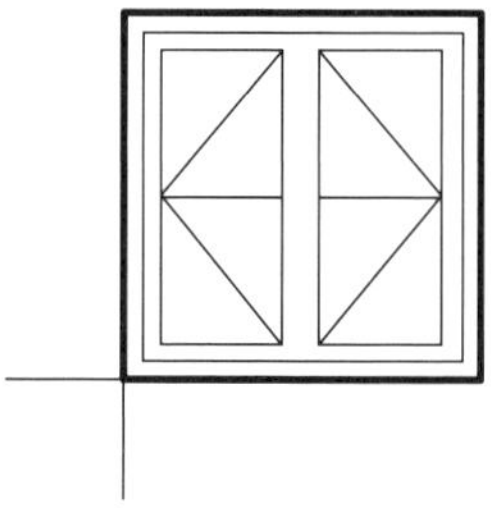

图 3-108　插入图块

步骤 03　反复执行上述操作，插入多个图块。

3. **属性块的定义**

【例题 3】由图 3-109 所示的标高符号，定义一个能在插入时输入标高数字的图块。

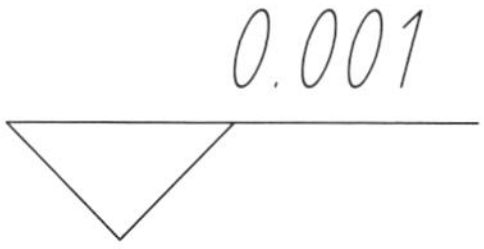

图 3-109　标高符号

【绘图步骤】

题目要求的图块，指的是带有属性的图块。属性块定义时，首先应绘制二维图形对象，然后在图形对象上定义块属性，最后将图形对象及定义的块属性一起定义为图块。下面是具体操作步骤：

步骤 01　绘制标高符号的二维图。

步骤 02　依次单击【默认】选项卡→【块】面板→【定义属性】按钮，如图 3-110 所示。

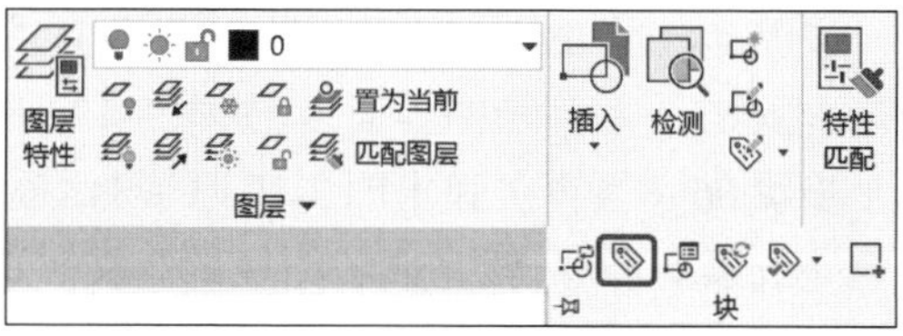

图 3-110　单击【定义属性】按钮

步骤 03　在图 3-111 所示的对话框中，需要特别注意并输入以下内容：

- 标记：属性定义完成后，编辑框内的内容将显示在图形对象上；

- 提示：当插入图块时，系统将编辑框内的提示信息输出到属性编辑框，提示用户输入属性值；
- 默认：默认的属性值，插入图块时将根据用户的输入来显示；
- 对正：指属性值的位置对齐方式；
- 文字样式：指属性值采用的文字样式。

在标高图块的属性定义中，请读者按照图 3-111 中的信息输入，然后单击【确定】按钮，回到绘图界面。

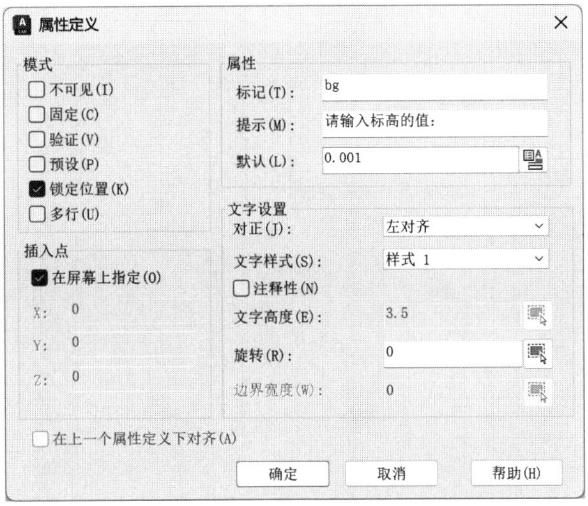

图 3-111　【属性定义】对话框

步骤 04　如图 3-112 所示，当属性标记跟随光标在绘图区出现时，请选择合适的位置并单击，指定属性值文本的起始点。

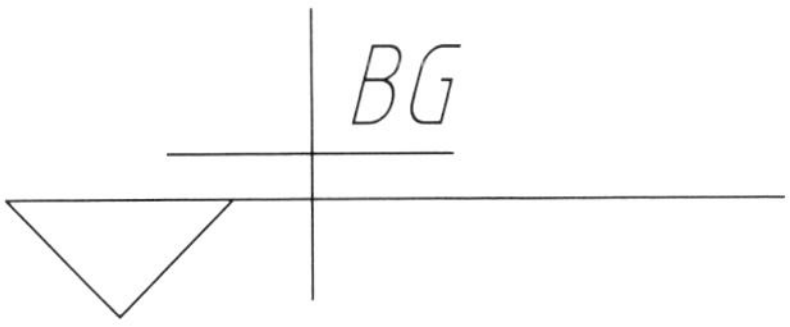

图 3-112　确定属性的起始位置

到此为止，已经完成了前两步工作，即绘制二维图和定义块属性。接下来，如果将这两部分一起定义为图块，就完成了带有属性的图块的定义。

步骤 05　将图 3-112 所示的图形和属性一起，定义成名为“标高”的图块。

操作方法和简单图块的定义是一致的，此处不再赘述。

注意：为了方便图块插入，应该选择直角三角形的直角顶点作为插入时的基准点。

4. 属性块的插入

【例题 4】在绘图区插入若干个上例中定义的属性块。

【绘图步骤】

步骤 01　依次单击【默认】选项卡→【块】面板→【插入】按钮，在下拉列表中选择已定义的图块【标高】，如图 3-113 所示。

步骤 02　如图 3-114 所示，当绘图区出现跟随光标移动的标高图块时，请选择合适的插入点并单击；

步骤 03　在图 3-115 所示的对话框中输入新的标高值并单击【确定】按钮，完成属性块的插入。

步骤 04　反复执行上述步骤，实现多个标高块的插入。

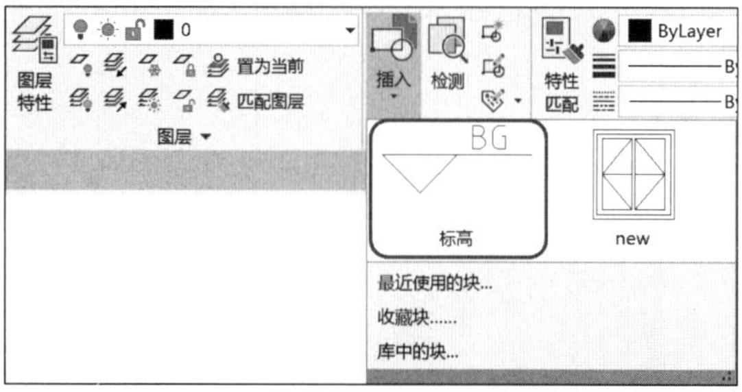

图 3-113　选择【标高】图块

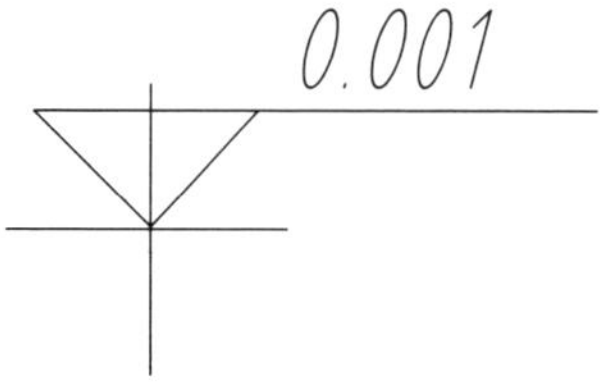

图 3-114　标高图块

图 3-115　【编辑属性】对话框

5. 将图块写入硬盘

按照前述方法定义图块时，图块将驻留在内存中。当软件退出后，图块定义的相关数据也会消失。

为了方便在不同图形文件之间共享图块，在其定义时，应将图块写入硬盘。

【例题 5】将图 3-116 所示的图形定义成图块并写入硬盘。

【绘图步骤】

首先按照图 3-116 所示的图形绘制窗户示意图，为后面的图块定义做好准备。

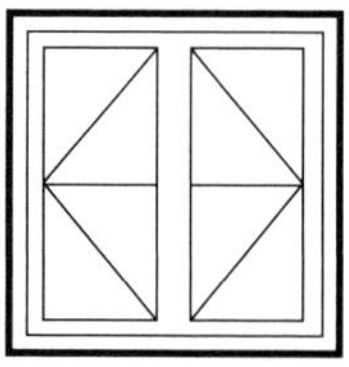

图 3-116　窗户示意图

步骤 01　命令行输入 Wblock 并按【Enter】键。

步骤 02　弹出图 3-117 所示的对话框后，请按下面的步骤完成图块的定义和存盘：

- 单击【拾取点】按钮，返回绘图区拾取图形的左下角点作为插入点；
- 单击【选择对象】按钮，返回绘图区选择二维图并按【Enter】键；
- 给出保存路径和文件名；
- 单击【确定】按钮，完成图块的定义。

图 3-117　【写块】对话框

6. 插入硬盘上的图块

用下列方法之一启动图块的插入命令：

- 依次单击【默认】选项卡 →【块】面板→【插入】→【更多选项】按钮，如图 3-118 所示；
- 在命令行输入 Insert 并按【Enter】键。

当弹出图 3-118 所示的对话框时，单击【浏览】选项，在硬盘中选择要插入的图块并单击【确定】按钮，回到绘图区并选择插入点，完成图块插入。

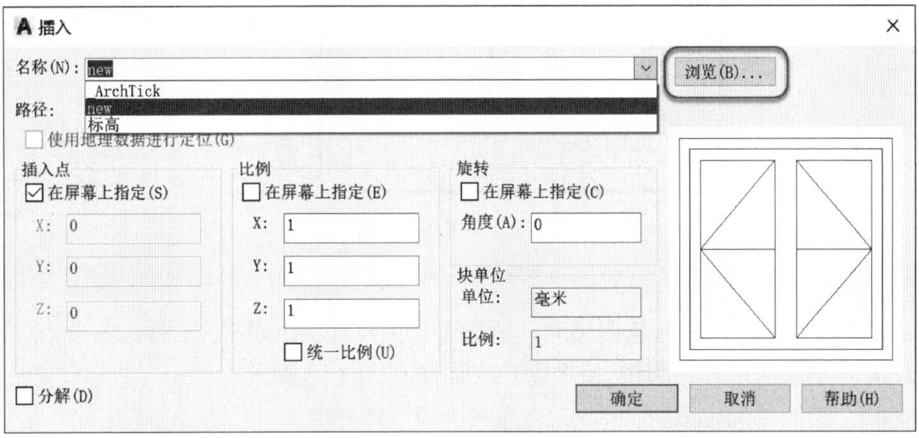

图 3-118　【插入】对话框

7. 编辑图块的属性值

当需要更改已插入的图块属性值时，应依次单击【默认】选项卡 →【块】面板→【单个】按钮，如图 3-119 所示。

选择要修改的图块后，弹出图 3-120 所示的对话框，用户可通过该对话框中的选项来修改属性值的内容和特性。详细内容从略,请读者自行操作。

图 3-119 单击【单个】按钮

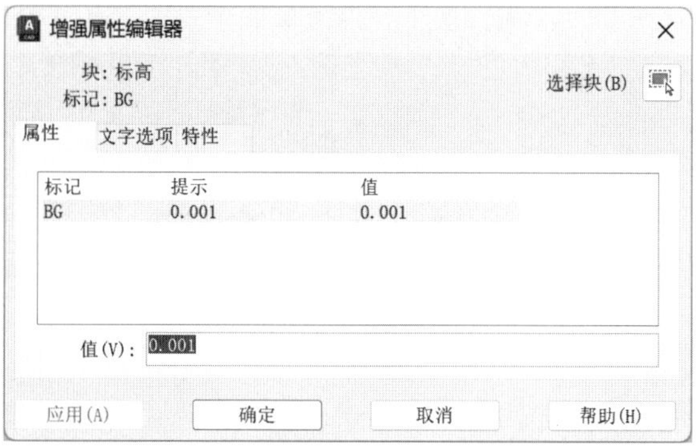

图 3-120 【增强属性编辑器】对话框

8. **图块的应用**

【例题 6】绘制图 3-121 所示的房建立面图。

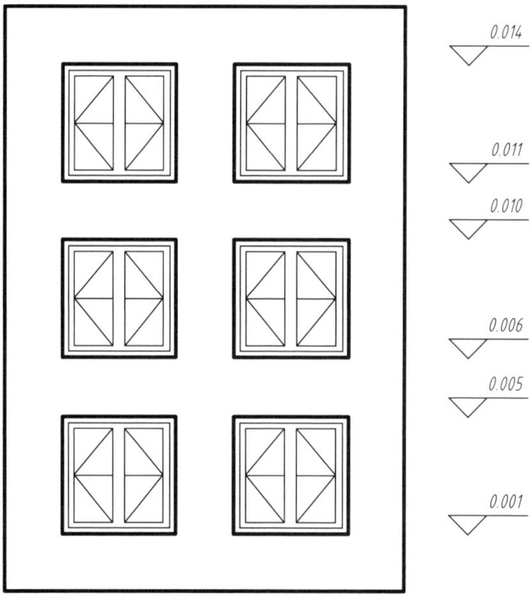

图 3-121 房建立面图

【绘图步骤】

该立面图没有给出详细的绘图尺寸。请读者自拟尺寸,完成图形绘制。

步骤 01 绘制房屋外轮廓线、一个窗户立面图和一个标高符号。

步骤 02 绘制并确定图块的插入点,为图块插入做好准备。

因为没有详细的尺寸,读者可自行绘制直线来定义若干插入点,以便后面连续插入图块。

步骤 03 定义窗户简单块、标高属性块。

简单块和属性块的定义方法已经在前面讲述,请读者自行查看。

步骤 04 在合适的位置插入图块。

3.7　轴测图的绘制

轴测图也是投影图的一种。它能反映组合体三个方向的表面形状，具有立体感。在工程中，经常将轴测图作为三投影图的辅助投影，以帮助构思、想象组合体的形状，提高投影图的阅读效率。

跟二维投影图一样，轴测图也要在二维绘图环境下完成。但是，默认的二维绘图环境并不适合轴测图的绘制。所以，在绘图之前，首先要设置轴测图的绘图环境。下面是详细的设置方法。

1. **轴测图绘图环境的设置**

- 将光标移至状态栏中的【显示图形栅格】按钮上并右击，弹出图 3-122 所示的【网格设置】快捷菜单；
- 单击该菜单后，弹出图 3-123 所示的【草图设置】对话框，选择【等轴测捕捉】单选按钮并单击【确定】按钮。

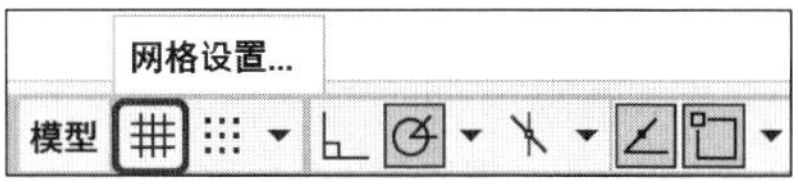

图 3-122　选择【网格设置】快捷菜单

图 3-123　【草图设置】对话框

选择【等轴测捕捉】单选按钮后，相当于在绘图区创建了正等测轴测轴。观察鼠标，其光标已经由十字形变为沿轴测轴方向的交叉形状。

虽然已经建立了轴测轴，但光标仍可沿任意方向移动，沿轴测轴方向绘图仍十分不便。

- 打开【正交】功能。

正交打开后，光标只能沿轴测轴的方向移动，沿轴测轴方向画线将非常方便。

轴测图有三个可见的表面。绘图中，光标只能沿着某个轴测面内的两个坐标轴的方向移动。为了沿第三个轴测轴的方向绘制直线，就需要进行轴测面间的切换，方法是：按【F5】键。

每按一次【F5】键，就意味着在左轴测面、右轴测面和顶轴测面之间的一次切换。在绘图中，如果按一次【F5】并未切换到目标面，则需要再按一次。

下面举例说明轴测图的绘制过程。

2. 长方体轴测图的绘制

【例题1】绘制图3-124所示的长方体的轴测图。

【绘图步骤】

长方体有三个可见的表面，其中左侧的表面位于左轴测面内，右侧的表面位于右轴测面内，上表面位于顶轴测面内。

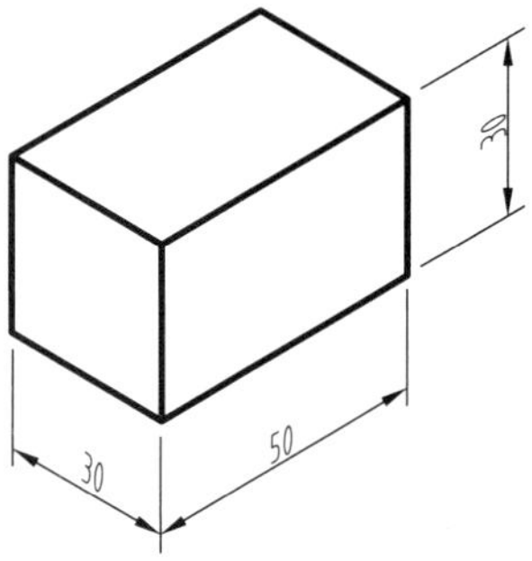

图3-124　长方体

步骤01　设置【等轴测捕捉】并打开【正交】模式，绘制右轴测面内的4条直线。

步骤02　命令行输入Line并按【Enter】键。

步骤03　指定第一个点：

用鼠标单击输入任意一点。

步骤04　指定下一点或 [放弃(U)]：

沿轴测轴 X 轴方向移动光标，先指定直线的绘制方向，然后输入50并按【Enter】键。

步骤05　指定下一点或 [放弃(U)]：

沿轴测轴 Z 轴向上移动光标，给出直线的绘制方向，然后输入30并按【Enter】键。

步骤06　指定下一点或 [闭合(C)/放弃(U)]：

沿轴测轴 X 轴方向移动光标，给出直线的绘制方向，然后输入50并按【Enter】键。

步骤07　指定下一点或 [闭合(C)/放弃(U)]：

沿轴测轴 Z 轴向下移动光标，给出直线的绘制方向，然后输入30并按【Enter】键。右侧表面绘制结束。

步骤08　重复画线命令，绘制左侧表面。

当光标不能沿着某个轴测轴的方向移动时，请按一次【F5】键。如果切换未成功，则需再按一次。

步骤09　利用【复制】命令复制两条直线段，完成顶面的绘制。

注意：轴测图中绘制平行线时，一定要用【复制】命令。如果使用【偏移】命令，其结果和预期偏差较大。

3. 圆柱体轴测图的绘制

【例题2】绘制图3-125所示的圆柱体的轴测图。

【绘图步骤】

圆柱体底面圆的正等测轴测投影图是椭圆，所以该例中要用【椭圆】命令完成底面圆的轴测图的绘制。

绘图之前，请按照前面讲述的方法设置轴测图的绘图环境。

步骤01　用下列方法之一执行【椭圆】命令：

- 依次单击【默认】选项卡→【绘图】面板→【椭圆】按钮，如图3-126所示；
- 在命令行输入Ellipse并按【Enter】键。

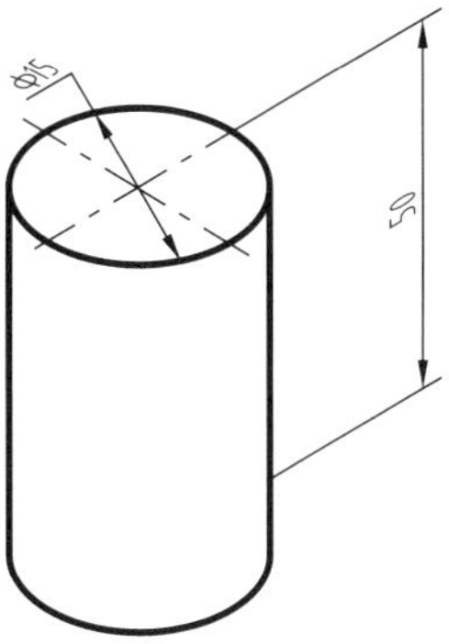

图 3-125　圆柱体

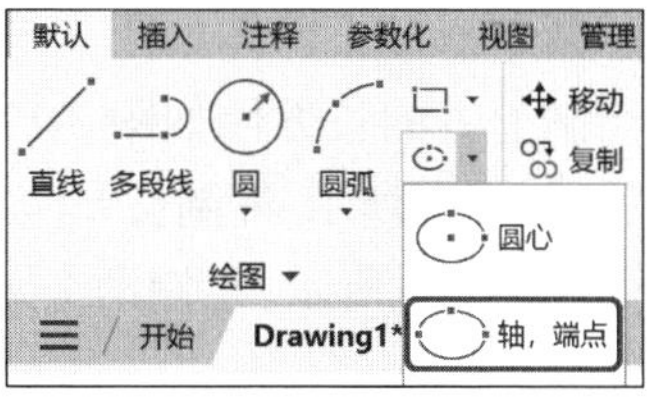

图 3-126　单击【椭圆】按钮

步骤 02　指定椭圆轴的端点或［圆弧(A)/中心点(C)/等轴测圆(I)］:

输入 I 并按【Enter】键。

等轴测圆就是绘制在三个轴测面内的椭圆。和绘制椭圆不同，画等轴测圆时，只需输入圆心、半径即可。

步骤 03　指定等轴测圆的圆心:

单击绘图区任意一点输入底面等轴测圆的圆心。

步骤 04　指定等轴测圆的半径或［直径(D)］:

观察光标是否在顶轴测面内。如果不在，请按一次或两次【F5】键。确定轴测面后，输入 7.5 并按【Enter】键。

步骤 05　向上复制椭圆，得到圆柱体另一底面的轴测投影。

步骤 06　设置并打开【对象捕捉】功能，捕捉轴测圆上的【象限点】，绘制圆柱体左右两条轮廓线，完成圆柱体轴测图的绘制。

4. 组合体轴测图的绘制

【例题 3】绘制图 3-127 所示组合体的轴测图。

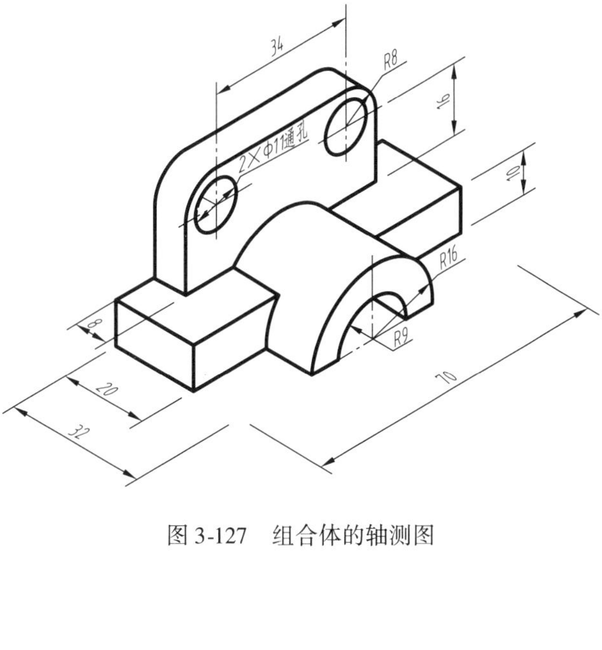

图 3-127　组合体的轴测图

【绘图步骤】

该组合体包括两个长方体和一个半圆柱体。绘图时，一般按照由下向上、由后到前的顺序绘制，使绘图过程易于观察。

步骤 01　设置轴测图的绘图环境。

步骤 02　绘制底部的长方体如图 3-128 所示。

步骤 03　绘制上方的长方体如图 3-129 所示。

步骤 04　如图 3-130 所示，复制长方体的两条棱线，它们的交点就是圆柱底面圆的圆心。

步骤 05　如图 3-131 所示，绘制两个轴测圆，沿轴测轴 *X* 轴的方向进行复制并修剪。

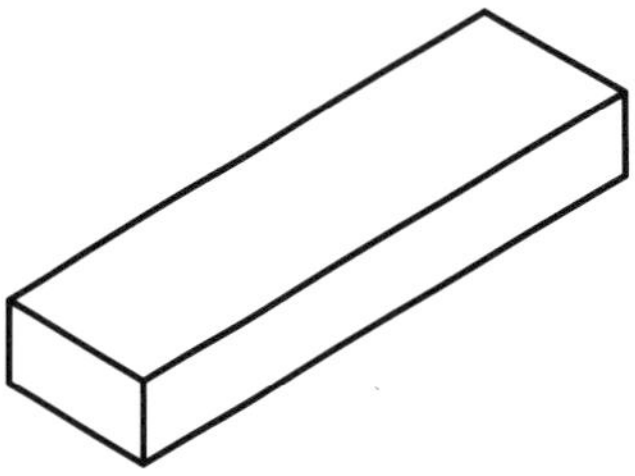

图 3-128　底部长方体

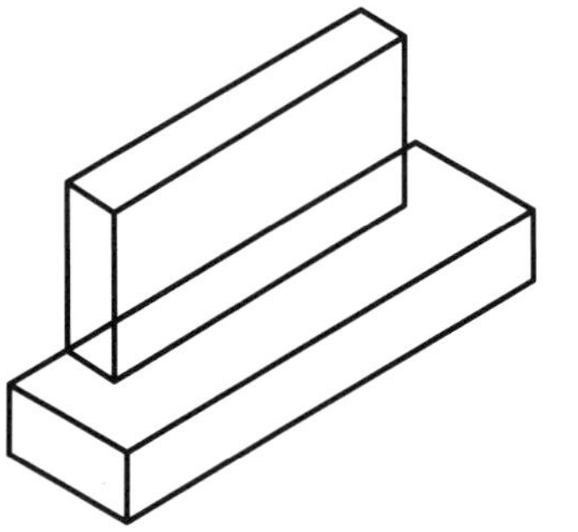

图 3-129　两个长方体

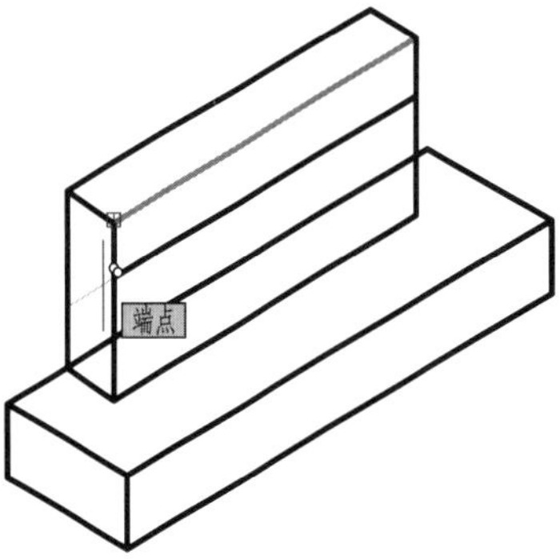

（a）向下复制棱线

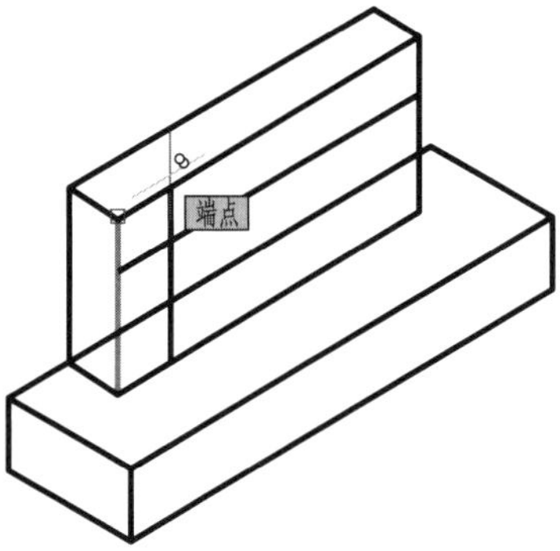

（b）向右复制棱线

图 3-130　复制长方体的棱线

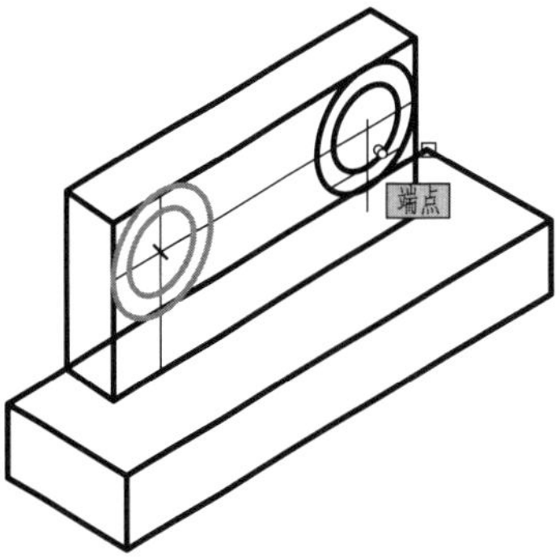

（a）绘制轴测圆并向右复制

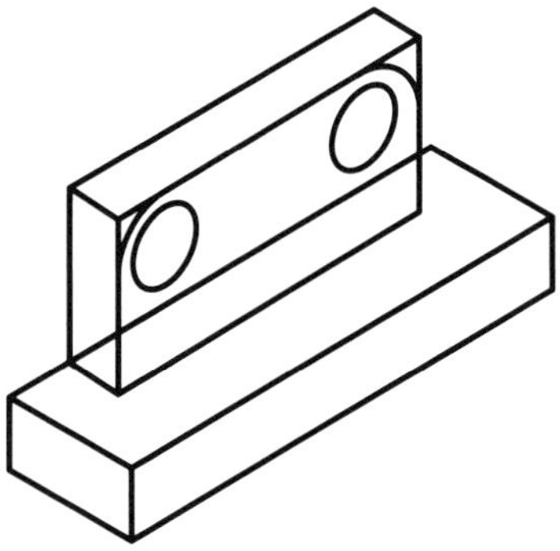

（b）修剪轴测圆

图 3-131　绘制轴测圆

步骤 06　如图 3-132(a)所示,沿轴测轴 Y 轴方向复制两段圆弧并修剪多余的图线,结果如图 3-132(b)所示。

步骤 07　捕捉切点并绘制长方体右上角圆角处的切线。

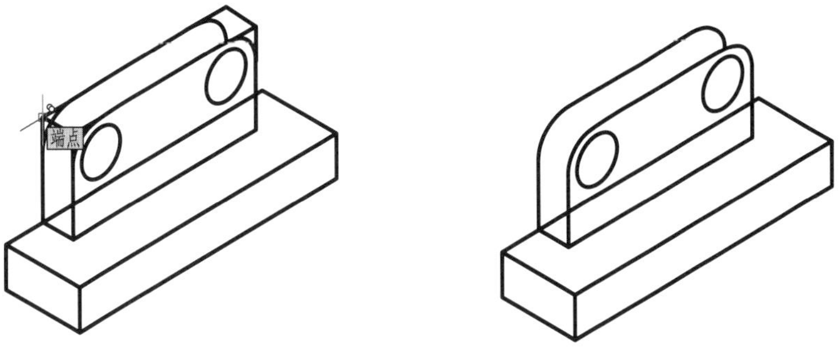

（a）复制圆弧　　（b）修剪多余的图线

图 3-132　绘制圆角及其切线

步骤 08　如图 3-133(a)所示,在底部长方体的右轴测面内绘制半圆柱体横截面的等轴测圆。然后剪切下半部分圆弧,结果如图 3-133(b)所示。

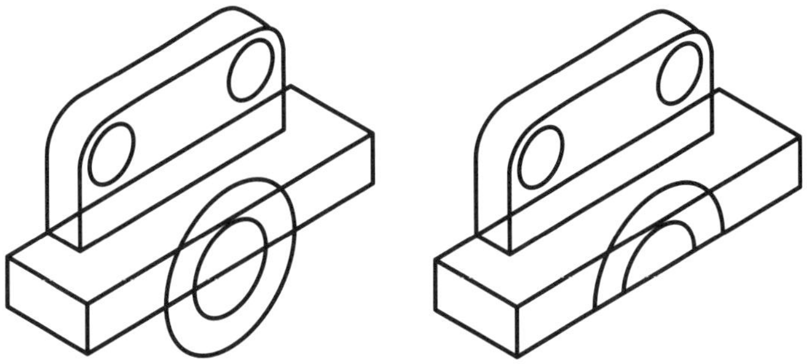

（a）绘制轴测圆　　（b）修剪轴测圆

图 3-133　绘制轴测圆并修剪多余的图线

步骤 09　如图 3-134 所示,将上步绘制的椭圆弧向前、后各复制一份,连线、剪切并删除多余的图线,完成组合体轴测图的绘制。

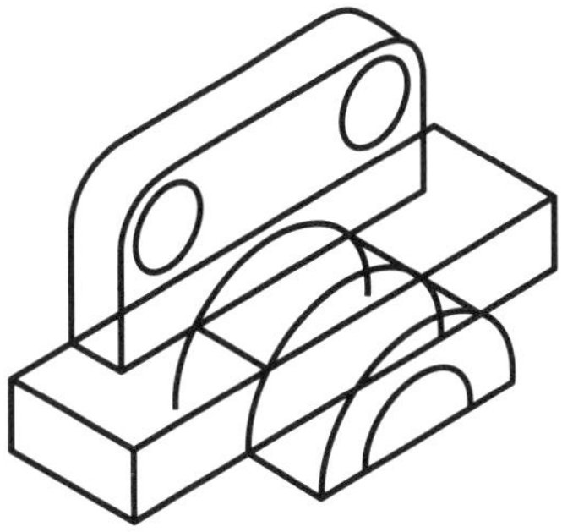

图 3-134　绘制半圆柱的轴测图

此处省去了详细的过程描述,请读者自行思考并尝试操作,完成组合体轴测图的绘制。

第4章 图形注释

图形注释包括文字标注、尺寸标注和表格插入等。

4.1 文字标注

文字是 AutoCAD 中重要的图形元素之一。通过文字的注释,使图形更加易读。下面将讨论尺寸标注的方法、文字样式的设置以及文字的编辑等。

如果文字内容比较简单,则用【单行文字】命令进行注写。

【例题 1】在绘图区的任意位置注写文字“Hello,AutoCAD!”。

【绘图步骤】

步骤 01　用下列方法之一执行【单行文字】注写命令:

- 依次单击【默认】选项卡→【注释】面板→【单行文字】按钮,如图 4-1 所示;

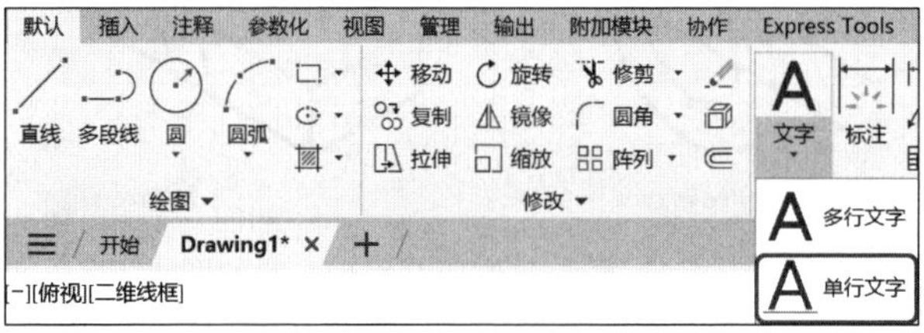

图 4-1　单击【单行文字】按钮

- 在命令行输入 DText 并按【Enter】键。

命令启动后,按下列提示输入文本的样式参数并完成文本注写。

步骤 02　指定文字的起点或[对正(J)/样式(S)]:

用鼠标在绘图区任意单击一次,输入文字注写的起始位置。

步骤 03　指定高度:

文字高度确定了文字的大小。在工程图样绘制中,请大家按照国标要求的字高系列进行注写。这里输入 5 并按【Enter】键。

步骤 04　指定文字的旋转角度:

文字的旋转角度指的是文字的排列方向和 X 轴正向的夹角,逆时针为正。多数情况下,图纸上的文本从左到右排列,和 X 轴正向的夹角为 0。所以在该提示下输入 0 并按【Enter】键。

步骤 05　当绘图区出现闪烁的光标时,输入Hello,AutoCAD!,然后按【Enter】键两次跳出命令,完成文本标注,结果如图 4-2 所示。

图 4-2　单行文本

如果文字内容较多,则用【多行文字】命令注写,以便对其进行格式化排版。

【例题 2】在绘图区的任意位置注写图 4-3 所示的段落文字。

【绘图步骤】

步骤 01　用下列方法之一执行【多行文字】注写命令:

- 依次单击【默认】选项卡→【注释】面板→【多行文字】按钮,如图 4-4 所示;
- 在命令行输入 MText 并按【Enter】键。

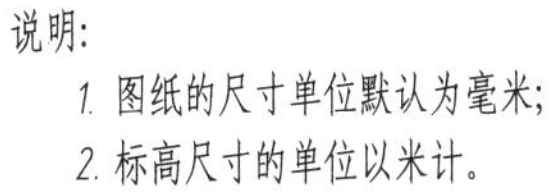

图 4-3　段落文字

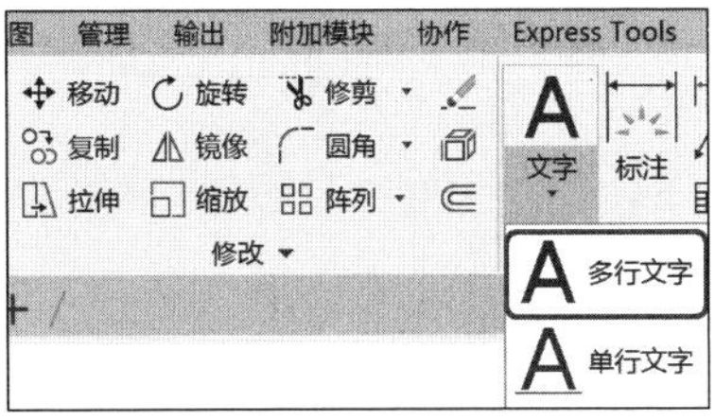

图 4-4　单击【多行文字】按钮

命令执行后,将会提示用户指定一个矩形区域来注写段落文字。

步骤 02　指定第一角点:

用鼠标在绘图区任意位置单击,输入矩形区域左上角的顶点。

步骤 03　指定对角点或 [高度(H)/对正(J)/行距(L)/旋转(R)/样式(S)/宽度(W)/栏(C)]:

向右下方移动光标,确定足够大小的矩形区域后再次单击,输入矩形区域的对角点,如图 4-5(a)所示。

步骤 04　确定矩形区域后,在该位置弹出图 4-5(b)所示的本文编辑框。这时,键入相应的文字即可。

步骤 05　将光标移至文本编辑框外并单击,退出文字注写命令。

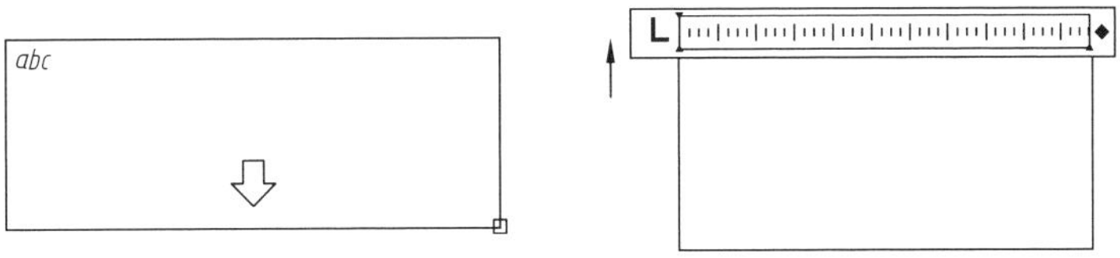

(a) 确定矩形区域　　(b) 文本编辑框

图 4-5　确定文本输入区域

4.2　文字样式

为了方便工程图样的交流和阅读,国家标准对文本标注做了详细的规定,其中包括文本字体、大小和字头朝向等。

在默认情况下,AutoCAD 提供的样式不能满足标注要求。所以在文本注写前,都应创建新的文字样式并将其设为当前样式,然后进行文字注写。

【例题】创建小字体为 gbenor. shx、大字体为 gbcbig. shx、字高为 3. 5 的文字样式。

【绘图步骤】

步骤 01　用下列方法之一执行文字样式的创建命令:

- 依次单击【默认】选项卡→【注释】面板→【文字样式】按钮,如图 4-6 所示;
- 在命令行输入 Style 并按【Enter】键。

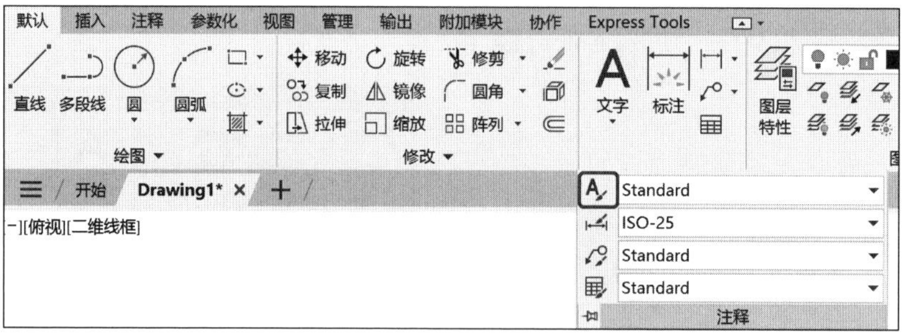

图 4-6　单击【文字样式】按钮

步骤 02　命令执行后,弹出图 4-7 所示的对话框,其中左侧是已经存在的样式列表。单击【新建】按钮,出现图 4-8 所示的对话框,在编辑框键入新的样式名并单击【确定】按钮。

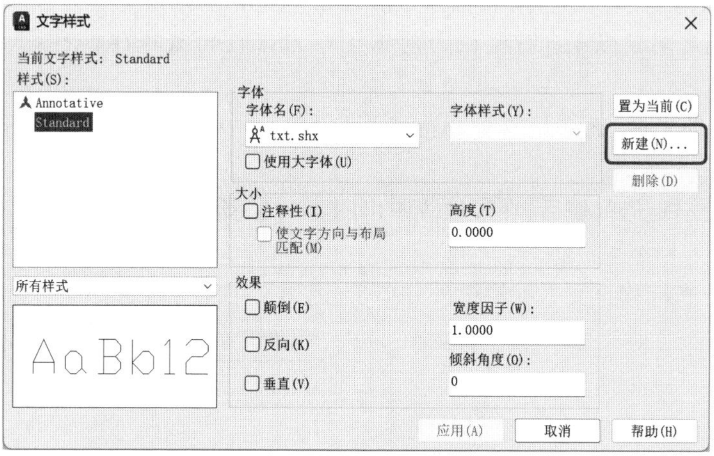

图 4-7　【文字样式】对话框

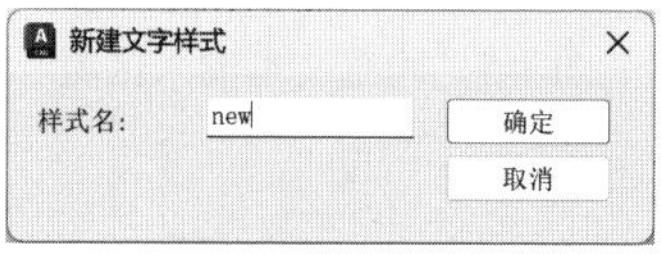

图 4-8　【新建文字样式】对话框

步骤 03　返回到图 4-9 所示的对话框,按照图中标注的顺序完成新字体样式的创建。具体过程说明如下:

- 在【SHX 字体】下拉列表中选择【gbenor. shx】选项，指定小字体；
- 选中【使用大字体】复选按钮，则右侧【大字体】下拉列表才可用；
- 在【大字体】下拉列表中选择【gbcbig. shx】选项；
- 在【高度】编辑框中输入 3. 5，指定该样式的文字字高；
- 单击【应用】按钮将该样式设置为当前样式；
- 单击【关闭】按钮完成新样式的创建。

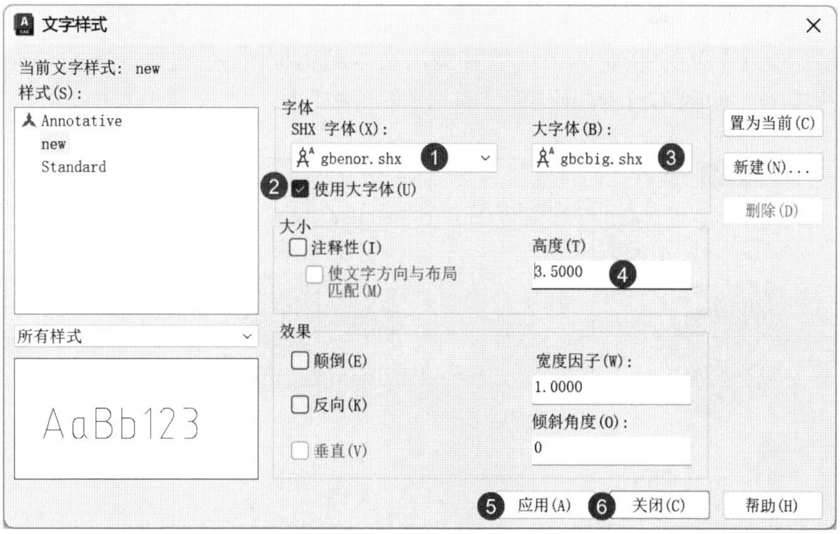

图 4-9　【文字样式】对话框

AutoCAD 中的字体非常复杂，一部分来自操作系统，另一部分来自系统自定义。系统自定义的 . SHX 文件被称为字体形文件，包括小字形和大字形。小字形字体一般用来表达西文，大字形字体用于表达中文、韩文等双字节的文字。

因为每种字体支持的文字特征不同，所以在文字注写时会出现各类问题。比如，注写中文时显示为问号。当出现这类字体不支持的情况时，请及时选择更换为其他字体。

为了在文本标注中使用新的字体样式，需将其设置为当前样式。如果在样式创建时并未将其置为当前，可用下面的方法实现文字样式的切换：

如图 4-10 所示，依次单击【默认】选项卡→【注释】面板→【文字样式】下拉按钮并选择字体样式。一旦有文字样式被选中，则以后标注的文字都将遵从此样式，直到下次切换为别的样式。

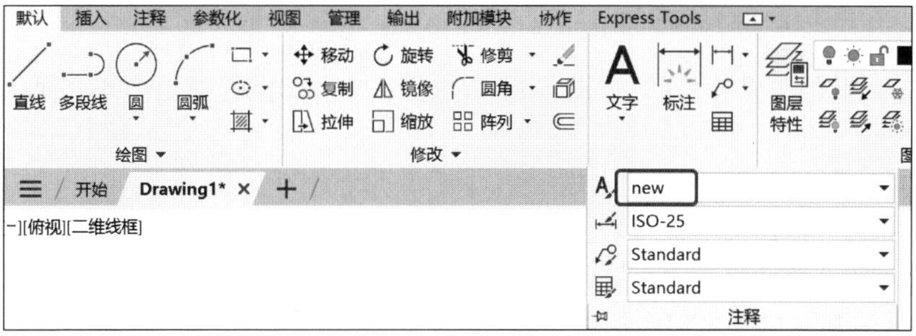

图 4-10　切换字体样式

4.3 特殊文本的输入

图形标注中,可能需要输入一些特殊的文字,如希腊字母、英文、数学符号和公式等。由于这些特殊的文本不能用键盘直接输入,所以下面将讨论一些常用的输入方法。

1. 利用【多行文字】命令注写

执行【多行文字】命令,指定输入区域并弹出文本编辑框时,在软件界面的功能区出现【文字编辑器】选项卡。如图 4-11 所示,单击【符号】下拉按钮。

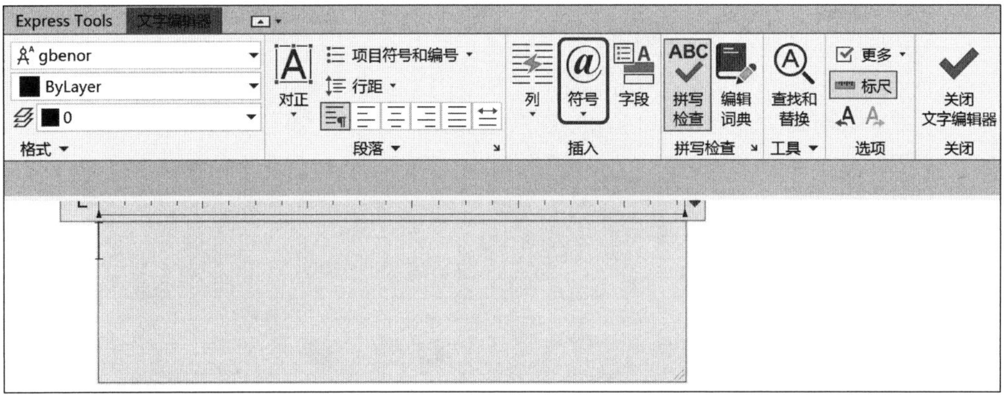

图 4-11 单击【符号】下拉列表

在图 4-12 所示的下拉列表中,列出了一些常用的符号。单击对应行,输入相应的符号。图 4-13 是一些例子,请读者尝试输入。

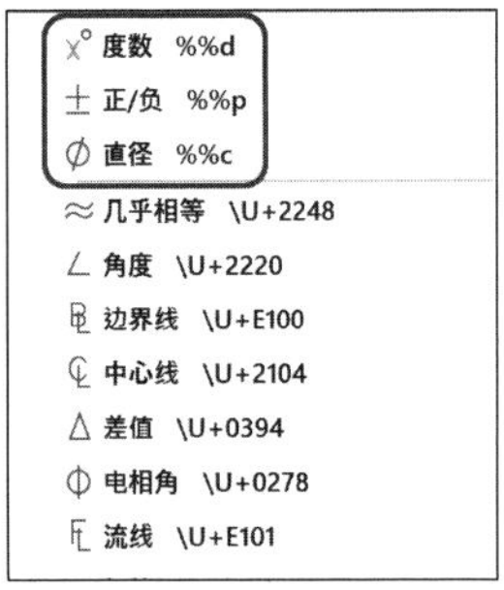

图 4-12 常见的符号

图 4-13 特殊符号的输入

当需要输入其他更多符号时,在图 4-14 中选择【其他】选项,弹出图 4-15 所示的对话框,其中:

- 单击要输入的字符,使其放大显示;
- 单击【选择】按钮选中该符号;
- 单击【复制】按钮将该符号复制到粘贴板。

回到图 4-16 所示的文本编辑框中,右击,在弹出的快捷菜单中选择【粘贴】选项输入字符。

图 4-14　选择【其他】选项

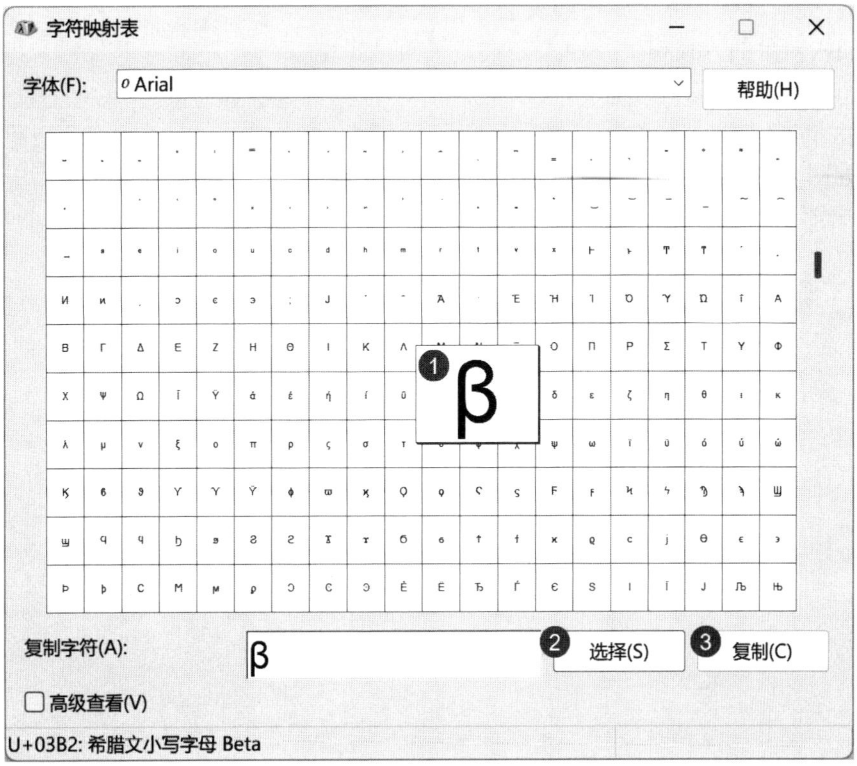

图 4-15　选择并复制符号

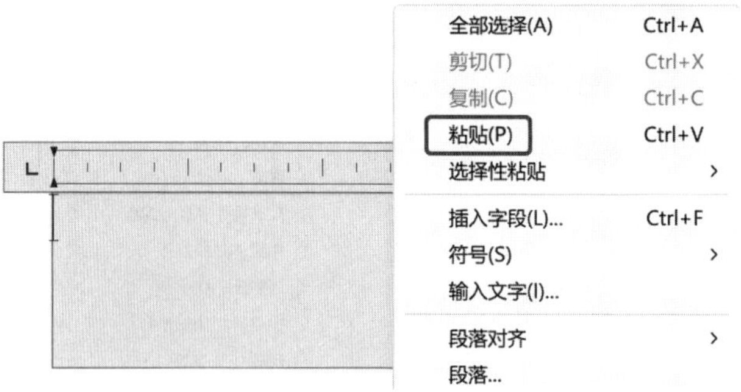

图 4-16 粘贴符号

2. 利用输入法软键盘输入特殊符号

多数输入法都提供了虚拟键盘。读者可通过 PC 软键盘和其他字符键盘之间的切换，进行常规和特殊字符的输入。

如果需要输入一些特殊符号，不妨采用该法，可能更加快捷方便。

关于虚拟键盘的调用及操作等详细步骤，此处省略。读者可通过搜索引擎获取相关的操作方法并进行输入尝试。

3. 公式的注写

AutoCAD 没有提供公式编辑功能。如果要在图样中输入公式，首先应确保计算机中已经安装了公式编辑器，然后通过插入对象的方式编辑并输入公式。下面是操作方法：

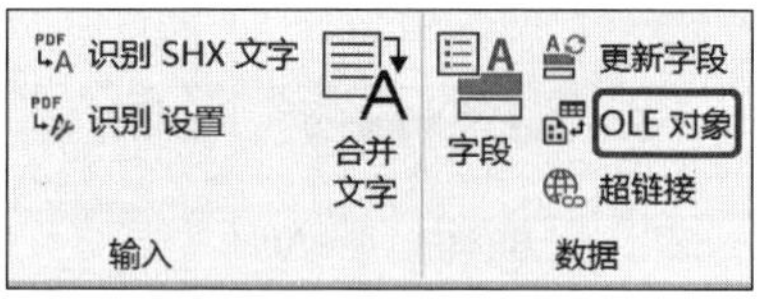

图 4-17 单击【插入对象】按钮

- 依次单击【插入】选项卡→【数据】面板→【OLE 对象】按钮，如图 4-17 所示；
- 弹出图 4-18 所示的【插入对象】对话框，在【对象类型】中选择公式编辑器并单击【确定】按钮；

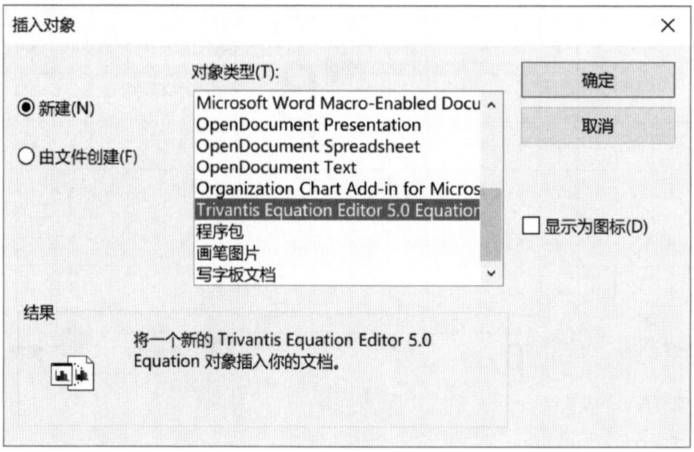

图 4-18 【插入对象】对话框

- 弹出的公式编辑器的工作界面如图 4-19 所示，读者可在其编辑区输入公式；

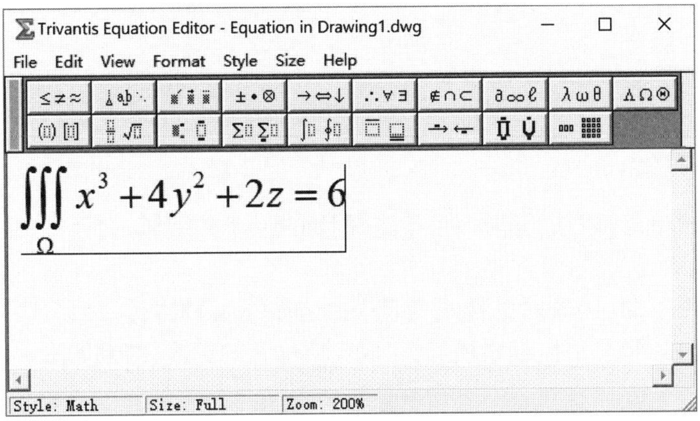

图 4-19　公式编辑器

- 退出公式编辑器，则公式显示如图 4-20 所示。

图 4-20 中，公式有一个外边框。在默认情况下，该边框仅会显示，不会被打印。如果读者要更改边框的显示状态，应调整系统变量 OLEFRAME的值。

$$\iiint\limits_{\Omega} x^3 + 4y^2 + 2z = 6$$

图 4-20　绘图区显示的公式

- 当 OLEFRAME 为 0 时，不显示也不打印边框；
- 当 OLEFRAME 为 1 时，显示并打印边框；
- 当 OLEFRAME 为 2 时，显示但不打印边框。

如果要编辑已输入的公式，双击公式外边框。当弹出公式编辑器的工作界面后进行编辑，然后关闭公式编辑器，自动完成内容更新。

4.4　文本的编辑

1. 鼠标双击编辑法

文本编辑的方法中，最快捷的方式就是双击要修改的文本，然后完成编辑即可。具体来说，由【多行文字】命令注写的文本在双击后可进行文字特征的全面修改；但是用【单行文字】命令注写的文本，则只能修改其内容。

这种方法操作简单，请读者自行尝试。

2. 文字样式下拉列表编辑法

通过文字样式下拉列表可实现文本的样式修改。

【例题 1】将图 4-21 所示的第一行文字的样式（standard 样式）改成 new 样式（之前创建的样式），也就是变成第二行文字的样式。

【绘图步骤】

步骤 01　如图 4-22 所示，单击第一行文字；

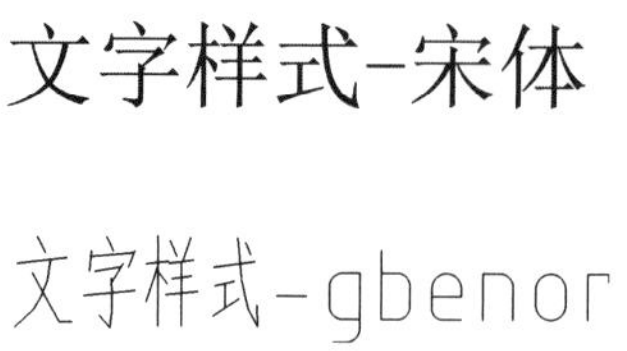

图 4-21

图 4-22 选中第一行文字

步骤 02 依次单击【默认】选项卡→【注释】面板→【文字样式】下拉列表,如图 4-23(a)所示;

步骤 03 在图 4-23(b)所示的样式列表框中选择【new】样式;

步骤 04 按【Esc】键,退出编辑模式,完成文字样式的更改,结果如图 4-24 所示。

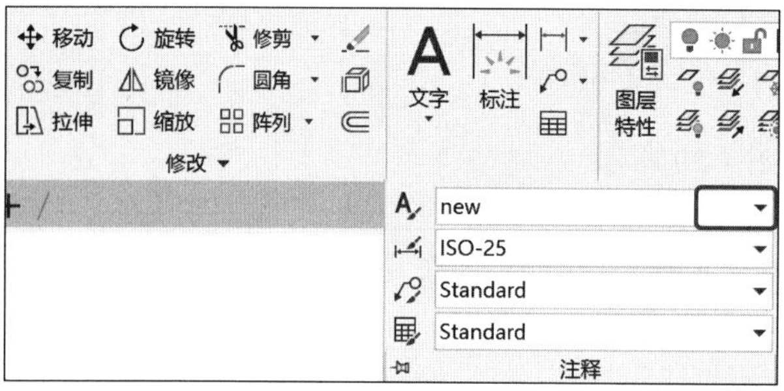

(a) 单击【文字样式】下拉列表

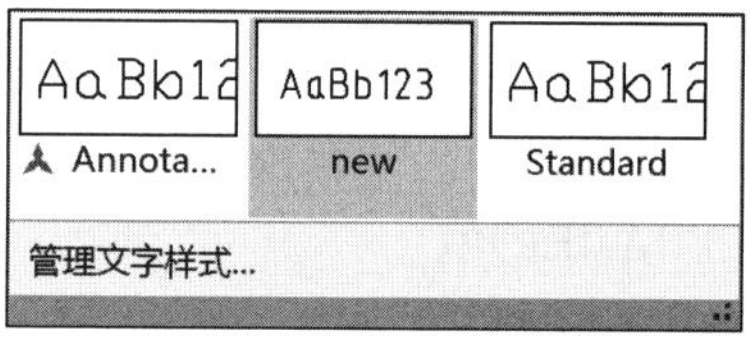

(b) 选择【new】样式

图 4-23 文字样式切换

图 4-24 修改文字样式

3. 特性修改法

【例题 2】将图 4-21 所示的第一行文字的样式改成 new 样式,即第二行文字的样式。

【绘图步骤】

步骤 01 单击第一行文字。

步骤 02 依次单击【默认】选项卡→【特性】面板右下角的小箭头,如图 4-25 所示。

步骤 03 在图 4-26 所示的【特性】对话框中,选择【样式】下拉列表中的【new】样式。

步骤 04 按【Esc】键,退出编辑模式,完成修改。

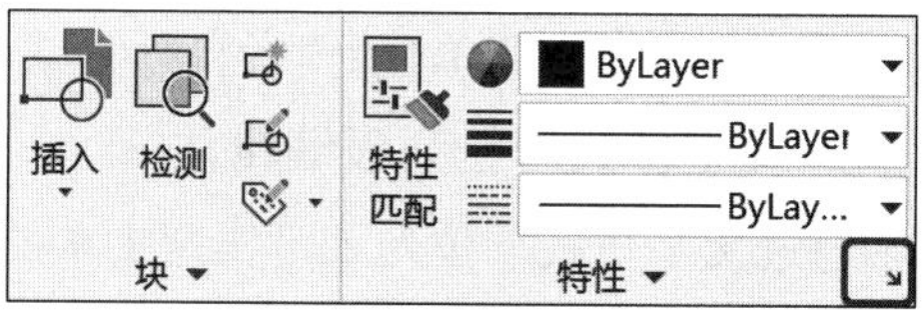

图 4-25 单击【特性】按钮

由图 4-26 可知,通过【特性】对话框,用户可修改文本的图层、颜色、字高、旋转等多种显示特征。

图 4-26　【特性】对话框

4. 特性匹配法

【例题 3】将图 4-21 所示的第一行文字的样式改成 new 样式，即第二行文字的样式。

【绘图步骤】

步骤 01　依次单击【默认】选项卡→【特性】面板→【特性匹配】按钮，如图 4-27 所示。

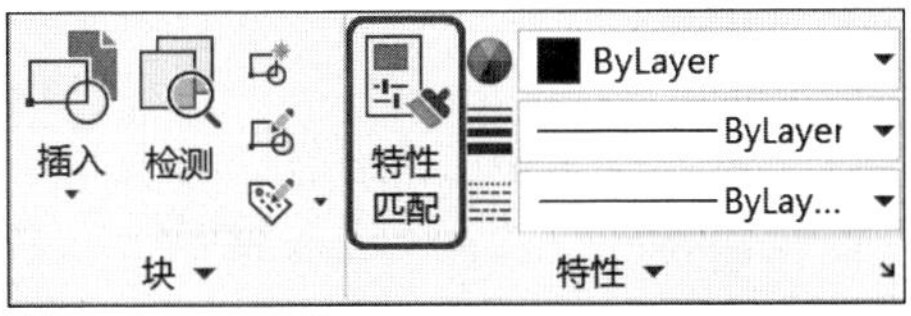

图 4-27　单击【特性匹配】按钮

步骤 02　选择源对象：

如图 4-28（a）所示，单击目标样式文字，即第二行文字。

步骤 03　选择目标对象或 [设置(S)]：

如图 4-28（b）所示，单击要修改的文字，即第一行文字，完成文字样式的修改。

（a）选择目标样式　（b）选择要修改的文本

图 4-28　文字样式匹配

4.5 尺寸标注的相关规定

工程图样的尺寸不仅反映了工程物体的形状、大小和相对位置等，还是施工建造的重要依据。所以，正确、清晰地完成图形的尺寸标注非常重要。

1. 尺寸标注的规定

如图 4-29 所示，图样上的尺寸，一般应包括尺寸界线、尺寸线、尺寸起止符号和尺寸数字。其中：

- 尺寸界线　应该用细实线绘制，一端离开图样轮廓线不应小于 2 mm，另一端宜超出尺寸线 2～3 mm。
- 尺寸线　应该用细实线绘制，到图样轮廓线的距离不应小于 10 mm，相邻两条尺寸线的距离宜为 7～10 mm。
- 尺寸起止符号　用中粗斜短线绘制，其倾斜方向应与尺寸界线成顺时针 45°，长度宜为 2～3 mm。半径、直径、角度与弧长的尺寸起止符号，宜用箭头表示。
- 尺寸数字　图纸上的尺寸数字字高为 3.5 mm，其下边缘到尺寸线的距离宜为 0.5～1 mm，字头方向向上或者朝左。

为了便于记忆和设置，可以将尺寸标注中的规定简化为图 4-30。

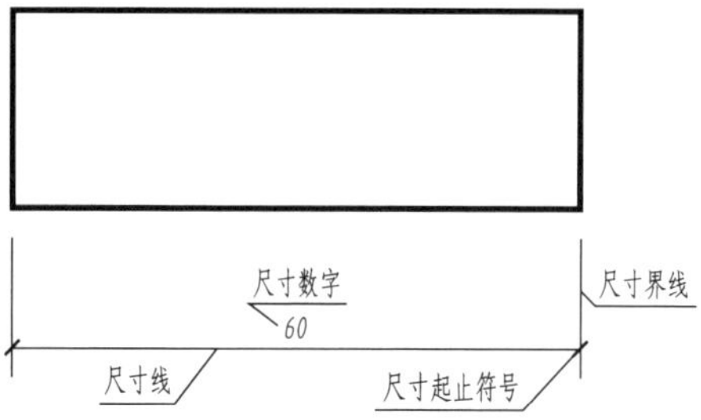

图 4-29　尺寸的组成

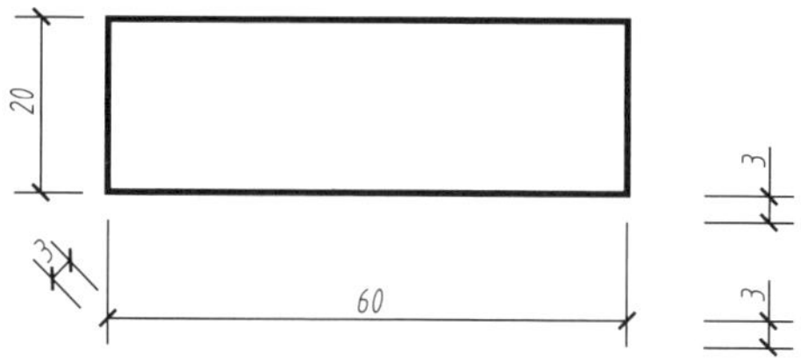

图 4-30　尺寸的相关规定

2. 尺寸标注的一般方法

【例题】绘制长 60 mm、宽 20 mm 的长方形并标注其长度尺寸。

【绘图步骤】

步骤 01　绘制长方形。

步骤 02　用下列方法之一执行尺寸标注命令：

- 依次单击【默认】选项卡→【注释】面板→【线性】按钮，如图 4-31 所示；

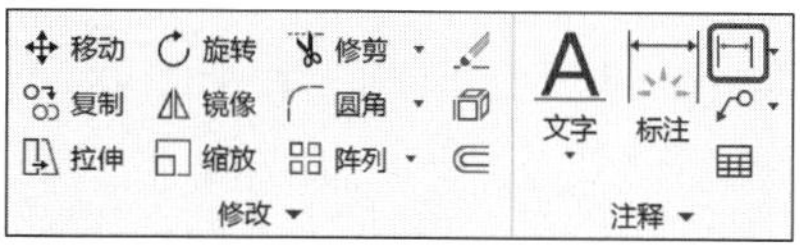

图 4-31　单击【线性】按钮

- 在命令行输入 Dimlinear 并按【Enter】键。

步骤 03　指定第一个尺寸界线原点或 <选择对象>：

如图 4-32(a)所示，捕捉端点作为第一条尺寸界线的引出点。

步骤 04　指定第二条尺寸界线原点：

如图 4-32(b)所示，捕捉端点作为第二条尺寸界线的引出点。

步骤 05　指定尺寸线位置或［多行文字(M)/文字(T)/角度(A)/水平(H)/垂直(V)/旋

（a）捕捉第一条尺寸界线的引出点

（b）捕捉第二条尺寸界线的引出点

图 4-32　确定尺寸界线的引出点

转(R)]:

移动鼠标至适当的位置并单击，完成尺寸标注，如图 4-33所示。

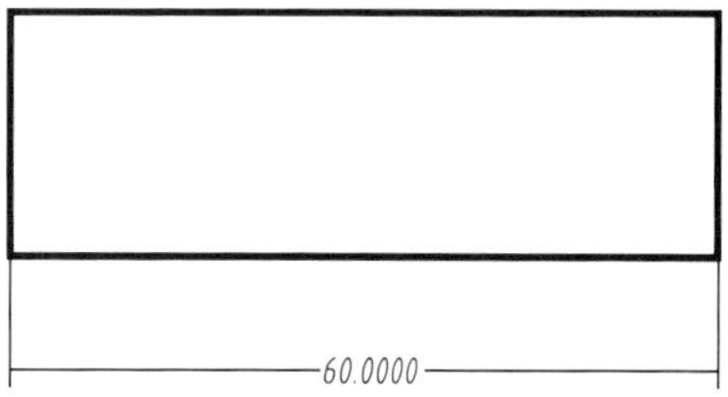

图 4-33　标注长度尺寸

由此可见，在 AutoCAD 中进行尺寸标注时，系统将自动绘制尺寸界线、尺寸线和尺寸起止符号并测量得到尺寸数字。

观察图 4-33，默认情况下的标注不符合规范的相关规定。所以在标注各类尺寸前，应创建符合规范要求的尺寸标注样式。

4.6　尺寸标注的样式设置

尺寸标注的样式设置主要包括对尺寸界线、尺寸线、尺寸起止符号和尺寸数字的设置。

图样中，常见的尺寸标注类型包括：线性标注、角度标注、半径标注和直径标注等。为了完成图样的全部尺寸标注，应针对以上类型的尺寸标注设置对应的标注样式。

如果对每种尺寸标注类型设置样式并在标注过程中切换使用的话，这将使尺寸标注的工作变得非常烦琐。

为了简化工作，我们的方法是：创建父子样式的管理模式。

在父子样式中，父样式通用，子样式专用。进行尺寸标注时，只需将父样式设置为当前样式，则 AutoCAD 根据用户的操作自动判断并选择父、子样式进行标注。

【例题】创建父子样式的尺寸标注样式。

【绘图步骤】

先创建父样式用于通用标注，再创建分别用于半径、直径和角度标注的各种子样式。

尺寸标注中要按规范标注尺寸数字，所以首先建立尺寸数字需要的文字样式。

步骤 01　创建小字体为 gbenor. shx、大字体为 gbcbig. shx、字高为 3. 5 mm 的文字样式并命名为 new。

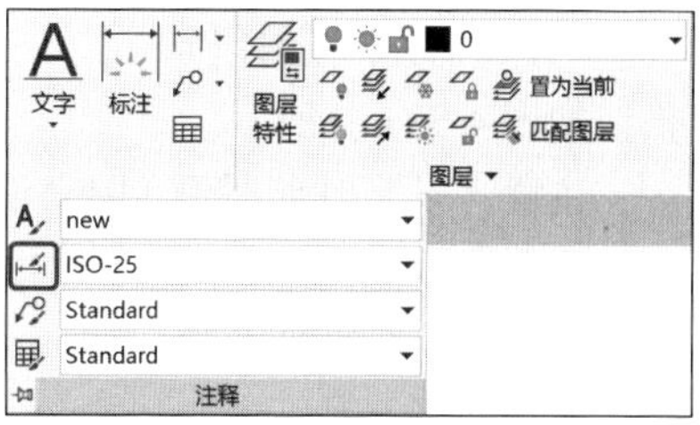

图 4-34　单击【标注样式】按钮

步骤 02　用下列方法之一执行【标注样式】命令：

- 依次单击【默认】选项卡→【注释】面板→【标注样式】按钮，如图 4-34 所示；

• 在命令行输入 Dimstyle 并按【Enter】键。

步骤 03　在如图 4-35 所示的对话框中，单击【新建】按钮。

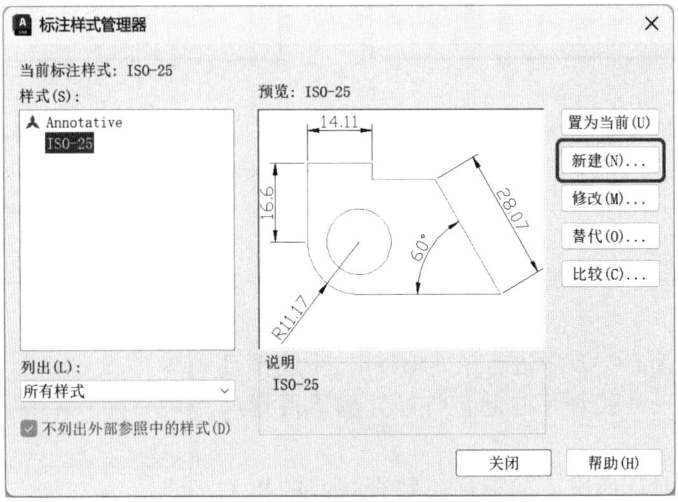

图 4-35　【标注样式管理器】对话框

步骤 04　如图 4-36 所示，在【新样式名】编辑框中输入样式名新标注样式并单击【继续】按钮；

注意：

• 新样式将从基础样式继承所有的参数值；

• 父样式用于所有标注。

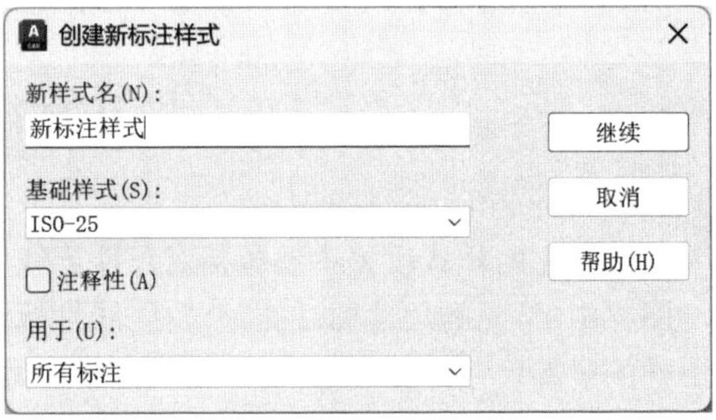

图 4-36　【创建新标注样式】对话框

步骤 05　按下面的顺序分别设置尺寸线、尺寸界线、尺寸起止符号和尺寸数字等。

• 尺寸线：如图 4-37(a)所示，【基线间距】设为 10，则标注中相邻两条尺寸线之间的距离为 10；

• 尺寸界线：【超出尺寸线】和【起点偏移量】均设为 3，其他不变，如图 4-37(a)所示；

• 尺寸起止符号：【箭头】设为建筑标记，【箭头大小】设为 2，如图 4-37(b)所示；

注意：【箭头大小】为 2 时，45°中粗斜短线的长度为 3。

• 尺寸数字：选择【new】文字样式，【从尺寸线偏移】设为 0.5，【对齐方式】选择【ISO 标准】，如图 4-37(c)所示。

注意：【从尺寸线偏移】用来设定文字下边缘到尺寸线的距离；【ISO 标准】指的是：当文字在尺寸界线之间时，文字与尺寸线对齐，当文字在尺寸界线外面时，文字水平书写。

• 主单位：如图 4-37(d)所示，【精度】设置为 0，则尺寸标注时，线性和角度标注中的尺寸数字都精确到个位。

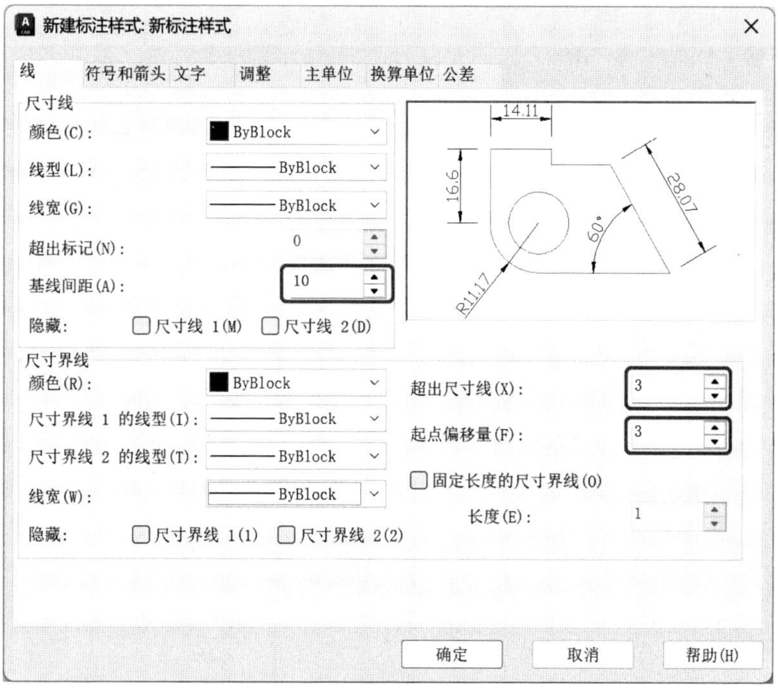

（a）设置尺寸(界)线

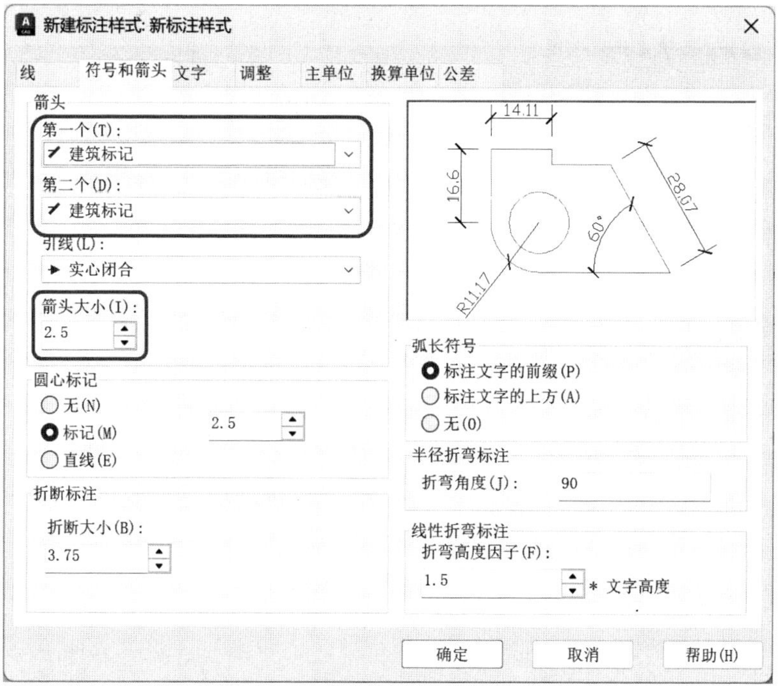

（b）　设置尺寸起止符号

图 4-37　创建父样式

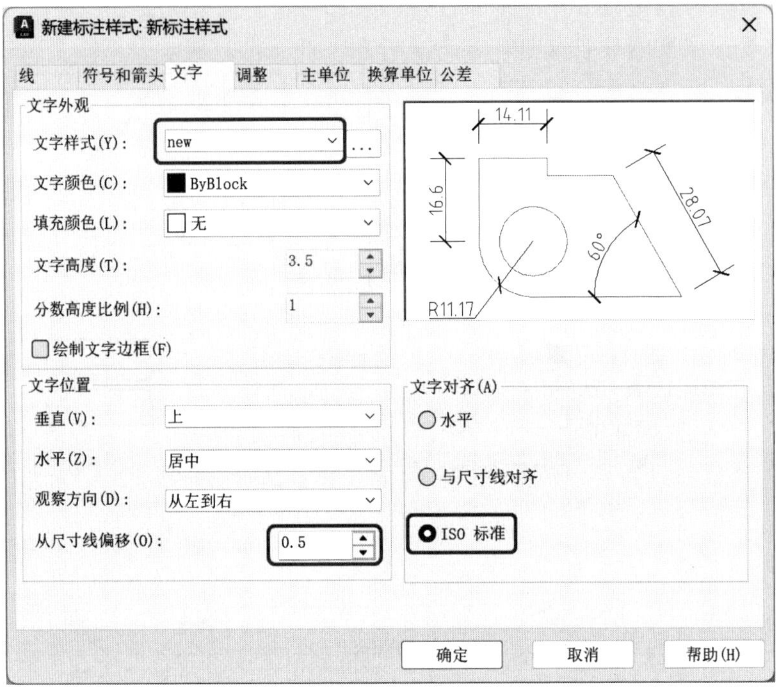

（c）设置尺寸数字

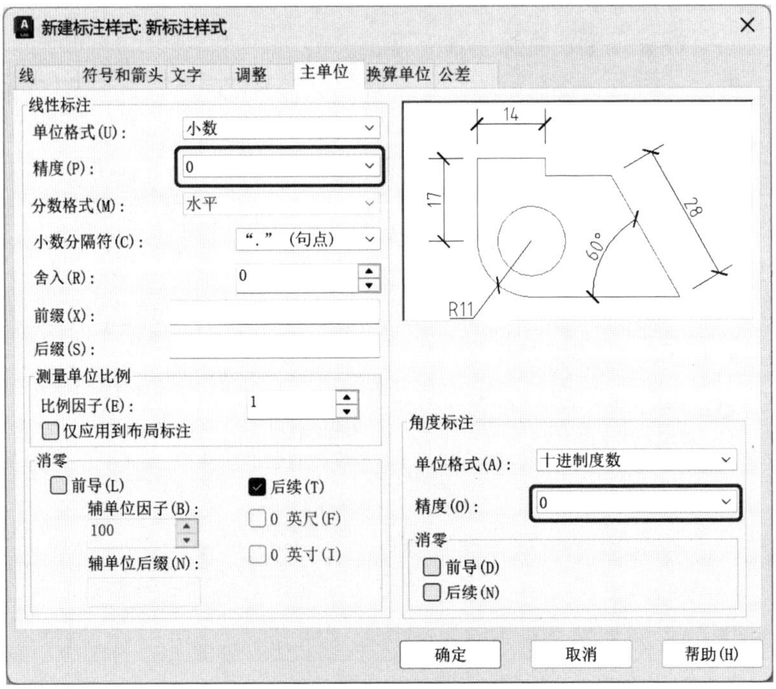

（d）设置尺寸数字的有效位数

图 4-37　创建父样式(续)

设置完成后，单击【确定】按钮回到图 4-35 所示的对话框，这时在其左侧列表中出现了名为“新标注样式”的尺寸标注样式。

到目前为止，完成了父样式的创建。

读者已经看到，尺寸标注设置对话框中的参数很多，但实际需要改变设置的参数并不多。

接下来将创建三种子样式，分别用于半径标注、直径标注和角度标注。

步骤 06　按照下列顺序创建半径标注子样式。

- 再次单击图 4-35 所示对话框中的【新建】按钮；
- 在图 4-38(a)中的【用于】下拉列表中选择【半径标注】选项，然后单击【继续】按钮；
- 在图 4-38(b)中，将第二个箭头选为【实心闭合】；
- 在图 4-38(c)中，选择【箭头】单选按钮，这样才能使半径标注中的尺寸线正确显示；
- 设置完成后，单击【确定】按钮，回到图 4-35 所示的对话框。

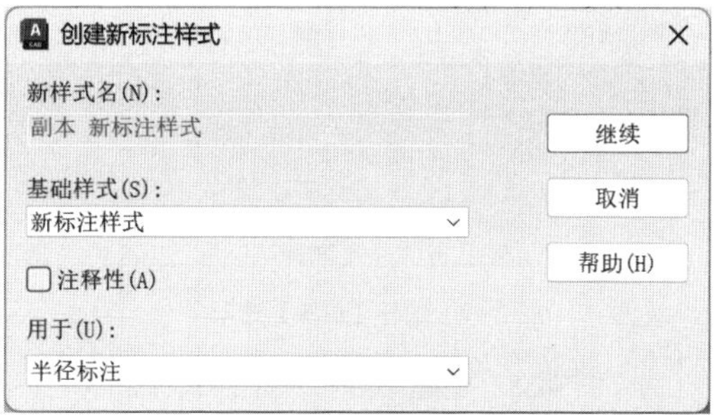

（a）选择【半径标注】

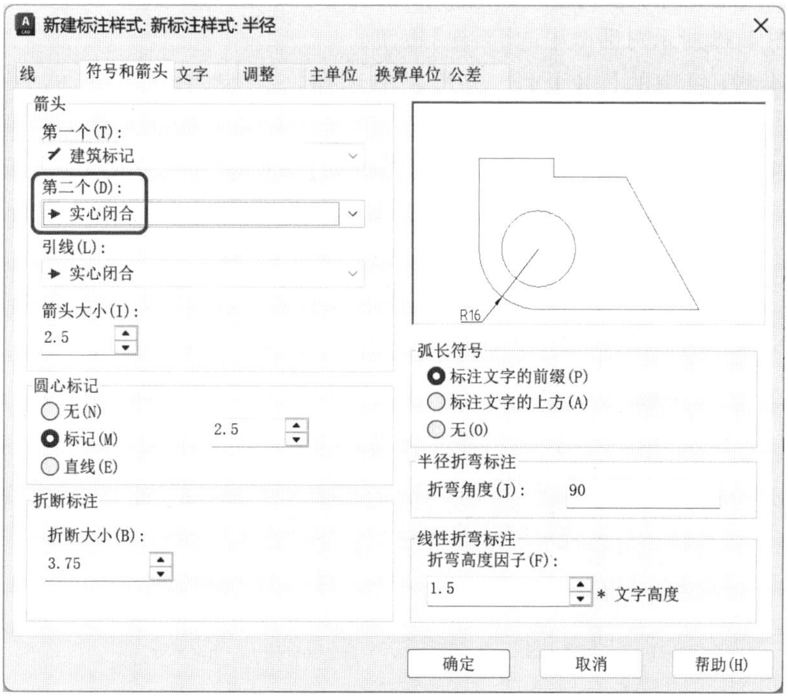

（b）设置尺寸起止符号

图 4-38　创建半径标注子样式

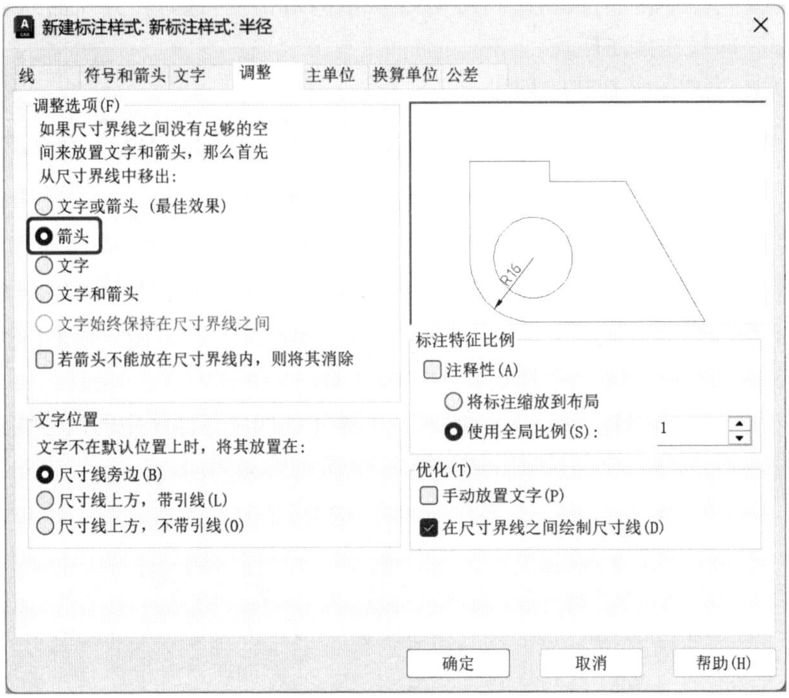

（c）选择【箭头】选项

图 4-38　创建半径标注子样式(续)

步骤 07　按照下列顺序创建直径标注子样式。

- 单击图 4-35 所示对话框中的【新建】按钮;
- 在图 4-39(a)中的【用于】下拉列表中选择【直径标注】选项，然后单击【继续】按钮;
- 在图 4-39(b)中，将两个尺寸起止符号选为【实心闭合】;
- 在图 4-39(c)中，选择【箭头】单选按钮，这样才能使直径标注中的尺寸线正确显示;

注意:为了使直径标注中尺寸数字的位置随鼠标而定，应选中【手动放置文字】复选框。

- 设置完成后，单击【确定】按钮，回到如图 4-35 所示的对话框。

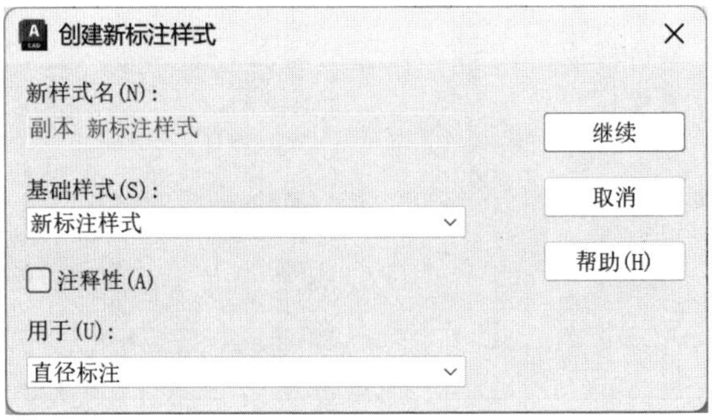

（a）选择【直径标注】

图 4-39　创建直径标注子样式

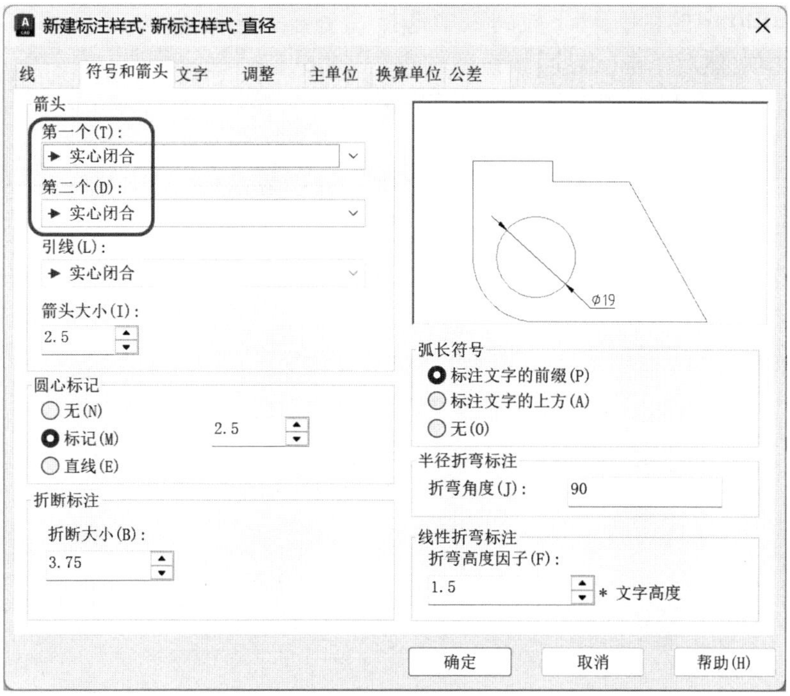

（b）设置尺寸起止符号

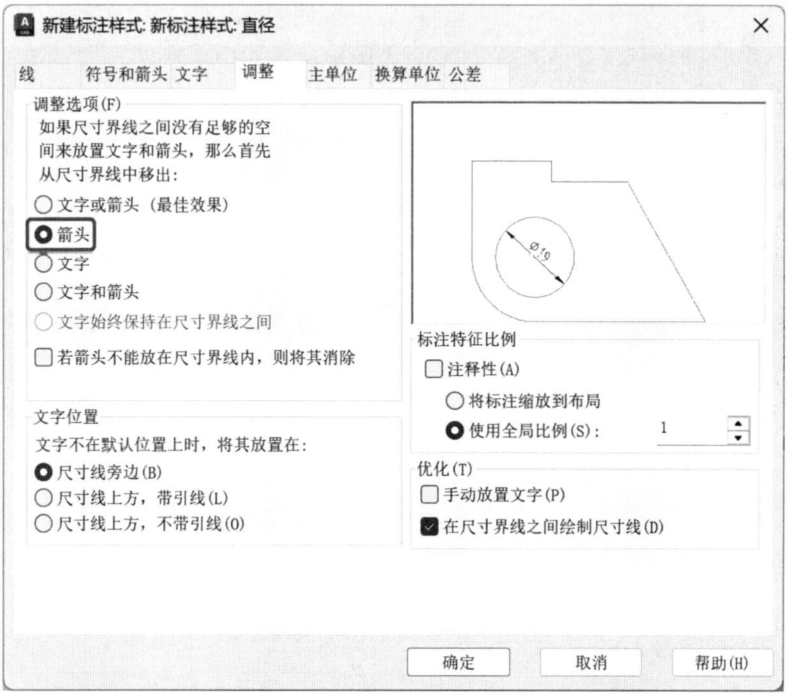

（c）选择【箭头】选项

图 4-39　创建直径标注子样式(续)

步骤 08　按照下列顺序创建角度标注子样式。

- 再次单击图 4-35 所示对话框中的【新建】按钮；

• 在图 4-40 中的【用于】下拉列表中选择【角度标注】选项，然后单击【继续】按钮；

• 在图 4-41(a)中，将两个尺寸起止符号选为【实心闭合】；

• 在图 4-41(b)中，【垂直】选择【外部】使尺寸数字标注在尺寸线的外面；【文字对齐】选择【水平】使尺寸数字水平注写；

• 设置完成后，单击【确定】按钮，回到图 4-42所示的对话框。

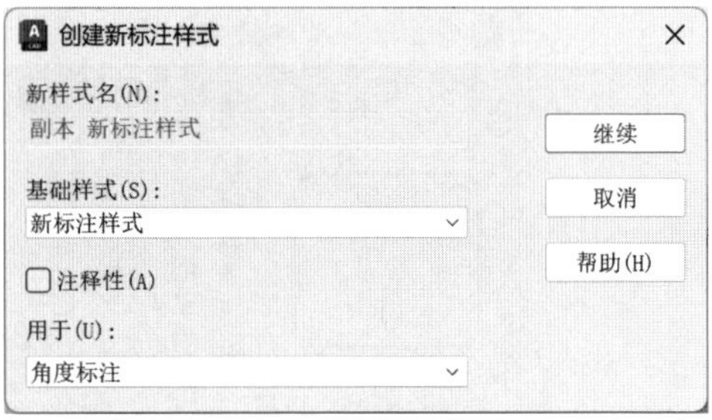

图 4-40 选择【角度标注】

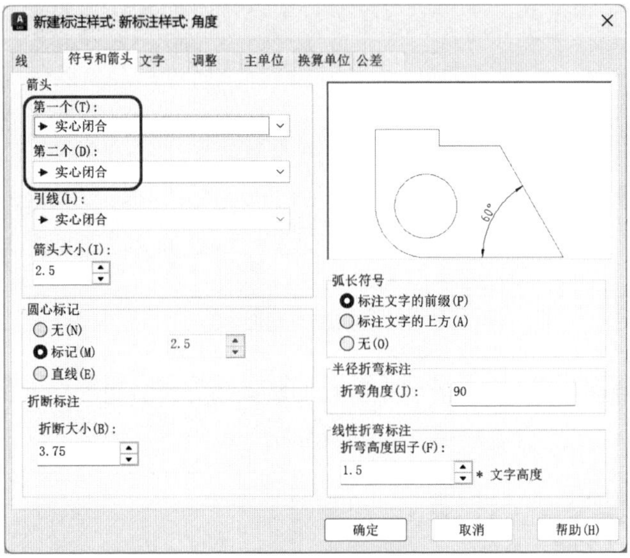

(a) 设置尺寸起止符号

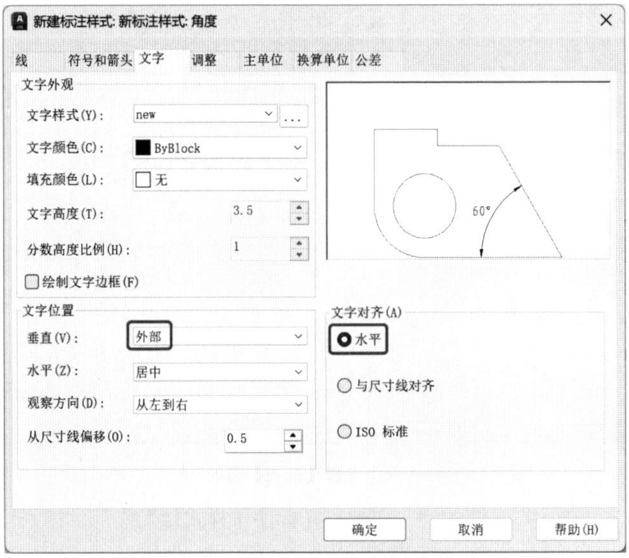

(b) 设置尺寸数字的位置

图 4-41 创建角度标注子样式

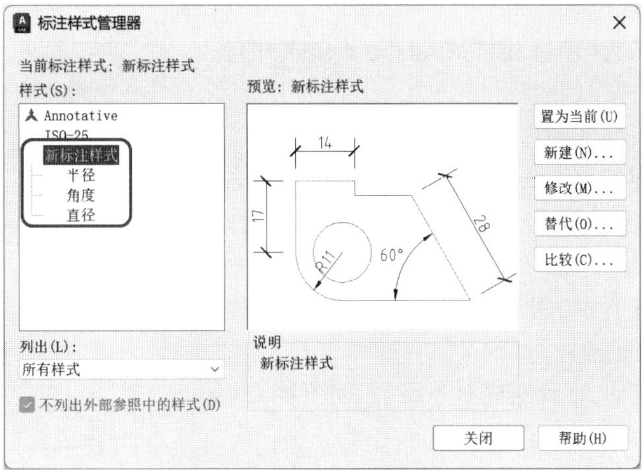

图 4-42　父子样式

由图 4-42 中的左侧列表框，可以观察到父子样式之间的隶属关系。顺次单击【置为当前】和【关闭】按钮后，新标注样式将被选中为当前标注样式。

此后的尺寸标注中，系统将首先尝试查找对应的子样式，如果找到，就用子样式完成标注；否则，用父样式完成标注。

4.7　常见类型的尺寸标注

常见的尺寸标注包括线性标注、半径标注、直径标注和角度标注。

【例题】创建父、子样式的标注样式，完成图 4-43 所示二维图的尺寸标注。

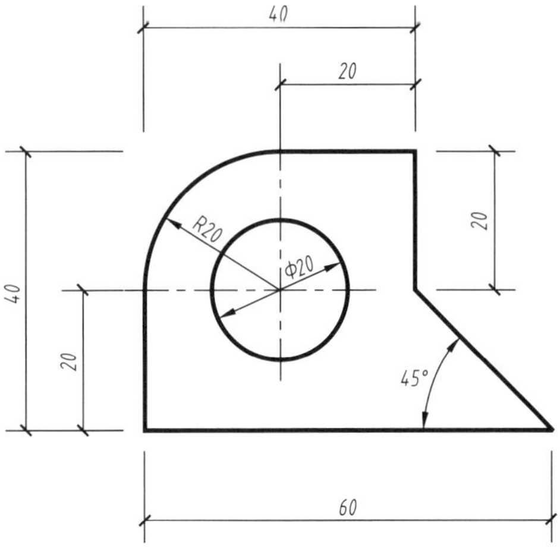

图 4-43　二维图形的尺寸标注

【绘图步骤】

步骤 01　绘制二维图。

步骤 02　创建小字体为 gbenor. shx、大字体为 gbcbig. shx、字高为 3. 5 的文字样式并命名为“new”。

步骤 03　创建名为“新标注样式”的父子样式并置为当前。

步骤 04　按照下面的顺序标注一个线性尺寸：

- 打开对象捕捉；
- 依次单击【默认】选项卡→【注释】面板→【线性】按钮，如图 4-44 所示；
- 如图 4-45(a)所示，用光标捕捉并单击端点，作为第一条尺寸界线的起始点；
- 将光标向上移动，直到出现对齐路径，如图 4-45(b)所示；
- 如图 4-45(c)所示，移动光标至端点，直到出现端点符号；
- 向左移动光标，当水平、竖直方向的追踪路径相交时，单击并输入交点，作为第二条尺寸界线的起始点，如图 4-45(d)所示；
- 移动光标至适当的位置并单击，完成尺寸标注，如图 4-45(e)所示。

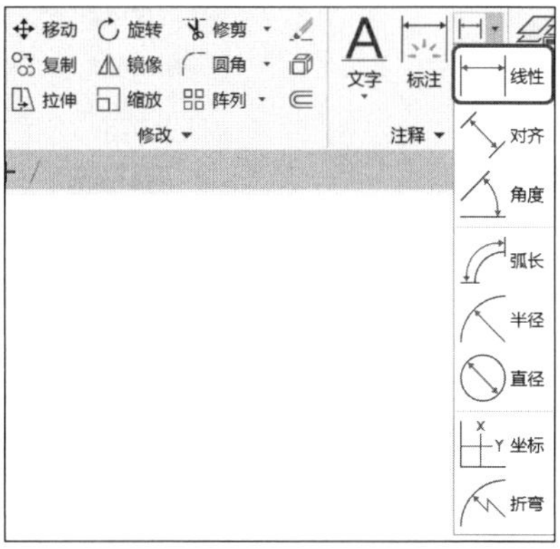

图 4-44　选择【线性】按钮

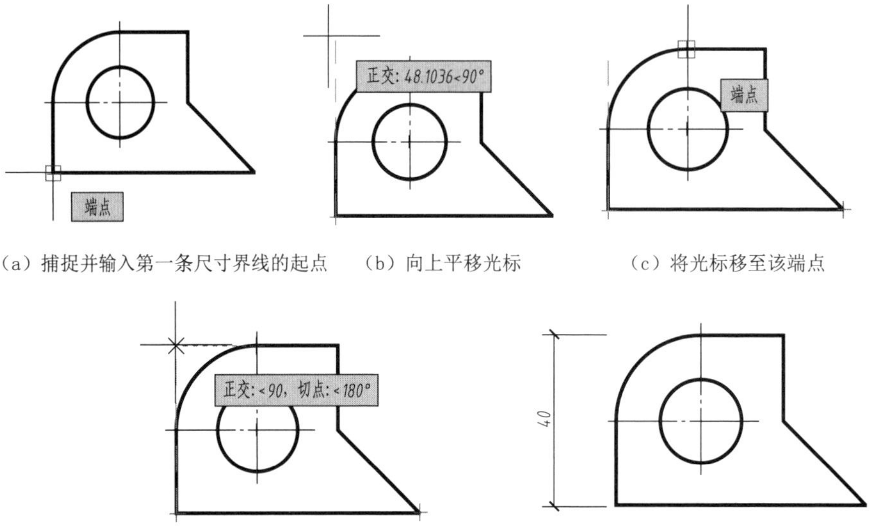

(a) 捕捉并输入第一条尺寸界线的起点　(b) 向上平移光标　(c) 将光标移至该端点

(d) 向左移动光标并单击输入交点　(e) 完成尺寸标注

图 4-45　线性尺寸标注

步骤 05　用同样的标注命令完成所有的线性尺寸标注。

步骤 06　按照下面顺序完成径向尺寸标注：

- 单击图 4-44 中的【半径】按钮；
- 单击选择图 4-46 中的圆弧；
- 在适当的位置单击，输入半径尺寸的位置。

请读者用类似的方法完成圆直径的标注。

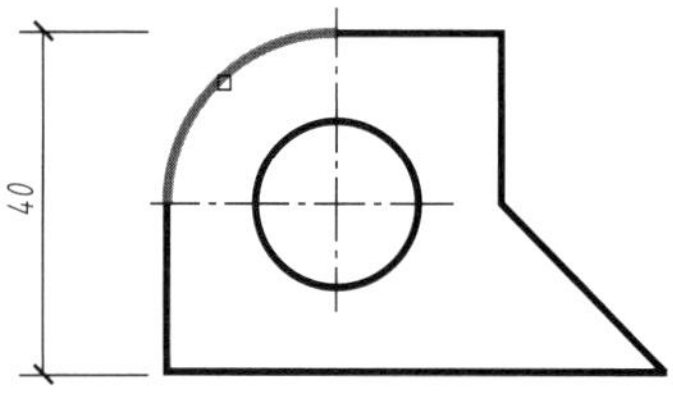

图 4-46　选择圆弧

步骤 07　按照下面顺序完成角度标注：

- 单击图 4-44 中的【角度】按钮；
- 依次选择两条角边；
- 在适当的位置单击，输入角度尺寸的位置。

4.8　连续型、基线型尺寸标注

如果在图样中需要进行连续标注，如图 4-47 所示，则应使用【连续】标注命令。

【例题 1】请完成图 4-47 所示的尺寸标注。

【绘图步骤】

步骤 01　首先用【线性】命令标注左侧起第一个尺寸，如图 4-48 所示。

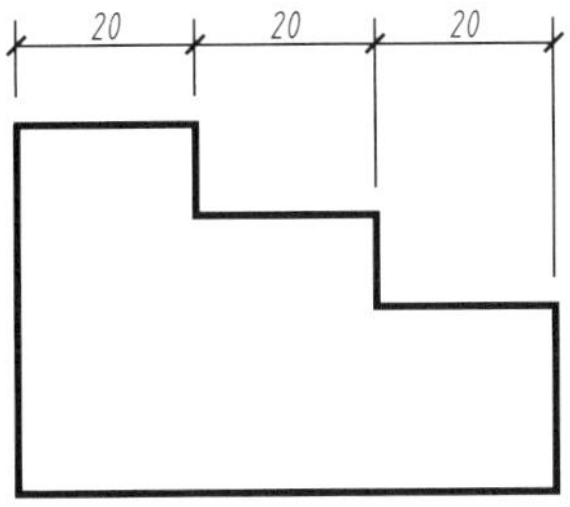

图 4-47　连续标注

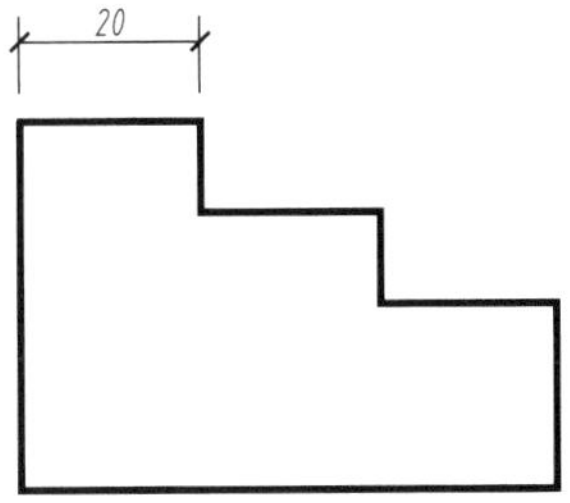

图 4-48　标注左侧第一个尺寸

步骤 02　依次单击【注释】选项卡→【标注】面板→【连续】按钮，如图 4-49 所示。

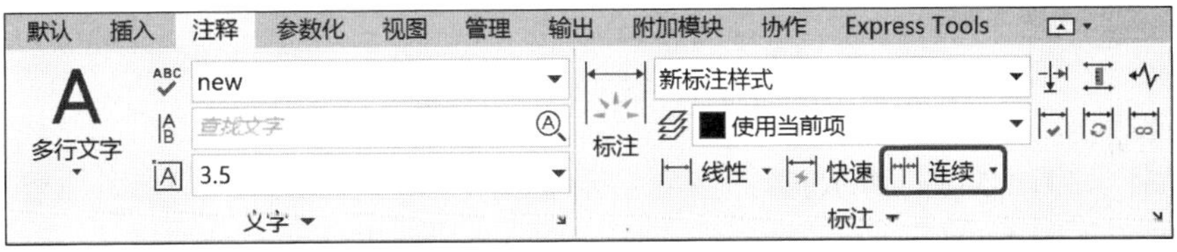

图 4-49　单击【连续】按钮

步骤 03　如图 4-50(a)所示，选择该尺寸界线作为第一条尺寸界线的起始位置。

步骤 04　如图 4-50(b)所示，捕捉端点作为第二条尺寸界线的起始位置。

步骤 05　如图 4-50(c)所示，捕捉端点作为下一条尺寸界线的起始位置。

步骤 06　按【Enter】键，完成标注。

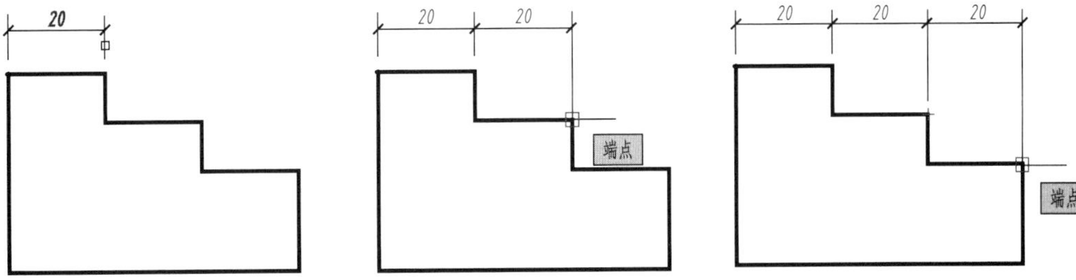

(a) 选择第一条尺寸界线的起始位置　(b) 选择第二条尺寸界线的起始位置　(c) 选择下一尺寸界线的起始位置

图 4-50　连续标注

如果要按照如图 4-51 的样式进行标注，则应使用【基线】标注命令。

【例题 2】请完成图 4-51 所示的尺寸标注。

【绘图步骤】

步骤 01　首先用【线性】命令标注内部的小尺寸，如图 4-52 所示。

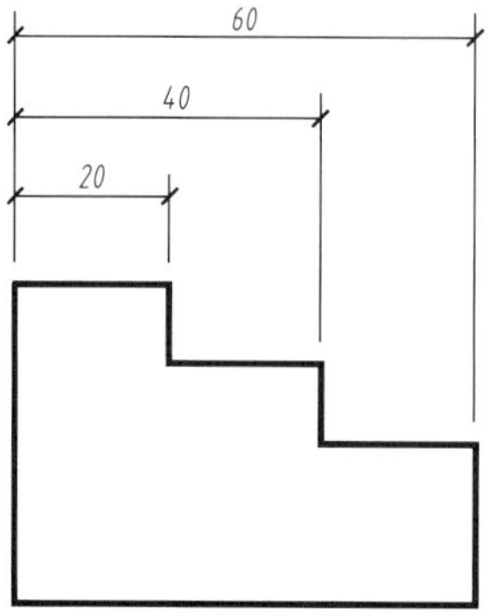

图 4-51　基线标注

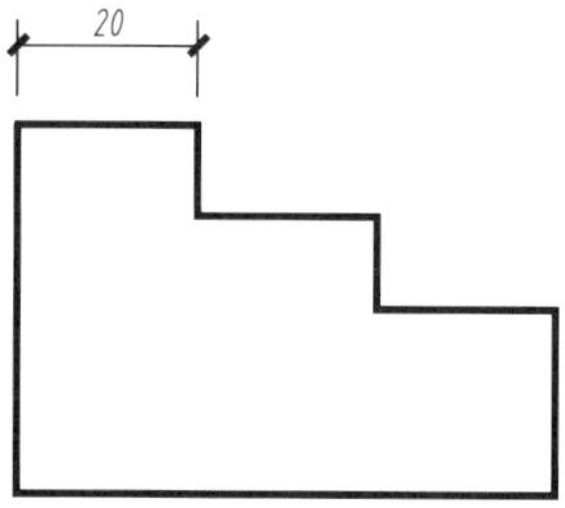

图 4-52　标注小尺寸

步骤 02　依次单击【注释】选项卡→【标注】面板→【基线】按钮，如图 4-53 所示。

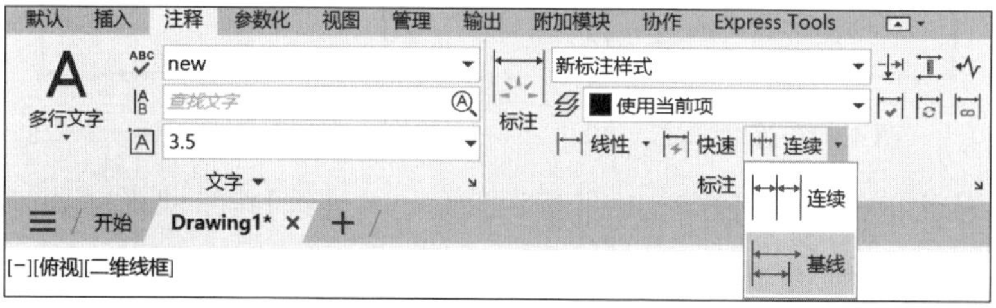

图 4-53　选择【基线】按钮

步骤 03　如图 4-54(a)所示，选择该尺寸界线作为第一条尺寸界线的起始位置。

步骤 04　如图 4-54(b)所示，捕捉端点作为第二条尺寸界线的起始位置。

步骤 05　如图 4-54(c)所示，捕捉端点作为下一条尺寸界线的起始位置。

步骤 06　按【Enter】键，完成标注。

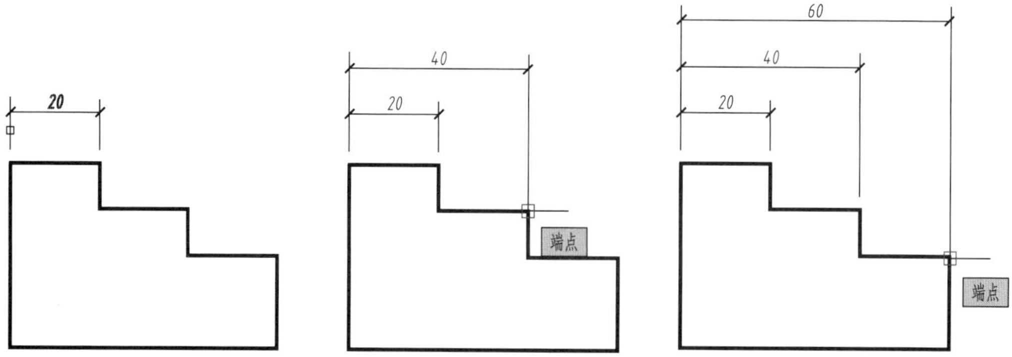

(a) 选择第一条尺寸界线的起始位置　(b) 选择第二条尺寸界线的起始位置　(c) 选择下一尺寸界线的起始位置

图 4-54　基线标注

由上面两个例子可知,在进行连续型和基线型的尺寸标注之前,至少要标注一个基础尺寸。否则,这两个命令无法继续执行。

如前述所,已经知道了常见的尺寸标注命令的用法。在实际图样的标注中,每标注一个尺寸,都要启动相应的命令,这自然降低了尺寸标注的效率。为此,AutoCAD 提供了一个【标注】命令,可实现执行一次,多次标注。

为了执行【标注】命令,请依次单击【默认】选项卡→【注释】面板→【标注】按钮,如图 4-55 所示。该命令的用法比较简单,请读者自行尝试。

图 4-55　单击【标注】按钮

4.9　中心线的标注

二维绘图时,经常要给圆弧、圆、对称图形等添加对称线。如果用【直线】命令直接添加,绘图效率较低。为了快速添加对称线,应使用下面的方法进行绘制。

【例题 1】给图 4-56 所示的墙体添加中心线。

【绘图步骤】

步骤 01　首先绘制墙体投影线。

步骤 02　依次单击【注释】选项卡→【中心线】面板→【中心线】按钮,如图 4-57 所示。

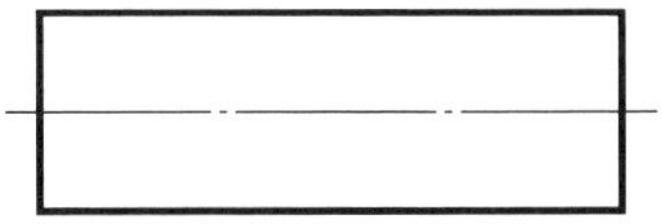

图 4-56　给墙体投影添加中心线

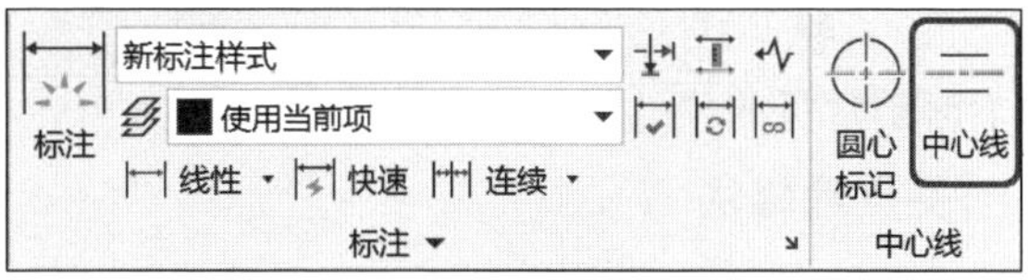

图 4-57　单击【中心线】按钮

步骤 03　依次单击墙体上、下两条投影线完成图线绘制。

【例题 2】在图 4-58 所示的图形中添加点画线。

【绘图步骤】

步骤 01　首先绘制二维图形(在尺寸标注中已经绘制)。

步骤 02　依次单击【注释】选项卡→【中心线】面板→【圆心标记】按钮,如图 4-59 所示。

步骤 03　单击外侧圆弧并按【Enter】键,结果如图 4-60 所示。

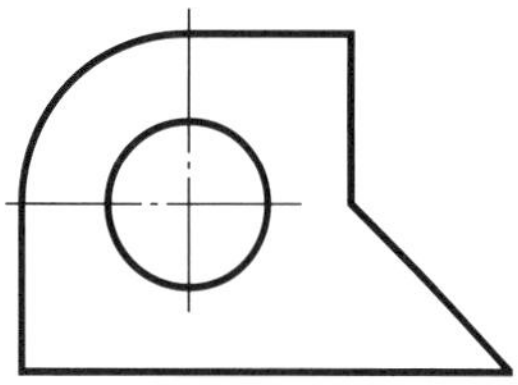

图 4-58　给圆弧添加点画线

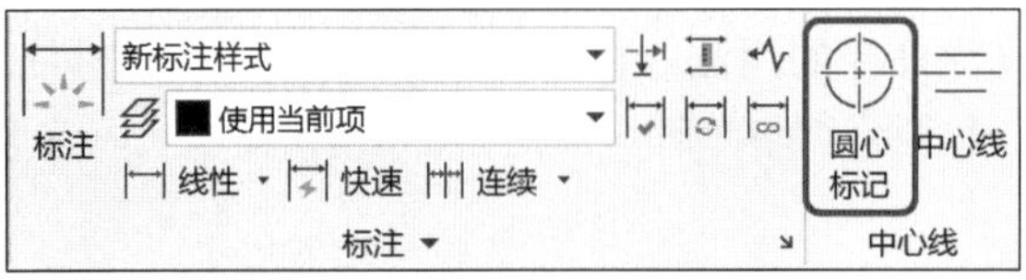

图 4-59　单击【圆心标记】按钮

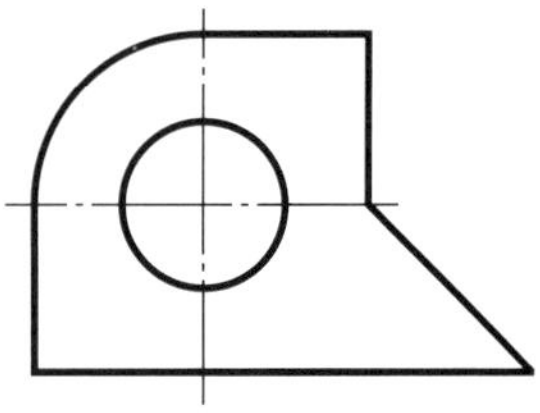

图 4-60　添加点画线

步骤 04　由于点画线较长，不符合规范要求。所以，应按照下面的顺序做出修改：

- 如图 4-61(a)所示，用鼠标单击选中点画线；
- 单击图 4-61(b)中的夹点并向上移动；
- 如图 4-61(c)所示，用鼠标单击交点完成长度调整；
- 用同样的方法处理水平方向的点画线。

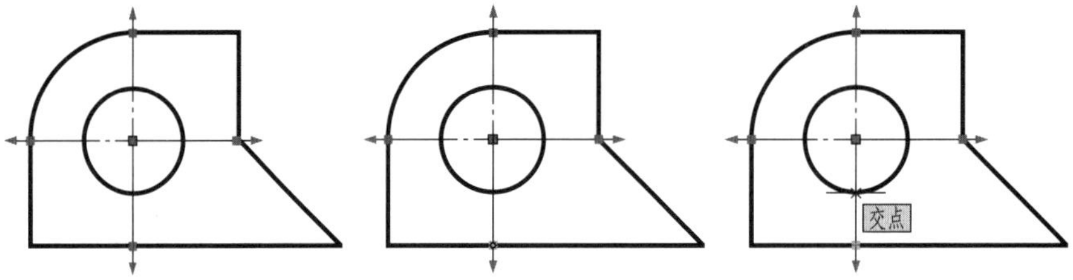

（a）选择点画线　　（b）单击夹点　　（c）单击交点

图 4-61　编辑点画线

4.10　尺寸标注的编辑

下面是常见的尺寸标注编辑的方法。

1. 夹点编辑法

当需要改变尺寸标注中的尺寸线和尺寸数字的位置时，夹点编辑非常方便。

将光标移至某个尺寸标注上并单击，则出现蓝色的夹点，如图 4-62 所示。下面是一些可用的编辑方法：

- 如果单击任意一个夹点并上下移动光标，可改变尺寸线的位置。
- 如果单击尺寸数字上的夹点，然后左右移动，可改变尺寸数字的位置。
- 如果将光标移至尺寸数字所在位置的夹点上，则弹出图 4-63(a)所示的快捷菜单。用户可选中某个编辑项进行编辑；
- 如果将光标移至尺寸起止符号所在位置的夹点上，则弹出图 4-63(b)所示的快捷菜单。用户可选中某个编辑项进行编辑。

详细的操作过程不再展开，请读者自行尝试。

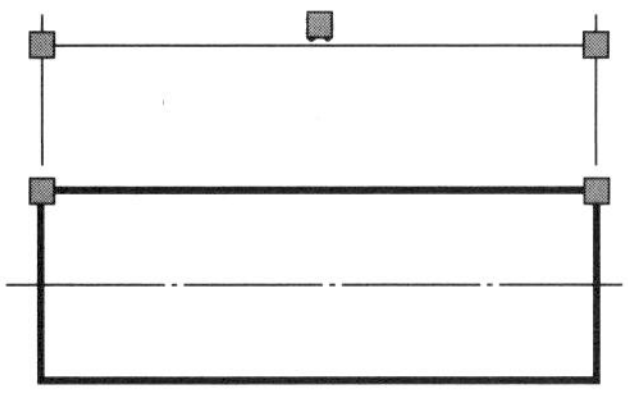

图 4-62　夹点编辑

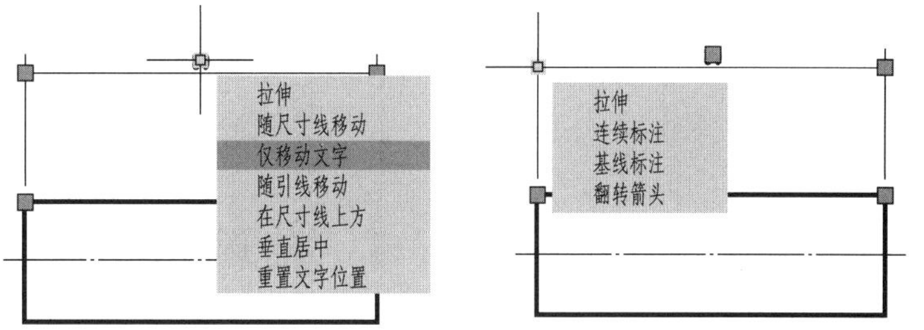

（a）鼠标在中间夹点上弹出快捷菜单　（b）鼠标在两端夹点上弹出快捷菜单

图 4-63　快捷菜单

2. 双击编辑法

如果仅仅需要改变尺寸数字，则采用双击编辑的方法非常快捷。操作过程如下：

- 双击某个尺寸后，在软件界面的功能区将出现如图 4-64 所示的【文本编辑器】，同时尺寸数字进入图 4-65 所示的可编辑状态；
- 删除原尺寸数字，输入替换文本；
- 在编辑框外任意位置单击并按【Enter】键，完成文本的替换。

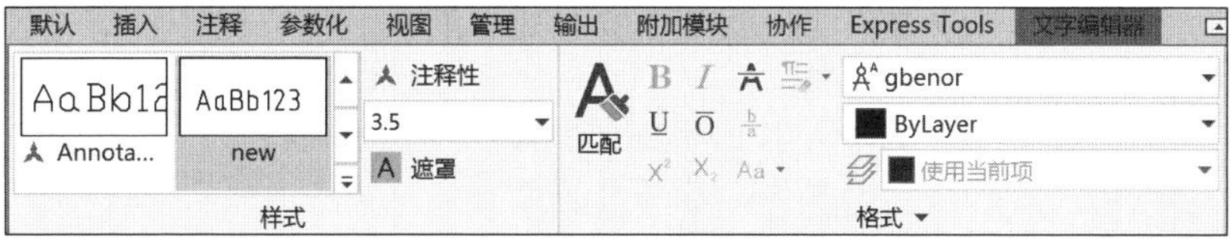

图 4-64　【文本编辑器】选项卡

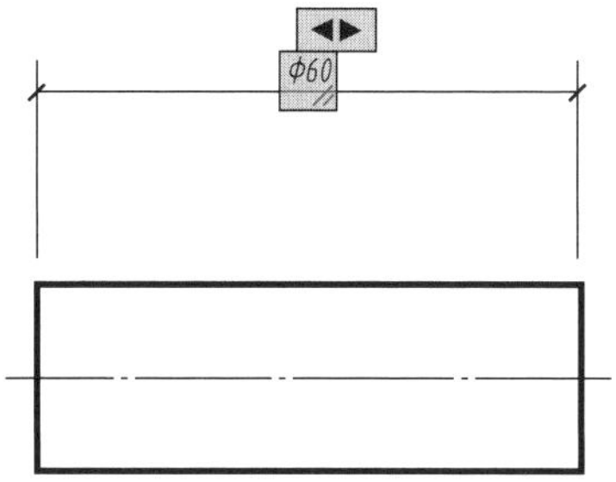

图 4-65　尺寸数字处于可编辑状态

3. DIMEDIT 命令

如果要对尺寸界线倾斜某一角度（经常出现在轴测图的尺寸标注中），应使用 DIMEDIT 命令。用法如下：

- 命令行输入 DIMEDIT 并按【Enter】键；
- 输入标注编辑类型 [默认(H)/新建(N)/旋转(R)/倾斜(O)] <默认>：

在该提示下输入 O 并按【Enter】键。

- 选择对象：

选择要修改的尺寸标注。

- 输入倾斜角度（按【Enter】表示无）：

输入要倾斜的角度并按【Enter】键。

这里仅简单罗列了该命令的一些选项,关于其具体使用,请参阅后续内容。

尺寸标注下拉列表编辑法、特性修改法及特性匹配法的应用操作和文本编辑法相同。请读者参考文本编辑法,然后将其推广至尺寸标注的编辑。

4.11 轴测图的标注

1. 轴测面内的文本标注

轴测图的标注关键是轴测面上文本的标注。

【例题 1】绘制任意大小的长方体轴测图,并在右轴测面内标注图 4-66所示的文字。

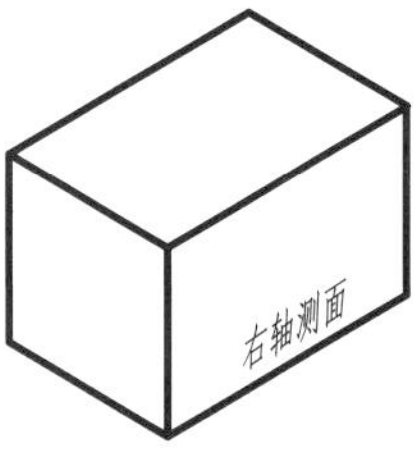

图 4-66 右轴测面内标注文字

【绘图步骤】

步骤 01 绘制长方体的轴测图。

步骤 02 创建小字体为 gbenor. shx、大字体为 gbcbig. shx、字高为 3. 5 的文字样式并命名为 new。

步骤 03 将名为 new 的文字样式设置为当前样式;如果读者已经忘记相关操作,请先回顾前面的内容,然后进行下一步的操作。

步骤 04 执行【单行文字】命令,按照下面的顺序标注文字:

- 指定文字的起点或 [对正(J)/样式(S)]:

单击输入文字的起始位置。

- 指定文字的旋转角度 <30>:

文字的旋转角度指的是文字的排列方向和 X 轴正向的夹角,逆时针为正。在图 4-66 的右轴测面内标注文本时,其排列方向和 X 轴正向的夹角为 30°。所以在该提示下输入 30 并按【Enter】键即可。

- 当绘图区出现闪烁的光标时,输入文本并按两次【Enter】键。结果如图 4-67 所示。

注意:在图 4-67 中,文字字头的朝向和文字排列方向相互垂直。

对照图 4-66,文字字头的正确朝向是向上。如果将默认情况下的字头朝向和正确朝向画出来,它们之间的位置关系如图 4-68 所示。

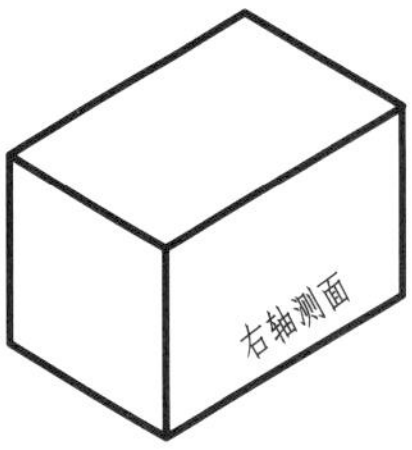

图 4-67 文本标注

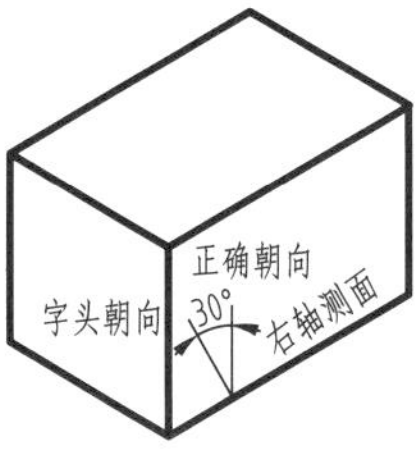

图 4-68 文字字头朝向

如果操作者面向屏幕,则字头的正确朝向应该以默认字头朝向为准向右偏 30°。

为此,将改变 new 文字样式,然后再次标注。

步骤 05 如图 4-69 所示,打开【文字样式】对话框,将 new 文字样式中的【倾斜角度】设为 30。

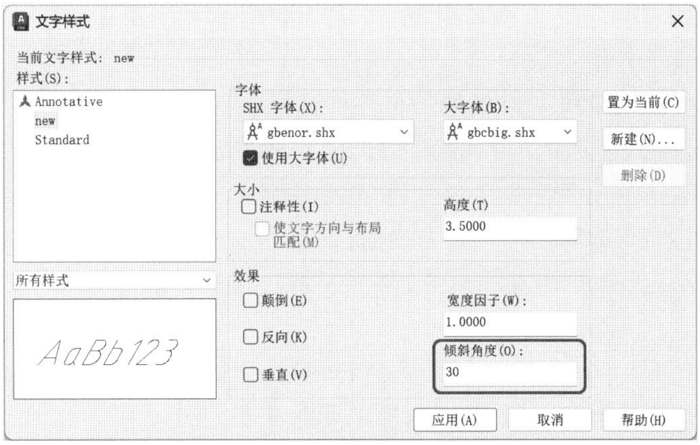

图 4-69　设置文字的倾斜角度

步骤 06　再次执行【单行文字】命令，重复步骤 04 完成标注。

总之，轴测面内注写文本时，只要将默认情况下的字头朝向和正确朝向画出来，就能确定文本样式中的倾斜角度应该设置为多少。一般情况下，字头左偏时应设为 –30°，右偏时应设为 30°。

当然，文字标注位置不同，其排列方向就不同，倾斜角度也不同，具体情况如图 4-70 所示。但不管哪个排列方向，倾斜角度要么是 30°，要么是 –30°。

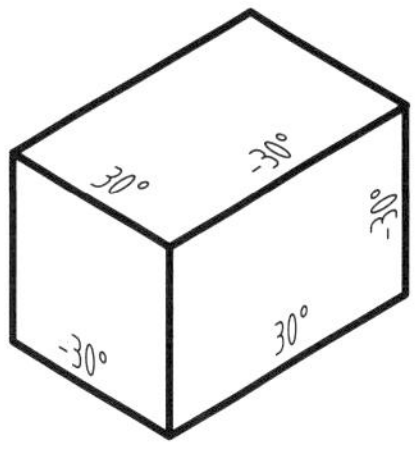

图 4-70　文字的倾斜角度

由此，操作如下：如图 4-71 所示，创建两种倾斜角度的文字样式。

文本标注时，应在两种样式之间进行切换，完成标注。当然，如果不想作出更多分析，可用两样式之一进行标注，然后用文本样式下拉列表编辑法进行样式调整即可。

图 4-71　两种文字样式

2. 轴测面内的尺寸标注

【例题 2】绘制任意大小长方体的轴测图并在右轴测面内标注尺寸，如图 4-72 所示。

【绘图步骤】

步骤 01　绘制长方体的轴测图。

步骤 02　如图 4-71 所示，创建名为 30 和 -30 的两种文字样式，它们的倾斜角度分别为 30°和 -30°。

步骤 03　创建名为 30 和 -30 的两种标注样式。

其中 30 的标注样式应选择“30”的文字样式；-30 的标注样式应选择 -30 的文字样式。

步骤 04　将名为 30 的标注样式置为当前；

以上各步中，文字的倾斜角度最重要，其他参数可按照前面讲述的内容来填入。

步骤 05　如图 4-73 所示，依次单击【默认】选项卡→【注释】面板→【对齐】按钮，然后在右轴测面内进行标注，结果如图 4-74 所示；

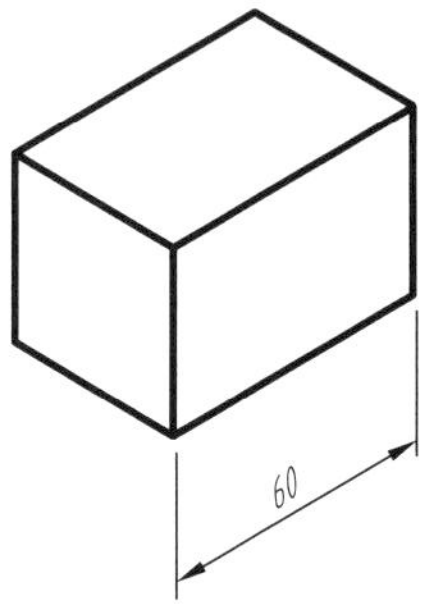

图 4-72　轴测图的尺寸标注

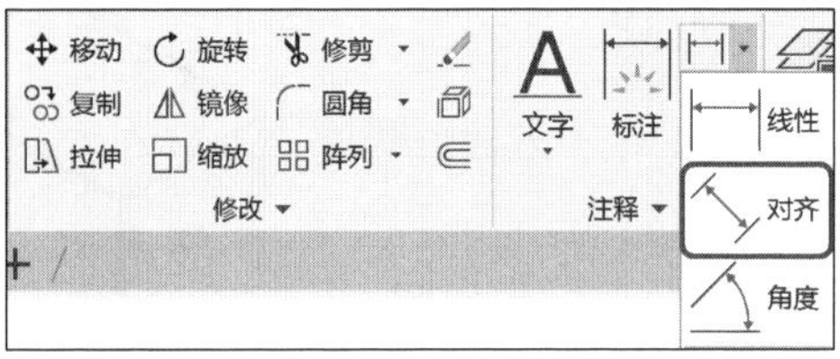

图 4-73　单击【对齐】按钮

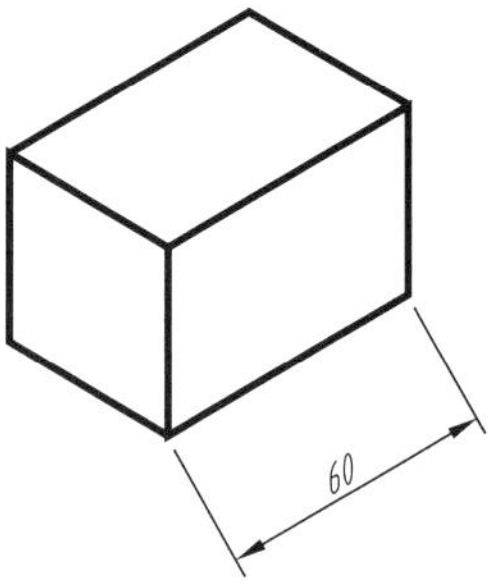

图 4-74　在右轴测面内标注

注意：【线性】用于标注两点之间的坐标差；【对齐】用于标注两点之间的距离。轴测图的标注中，多数尺寸需要使用【对齐】命令进行标注。

由图 4-74 可知，尺寸界线不在正确的位置上，下面将利用尺寸编辑命令进行调整。

步骤 06　命令行输入 Dimedit 并按【Enter】键；

步骤 07　输入标注编辑类型 [默认(H)/新建(N)/旋转(R)/倾斜(O)] <默认>：

输入 O 并按【Enter】键。

步骤 08　选择对象：

选择要修改的尺寸。

步骤 09　输入倾斜角度 (按 ENTER 表示无)：

输入 90 并按【Enter】键，完成尺寸界线位置的调整。

注意：这里的倾斜角度指的是尺寸界线的正确位置和 *X* 轴正向的夹角。

总之，在轴测图的尺寸标注中，总是先用【对齐】命令进行标注，然后用【dimedit】命令对尺寸界线的位置进行调整即可。

注意：轴测圆的半径和直径尺寸不能用径向型的尺寸标注命令进行标注。一般采用的办法是：先作圆周辅助线，然后对其进行半径或直径的标注，最后修改其尺寸数字和放置位置。因为该标注过程属于“拼凑”，所以较为烦琐。请读者按照该思路自行尝试。

4.12　表　　格

表格可以将一些图形信息清晰、简洁地归纳并集中，方便图纸的阅读者进行查看和参考。

下面主要讨论表格的插入、表格样式的设置和表格的编辑。

1. 表格的插入

可用下列方法之一执行表格的插入命令：

- 依次单击【默认】选项卡→【注释】面板→【表格】按钮，如图 4-75 所示；
- 在命令行输入 Table 并按【Enter】键。

命令启动后，弹出如图 4-76 所示的对话框。在该对话框中，填入表格行列数，然后单击【确定】按钮。

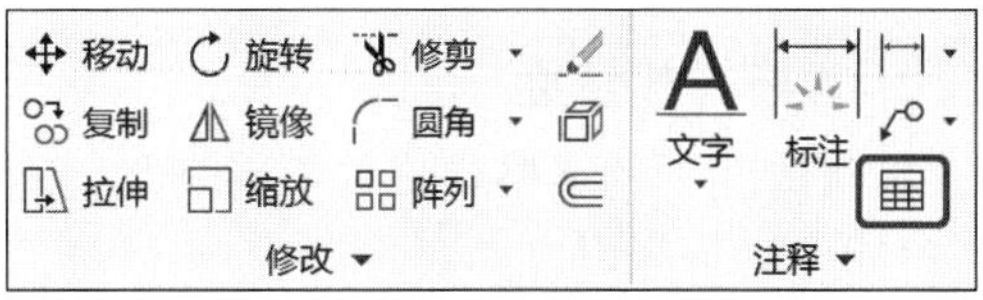

图 4-75　单击【表格】按钮

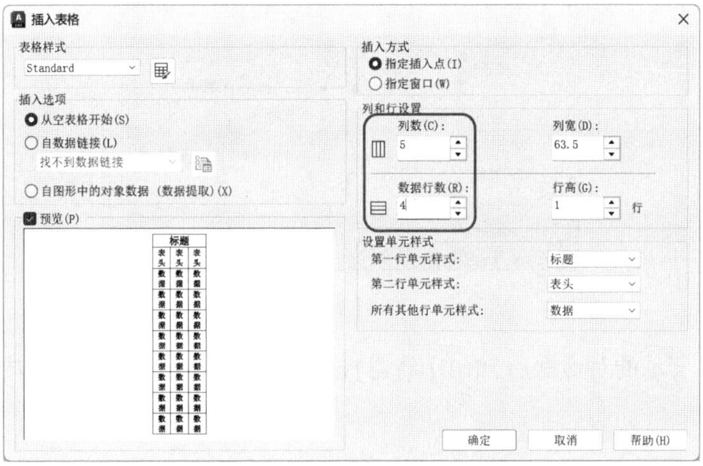

图 4-76　【插入表格】对话框

当绘图区出现跟随光标移动的表格时，在适当位置单击，结果如图 4-77 所示。

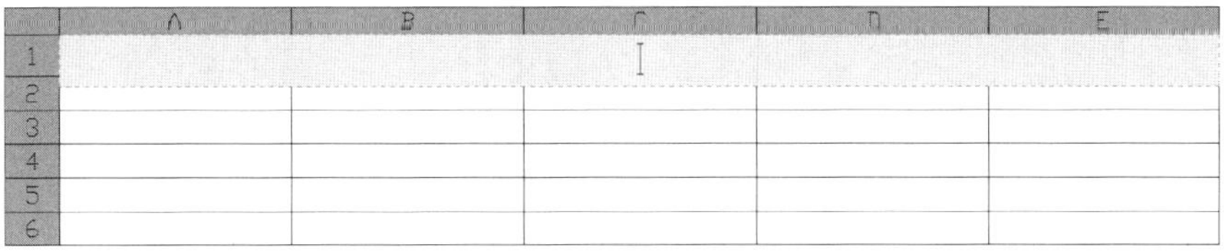

图 4-77　表格

如果双击单元格，则单元格进入编辑状态。这时，用户可根据图 4-78 键入其中的内容。

钢筋表				
钢筋编号	钢筋简图	根数	单位重量	总量
①		2	80	
②		2	90	
③		2	85	
④	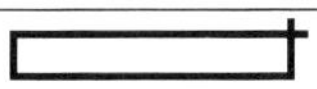	12	150	

图 4-78　钢筋表

如果要在表格中显示图形,则应在单元格的位置绘制图形并调整单元格的行高和列宽。关于详细的调整方法,将在后续的内容中进行讨论。

注意:图 4-76 中的行数是指除了标题和表头以外的数据的行数,所以在插入表格时,其实际的行数比所填数据多两行。

2. 表格样式设置

默认情况下的表格样式并不能满足绘图要求。所以在插入表格前,应做好表格样式的设置,包括表格单元内容的对齐方式、字体等。

要创建新的表格样式,请依次单击【默认】选项卡→【注释】面板→【表格样式】按钮,如图 4-79所示。

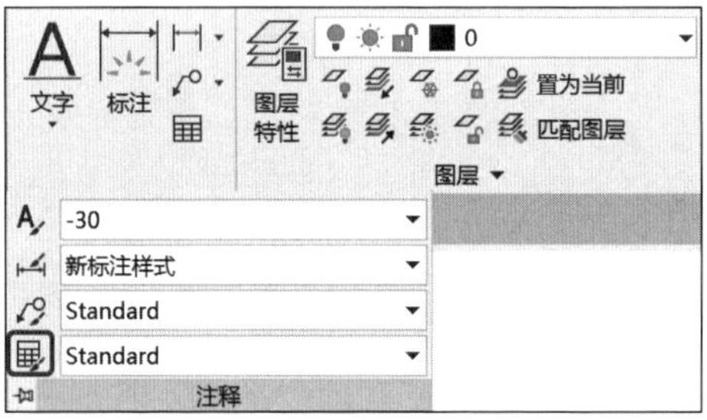

图 4-79 单击【表格样式】按钮

弹出图 4-80 所示的对话框后,单击【新建】按钮。在图 4-81 中输入新的样式名并单击【继续】按钮。

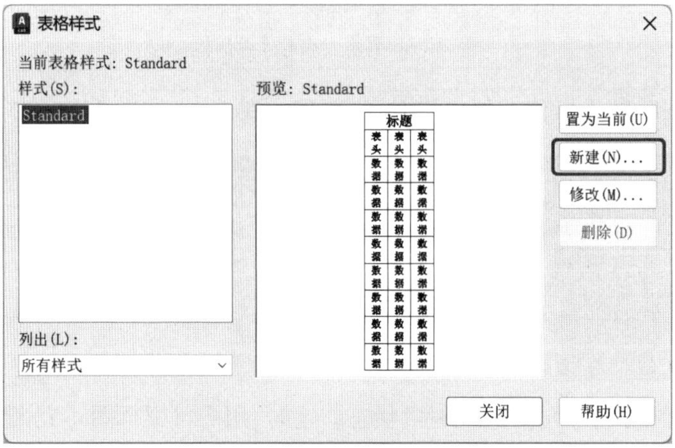

图 4-80 【表格样式】对话框

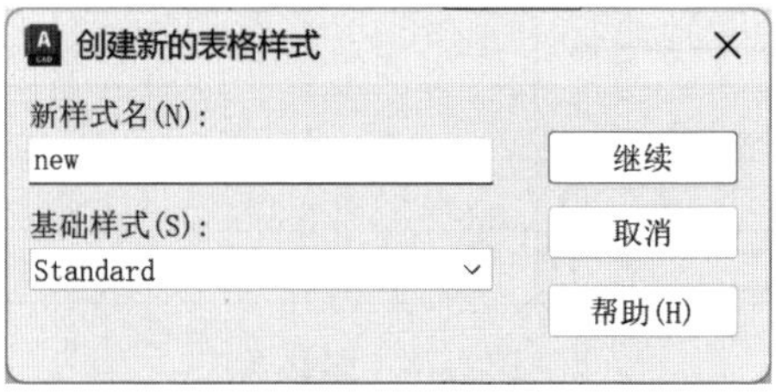

图 4-81 【创建新的表格样式】对话框

在图 4-82 中选择单元格内文字的对齐方式为【正中】；同时创建符合规范的文本样式，并在图 4-83 中选中该样式。至此，完成表格样式的设置。

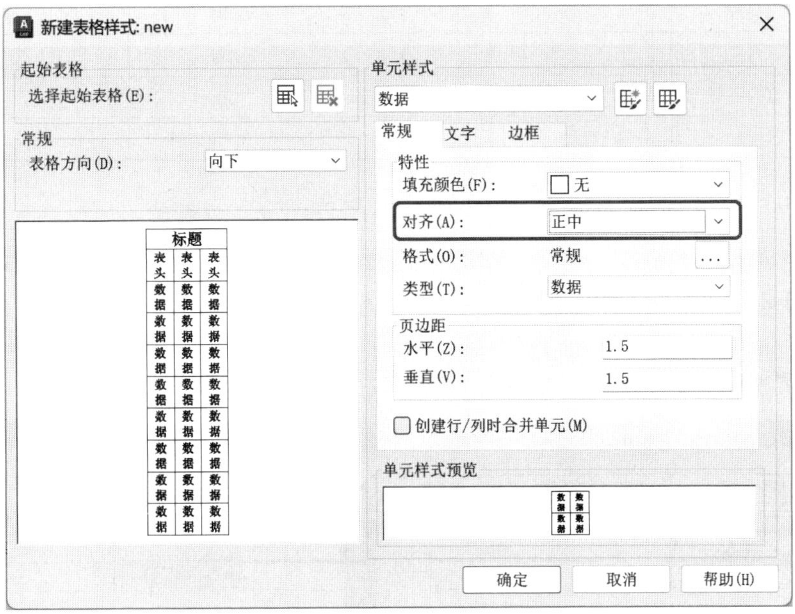

图 4-82　选择文本的对齐方式

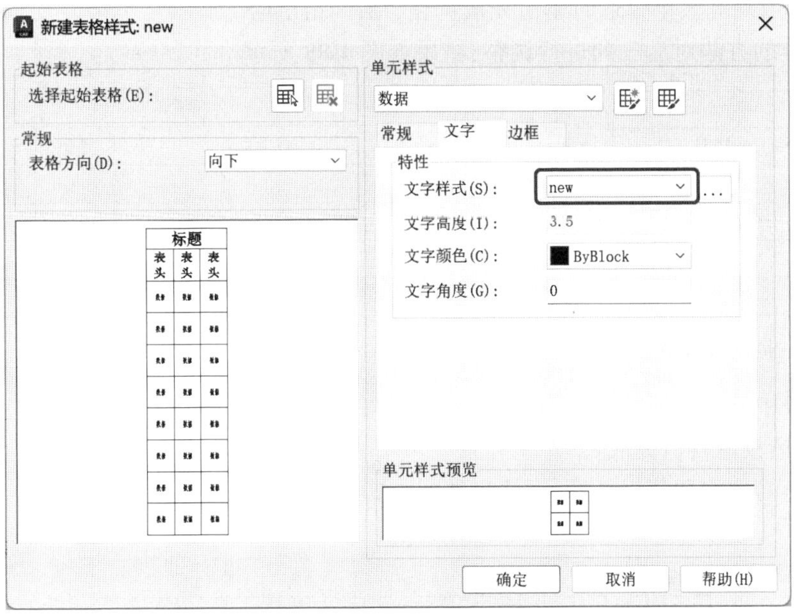

图 4-83　选择文字样式

3. 表格的编辑

将新创建的表格样式设置为当前样式，然后插入 4 行 5 列的表格。根据图 4-78 所示的内容进行简单填充，其效果如图 4-84 所示。

钢筋表				
钢筋编号	钢筋简图	根数	单位重量	总量
①		2	80	
②		2	90	
③		2	85	
④		12	150	

图 4-84　用新样式创建的表格

由图 4-84 可知，表格中第 1、3、4、5 列其列宽太大，所以应该加以调整。方法如下：

- 如图 4-85 所示，单击第 1 列中的某一单元格，当边框上出现 4 个夹点时，单元格处于被选中状态。
- 这时将光标移至左侧夹点并单击，然后向右移动光标，如图 4-86 所示。

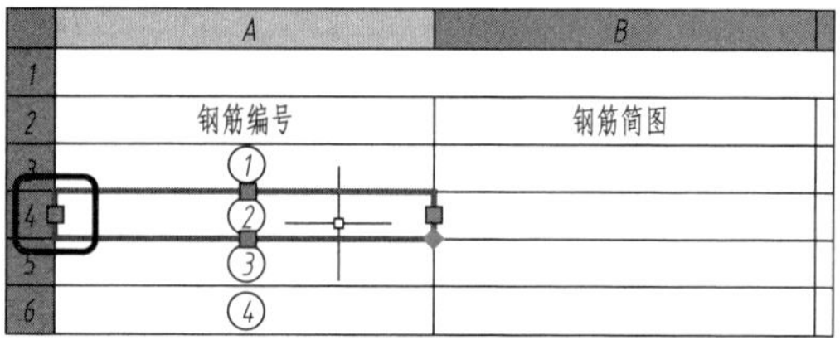

图 4-85　选中表格单元

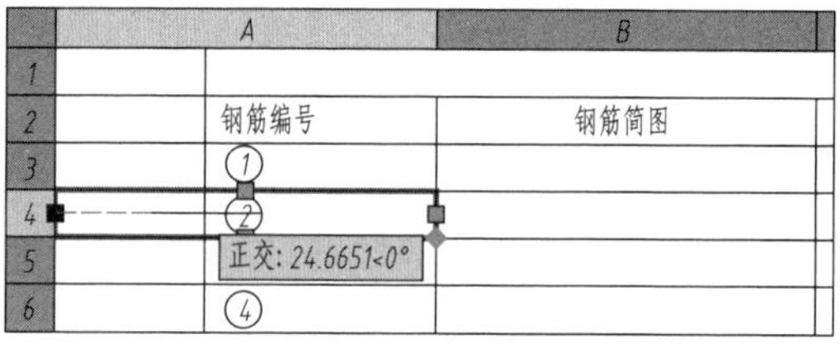

图 4-86　调整列宽

- 最后，当列宽大小合适时单击完成调整，结果如图 4-87 所示。

按照同样的方法对后三列进行调整，结果如图 4-88 所示。

钢筋编号	钢筋简图
①	
②	
③	
④	

图 4-87　列宽调整结果

钢筋表				
钢筋编号	钢筋简图	根数	单位重量	总量
①		2	80	
②		2	90	
③		2	85	
④		12	150	

图 4-88　调整后的总表

为了在表中绘制钢筋简图，需要对行距进行调整。由于其调整的方法和列宽相同，所以此处不再列出，请读者自行完成。

绘制钢筋简图并调整行高后，钢筋表如图 4-89 所示。

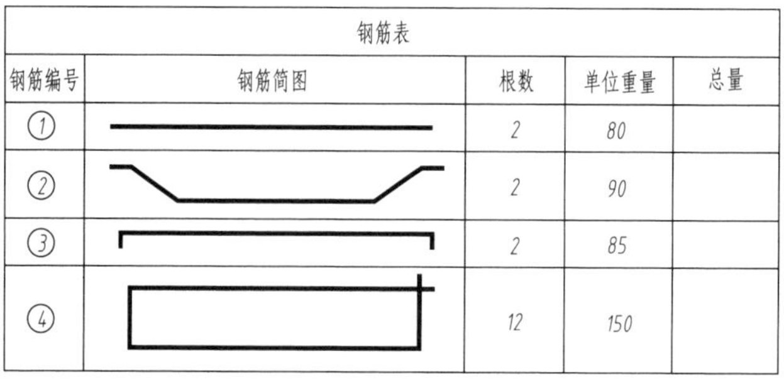

钢筋表				
钢筋编号	钢筋简图	根数	单位重量	总量
①		2	80	
②		2	90	
③		2	85	
④		12	150	

图 4-89　调整行高后的钢筋表

最后，在单元格内计算并输入钢筋总重量。

由图 4-89 可知，钢筋表的最后一列需要填入钢筋的总重量，也就是第 3 列和第 4 列的乘积。

如果双击输入，则工作量较大。

为了简化工作，AutoCAD 提供了类似 Excel 中键入计算公式的功能。也就是在单元格内输入计算式，通过拖动光标来自动计算并输入数据，大大提高了使用表格的效率。

如图 4-90 所示，双击该单元格，输入计算式并按【Enter】键。

如图 4-91 所示，单击该单元格。当外框出现蓝色夹点时，单击单元格右下角的菱形符号并向下移动，然后捕捉最后一个单元格的右下角点并单击，完成数据的自动计算和填入。计算结果如图 4-92 所示。

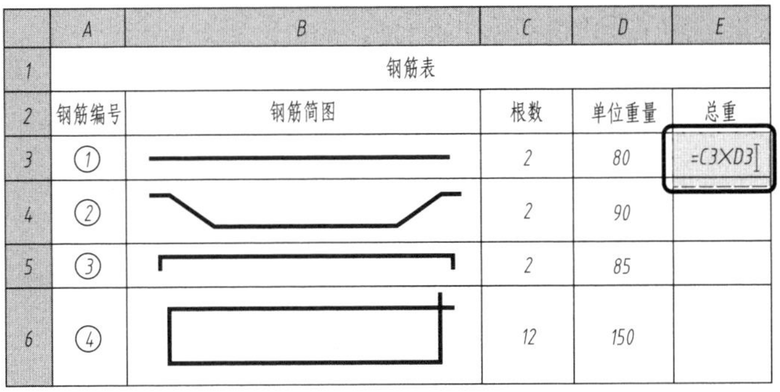

图 4-90　输入计算式

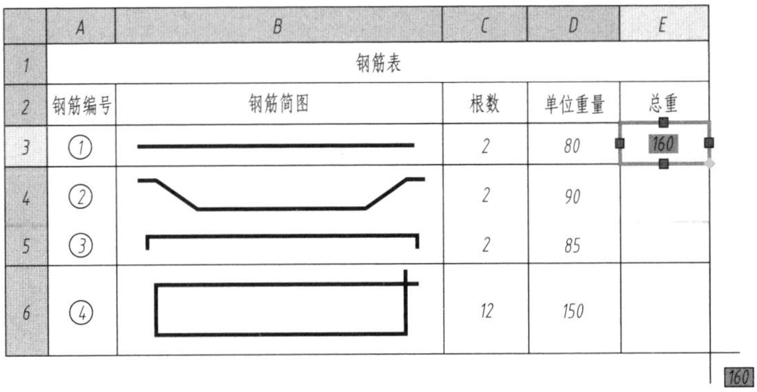

图 4-91　选中单元格

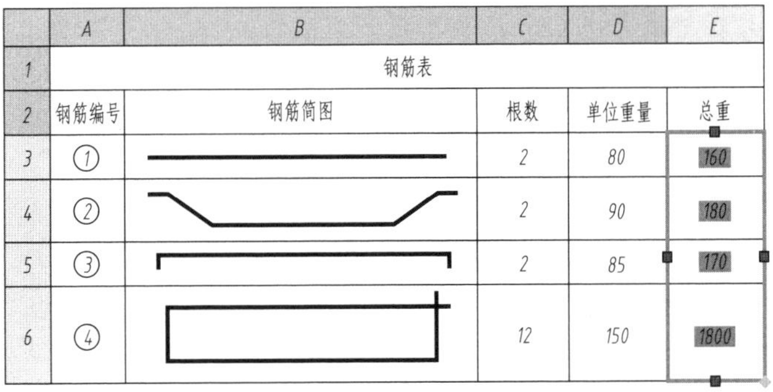

图 4-92　自动计算并填入

退出表格编辑，最终的钢筋表如图 4-93 所示。

钢筋表				
钢筋编号	钢筋简图	根数	单位重量	总重
①		2	80	160
②		2	90	180
③		2	85	170
④		12	150	1800

图 4-93　钢筋表

4.13　注 释（性）

文字标注、尺寸标注和图案填充等图形对象包括两种：不带注释性的和带有注释性的。

不带注释性的文字标注、尺寸标注和图案填充已经在前面的篇幅中有所讨论，所以本节主要讨论带有注释性的文字标注、尺寸标注和图案填充的用法。

为了解决出图打印中文字、尺寸数字等的大小比例问题，AutoCAD 引入了一项新的功能——注释性。

为了更好地解释这个功能，先看看出图打印的一般操作。

1. 绘图并打印的一般过程

第一步：在模型空间绘制图形。

为了绘图方便，请在图 4-94 所示的模型空间中按 1：1 绘制墩顶垫石横桥向构造图。当然，作为练习，读者可按 1：1 绘制任意二维图并按照后续步骤进行练习。

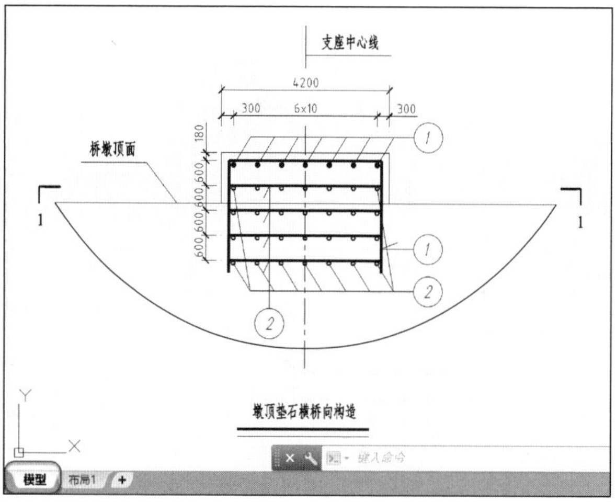

图 4-94　在模型空间绘图

绘图结束后，可测得垫石沿两个方向的最大尺寸为 15000，如果要在 A3 幅面（420 × 297）内打印出图，则出图比例可选为 1 : 40。

考虑到图纸打印后文字的大小应符合规范，在绘图时已将文字样式中的字高设为 280。如果按 1 : 40 出图打印，则图纸上文字的高度应为 7（此处仅为举例方便，具体请参考相关规范）。

第二步：设置图纸空间，以便图纸布局。

模型空间是三维空间，而图纸空间是二维空间。

绘图结束后，为了方便打印垫石构造图，需要在图纸空间对其布局。单击图 4-94 中左下角【布局 1】选项卡，系统便切换到图纸空间。此时，绘图区出现白色的图纸背景和系统自动创建的一个视口，如图 4-95 所示。

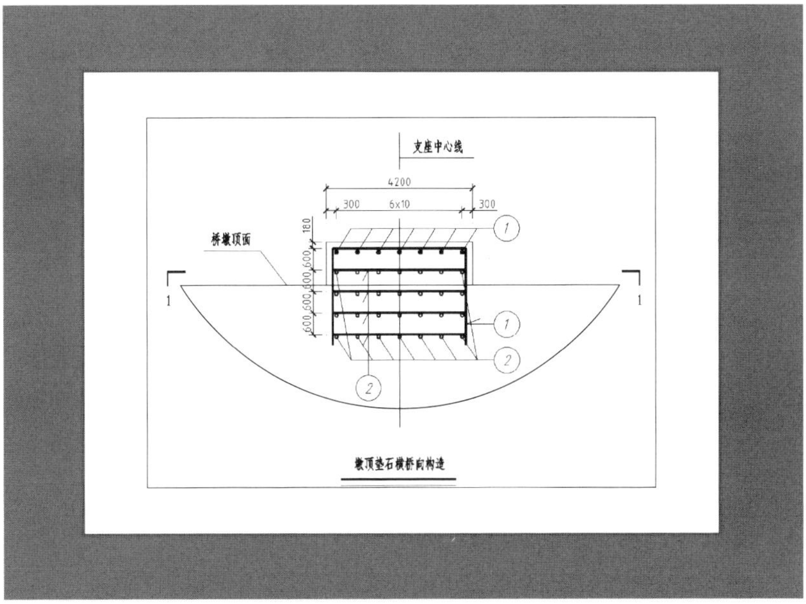

图 4-95　图纸背景

由于单个视口不能满足图纸布局的需求，所以在进入图纸空间前应作出必要的设置和调整。方法如下：

用下列方法之一执行【选项】命令：

- 依次单击【视图】选项卡→【界面】面板→【选项】按钮，如图 4-96 所示；
- 在命令行输入 Options 并按【Enter】键。

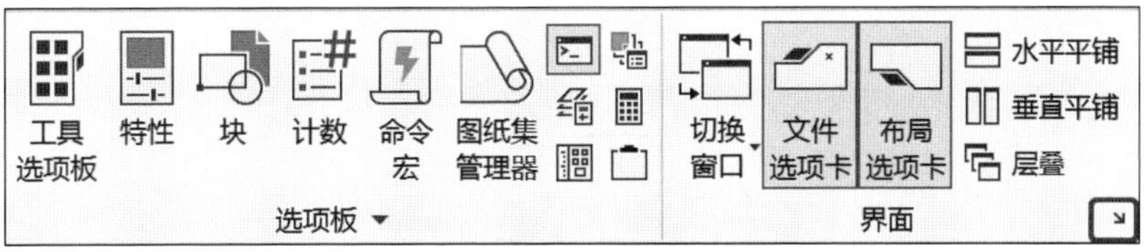

图 4-96　单击小箭头

弹出图 4-97 所示的【选项】对话框后，在【布局元素】中仅勾选【显示布局和模型选项卡】，然后单击【确定】按钮返回程序主界面。

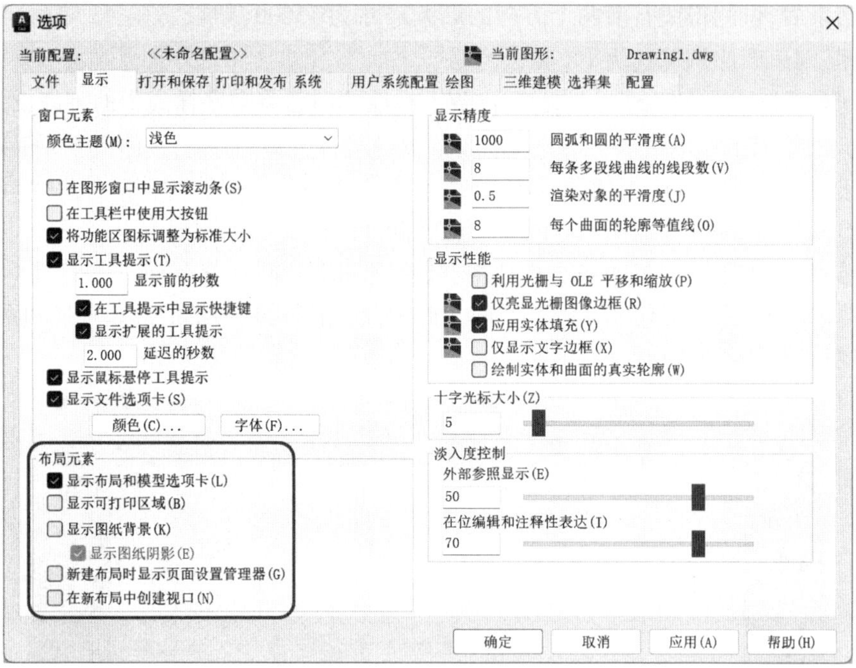

图 4-97　设置【布局元素】

此时，图纸背景消失，只剩下单个视口。为了删除该视口，请单击视口外框线并按【Delete】键。删除默认创建的视口后，图纸空间呈空白状态。

第三步：创建视口并布局图形。

在命令行输入 Mview 并按【Enter】键，单击任意位置指定视口的左下角点，然后用相对直角坐标输入视口右上角坐标(@420,297)完成视口的创建，结果如图 4-98 所示。

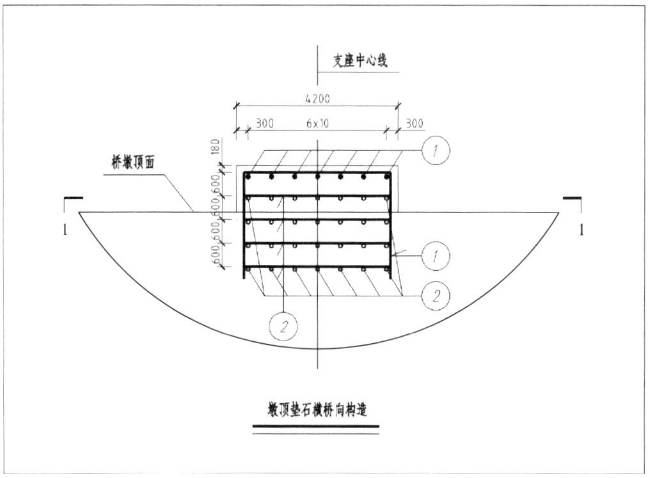

图 4-98　创建视口

为了保证出图比例为 1∶40，单击视口矩形框并打开【特性】对话框，如图 4-99所示，将【标准比例】的值改为 1∶40。

图 4-99　设置视口比例

第四步:打印出图即可。

2. 出现的问题

前面的操作均在 A3 幅面内完成。

如果要在 A4 幅面内布局该图并进行打印,则出图比例应选为 1∶50。

如果将采用不同比例且不同幅面的图纸放在一起,则情况如图 4-100 所示。其中,左图图幅为 A4,比例为 1∶50;右图图幅为 A3,比例为 1∶40。

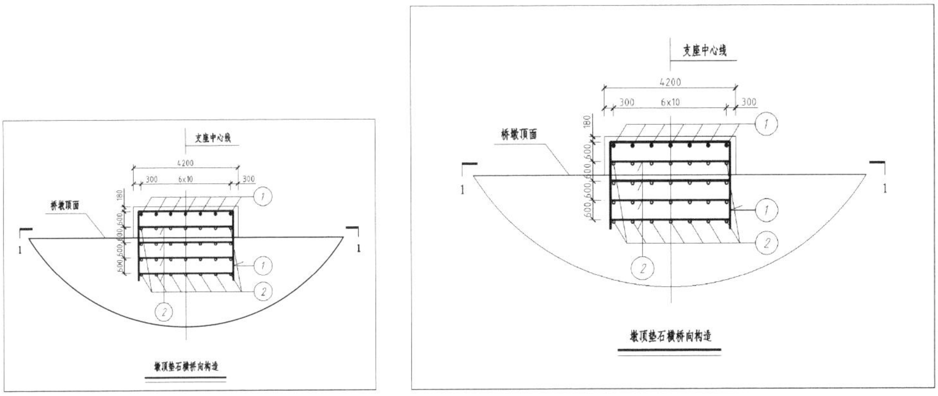

图 4-100　不同幅面和比例时的图纸

工程图纸中,相同规格的文字在图纸上的大小应相同。图 4-100 中,可以明显地看到,两图中的文字大小并不相同,这便是问题所在。

对此,可以想到一种解决办法:将模型空间中文字的高度由 280 改为 350。此时,按1∶50 的比例在 A4 幅面内重新布局,则图纸上的文字高度就为 7(350/50),从而保证同规格的文字在图纸上的大小相同。

如图 4-101 所示，上图图幅为 A4，比例为 1 ∶ 50；下图图幅为 A3，比例为 1 ∶ 40。由图可知，汉字的高度是相同的。

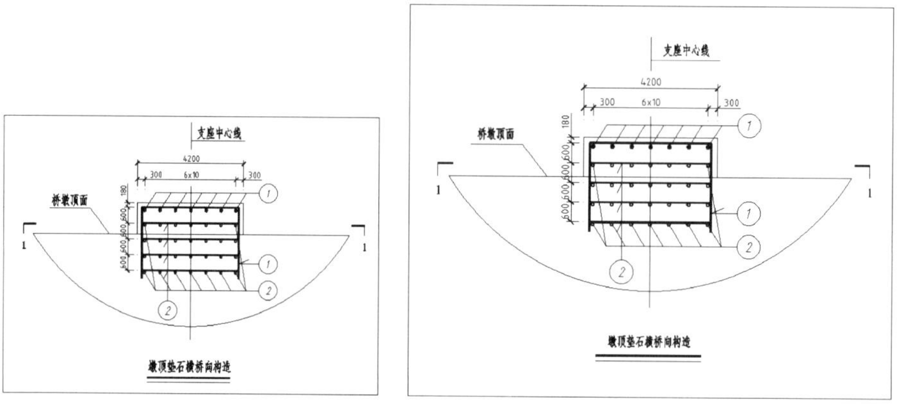

（a）　　　　　　　　（b）

图 4-101　文字高度相同

显然，用这种方法进行多比例出图时，则每次打印前都需要调整文本的高度，从而造成极大的不便。为了解决这个问题可采用添加注释性文字的方法。

3. 注释性文字样式的创建

在 AutoCAD 中，注写文字前应创建文字样式。注释性文字样式的创建和普通文字样式的创建基本相同，不同之处是应首先选中【注释性】复选框，然后在【图纸文字高度】编辑框中输入（打印后）图纸上文字的高度，如图 4-102 所示。

一旦创建了注释性文字样式，则样式名前将出现注释性符号，如图 4-102 左侧列表所示。

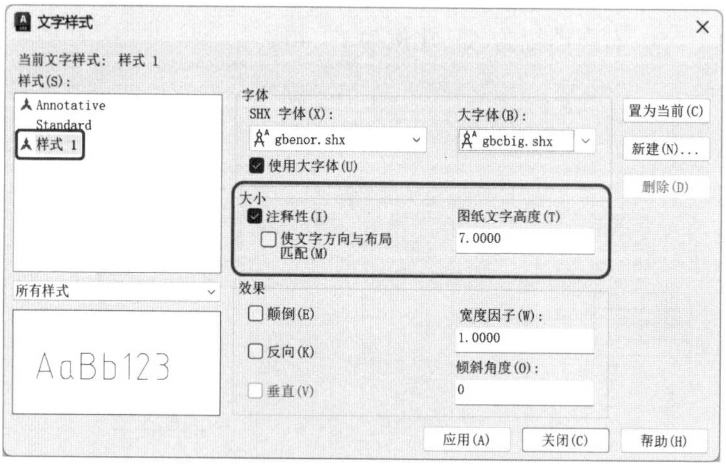

图 4-102　注释性文字样式的创建

4. 注释性文字的注写

注释性文字和普通文字的标注命令是相同的。当添加注释性文字后，将鼠标移至文字上，将出现图 4-103 所示的注释性符号。

如图 4-104 所示，如果将状态栏中的【注释比例】设置为 1 ∶ 2，则图 4-103 中的文字将变为原来的两倍(注意:是放大而非缩小)。

由于注释比例的这一特征,如果先将【注释比例】设置为 1 ∶ 2,然后在视口中将出图比例设置为 1 ∶ 2,则注释性文字的打印高度就是文字样式创建时设置的【图纸文字高度】。

图 4-103　注释性文字

图 4-104　选择注释比例

5. **注释性文字的应用**

【例题 1】等比例绘制图 4-94 所示的二维图并在 A3、A4 幅面内进行布局。要求:A4 幅面的出图比例为 1 ∶ 50,A3 幅面的出图比例为 1 ∶ 40,汉字的打印高度均为 7。

【绘图步骤】

步骤 01　在模型空间等比例绘制图 4-94 所示的二维图。

步骤 02　创建注释性文字样式并将【图纸文字高度】设为 7,同时将该样式设置为当前样式。

步骤 03　注写注释性文字支座中心线、桥墩顶面和墩顶垫石横桥向构造。

步骤 04　如图 4-97 所示设置图纸空间,使其不再显示图纸背景。

在模型空间完成准备工作后,下面将在图纸空间完成图形布局。首先在 A4 幅面内进行布局,步骤如下:

步骤 05　将状态栏中的【注释比例】设置为 1 ∶ 50。

步骤 06　单击绘图区下部的【布局 1】,进入图纸空间。

步骤 07　利用 Mview 创建 A4 幅面大小的视口并将【标准比例】设为 1 ∶ 50。

下面在 A3 幅面内进行布局:

步骤 08　单击绘图区下部的【模型】选项卡,进入模型空间。

步骤 09　将状态栏中的【注释比例】设置为 1 ∶ 40。

步骤 10　单击绘图区下部的【布局 1】,再次进入图纸空间。

步骤 11　利用 Mview 创建 A3 幅面大小的视口并将【标准比例】设为 1 ∶ 40。

完成图纸布局后,结果如图 4-105 所示。显然,(a)、(b)两幅图中文字的大小是相同的。

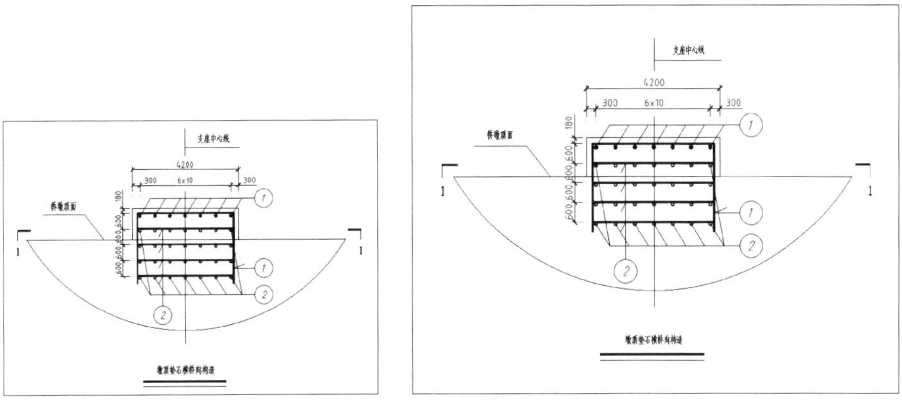

(a)　(b)

图 4-105　注释性文字的应用

6. 两个与注释性相关的命令

为了更好地使用注释性,我们还需要知道图 4-106 中两个和注释性相关的命令。

图 4-106　和注释性相关的命令

- 注释可见性:控制是否显示所有的注释性对象,或仅显示符合当前注释比例的注释性对象,请看下面这个例子。

【例题 2】给图 4-107 所示的注释性文字设置不同的显示比例并控制其可见性。

图 4-107　注释性文字

【绘图步骤】

注写注释性文字后,文字将以当前的注释比例显示出来。为了使其支持更多的注释比例,应用 Objectscale 命令完成比例添加。步骤如下:

步骤 01　在命令提示行输入 Objectscale 并按【Enter】键。

步骤 02　选择注释性对象:

在此提示下选择左侧的文字并按【Enter】键,系统将弹出如图 4-108 所示的【注释对象比例】对话框。

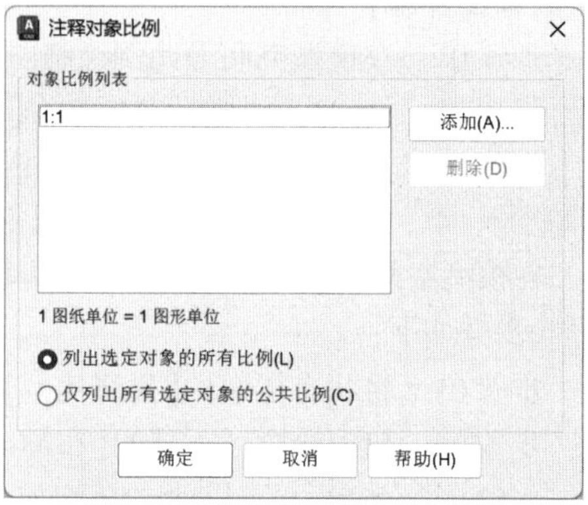

图 4-108　【注释对象比例】对话框

步骤 03　单击【添加】按钮,系统将弹出图 4-109所示的【将比例添加到对象】对话框,然后在比例列表中选择 1 ∶ 2 并单击【确定】按钮。

步骤 04　回到图 4-110 所示的对话框后再次单击【确定】按钮,完成显示比例的添加。

由图 4-110 可见,左侧注释性文字所支持的显示比例有两个,分别为 1 ∶ 1 和 1 ∶ 2。此时将鼠标移至文字上,则出现图 4-111 所示的注释性图标,说明该文字对象支持多个显示比例。

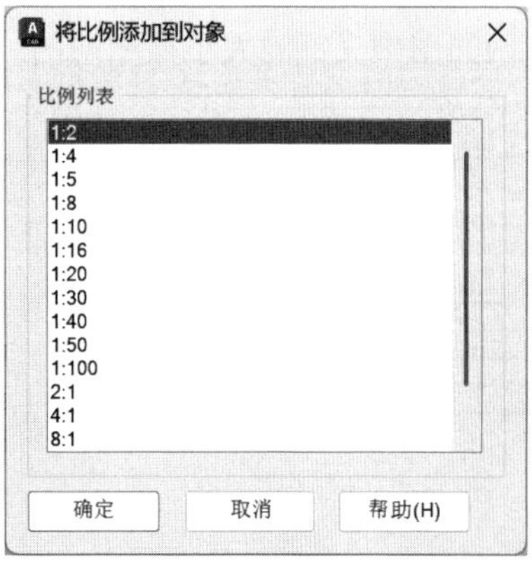

图 4-109　【将比例添加到对象】对话框

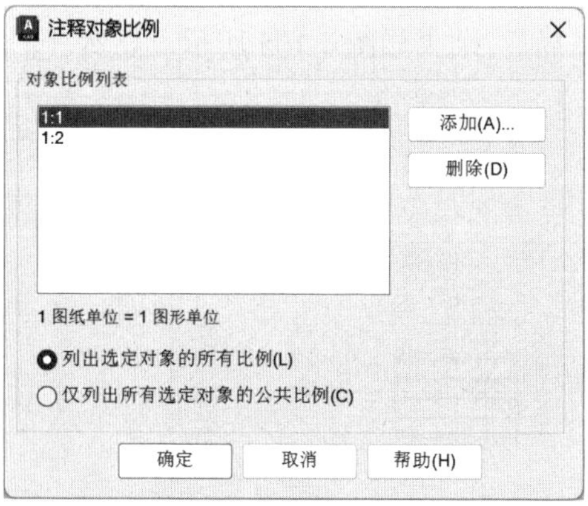

图 4-110　【注释对象比例】对话框

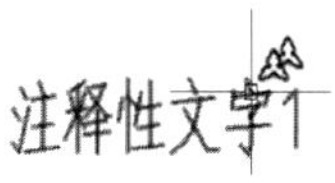

图　4-111

步骤 05　用同样的方法给右侧的文字添加 1 ∶ 4 的显示比例。此时,右侧文字支持的显示比例也有两个,分别为 1 ∶ 1 和 1 ∶ 4。

步骤 06　关闭图 4-106 中的【注释可见性】按钮。当【注释可见性】按钮被关闭时,如果用户选择不同的注释比例,则模型空间仅显示支持该比例的注释性文字。

步骤 07　选择 1∶1 的注释比例时,左右两部分文字均有显示,结果如图 4-112 所示。

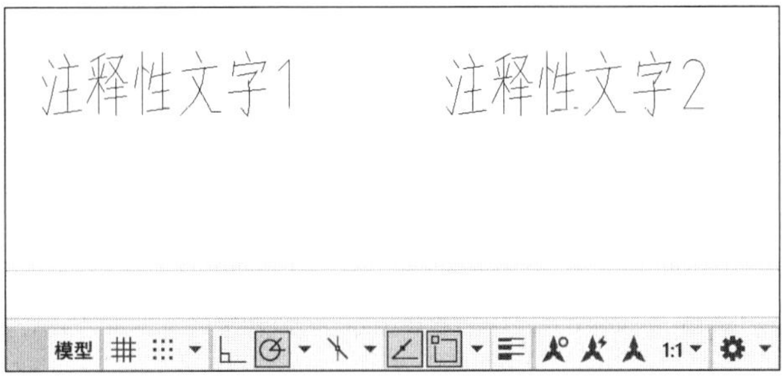

图 4-112　注释比例为 1∶1

步骤 08　选择 1∶2 的注释比例时,仅显示左侧文字,且字高为原来的两倍,结果如图 4-113(a)所示。如果选择 1∶4,则仅显示右侧文字,且字高为原来的 4 倍,结果如图 4-113(b)所示。

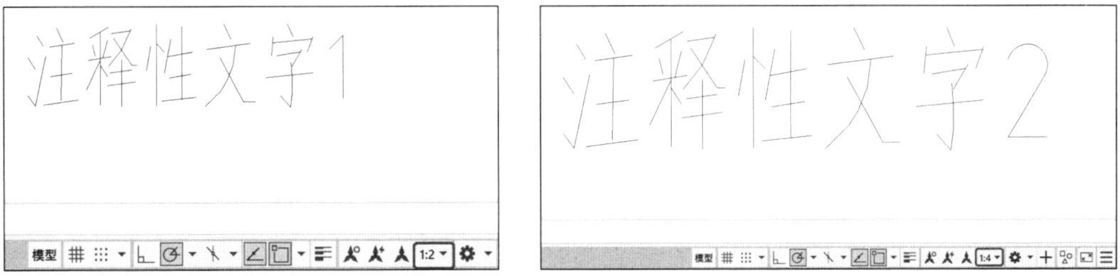

(a) 注释性文字1　(b) 注释性文字2

图 4-113　不同注释比例时文字的显示情况

步骤 09　打开图 4-106 中的【注释可见性】按钮。

当【注释可见性】按钮处于开启状态时,系统总会显示所有的注释性文字。如果用户选择不同的注释比例,则模型空间将以当前的注释比例显示支持该比例的注释性文字,而其他注释性文字则用 1∶1 的比例进行显示。

步骤 10　如图 4-114(a)所示,当选择注释比例为 1∶2 时,左侧文字放大两倍,右侧文字的大小不变;当选择注释比例为 1∶4 时,左侧文字大小不变,右侧文字放大 4 倍,结果如图 4-114(b)所示。

(a) 注释性文字1　(b) 注释性文字2

图 4-114　【注释可见性】开启,不同注释比例时文字的显示

- 自动缩放:当注释比例发生更改时,自动将注释比例添加到所有注释性对象。为了说明【自动缩放】的作用,下面给出一个例子。

【例题 3】创建注释性文字并通过【自动缩放】向其添加注释性比例。

【绘图步骤】

步骤 01　如图 4-115 所示，将注释比例设为 1 ∶ 1 并创建注释性文字，这时，如果用 Objectscale命令查看，则该段文字仅支持 1 ∶ 1 的注释比例，如图 4-116 所示。

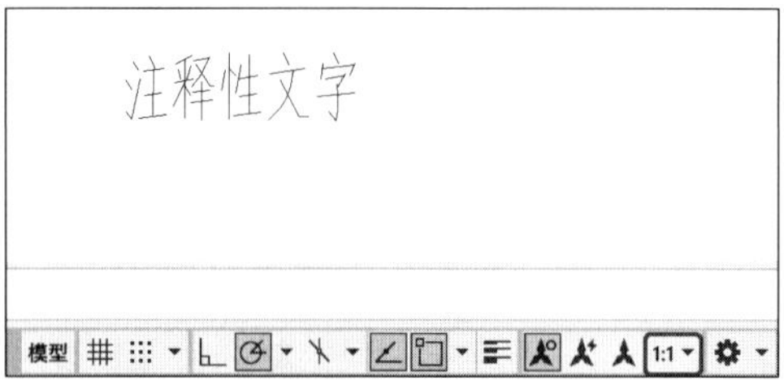

图 4-115　注释性文字

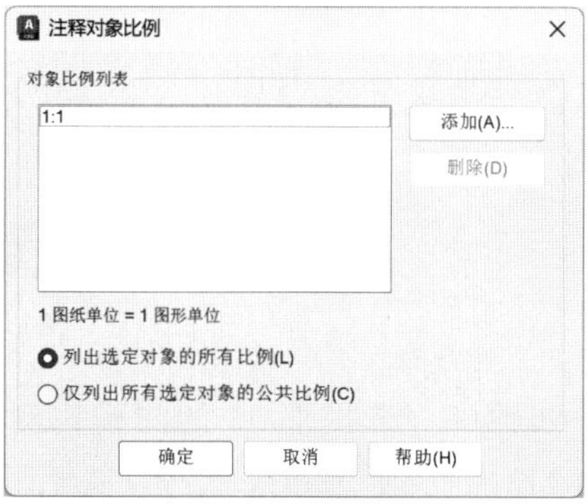

图 4-116　【注释对象比例】对话框

步骤 02　开启【自动缩放】功能，如图 4-117 所示。

步骤 03　如图 4-118 所示，将注释比例改为 1 ∶ 2，则图 4-115 中的文字变为原来的两倍。

图 4-117　打开【自动缩放】

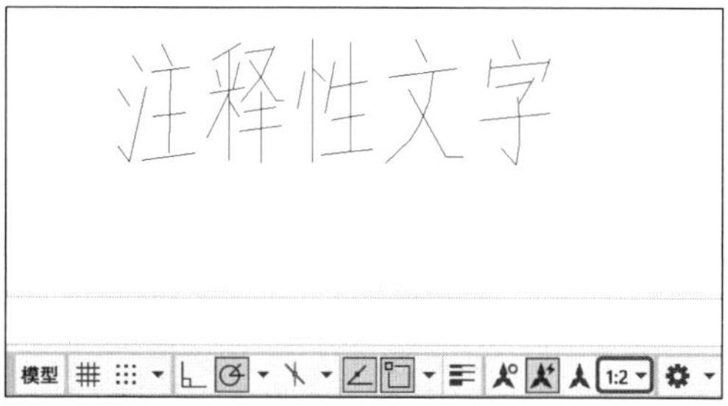

图 4-118　更改注释比例

再次输入 Objectscale 命令查看，则该段文字已经支持 1 ∶ 1 和 1 ∶ 2 两种注释比例，如图 4-119所示。

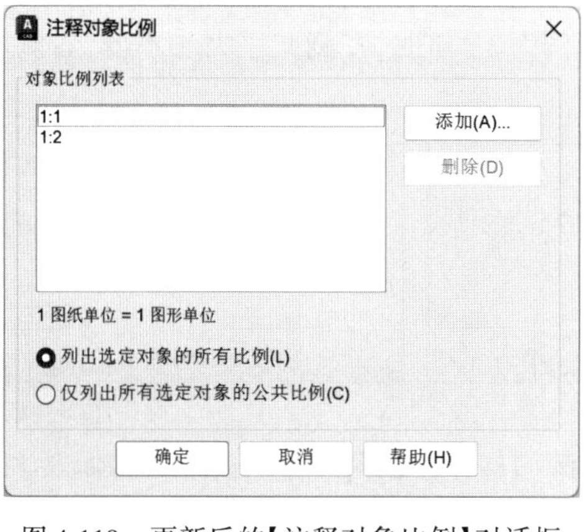

图 4-119　更新后的【注释对象比例】对话框

7. **注释性尺寸标注和图案填充**

注释性尺寸标注可使尺寸起止符号和尺寸数字依照当前的注释比例进行缩放，从而实现其打印高度保持不变。

在创建注释性尺寸标注时，只需勾选【注释性】即可，如图 4-120 所示。

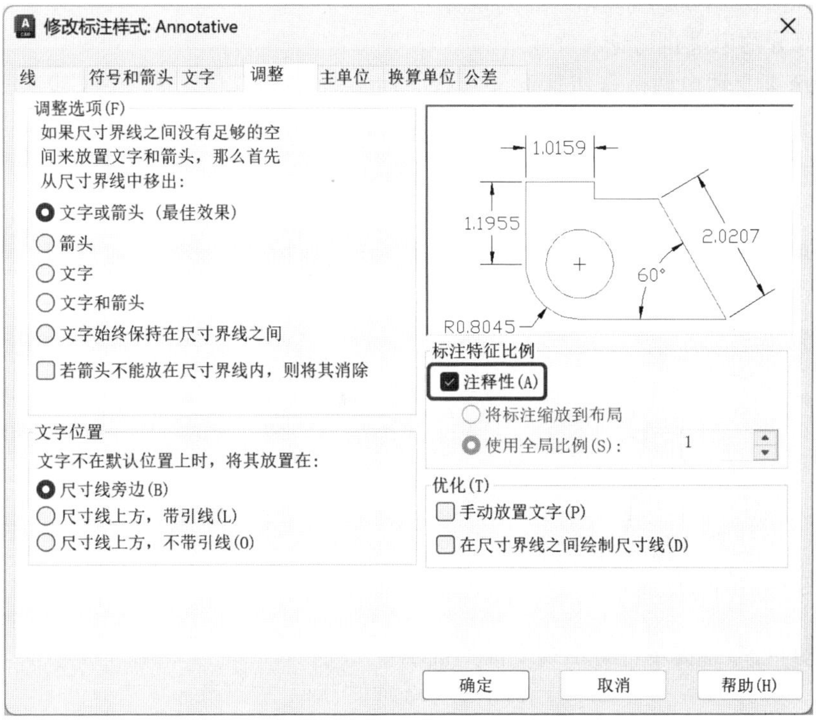

图 4-120　【修改标注样式】对话框

注释性图案填充可保证不同比例出图时填充线的间距保持不变。利用注释性图案填充时，应如图 4-121 所示，选中【注释性】后再进行填充。

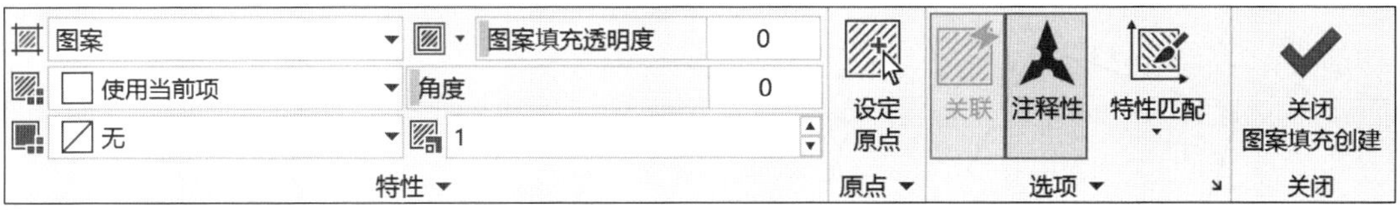

图 4-121　【图案填充创建】选项卡

4.14　参数化绘图

目前为止，所有的绘图方法都采用固定值来定义几何元素的位置和大小，当图形尺寸有变动时，必须删除原图进行重画，这将导致工作量的增加。如果所绘的结构形状基本相同，仅尺寸不同，可通过约束的关联和限制来进行参数化绘图。

AutoCAD 提供了两种约束：

- 几何约束　控制图形对象彼此之间的相对关系；
- 标注约束　控制图形对象本身的距离、长度、角度和半径等。

1. 几何约束

几何约束包括重合约束、水平约束、竖直约束、垂直约束、对称约束、平行约束、相切约束、相等约束、固定约束、同心约束和共线约束等。

下面对部分约束进行讨论。

- 重合约束　约束两个点使其重合，或者约束一个点使其位于图线(或其延长线)上。

【例题 1】如图 4-122 所示，给四边形左上顶点处相关两直线的端点施加重合约束。

【绘图步骤】

步骤 01　首先用下列方法之一执行【重合】约束的命令：

- 依次单击【参数化】选项卡→【几何】面板→【重合】按钮，如图 4-123 所示；
- 在命令行输入 GcCoincident 并按【Enter】键。

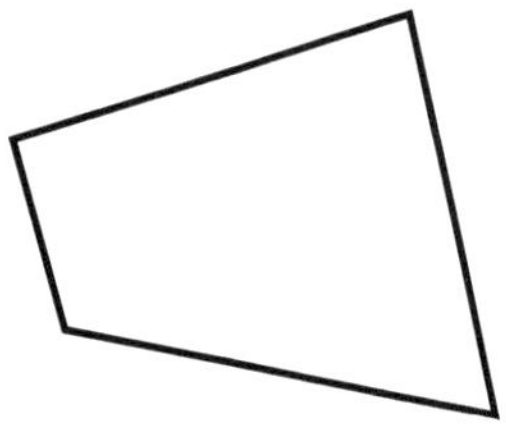

图 4-122　任意四边形

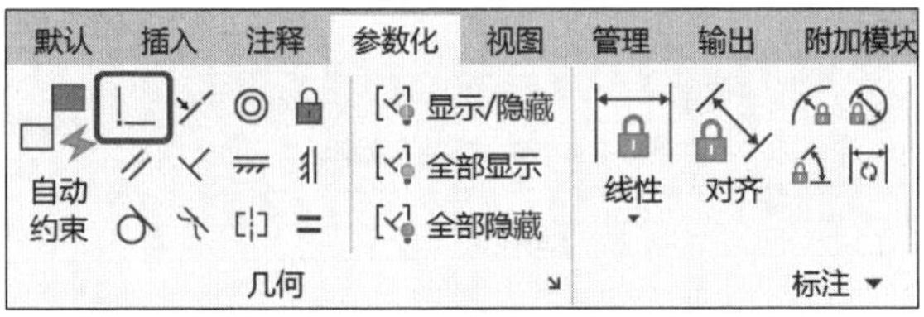

图 4-123　单击【重合】按钮

命令启动后，命令提示行将出现下面的提示：

步骤 02　选择第一个点或 [对象(O)/自动约束(A)] <对象>：

在该提示下，请选择一个点作为基准点。将拾取框移至左侧直线上靠近端点的位置，当出现图 4-124(a)中的几何符号时，单击拾取即可。

步骤 03　选择第二个点或 [对象(O)] <对象>：

如图 4-124(b)所示，拾取上方直线的左侧端点作为第二个点。

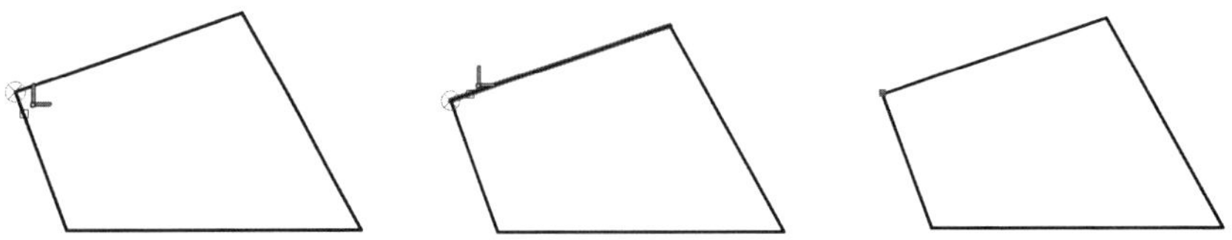

(a) 选择基准点　　(b) 选择第二个点　　(c) 重合约束符号

图 4-124　重合约束

约束实施后，将在约束点处出现如图 4-124(c)所示的蓝色小方块，当光标停留在该小方块上时，将出现如图 4-125(a)所示的重合约束图标，如果继续移动光标至该图标上，则跟重合约束相关的两条直线高亮显示，同时将出现约束种类提示，如图 4-125(b)所示。

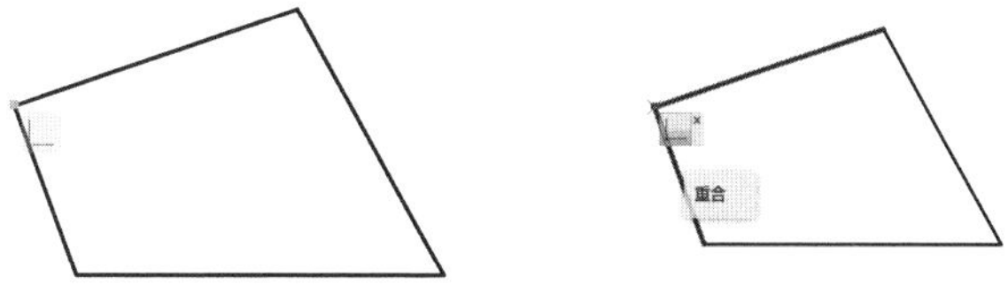

（a）约束图标　　（b）约束信息提示

图 4-125　重合约束提示

如果对约束相关的两条直线同时进行复制、镜像等操作，重合约束关系保持不变，但是当对其中一条进行修剪、延伸等操作后，约束将自动消失。

需要注意的是，重合约束时，第一个点将作为基准点，约束时其位置不变，第二个点将平移至第一个点的位置，同时两点保持重合的关系。

如果要对四边形所有相邻两边位置重合的端点施加重合约束，则应按照下面的操作进行。

【例题 2】给图 4-122 中四边形四个顶点处相邻两直线重合的端点施加重合约束。

【绘图步骤】

步骤 01　先启动【重合】约束命令。

步骤 02　选择第一个点或 [对象(O)/自动约束(A)] <对象>:

在该提示下，请输入 A 并按【Enter】键。

步骤 03　选择对象:

用窗口选择方式选中四条直线并按【Enter】键，完成约束施加，结果如图 4-126 所示。

施加约束后，如果通过夹点方式编辑其中任意一条直线，其他直线的位置和长度都将受到影响。但是，四条直线的连接顺序不会发生变化。

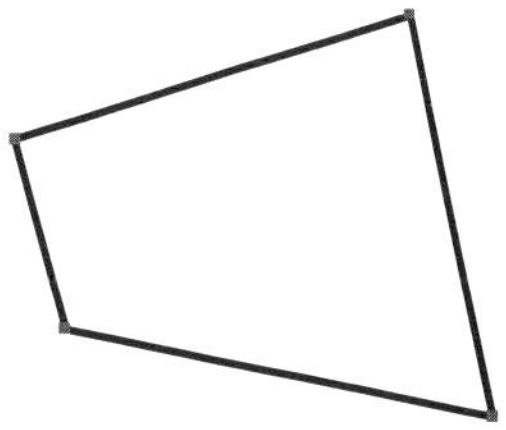

图 4-126　四边形顶点处的重合约束

- 水平约束和竖直约束　水平约束用来使直线或两点的连线与当前用户坐标系的 X 轴平行；竖直约束用来使直线或两点的连线与当前用户坐标系的 Y 轴平行。

【例题 3】如图 4-127 所示，给四边形施加约束，使其成为一个矩形。

【绘图步骤】

我们的思路是：先在顶点处施加重合约束，然后对上下两条边施加水平约束，给左右两条边施加竖直约束。

前面的例子中已经说明重合约束的施加方法，此处不再重复讲述，下面仅列出水平和竖直约束的施加过程。

步骤 01　用下列方法之一执行【水平】约束的命令：

- 依次单击【参数化】选项卡→【几何】面板→【水平】按钮，如图 4-128 所示；
- 在命令行输入 GcHorizontal 并按【Enter】键。

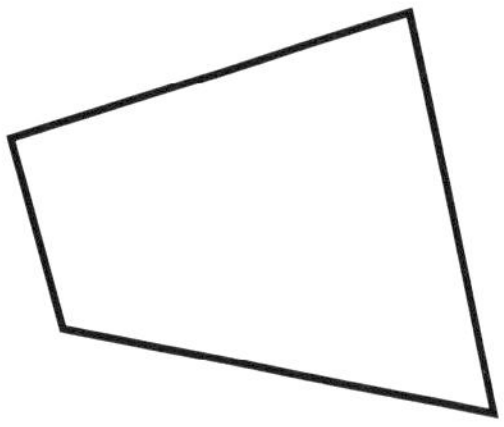

图 4-127　任意四边形

图 4-128　单击【水平】按钮

命令启动后，命令提示行将出现下面的提示：

步骤 02　选择对象或 [两点(2P)] <两点>：

选择上面一条边并按【Enter】键，则约束结果如图 4-129 所示。

施加约束后，在直线的上方出现了水平约束的图标。当鼠标停留在该图标上时，水平线将高亮显示，以此来说明该约束和所施加对象之间的关系。

注意：在选择上面一条边的时候，如果选取位置在中点以左的范围内，则以直线的左端点为准对直线的位置进行调整；否则，将以其右端点为准对直线的位置进行调整。

步骤 03　用同样的方法对下面一条直线施加水平约束，结果如图 4-130 所示。

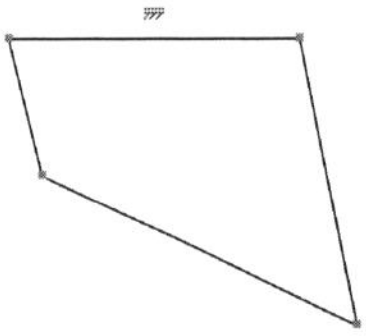

图 4-129　对上面一条边施加水平约束

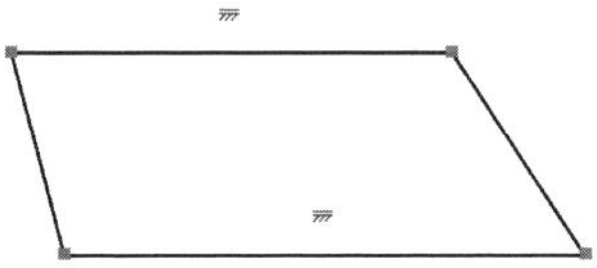

图 4-130　施加水平约束后的四边形

接着对左右两边施加竖直约束：

步骤 04　用下列方法之一执行【竖直】约束命令：

- 依次单击【参数化】选项卡→【几何】面板→【竖直】按钮，如图 4-131 所示；
- 在命令行输入 GcVertical 并按【Enter】键。

步骤 05　选择对象或 [两点(2P)] <两点>：

选择左侧边并按【Enter】键，结果如图 4-132(a)所示。

图 4-131　单击【竖直】按钮

步骤 06　用同样的方法对右侧边施加竖直约束，则结果如图 4-132(b)所示。

（a）约束左侧边　　（b）约束右侧边

图 4-132　竖直约束后的四边形

- 垂直约束　用来使选中的两条直线彼此垂直。

【例题 4】给图 4-127 所示的四边形施加约束，使其成为一个矩形。

【绘图步骤】

上例已经给出了一种约束的施加方法,下面将利用垂直约束给出另一种方法。

步骤 01 先在顶点处施加重合约束。

步骤 02 给上、下边施加水平约束,结果如图 4-133 所示。

如果让左右边同时垂直于下面的一条边,则四边形将变为长方形。下面是垂直约束的施加过程:

步骤 03 用下列方法之一执行【垂直】约束命令:

- 依次单击【参数化】选项卡→【几何】面板→【垂直】按钮,如图 4-134 所示;
- 在命令行输入 GcPerpendicular 并按【Enter】键。

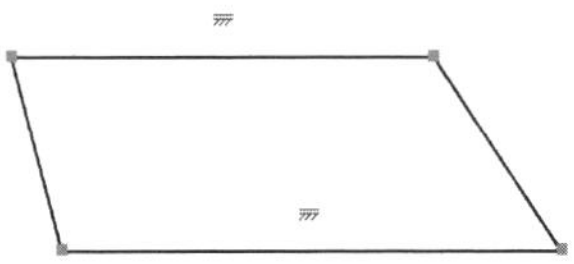

图 4-133 施加水平约束

图 4-134 单击【垂直】按钮

步骤 04 选择第一个对象:

如图 4-135(a)所示,选择下面的一条边。

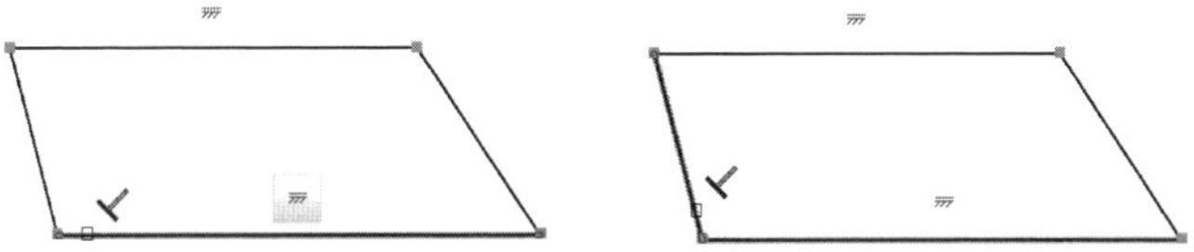

(a)选择下面一条边 (b)选择左侧边

图 4-135 施加垂直约束

步骤 05 选择第二个对象:

如图 4-135(b)所示,选择左侧边。

约束施加后,结果如图 4-136(a)所示。当光标移至垂直约束图标上,则左侧边和下边两条直线高亮显示,说明垂直约束的施加对象是这两条直线,如图 4-136(b)所示。

注意:垂直约束的施加中,总是以第一个对象的位置为准,使第二个对象和第一个对象垂直。

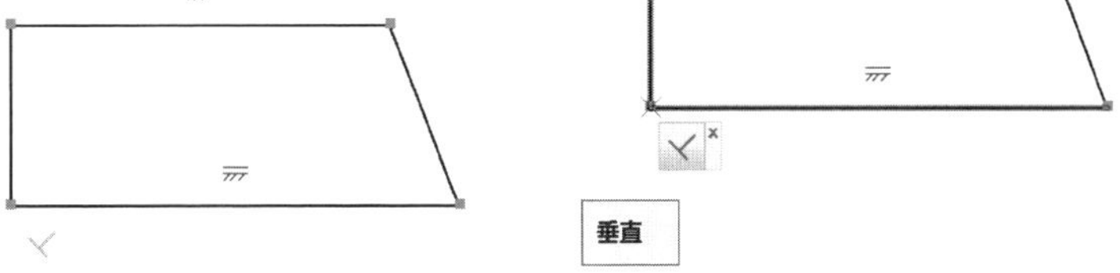

(a)施加垂直约束后 (b)垂直约束信息

图 4-136 垂直约束

步骤 06 用同样的方法给右侧边和下边施加垂直约束,结果如图 4-137 所示。

- 平行约束　使两条直线互相平行。

【例题 5】给图 4-127 所示的四边形施加约束，使其成为一个矩形。

图 4-137　约束后的四边形

【绘图步骤】

步骤 01　先在顶点处施加重合约束；

步骤 02　给上边施加水平约束；

步骤 03　以上边为准，使左侧边垂直于上边。施加垂直约束后，结果如图 4-138 所示；如果使下边平行于上边，右侧边平行于左侧边，则四边形最终呈现为矩形。下面是平行约束的施加过程。

步骤 04　用下列方法之一执行【平行】约束命令：

- 依次单击【参数化】选项卡→【几何】面板→【平行】按钮，如图 4-139 所示；
- 在命令行输入 GcParallel 并按【Enter】键。

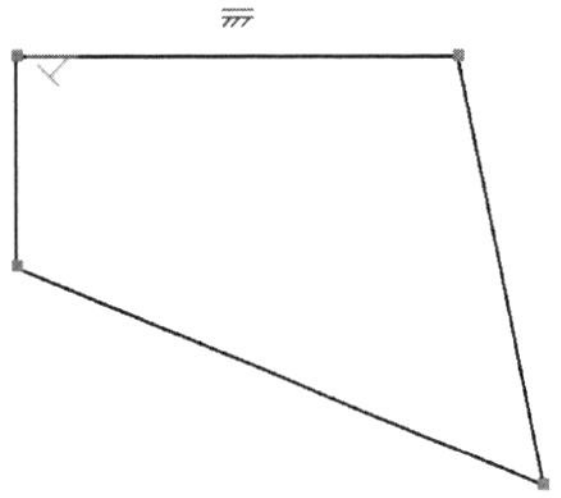

图 4-138　约束后的四边形

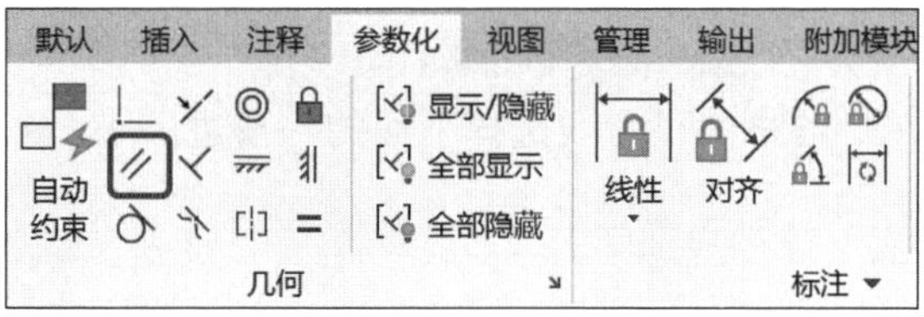

图 4-139　单击【平行】按钮

步骤 05　选择第一个对象：

选择上面一条边作为基准边。

步骤 06　选择第二个对象：

选择下面一条边，约束施加后，结果如图 4-140(a)所示。

施加平行约束后，相关两条直线附近均出现了平行约束图标。将光标移至其中任一图标上时，两条平行线高亮显示，同时给出约束名称提示，如图 4-140(b)所示。

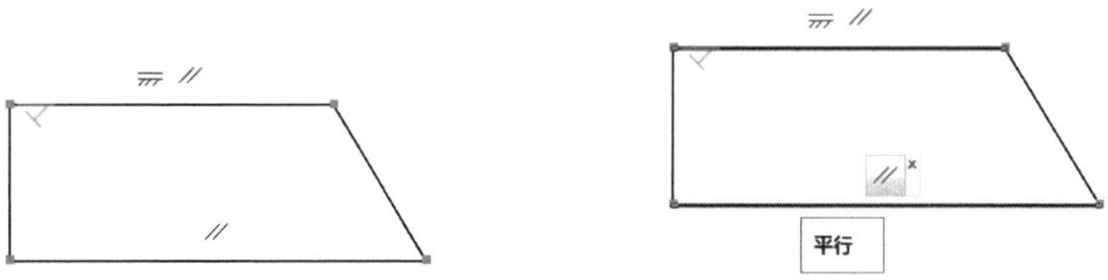

(a) 施加平行约束后　　(b) 平行约束信息

图 4-140　平行约束

需要注意的是，选择第二个对象时，选择拾取的位置决定本次所选直线的最终位置。如果选取位置在直线左半边，则以直线的左端点为准使其平行于第一条直线；否则，将以其右端点为准使其平行于第一条直线。

步骤 07　用同样的方法使右侧边平行于左侧边，完成约束施加，结果从略。

- 相等和相切约束　相等约束可使两直线的长度相等，或者使两圆的半径相等；相切约束使对象保持相切的关系。

下面举例来说明几种约束的用法。

【例题 6】绘制图 4-141 所示任意尺寸的等边三角形及内切圆。

【绘图步骤】

首先绘制需要的几何元素，然后通过各种约束使其满足几何关系即可。

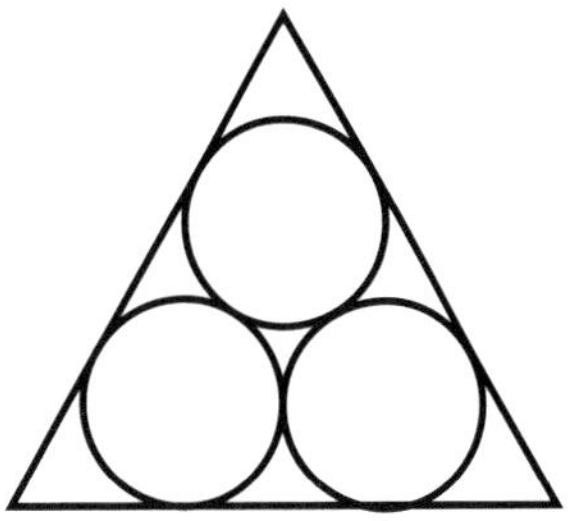

图 4-141　二维图形

步骤 01　如图 4-142 所示，绘制两种任意位置和尺寸的几何元素，即三角形和圆。

步骤 02　在三角形的顶点处施加重合约束，结果如图 4-143 所示。

步骤 03　给三角形的底边施加水平约束，结果如图 4-144 所示；

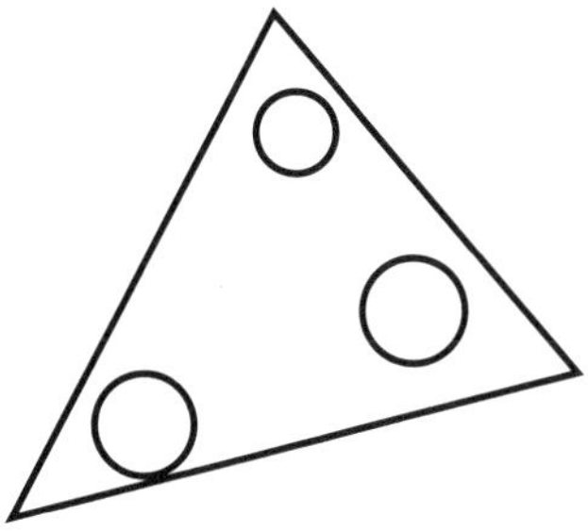

图 4-142　两种任意尺寸的几何元素

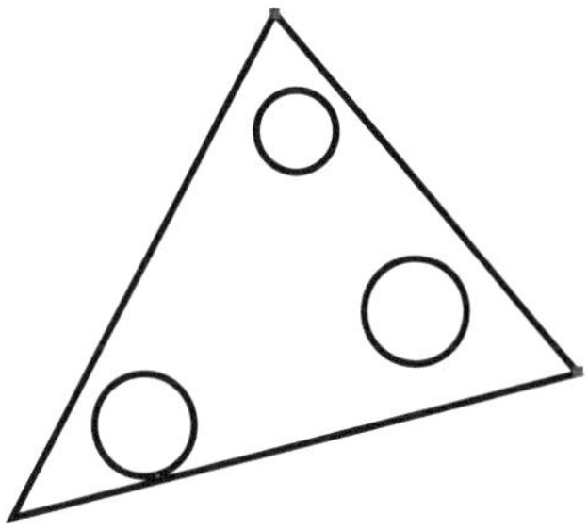

图 4-143　施加重合约束

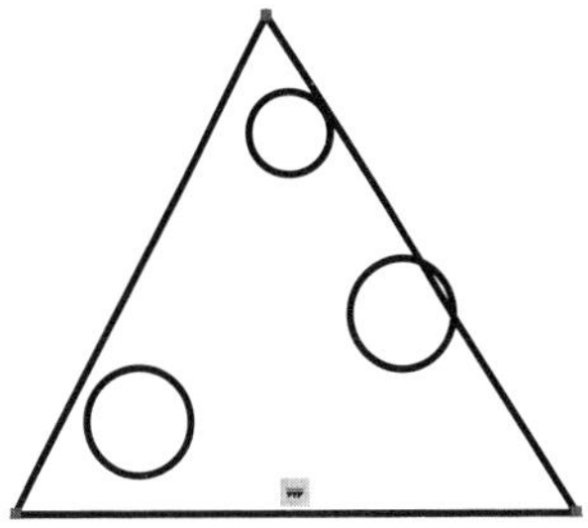

图 4-144　水平约束

如果使三角形的三边长度相等，则三角形就变为等边三角形。为此，我们给三边施加相等约束，下面是具体过程。

步骤 04　用下列方法之一执行【相等】约束命令：

- 依次单击【参数化】选项卡→【几何】面板→【相等】按钮，如图 4-145 所示；
- 在命令行输入 GcEqual 并按【Enter】键。

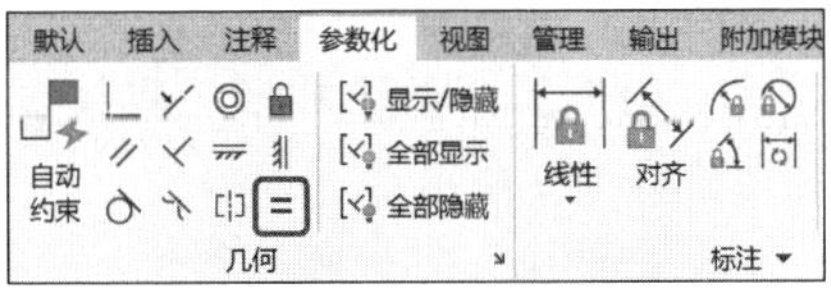

图 4-145　选择【相等】约束

步骤 05　选择第一个对象或［多个(M)］：

输入 M 并按【Enter】键，顺序选择三角形的三条边并按【Enter】键，约束结果如图 4-146(a)所示。

施加相等约束后，将在三角形的三条边上出现相等约束的图标。将光标移动至其中任意一个图标上，则相关直线高亮显示，同时出现约束名称的信息提示，如图 4-146(b)所示。

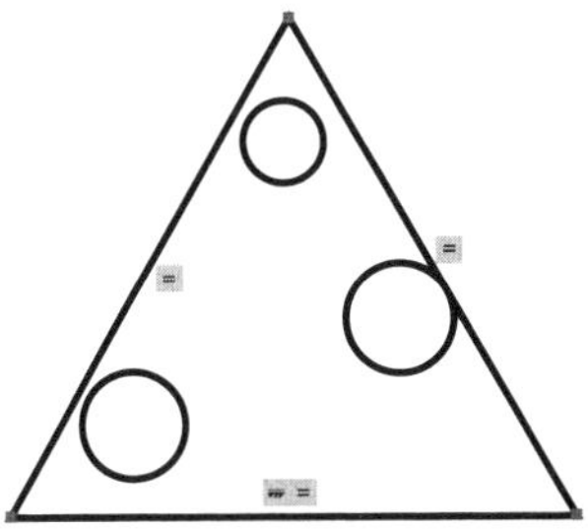

(a) 施加相等约束后

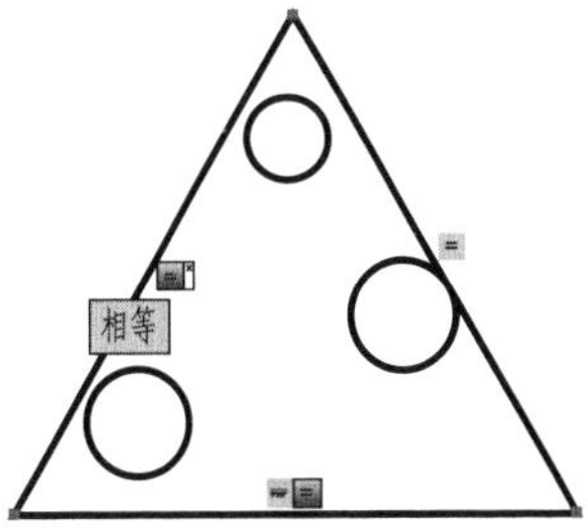

(b) 相等约束信息

图 4-146　相等约束

注意：相等约束时，其他被选中的对象总是以第一个被选中对象的长度或者直径为准进行缩放。

下面开始调整圆的位置，使其和三角形的三边相切及两两相外切。下面是相切约束的施加过程：

步骤 06　用下列方法之一执行【相切】约束命令：

- 依次单击【参数化】选项卡→【几何】面板→【相切】按钮，如图 4-147 所示；
- 在命令行输入 GcTangent 并按【Enter】键。

步骤 07　选择第一个对象：

如图 4-148(a)所示，选择三角形的左侧边。

步骤 08　选择第二个对象：

如图 4-148(b)所示，选择左下角的圆。施加相切约束时，第一个对象的位置保持不变，第二个对象将平移至跟第一个对象相切的位置。约束施加后，将在切点附近出现相切约束图标，当鼠标移至图标上，相切的直线和圆高亮显示，同时给出约束名称信息提示，如图 4-148(c)所示。

图 4-147　选择【相切】约束

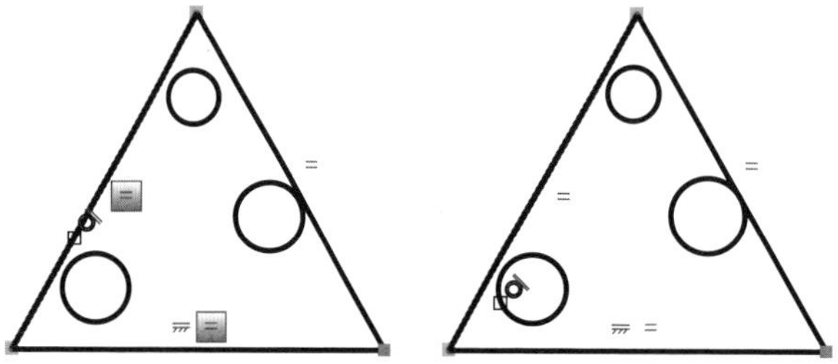

(a) 选择左侧边　(b) 选择圆　(c) 施加相切约束后

图 4-148　相切约束

步骤 09　按照同样的方法给 3 个圆施加其他相切约束，使每个圆和其附近的两条边相切。具体过程不再详述，施加约束后的结果如图 4-149 所示。

为了方便施加其他相切约束，下面将图形缩小。

步骤 10　如图 4-150(a)所示，选中三角形的右侧边和底边，单击最右的夹点并移动，当图形中的 3 个圆接近相切时再次单击，如图 4-150(b)所示。完成图形缩放后结果如图 4-150(c)所示。

其实，这一步的操作不是必需，具体情况请读者自行尝试。

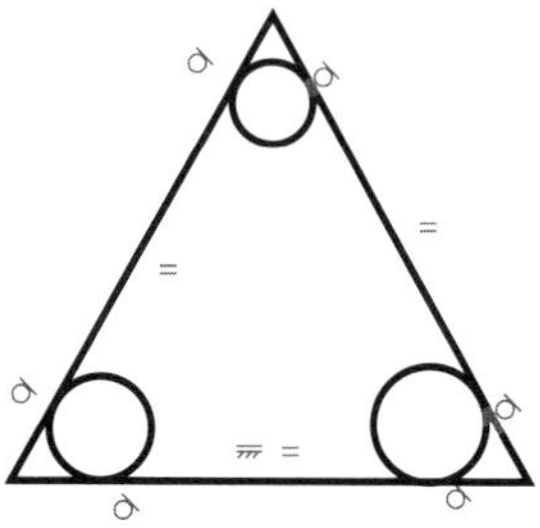
图 4-149　相切约束

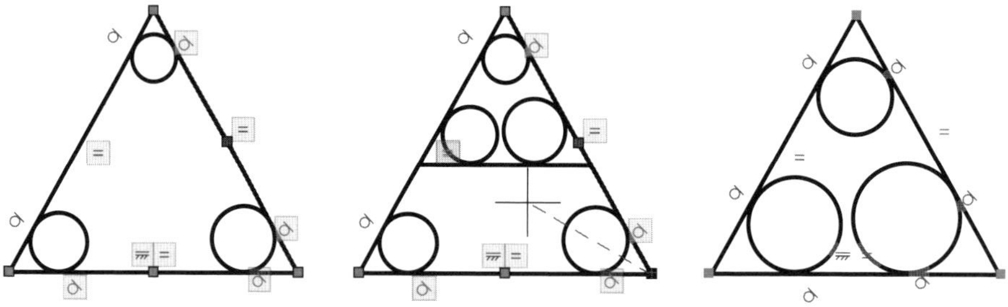
(a) 选择边　(b) 选择夹点并移动鼠标　(c) 缩小后的图形

图 4-150　缩小图形

步骤 11　给左侧的圆施加约束,使其和另外两个圆相外切,结果如图 4-151(a)所示。

步骤 12　给右侧的圆施加约束,使其和顶部的圆相外切,结果如图 4-151(b)所示。

由于被约束的图形中有很多约束图标,这些符号将较大地影响图形的阅读。所以,约束绘制结束后,应隐藏所有约束图标。下面是具体方法。

步骤 13　依次单击【参数化】选项卡→【几何】面板→【全部隐藏】按钮,如图 4-152 所示,隐藏所有的约束图标。

如果要显示所有的约束图标,请单击【全部显示】按钮即可。

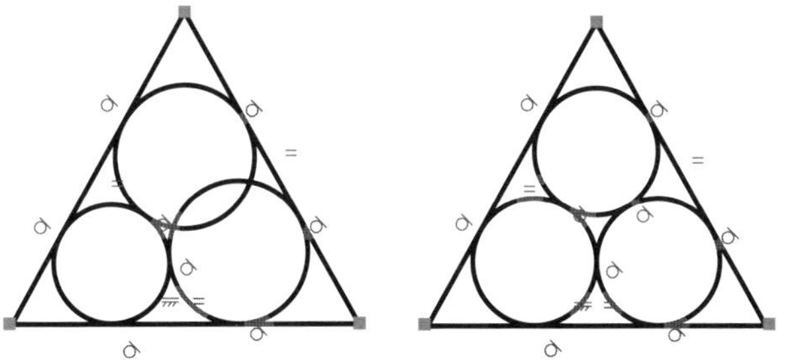

（a）给左侧的圆施加相切约束　（b）给右侧的圆施加相切约束

图 4-151　施加相切约束

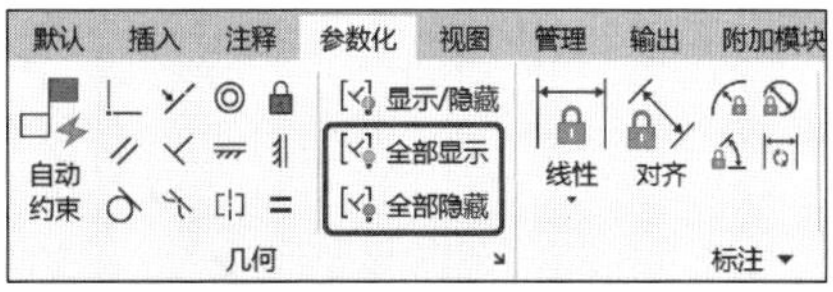

图 4-152　单击【全部隐藏】按钮

- 对称约束　使两个对象或者两个点关于选定直线保持对称。

【例题 7】绘制任意三角形并施加约束,使其成为底边水平放置的等腰三角形。

【绘图步骤】

步骤 01　如图 4-153 所示,绘制任意三角形。

步骤 02　在三角形的顶点处施加重合约束。

步骤 03　给底边施加水平约束并添加一条对称线,结果如图 4-154 所示。最后给左、右两条边施加对称约束,步骤如下。

步骤 04　用下列方法之一执行【对称】约束命令:

- 依次单击【参数化】选项卡→【几何】面板→【对称】按钮,如图 4-155 所示;
- 在命令行输入 GcSymmetric 并按【Enter】键。

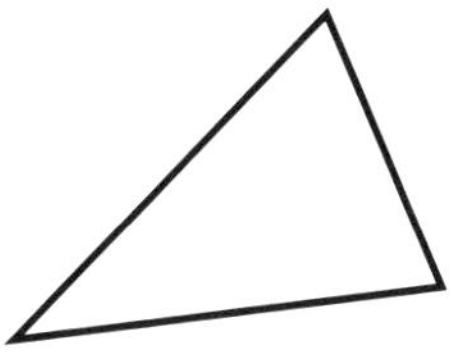

图 4-153　任意的三角形

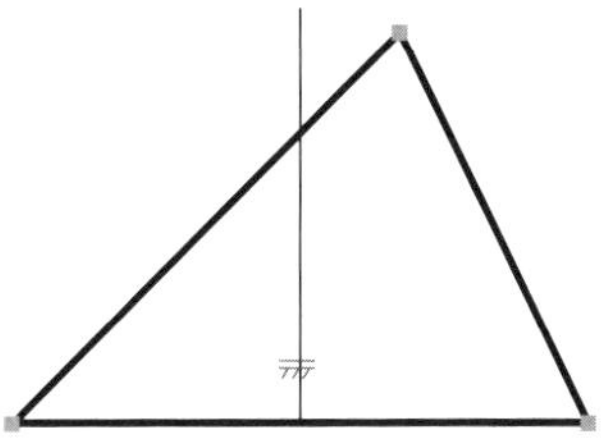

图　4-154

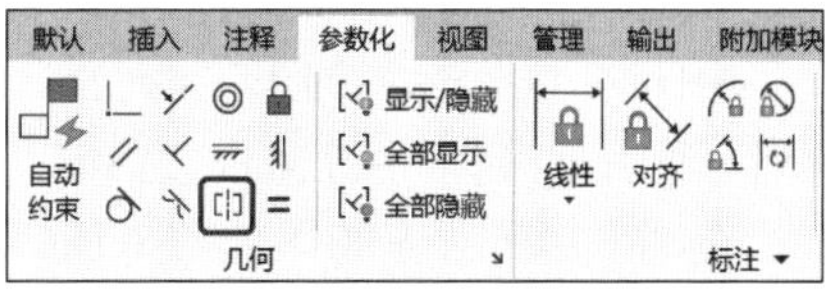

图 4-155　选择【对称】约束

步骤 05　选择第一个对象或 [两点(2P)] <两点>:

如图 4-156(a)所示,选择三角形的左侧边。

步骤 06　选择第二个对象:

如图 4-156(b)所示,选择三角形的右侧边。

步骤 07　选择对称直线:

如图 4-156 (c)所示,选择对称线。

约束后，结果如图 4-156(d)所示。对称约束时，以所选第一条边的位置为准，使第二条直线关于对称线和第一条直线形成对称关系。

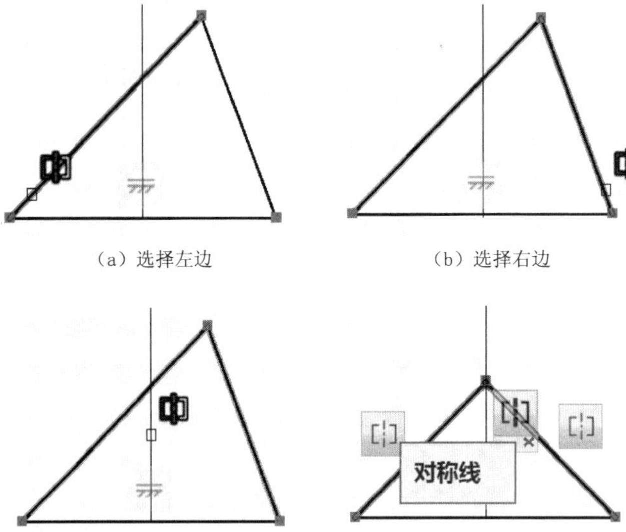

(a) 选择左边　(b) 选择右边

(c) 选择对称线　(d) 约束信息提示

图 4-156　施加对称约束

2. **标注约束**

标注约束包括线性约束、对齐约束、半径约束、直径约束和角度约束。

标注约束和普通标注看起来没有什么区别，但实际上，用户可以通过更改标注约束中的尺寸数字来调整图形的大小。所以，标注约束是通过标注驱动图形对象，而普通标注是通过对象来驱动尺寸标注。

为了方便使用，AutoCAD 提供了两种形式的标注约束：动态约束和注释性约束。

默认情况下，标注约束是动态的。动态约束使用系统预先定义的标注样式来显示，无论图形对象放大或者缩小，其大小保持不变。

如果要标注和普通标注一样，具有能放大缩小且能进行样式设置的标注约束，则应选择注释性约束。

注意：动态约束不能被打印显示，而注释性约束可被打印显示。

用户在进行标注约束之前，首先应选定标注约束的形式。方法是，首先单击【参数化】选项卡，然后展开【标注】面板，选择标注约束的形式，如图 4-157 所示。

标注约束时，应如图 4-158 所示，选择相应的命令完成线性、对齐、半径、直径和角度的标注。

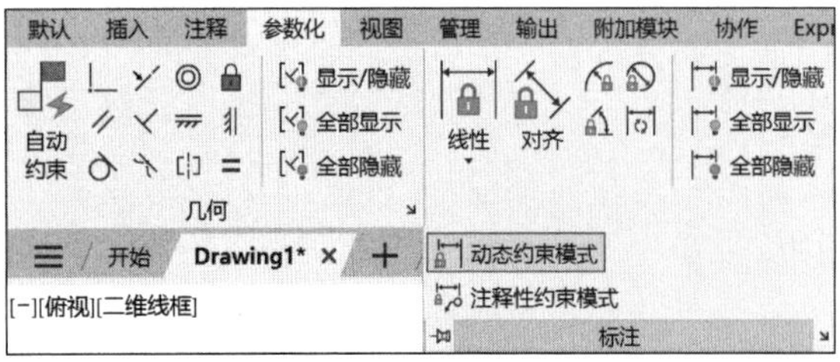

图 4-157　选择标注约束的形式

图 4-158　标注约束命令

下面将分别讨论动态约束和注释性约束的用法。

● 动态约束

【例题 8】绘制长方形并施加动态标注约束。

【绘图步骤】

步骤 01　绘制任意的长方形；

这里使用【长方形】命令完成绘图。如果用【直线】命令绘制长方形，则通过尺寸驱动长方形的大小时，将出现图线首尾不闭合的情况，请读者自行测试。

步骤 02　如图 4-157 所示，选择【动态约束模式】功能。

在默认情况下，标注模式即为【动态约束模式】。

步骤 03　用下列方法之一启动【线性】标注命令：

● 依次单击【参数化】选项卡→【标注】面板→【线性】按钮，如图 4-159 所示；

● 在命令行输入 DcLinear 并按【Enter】键。

图 4-159　选择【线性】标注约束

步骤 04　指定第一个约束点或 [对象(O)] <对象>：

如图 4-160(a)所示，选择长方形下边的左端点。

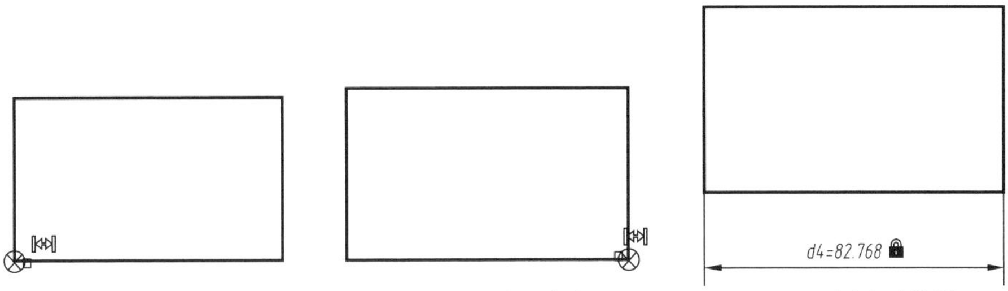

(a) 选择基准点　(b) 选择第二个点　(c) 确定标注位置

图 4-160　动态标注约束

步骤 05　指定第二个约束点：

如图 4-160(b)所示，选择长方形下边的右端点。

步骤 06　指定尺寸线位置：

移动鼠标，在合适的位置单击，指定尺寸约束的位置。如果不需要改变尺寸大小，则按【Enter】键即可；如果要改变默认的尺寸数字大小，则输入新值并按【Enter】键，结果如图 4-160(c)所示。

用尺寸驱动长方形的大小时，做法如下：

步骤 07　双击尺寸数字，当尺寸数字可编辑时，键入新值并按【Enter】键，结果如图 4-161 所示。

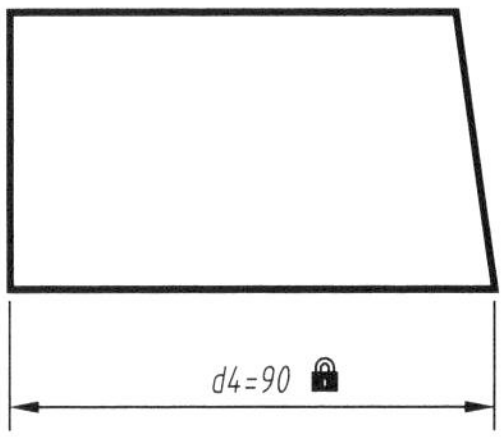

图 4-161　编辑尺寸数字

注意：利用标注约束驱动对象大小时，对象总是以第一个选取点为基准进行缩放。

在图 4-161 中，无论图形对象放大或者缩小，动态约束中尺寸数字的大小保持不变。

如果要利用当前尺寸标注样式进行标注约束，或者要对标注约束输出打印，则注释性约束是合适的选择。

● 注释性约束

【例题 9】绘制长方形并施加注释性标注约束。

【绘图步骤】

步骤 01　绘制任意的长方形。

步骤 02　创建符合规范的尺寸标注样式并置为当前；如果已经忘记尺寸标注样式的创建方法，请参阅前面讲述的内容。

步骤 03　如图 4-157 所示，选择【注释性约束模式】选项。

步骤 04　标注长方形的长度，结果如图 4-162 所示。

在图 4-162 中，尺寸数字前面的字符似乎有些多余。如果不想输出打印，则应将其隐藏，方法如下：

步骤 05　如图 4-163 所示，单击【标注设置】按钮↘；

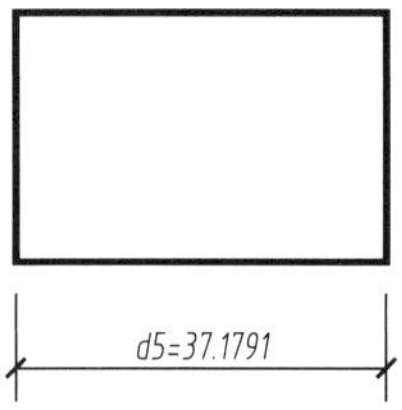

图 4-162　注释性标注约束

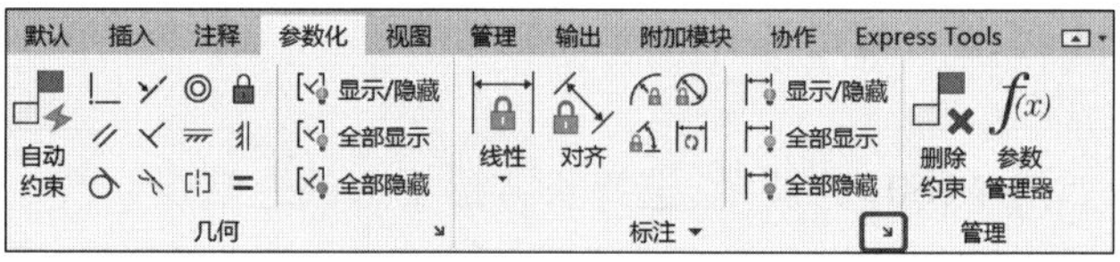

图 4-163　单击【标注设置】按钮↘

步骤 06　在图 4-164 所示的对话框中，从【标注名称格式】下拉列表中选择【值】并单击【确定】按钮，则调整后的结果如图 4-165 所示。

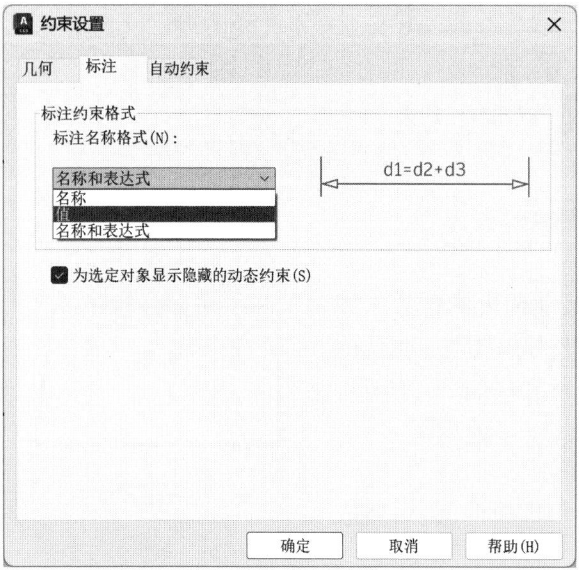

图 4-164　设置标注名称格式

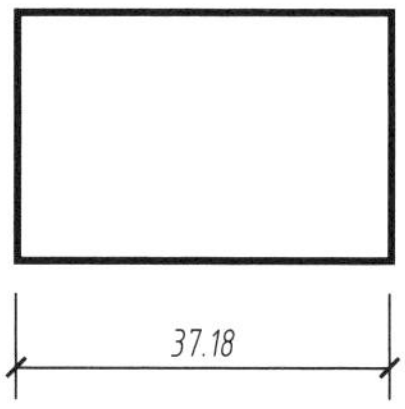

图 4-165　调整后的注释性标注约束

参数化绘图中，参数之间经常通过简单的数学运算符或者数学函数相关联。表 4-1 和表 4-2列出了 AutoCAD 2025 支持的可用于标注约束的运算符和函数。

表 4-1　数学运算符

运算符	说明	运算符	说明
+	加	/	除
-	减或取负值	^	求幂
%	浮点模数	( )	圆括号或表达式分隔符
*	乘	.	小数分隔符

表 4-2　数学函数

函数	语法	函数	语法
余弦	cos(表达式)	舍入到最接近的整数	round(表达式)
正弦	sin(表达式)	截取小数	trunc(表达式)
正切	tan(表达式)	下舍入	floor(表达式)
反余弦	acos(表达式)	上舍入	ceil(表达式)
反正弦	asin(表达式)	绝对值	abs(表达式)
反正切	atan(表达式)	阵列中的最大元素	max(表达式 1;表达式 2)
双曲余弦	cosh(表达式)	阵列中的最小元素	min(表达式 1;表达式 2)
双曲正弦	sinh(表达式)	将度转换为弧度	d2r(表达式)
双曲正切	tanh(表达式)	将弧度转换为度	r2d(表达式)
反双曲余弦	acosh(表达式)	对数,基数为 e	ln(表达式)
反双曲正弦	asinh(表达式)	对数,基数为 10	log(表达式)
反双曲正切	atanh(表达式)	指数函数,底数为 a	exp(表达式)
平方根	sqrt(表达式)	指数函数,底数为 10	exp10(表达式)
符号函数(-1,0,1)	sign(表达式)	幂函数	pow(表达式 1;表达式 2)

【例题 10】绘制图 4-166 所示的图形,使长方形和圆的面积相等且中心重合。

【绘图步骤】

步骤 01　如图 4-167 所示,绘制任意位置、尺寸的长方形和圆。

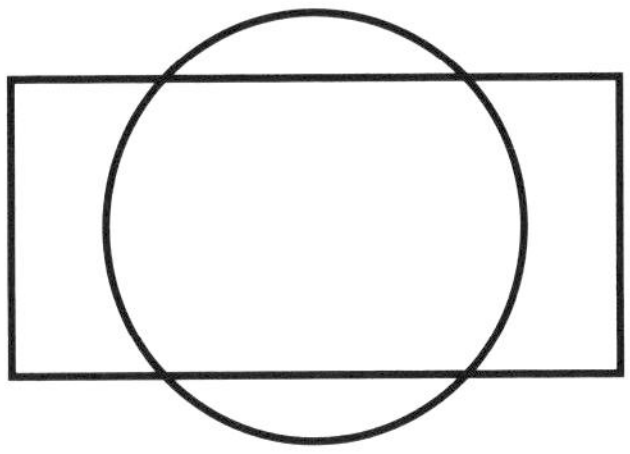

图 4-166　长方形和圆

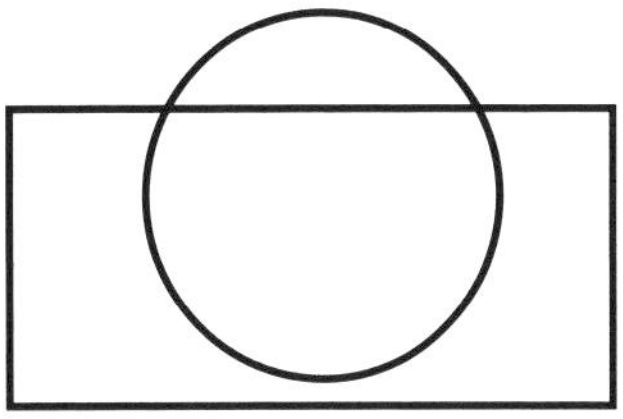

图 4-167　任意尺寸的图形

步骤 02　创建尺寸标注样式并置为当前。

步骤 03　如图 4-168 所示,选择【注释性约束模式】选项。

步骤 04　创建细实线图层并置为当前,如图 4-169 所示,标注长方形的长度尺寸约束。

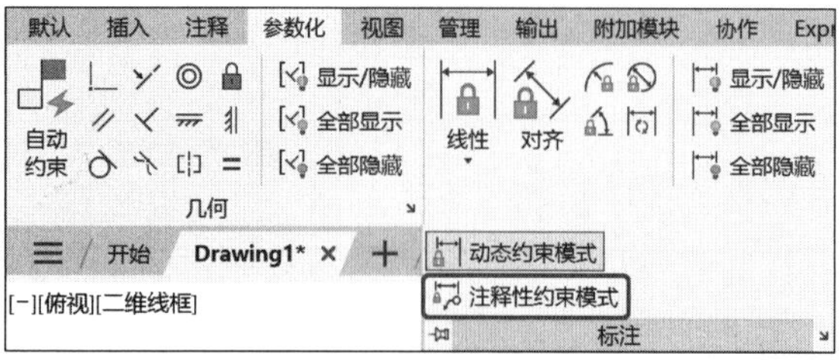

图 4-168　选择【注释性约束模式】

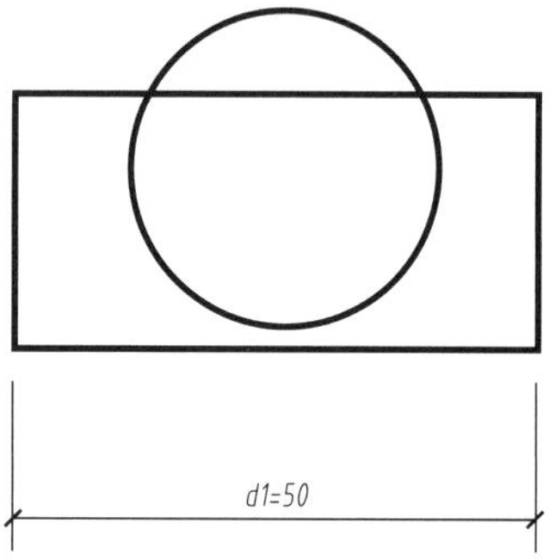

图 4-169　标注长度约束

为了阅读和使用方便，将图 4-169 中的参数名 d1 改为 Length。方法如下：

如图 4-170 所示，单击【参数管理器】按钮，弹出图 4-171 所示的【参数管理器】对话框，双击参数名 d1 并输入 Length 完成修改。

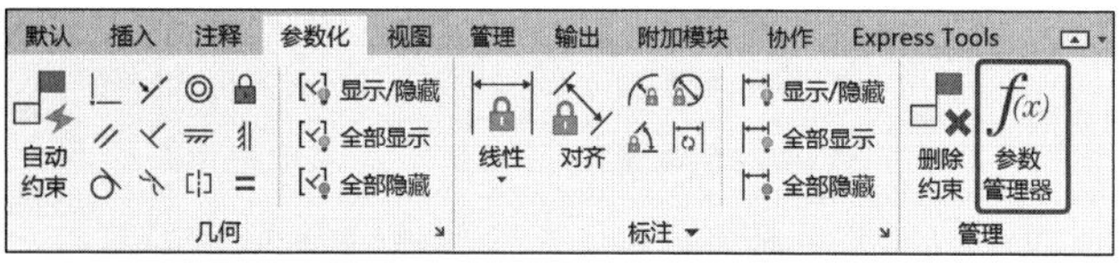

图 4-170　单击【参数管理器】

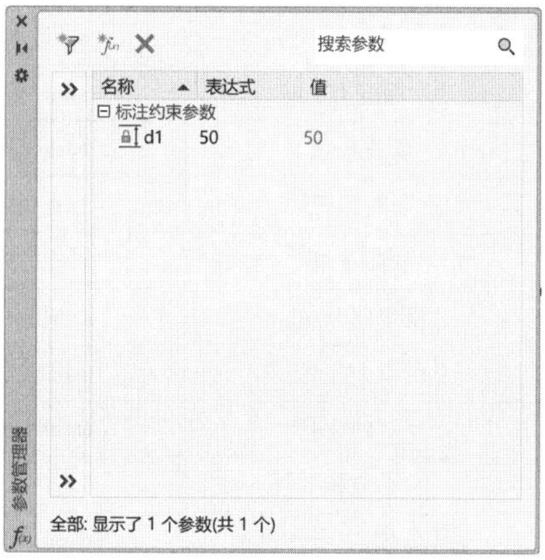

图 4-171　【参数管理器】对话框

步骤 05　标注长方形的宽度尺寸约束并将参数名改为 Width，结果如图 4-172 所示。

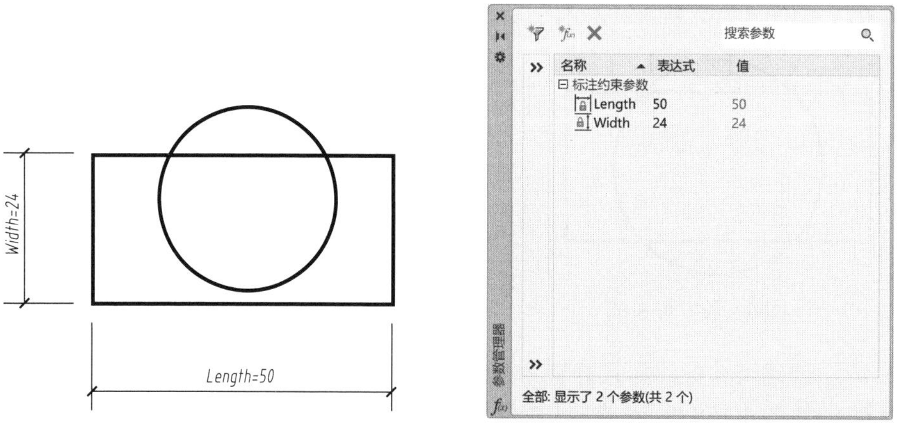

图 4-172　长方形的标注约束

注意：参数名对大小写不敏感。为了方便阅读，建议读者统一参数名的书写风格。

为了保证两个基本图形的中心重合，将约束圆心到长方形两邻边的距离各为长、宽的一半。下面是详细的作图过程。

步骤 06　如图 4-173(a)、(b)所示，选择直线的端点和圆心进行标注约束，结果如图 4-173(c)所示。

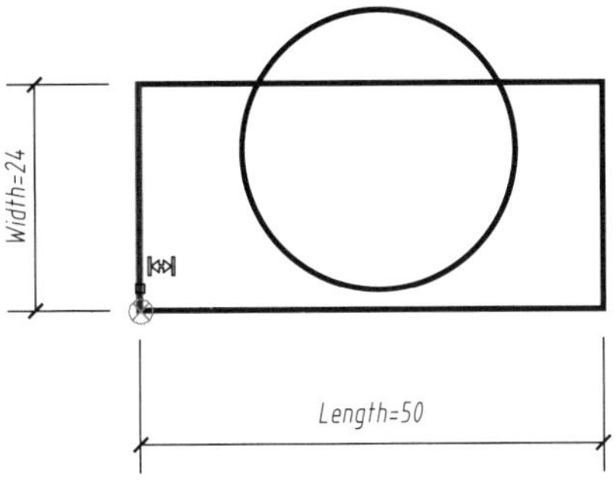

(a) 选择基准点

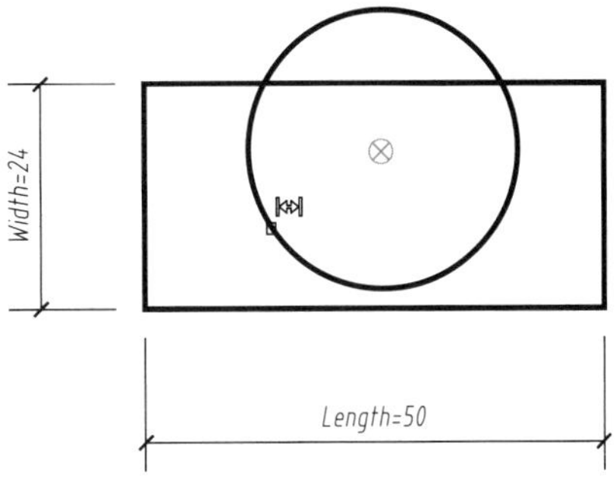

(b) 选择第二个点

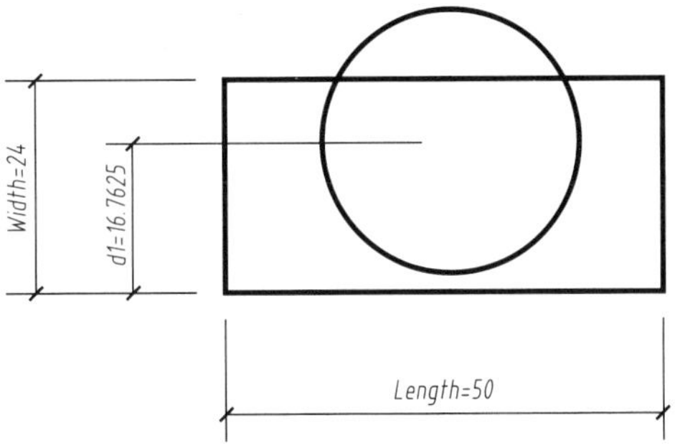

(c) 确定标注位置

图 4-173　标注约束

打开【参数管理器】对话框，双击 d1 的值并将其改为表达式 Width/2. 0，如图 4-174 所示。此时，圆的位置已经发生了变化。

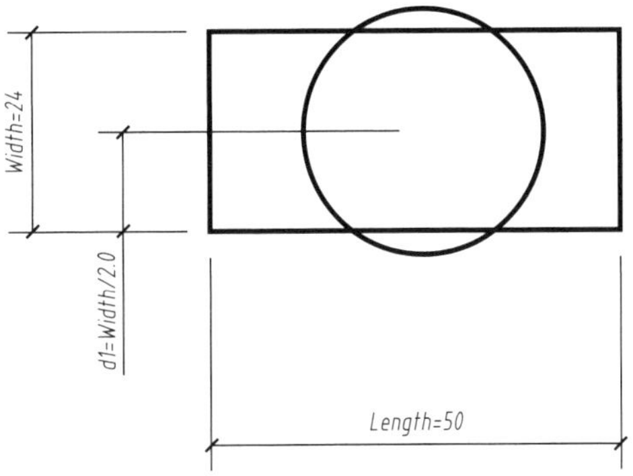

(a)

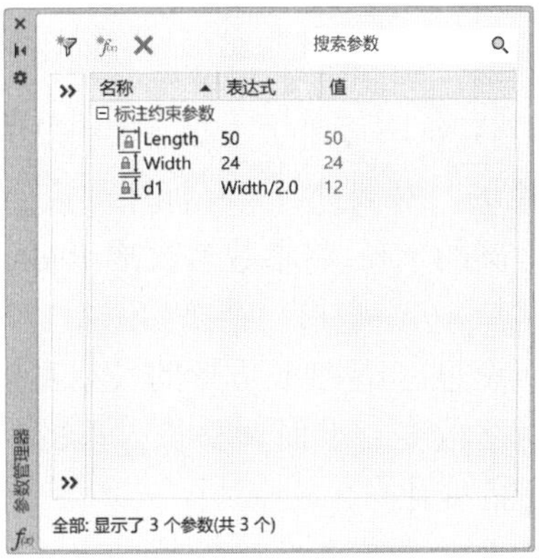

(b)

图 4-174　约束圆的竖向位置

步骤 07　用同样的方法约束圆的左右位置，结果如图 4-175 所示。

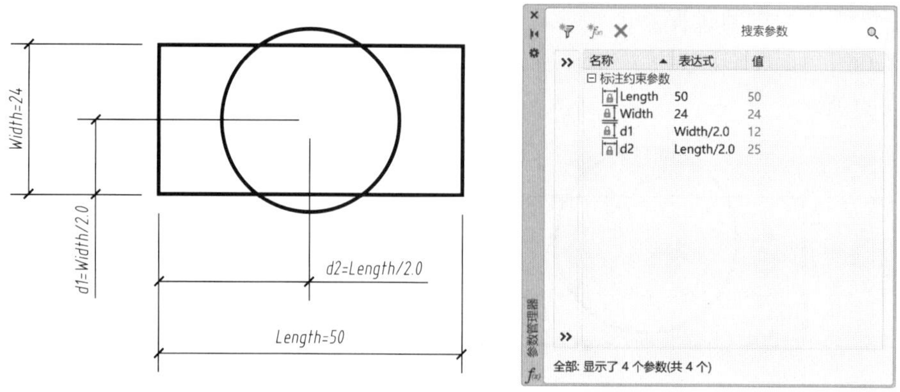

(a)　　　　(b)

图 4-175　约束圆的左右位置

最后,通过表达式完成圆的半径约束,详细过程如下。

步骤 08　创建用户自定义参数来计算圆的面积。

打开【参数管理器】对话框,单击【创建新的用户参数】创建新参数,将参数名改为 Area,参数值改为表达式 Length * Width,如图 4-176 所示。

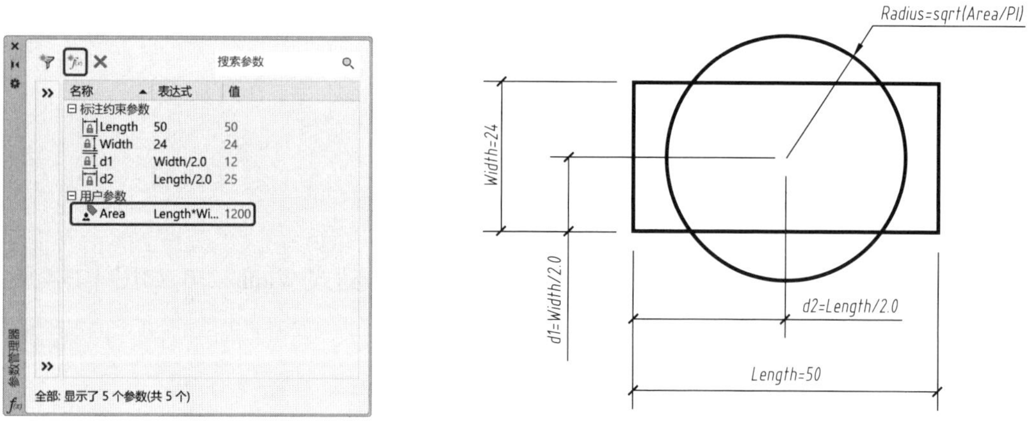

图 4-176　新建自定义参数

步骤 09　对圆进行半径标注约束。

标注圆的半径,将参数名改成 Radius,将参数值改为表达式 sqrt(Area/PI),结果如图 4-177 所示。

按照设想,当改变长方形的长或宽的尺寸时,圆的大小将随之改变。下面调整长方形的长度尺寸,观察二维图形的变化。

步骤 10　双击长方形的长度尺寸数字,在可编辑状态下输入 80,结果如图 4-178 所示。

显然,结果和预期不符。原因是:通过尺寸约束可以驱动图形对象的大小,但是为了整体联动,还需要必要的几何约束。

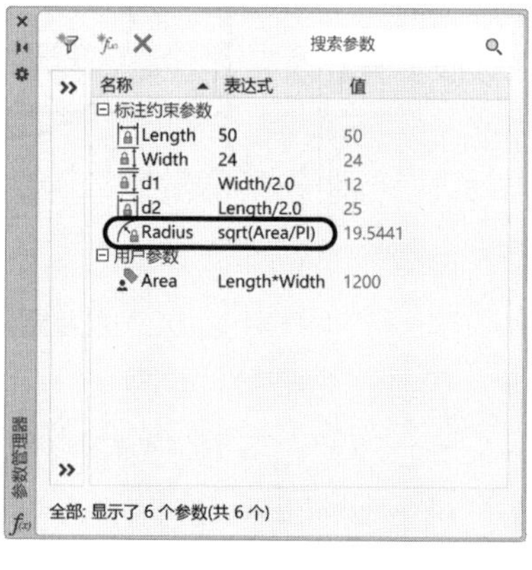

图 4-177　半径标注约束

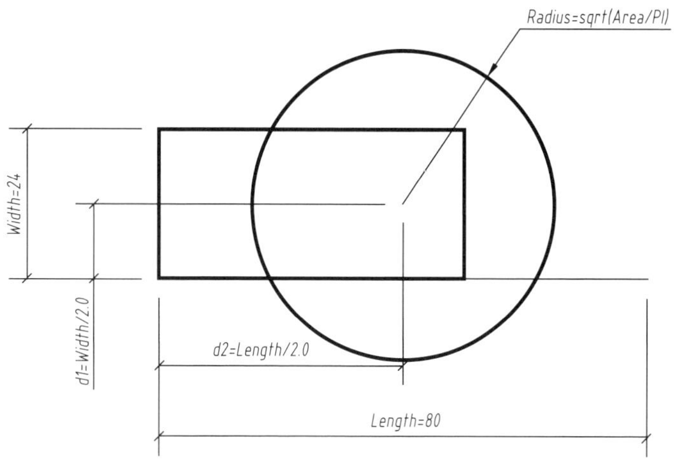

图 4-178　调整长方形的长度尺寸

步骤 11　在长方形的顶点处施加重合约束；

步骤 12　再次调整长方形的长度尺寸，则长方形和圆的面积同时变大，它们之间的相对位置也保持不变，如图 4-179 所示。

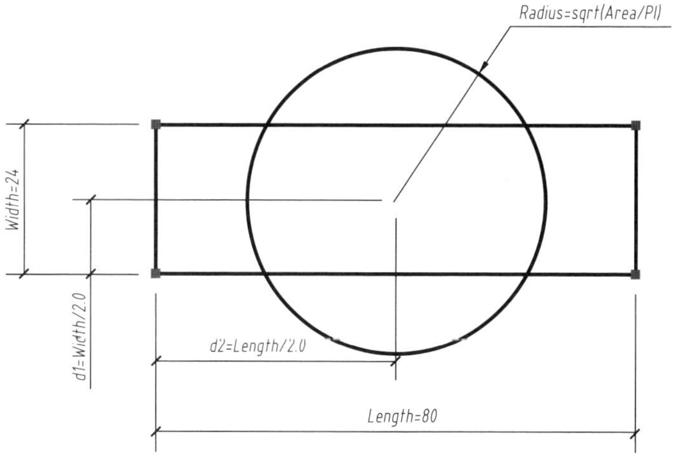

图 4-179　施加重合约束后，再次调整长方形的长度尺寸

为了出图打印，还需做两方面的调整。

步骤 13　如图 4-180 所示，单击【全部隐藏】选项，隐藏所有几何约束图标；然后单击【约束设置】按钮，打开图 4-181 所示的【约束设置】对话框并在下拉列表中选择【值】选项。

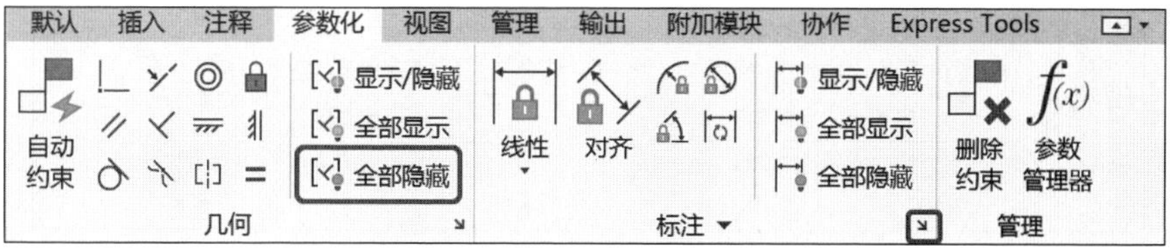

图 4-180　选择【全部隐藏】按钮

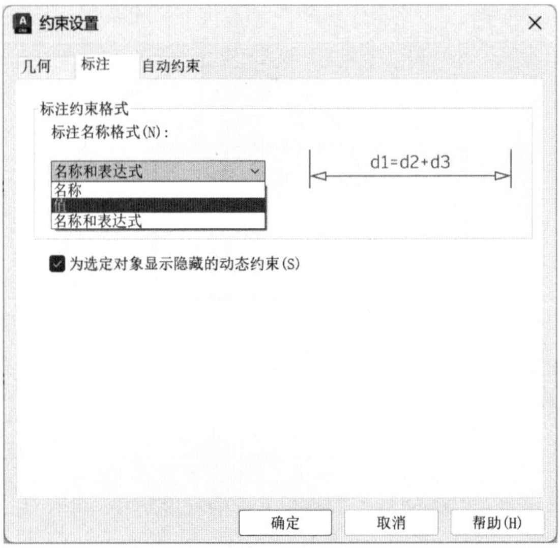

图 4-181 【约束设置】对话框

步骤 14 如果尺寸数字的位置不当,则应通过夹点编辑方式加以调整,结果如图 4-182 所示。

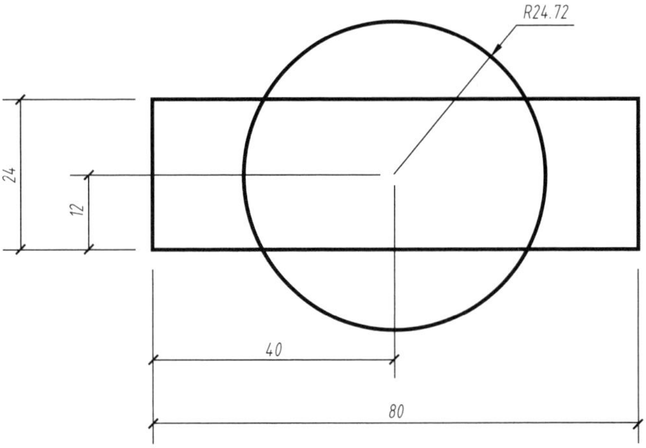

图 4-182 调整后的二维图

注意:如果读者对普通标注的掌握更加熟练,则可先对图形对象进行一般意义上的尺寸标注,然后将其转换为标注约束。用到的命令如图 4-183 所示。

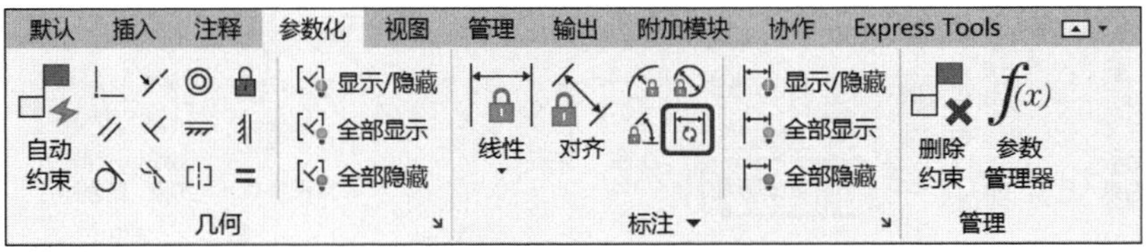

图 4-183 【转换】命令

第5章 三维绘图初步

本章主要讲述 AutoCAD 三维绘图的基础知识，包括基本体的创建和用户坐标系的建立。

为了方便三维建模，一般设置 AutoCAD 的工作空间为【三维建模】。方法如下：

- 状态栏选择【切换工作空间】按钮，如图 5-1 所示；
- 如图 5-2 所示，在弹出的菜单中选择【三维建模】选项；

图 5-1　选择【切换工作空间】按钮

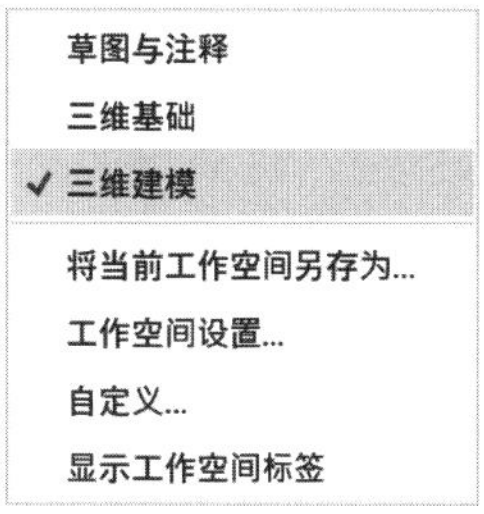

图 5-2　选择【三维建模】选项

设置后的 AutoCAD 工作界面如图 5-3 所示。【三维建模】和【草图与注释】的工作界面类似，主要的不同在于窗口顶部的功能区。

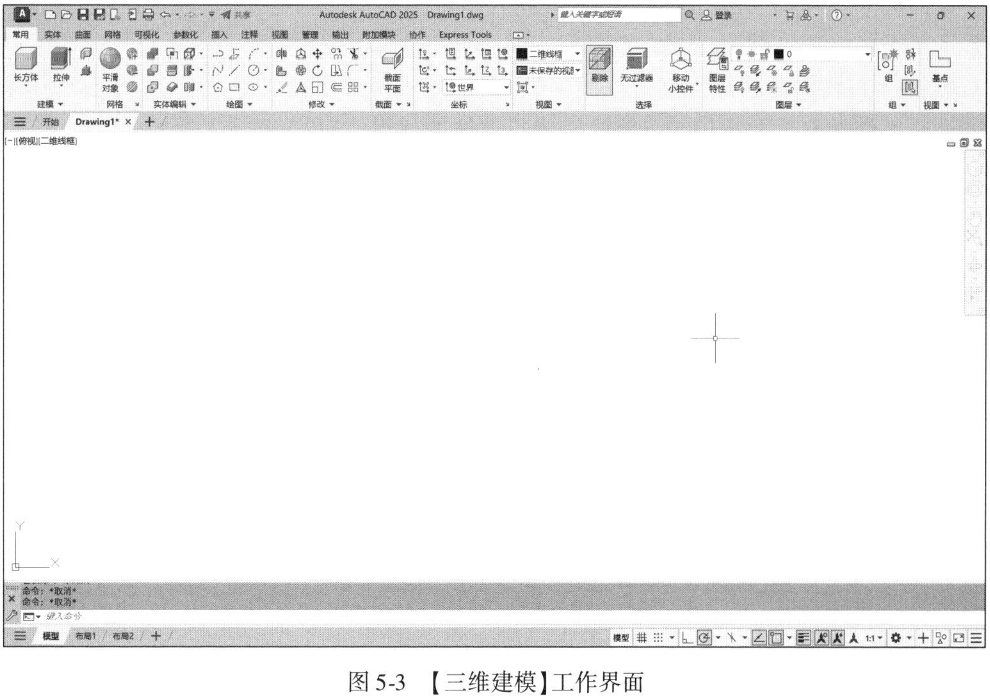

图 5-3　【三维建模】工作界面

5.1 基本体的创建

在工程设计和建模中，常见的是组合体，即由一些基本体按照特定的组合方式组合而成的复杂立体。在进行组合体建模之前，首先要掌握基本体的建模方法。

在 AutoCAD 中，提供了多种预定义的基本体，包括长方体、楔体、棱锥体、圆柱体、圆锥体、球体、圆环体和多段体。

5.1.1 长方体

在 AutoCAD 三维建模中，*XOY* 面是默认的造型基准面。也就是说，当创建长方体或圆柱体时，其底面位于该造型基准面内。

指定长方体的底面，再输入其高度，就能完成长方体的建模。下面是详细的建模过程。

1. 启动建模命令

为了建模长方体，可用下列方法之一执行长方体的建模命令：

- 依次单击【常用】选项卡→【建模】面板→【长方体】按钮，如图 5-4 所示；
- 在命令行输入 Box 并按【Enter】键。

2. 建模过程

命令启动后，请读者按照下列步骤完成任意尺寸长方体的建模：

步骤 01　指定第一个角点或 [中心(C)]：

在绘图区的任意位置单击，输入长方体底面长方形的第一个角点。

步骤 02　用指定其他角点或 [立方体(C)/长度(L)]：

移动鼠标并选择适当的位置再次单击，输入长方体底面长方形的另一个角点。此时屏幕上出现了一个长方形，即为长方体的底面。

步骤 03　用指定高度或 [两点(2P)] ：

输入长方体的高度并按【Enter】键，完成长方体的建模，结果如图 5-5 所示。

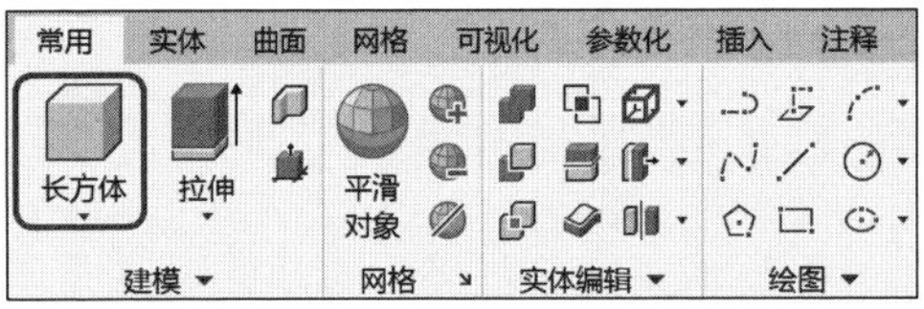

图 5-4　选择【长方体】按钮

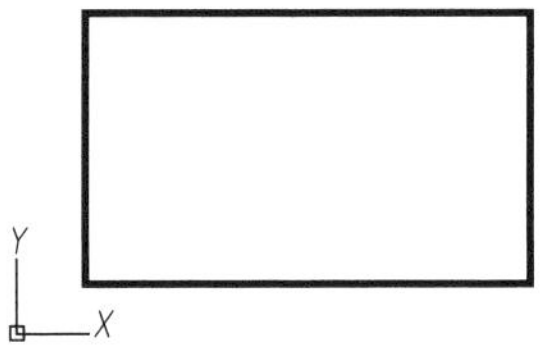

图 5-5　长方体

由于单击的位置不同，创建的长方体大小也就不同。关于如何创建确定大小的长方体，后面会有详细讨论。

读者可能有疑问：创建的长方体怎么成了长方形？其实，当观察者位于长方体的正上方向下看时，只能看到长方体的顶面(长方形)。所以为了得到立体效果，需要调整观察者的位置，这就是视点的调整。

3. 调整视点

在三维坐标系中，坐标轴的方向这样判断：伸出右手，让四指沿着从 *X* 到 *Y* 的方向旋转并握手,则竖起的大拇指指向 Z 轴正方向。

在默认情况下,长方体底面位于 XOY 平面内,高度沿着 Z 轴方向。当前坐标系中,Z 轴正方向垂直于屏幕并指向用户。所以,当沿着 Z 轴向其负方向观察长方体时,得到的结果就如图 5-5 所示。

为了得到立体效果,可保持长方体的位置不动,通过改变观察者的观察角度获得想要的效果。在 AutoCAD 中,这种操作被称为视点的调整。

如图 5-6 所示,在功能区选择【常用】选项卡,再选择【视图】面板中【三维导航】下拉列表中的【西南等轴测】选项。此时,长方体如图 5-7 所示。

按照“上为北”来看,Y 轴负方向指向“南”,X 轴负方向指向“西”,则【西南等轴测】是指观察者位于立体的西南方位并沿着和 XOY 平面有一定倾角的方向去观察。此时,观察者能看到长方体的三个表面,立体效果非常明显。

图 5-6　选择【西南等轴测】

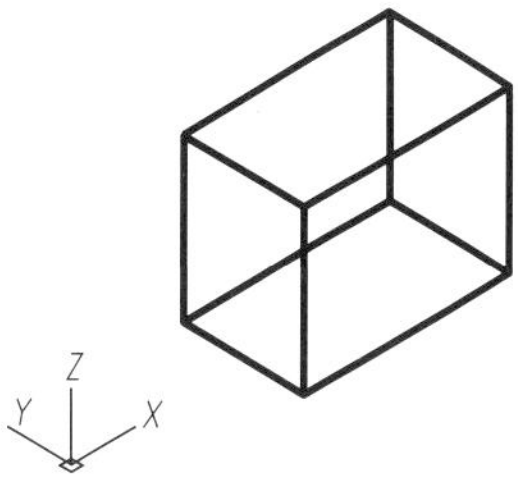

图 5-7　具有立体感的长方体

4. 视觉样式

图 5-7 中的长方体显示清晰,富有立体感。如果用来显示基本体,这种视觉样式在观感上还算不错。但是,当组合体较为复杂时,线框视觉样式下的图线数量多,图线交错、混乱,不易阅读。不但如此,在建模过程中,还会严重影响建模效率。为此,AutoCAD 提供了多种不同的视觉样式供用户选择,其中包括二维线框、概念、隐藏、真实、着色、灰度和勾画等。

如图 5-8 所示,在功能区选择【常用】选项卡,再分别选择【视图】面板中【视觉样式】下拉列表中的【概念】、【隐藏】和【勾画】选项。此时,长方体的视觉效果分别如图 5-9(a)、(b)、(c)所示。其中,图 5-9(a)隐藏了不可见的轮廓线并对立体进行填充,这种显示效果更接近于现实世界中的长方体,所以在建模中也更为常用。

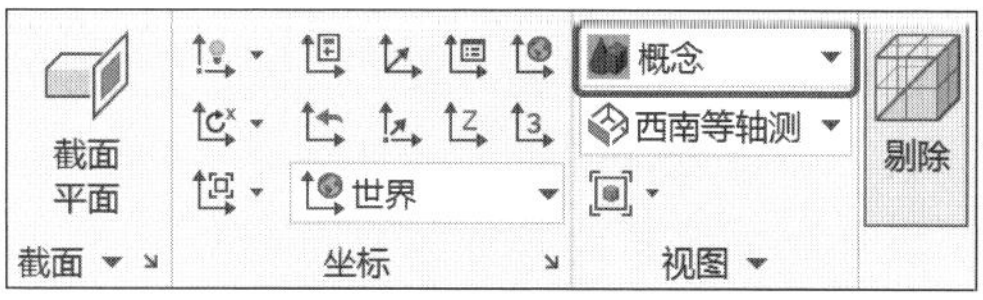

图 5-8　选择【视觉样式】

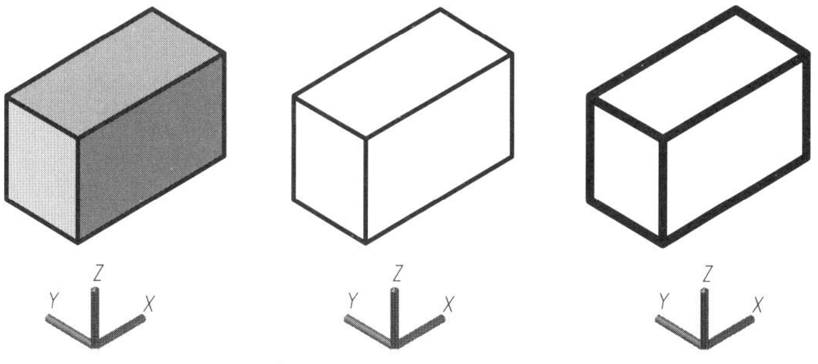

(a)【概念】　(b)【隐藏】　(c)【勾画】

图 5-9　长方体的各种视觉样式

5. **动态观察**

在三维建模中,经常需要从任意角度实时观察模型创建是否正确。为此,AutoCAD 提供了【动态观察】命令。如图 5-10 所示,该命令位于绘图区右侧的导航栏上。

下面是利用【动态观察】命令对物体进行任意角度观察的步骤:

- 单击图 5-10 所示导航栏上的【动态观察】按钮;
- 将光标移到长方体上,单击并移动,如图 5-11 所示。

除此之外,还有一种执行【动态观察】更快捷的方法:首先按【Shift】键,然后按鼠标中键并移动。请读者自行尝试。

图 5-10 选择【动态观察】

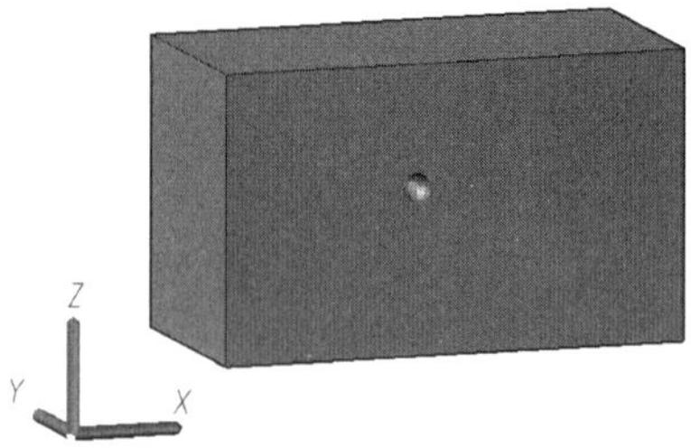

图 5-11 旋转后的长方体

对长方体进行任意角度的旋转后,如果想让其复位,请将视图调整为【俯视】,同时将视觉样式切换为【二维线框】并缩小图形,这时长方体又变成如图 5-5 所示的情况。

在以上操作中,长方体的形状和实际大小从未发生变化,我们所做的仅仅是改变了观察角度和视觉样式,让虚拟的立体更接近现实。由于这种操作在三维建模中具有普遍性,所以请读者多加练习。

6. **绘制确定大小的长方体**

在前述例子中,长方体的大小任意,这在工程上不具有特定意义。工程设计中的组合体或基本体都有确定尺寸,所以,按照设计尺寸进行建模才具有普遍意义。

【例题 1】创建图 5-12 所示的长方体并选择合适的视图和视觉样式。

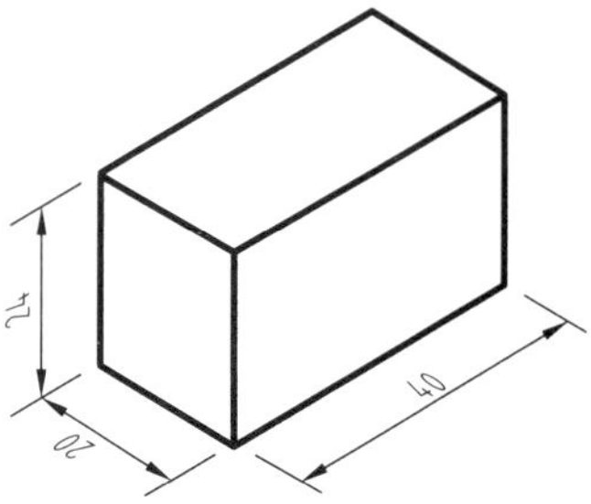

图 5-12 长方体建模

【绘图步骤】

步骤 01 用下列方法之一执行【长方体】命令:

- 依次单击【常用】选项卡→【建模】面板→【长方体】按钮,如图 5-4 所示;
- 在命令行输入 Box 并按【Enter】键。

步骤 02 指定第一个角点或 [中心(C)]:

这里需指定长方体底面长方形的一个角点。因为题目并未要求长方体的空间位置,所以请读者在绘图区的任意位置单击。

由于 AutoCAD 三维建模中的造型基准面是 *XOY*,因此,当在绘图区任意位置单击时,单击输入的点就在 *XOY* 面内。

步骤 03　指定其他角点或 [立方体(C)/长度(L)]:

在此提示下,输入 L 并按【Enter】键,系统会引导用户输入长、宽、高并完成长方体的绘制。

为了建模方便,统一规定:立体的长、宽、高分别对应 X、Y、Z 方向。为此,请打开状态栏上的【正交】按钮。

步骤 04　指定长度:

移动鼠标给出方向,然后输入 40 并按【Enter】键。

注意:长、宽、高的值可正可负。如果输入正值,则沿着鼠标所指的方向生成;如果输入负值,则沿鼠标所指的反向生成。

步骤 05　指定宽度:

移动鼠标给出方向,输入 20 并按【Enter】键。

步骤 06　指定高度或 [两点(2P)]:

移动鼠标给出方向,输入 24 并按【Enter】键。

到此为止,已经完成了长方体的绘制。如果没有其他操作的话,此时绘图区的长方体看起来还是长方形。

为了使长方体有立体感,接着应该选择合适的视图和视觉样式。

步骤 07　依次选择【常用】选项卡→【视图】面板中→【视觉样式】下拉列表中的【概念】选项。

步骤 08　依次选择【常用】选项卡→【视图】面板中→【三维导航】下拉列表中的【西南等轴测】选项。

完成上述步骤,长方体如图 5-13 所示。

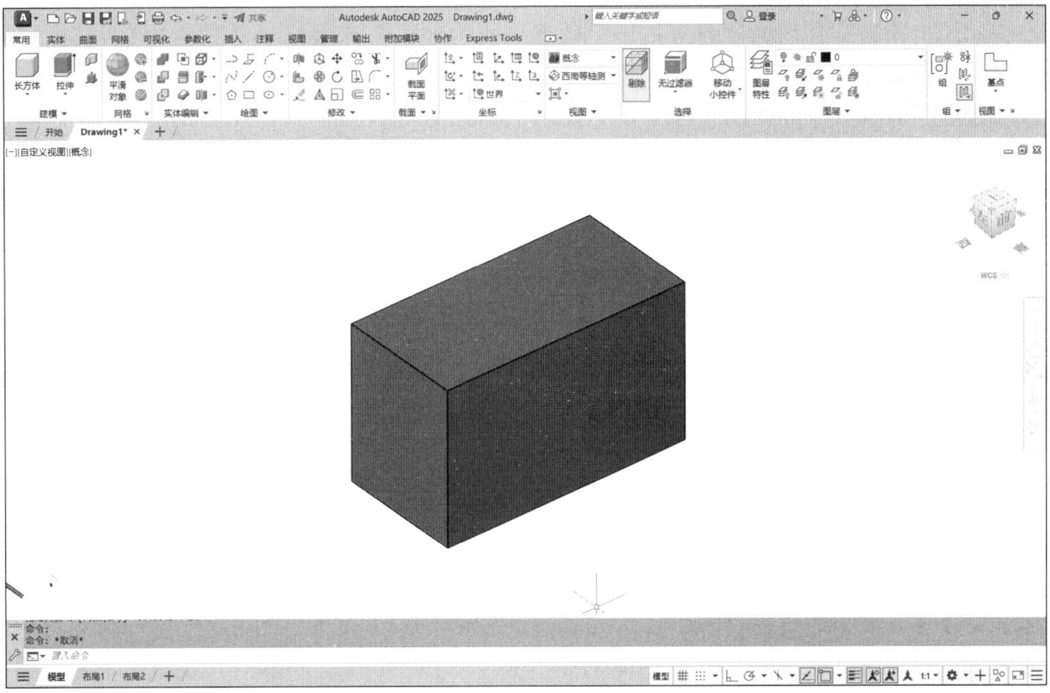

图 5-13　长方体

5.1.2 楔体

楔体其实就是三棱柱。楔体的绘制过程和长方体一样,输入长、宽、高三个方向的尺寸即可。需要读者注意的是,楔体的斜面具有方向性,其倾斜方向指向 *X* 轴正向。

【例题 2】创建图 5-14 所示的楔体并选择合适的视图和视觉样式。

【绘图步骤】

步骤 01　用下列方法之一执行【楔体】命令:

- 依次单击【常用】选项卡→【建模】面板→【楔体】按钮,如图 5-15 所示;
- 在命令行输入 Wedge 并按【Enter】键。

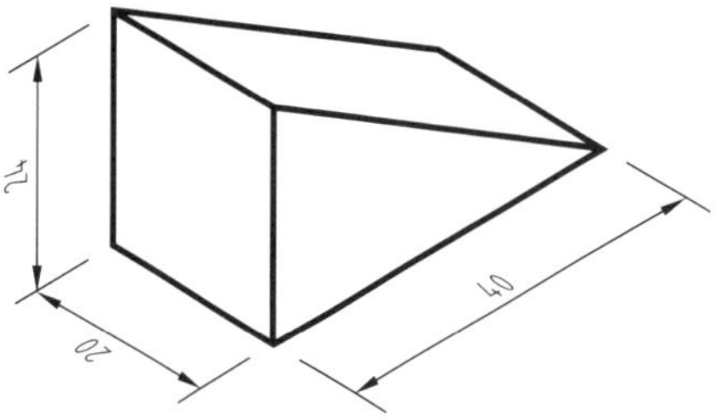

图 5-14　楔体

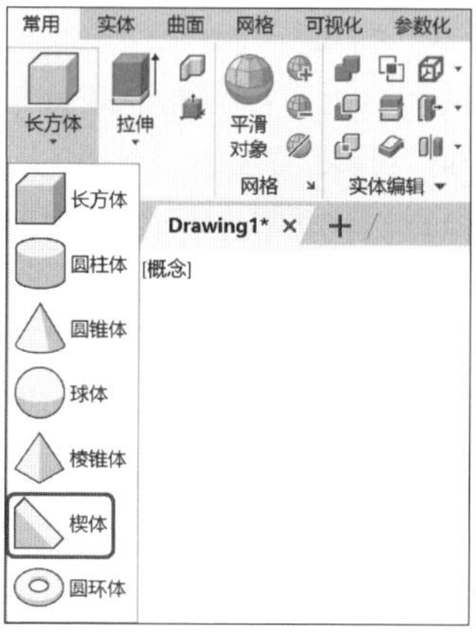

图 5-15　选择【楔体】选项

步骤 02　指定第一个角点或 [中心(C)]:

提示用户指定楔体底面长方形的一个角点。因为题目并未要求楔体的空间位置,所以在绘图区任意位置单击即可。

步骤 03　指定其他角点或 [立方体(C)/长度(L)]:

在此提示下,输入 L 并按【Enter】键,同时请打开状态栏上的【正交】按钮。

步骤 04　指定长度:

步骤 05　指定宽度:

步骤 06　指定高度或 [两点(2P)]:

在上述每个提示下,先移动鼠标给定方向,然后分别输入 40,20,24 并按【Enter】键完成楔体建模。

如果视图处于二维状态,此时的楔体看起来还是长方形。可通过下面的步骤选择合适的视图和视觉样式,使楔体更具立体感。

步骤 07　依次选择【常用】选项卡→【视图】面板中→【视觉样式】下拉列表中的【概念】选项。

步骤 08　依次选择【常用】选项卡→【视图】面板中→【三维导航】下拉列表中的【西南等轴测】选项。

完成上述步骤,楔体如图 5-16 所示。

注意:在 AutoCAD 中,如果先选择合适的视图和视觉样式,则后续建模过程更加动态、直观。请读者将上例中的步骤 07 和 08 调换至步骤 01 之前,再次创建楔体模型并观察。

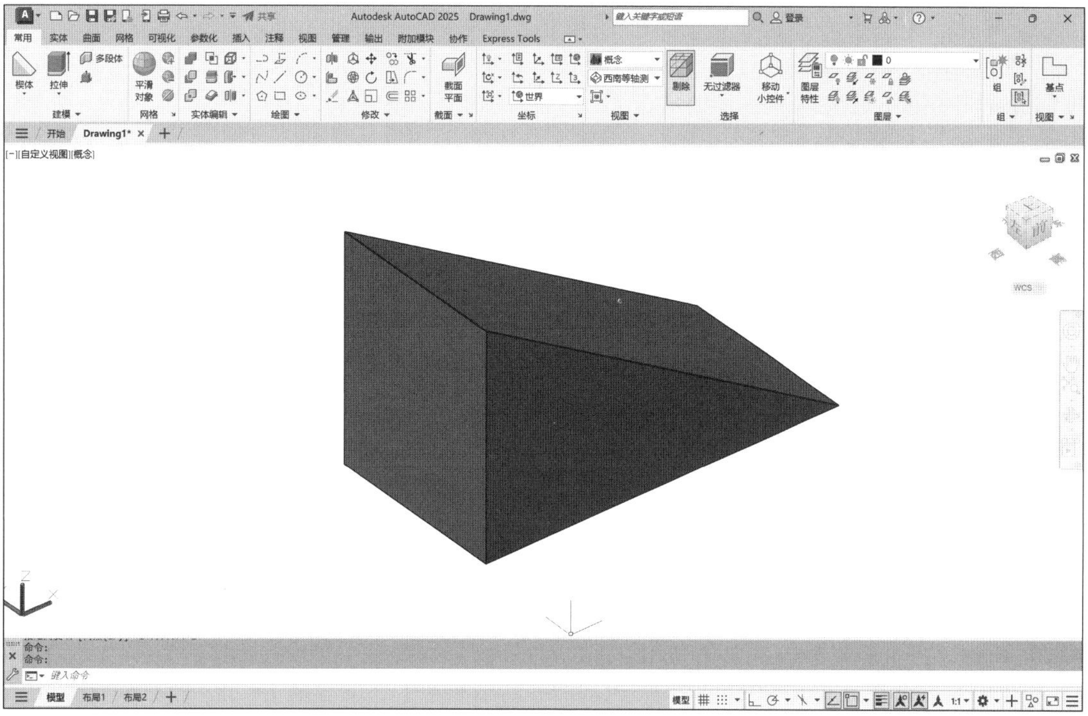

图 5-16　楔体

5.1.3　棱锥体

在 AutoCAD 中，预定义的【棱锥体】命令用于创建棱锥或棱台，其中棱锥或棱台的棱面数介于 3 ~ 32 之间。

【例题 3】创建图 5-17 所示的正四棱锥，使其底面一边平行于 X 轴。

【绘图步骤】

步骤 01　用下列方法之一执行【棱锥体】命令：

- 依次单击【常用】选项卡→【建模】面板→【棱锥体】按钮，如图 5-18 所示；
- 在命令行输入 Pyramid 并按【Enter】键。

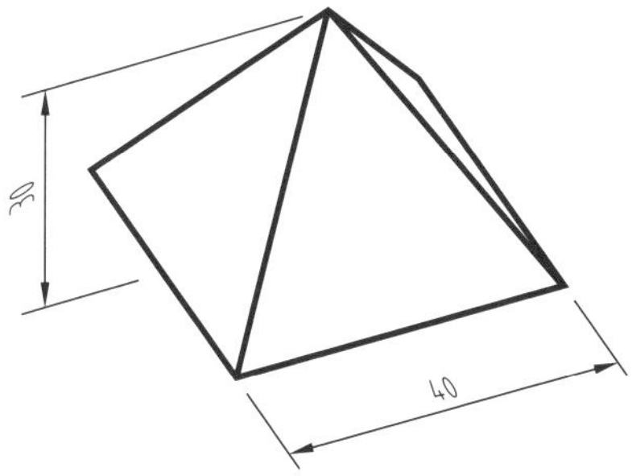

图 5-17　正四棱锥

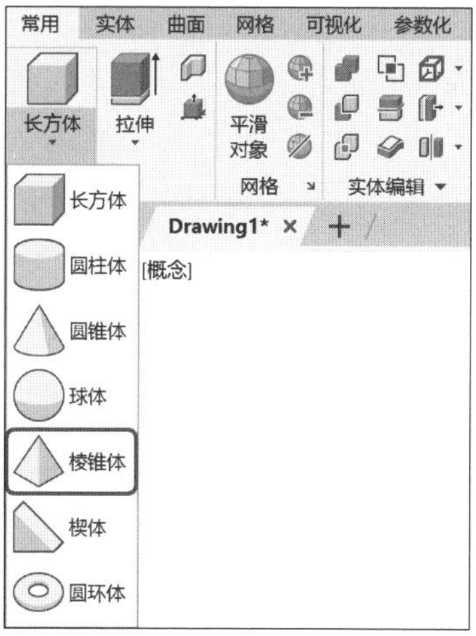

图 5-18　选择【棱锥体】选项

步骤 02　指定底面的中心点或 [边(E)/侧面(S)]：

创建棱锥体之前，应先检查棱锥体的棱面个数是否符合要求。所以，在此提示下输入 S 并按【Enter】键，则系统出现下一步提示。

步骤 03　输入侧面数 <3>：

要创建的是正四棱锥，所以应输入 4 并按【Enter】键。

步骤 04　指定底面的中心点或 [边(E)/侧面(S)]：

题目已知正四棱锥底边的长。为了方便建模，输入 E 并按【Enter】键。为了确保底边沿 X 轴方向生成，应打开状态栏的【正交】按钮。

步骤 05　指定边的第一个端点：

在绘图区选择适当的位置单击，输入第一个端点的坐标。

步骤 06　指定边的第二个端点：

移动鼠标给出方向，然后输入 40 并按【Enter】键。

步骤 07　指定高度或 [两点(2P)/轴端点(A)/顶面半径(T)]：

输入高度 30 并按【Enter】键，完成正四棱锥的建模。

步骤 08　依次选择【常用】选项卡→【视图】面板中→【视觉样式】下拉列表中的【概念】选项。

步骤 09　依次选择【常用】选项卡→【视图】面板中→【三维导航】下拉列表中的【西南等轴测】选项。

完成以上步骤，正四棱锥如图 5-19 所示。由于观察角度的原因，正四棱锥的前后棱线位置重合，立体感较差。为此，请读者先按【Shift】键，然后按鼠标中键并移动，进一步观察棱锥的空间效果。

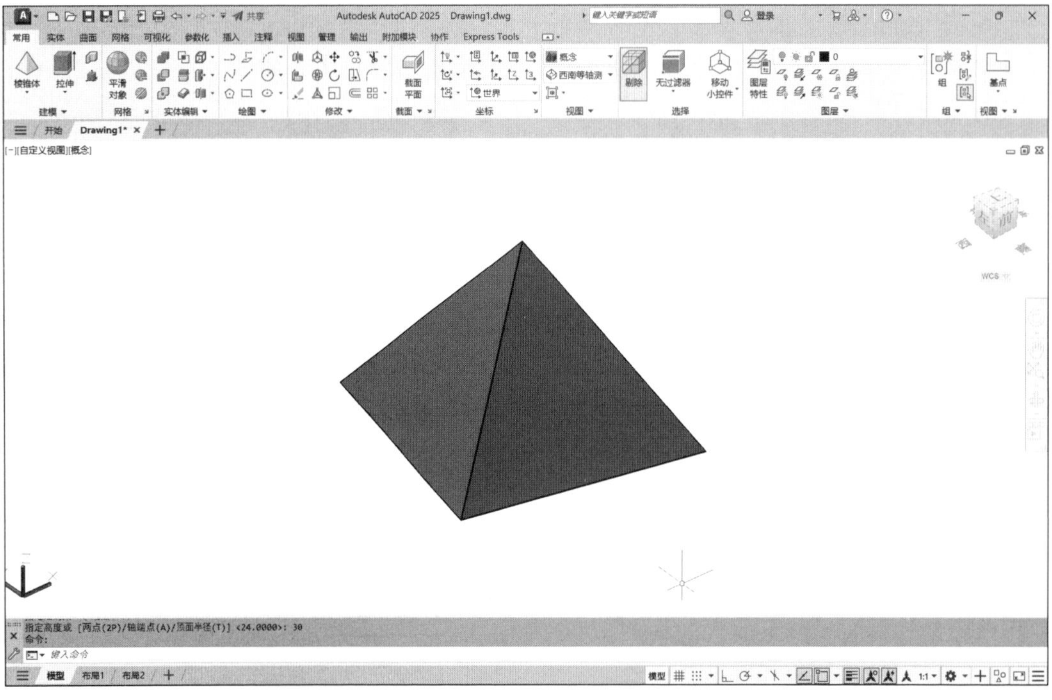

图 5-19　正四棱锥

除了通过创建底边完成棱锥的建模外,系统还提供了通过输入底面外接或内切圆半径的方式来创建棱锥,此处不再赘述。读者在建模过程中应综合考虑已知条件,选取最有利于建模的方法。

5.1.4　圆柱体

AutoCAD 中的【圆柱体】命令可用于圆柱体和底面为椭圆的柱体的建模。

【例题 4】绘制图 5-20 所示的圆柱体,并选择合适的系统变量值使其平滑着色。

【绘图步骤】

步骤 01　用下列方法之一执行【圆柱体】命令:

- 依次单击【常用】选项卡→【建模】面板→【圆柱体】按钮,如图 5-21 所示;
- 在命令行输入 Cylinder,并按【Enter】键。

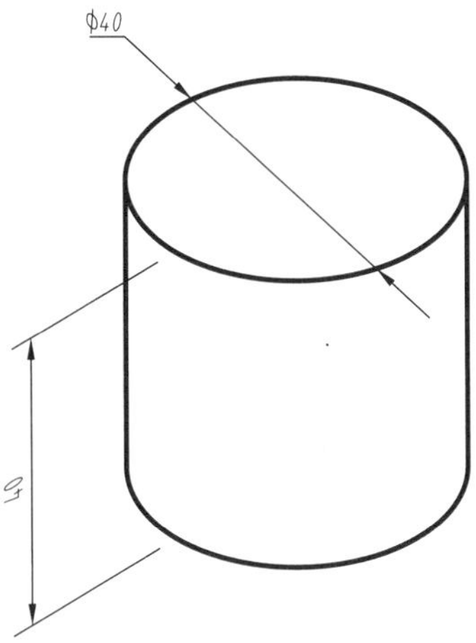

图 5-20　圆柱体

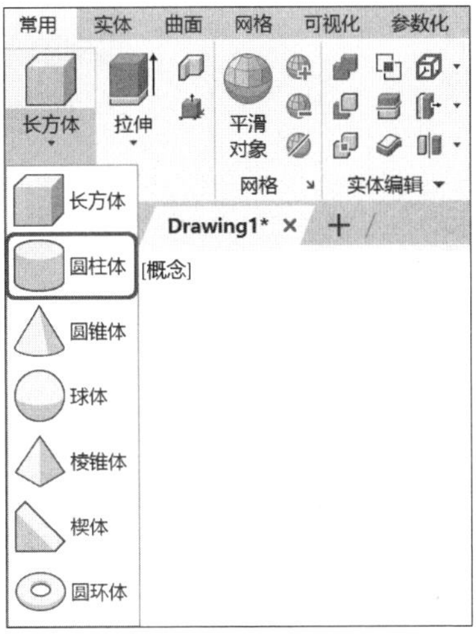

图 5-21　选择【圆柱体】选项

步骤 02　指定底面的中心点或 [三点(3P)/两点(2P)/切点、切点、半径(T)/椭圆(E)]:

该提示和绘制二维圆时的命令提示几乎一样,目的是使用户在确定圆柱底面圆时更加方便。在没有要求圆柱体空间位置的情况下,选取任意位置单击,输入底面圆的圆心坐标。

注意:如果要创建底面为椭圆的柱体,此时应选择输入 E 并按【Enter】键。

步骤 03　指定底面半径或 [直径(D)]:

输入半径 20 并按【Enter】键。

步骤 04　指定高度或 [两点(2P)/轴端点(A)]:

输入圆柱体的高度 40 并按【Enter】键,完成圆柱体的绘制。

步骤 05　依次选择【常用】选项卡→【视图】面板中→【视觉样式】下拉列表中的【概念】选项。

步骤 06　依次选择【常用】选项卡→【视图】面板中→【三维导航】下拉列表中的【西南等轴测】选项。

完成的圆柱体如图 5-22 所示。

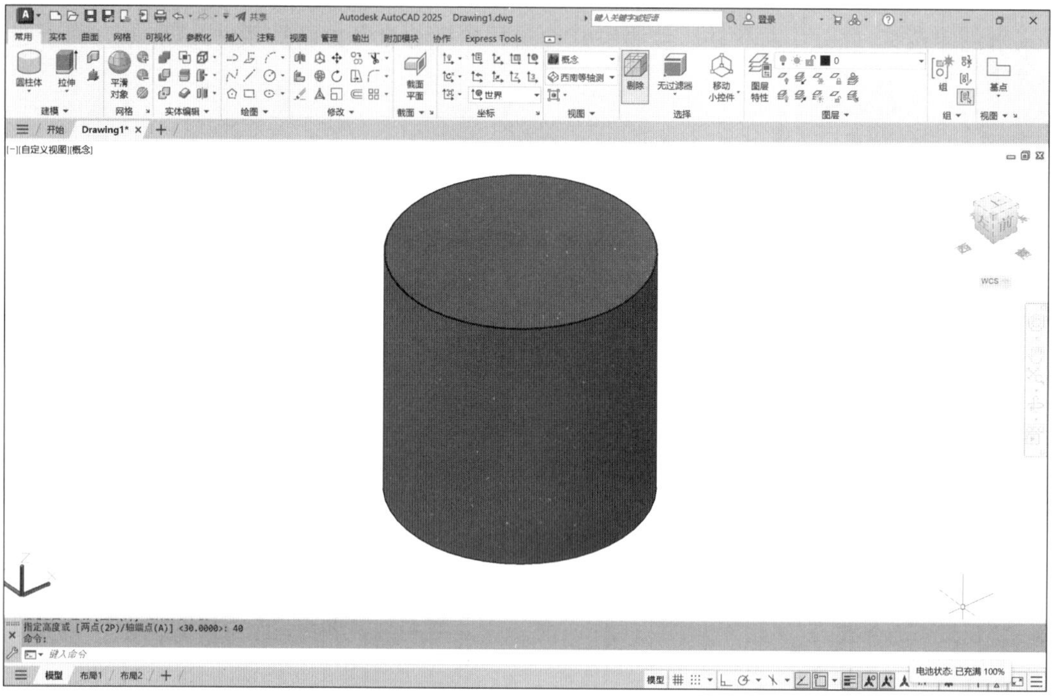

图 5-22 圆柱体

经过以上步骤,圆柱体已经平滑着色,满足题目要求。

如果在建模中出现了显示问题,还请读者注意以下两个系统变量:

- ISOLINES 控制曲面立体的表面线框密度,在视觉样式为线框时才能观察到显示效果的改变。图 5-23 为 ISOLINES 的值不同时立体的显示效果:

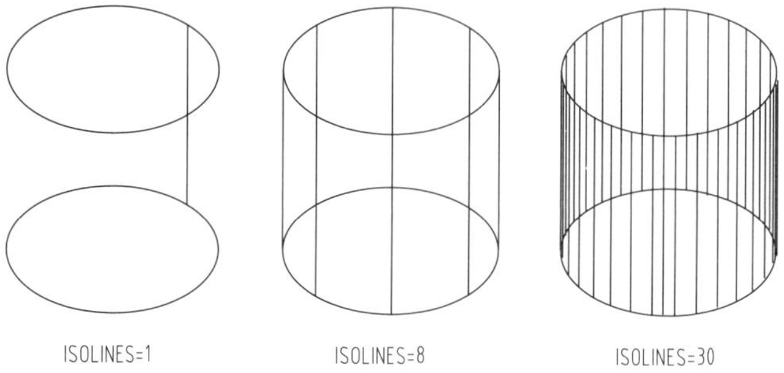

图 5-23 圆柱体的线框模型

当需要调整曲面立体表面的线框密度时,在命令行输入 ISOLINES 并按【Enter】键,再次输入新的变量值并按【Enter】键,但此时的线框密度并未立即改变。为了观察改变后的效果,还需在命令行输入 Regen 并按【Enter】键。

ISOLINES 系统变量的有效取值范围为:0 ~ 2 047。

- FACETRES 调整着色和渲染对象的平滑度,在视觉样式为概念、着色等时可观察到效果改变。图 5-24 为 FACETRES 取值不同时立体的显示效果:

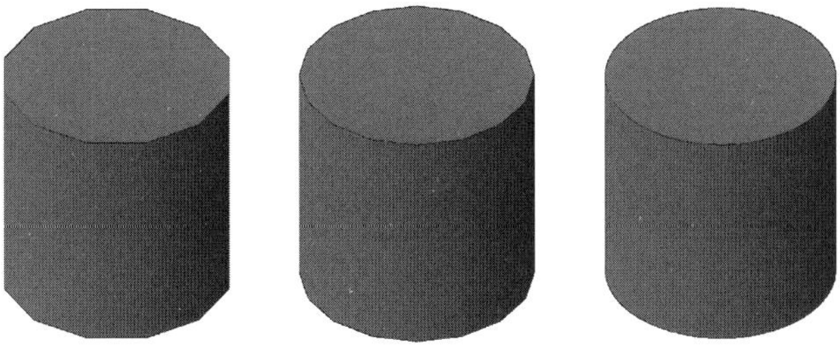

（a）FACETRES=0.01　　（b）FACETRES=0.1　　（c）FACETRES=8

图 5-24　圆柱体的着色模型

如果要调整立体的显示平滑度，在命令行输入 FACETRES 并按【Enter】键，再次输入新的变量值并按【Enter】键即可。

FACETRES 系统变量的有效取值范围为 0.01～10。

5.1.5　圆锥体

【圆锥体】命令用于创建底面为圆或椭圆的锥体、台体。

【例题 5】创建图 5-25 所示的圆锥体。

【绘图步骤】

步骤 01　用下列方法之一执行【圆锥体】命令：

- 依次单击【常用】选项卡→【建模】面板→【圆锥体】按钮，如图 5-26 所示；
- 在命令行输入 Cone，并按【Enter】键。

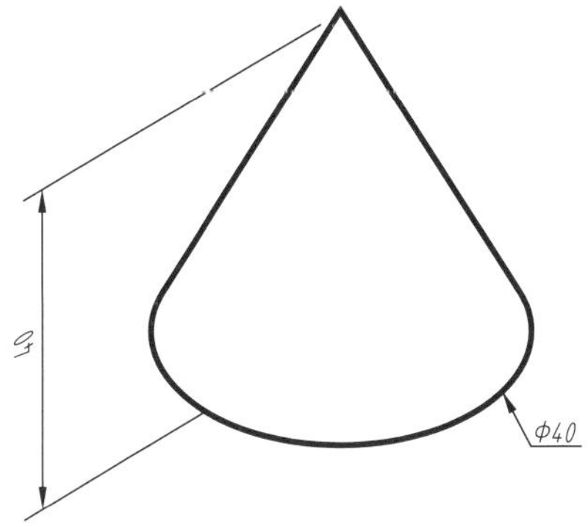

图 5-25　圆锥体

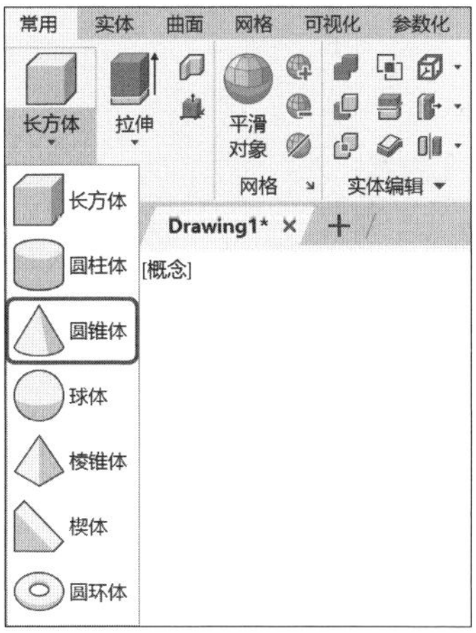

图 5-26　选择【圆锥体】选项

步骤 02　指定底面的中心点或 [三点(3P)/两点(2P)/切点、切点、半径(T)/椭圆(E)]：

选取任意位置单击，输入底面圆的圆心坐标。

步骤 03　指定底面半径或 [直径(D)]：

输入半径 20 并按【Enter】键。

步骤 04　指定高度或 [两点(2P)/轴端点(A)]：

输入圆锥体的高度 40 并按【Enter】键，完成圆锥体的绘制。

步骤 05　依次选择【常用】选项卡→【视图】面板中→【视觉样式】下拉列表中的【概念】

选项。

步骤 06　依次选择【常用】选项卡→【视图】面板中→【三维导航】下拉列表中的【西南等轴测】选项。

完成的圆锥体如图 5-27 所示。

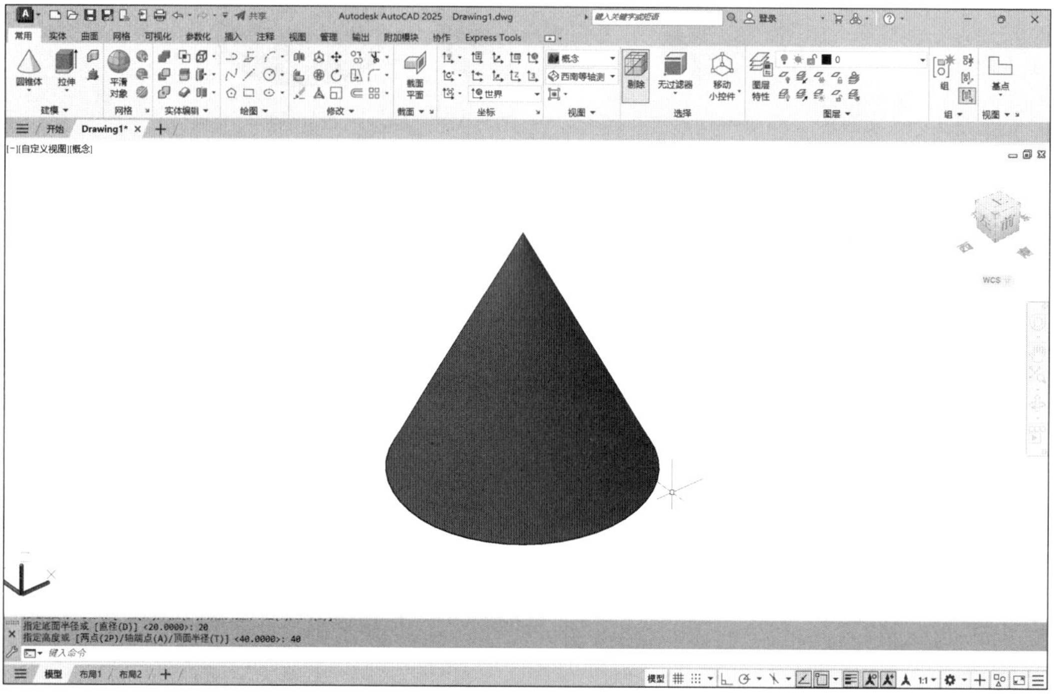

图 5-27　圆锥体模型

5.1.6　球体

球体的创建非常简单，只需输入球体中心的坐标和球半径。

【例题 6】创建半径为 20、位置任意的球体。

【绘图步骤】

步骤 01　用下列方法之一执行【球体】命令：

- 依次单击【常用】选项卡→【建模】面板→【球体】选项，如图 5-28 所示；
- 在命令行输入 Sphere 并按【Enter】键。

步骤 02　指定中心点或［三点(3P)/两点(2P)/切点、切点、半径(T)］：

选取任意位置单击，输入球体的中心坐标。

步骤 03　指定半径或［直径(D)］：

输入半径 20 并按【Enter】键。

步骤 04　依次选择【常用】选项卡→【视图】面板中→【视觉样式】下拉列表中的【二维线框】选项。

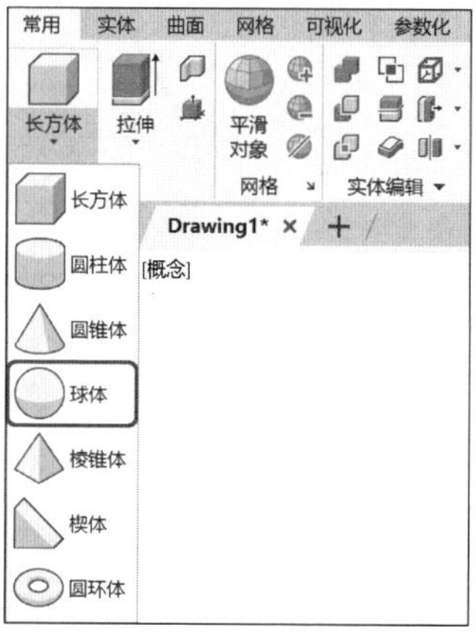

图 5-28　选择【球体】选项

步骤 05　依次选择【常用】选项卡→【视图】面板中→【三维导航】下拉列表中的【西南等

轴测】选项。

完成的球体如图 5-29 所示。

图 5-29　球体模型

5.1.7　圆环体

圆环体需要三个建模参数:环体中心坐标、环体半径和圆管半径。

【例题 7】创建空间位置任意、环体半径为 40、圆管半径为 20 的圆环体。

【绘图步骤】

步骤 01　用下列方法之一执行【圆环体】命令:

- 依次单击【常用】选项卡→【建模】面板→【圆环体】选项,如图 5-30 所示;
- 在命令行输入 Torus 并按【Enter】键。

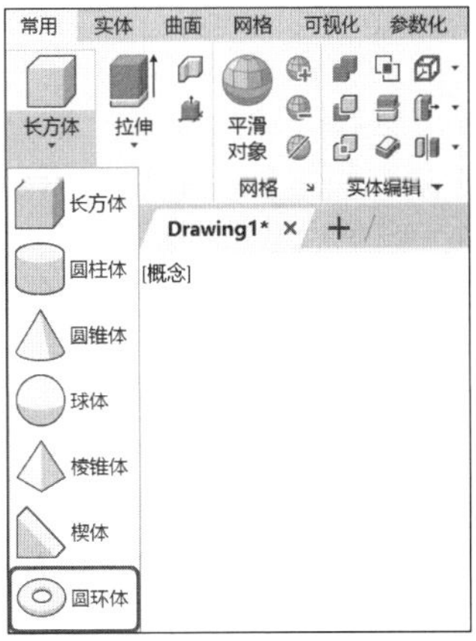

图 5-30　选择【圆环体】选项

步骤 02　指定中心点或 [三点(3P)/两点(2P)/切点、切点、半径(T)]:

选取任意位置单击,输入圆环体的中心坐标。

步骤 03　指定半径或 [直径(D)]:

输入圆环体半径 40 并按【Enter】键。

步骤 04　指定圆管半径或 [两点(2P)/直径(D)]:

输入圆管半径 20 并按【Enter】键。

步骤 05　依次选择【常用】选项卡→【视图】面板→【视觉样式】下拉列表中的【概念】选项。

步骤 06　依次选择【常用】选项卡→【视图】面板→【三维导航】下拉列表中的【西南等轴

测】选项。

完成的圆环体如图 5-31 所示。

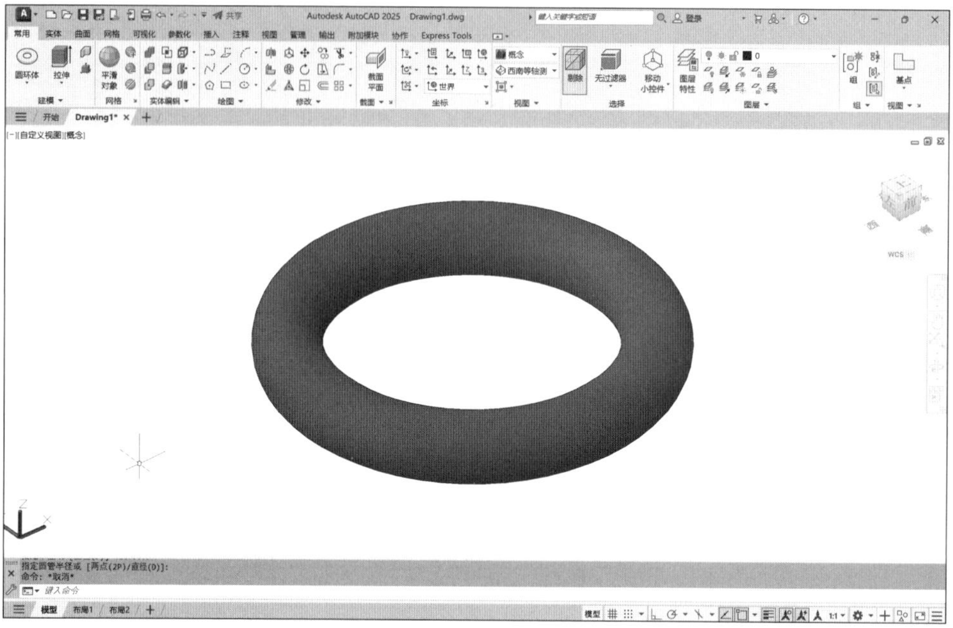

图 5-31 圆环体模型

5.2 用户坐标系的建立

三维建模时,常用三维直角坐标系确定空间几何元素的位置。当用户将【视图】调整为【西南等轴测】时,原坐标系图标变为三维直角坐标系图标,如图 5-32 所示,该坐标系又称通用坐标系或世界坐标系。

如果建模过程中始终保持该坐标系的位置和方向不变,则对后续建模不利,甚至造成效率低下和建模困难。为此,AutoCAD 允许用户随时创建位置和方向可任意指定的用户坐标系,从而方便模型创建。

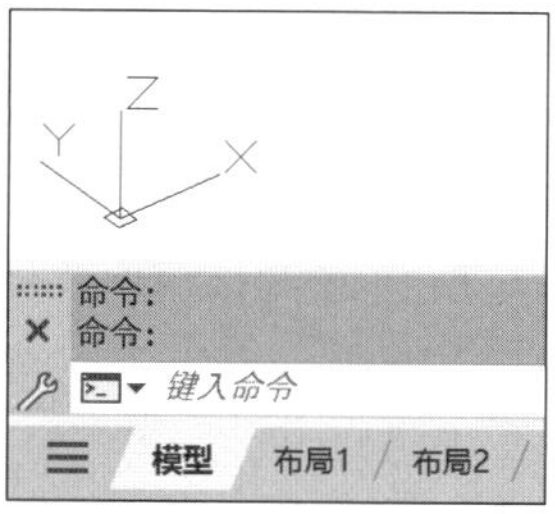

图 5-32 世界坐标系

在默认状态下,AutoCAD 中的【动态 UCS】命令处于运行状态,当创建用户坐标系时,系统会自动捕捉立体表面并对齐。为了避免造成操作上的困扰,在创建用户坐标系之前,请关闭【动态 UCS】命令,做法如下:

- 单击状态栏中的【自定义】按钮,如图 5-33(a)所示;
- 在弹出的菜单中选择【动态 UCS】,也就是在该选项前面打上对勾,如图 5-33(b)所示,使【动态 UCS】按钮在状态栏中得以显示;
- 单击状态栏中的【动态 UCS】按钮,如图 5-33(c)所示,使该按钮处于灰显状态。

完成上述操作后,【动态 UCS】命令处于关闭状态。

下面是创建用户坐标系时常用的一些操作方法。

（a）选择状态栏【自定义】菜单　（b）选择【动态UCS】选项　（c）选择【动态UCS】按钮

图 5-33　选择【动态 UCS】

1. 保持原坐标系的方向不变，在新的位置创建用户坐标系

【例题 1】在图 5-34 的长方体左、前、上顶点处创建用户坐标系，使其和通用坐标系坐标轴的方向一致。

【操作步骤】

步骤 01　用下列方法之一执行用户坐标系的创建命令：

- 依次单击【常用】选项卡→【坐标】面板→【原点】按钮，如图 5-35 所示；
- 在命令行输入 UCS 并按【Enter】键。

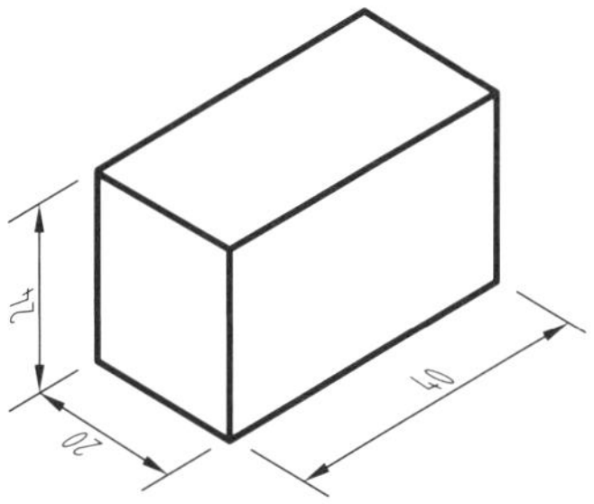

图 5-34　长方体模型

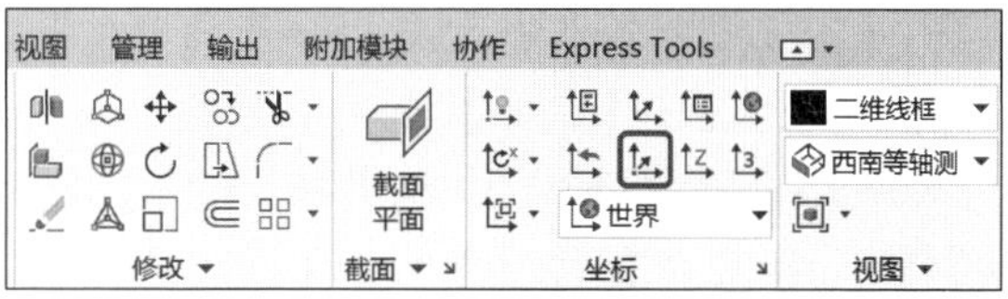

图 5-35　选择【原点】选项

步骤 02　指定 UCS 的原点或 [面(F)/命名(NA)/对象(OB)/上一个(P)/视图(V)/世界(W)/X/Y/Z/Z 轴(ZA)] <世界>：

打开状态栏的【对象捕捉】按钮，用光标捕捉长方体左、前、上顶点。

步骤 03　指定 X 轴上的点或 <接受>：

在该提示下直接按【Enter】键，表示接受已经输入的坐标位置，完成用户坐标系的建立。结果如图 5-36 所示。

如果要在图 5-34 所示长方体的正前方 20 处创建和通用坐标系坐标轴方向一致的用户坐标系，则做法如下：

- 先将坐标系移至长方体左上角的顶点处；
- 再次移动坐标系，当命令行提示输入新原点坐标时，输入(20，-20，-12)并按【Enter】键两次，结果如图 5-37 所示。

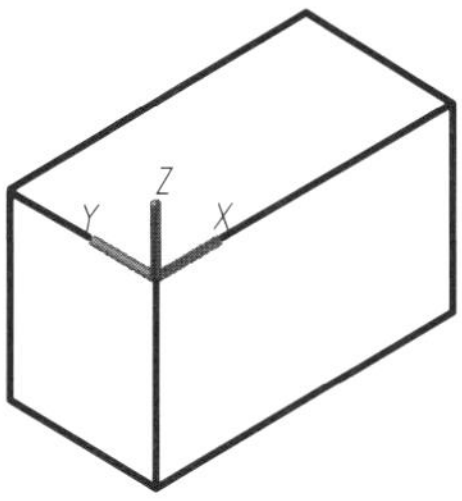

图 5-36　在顶点处创建用户坐标系

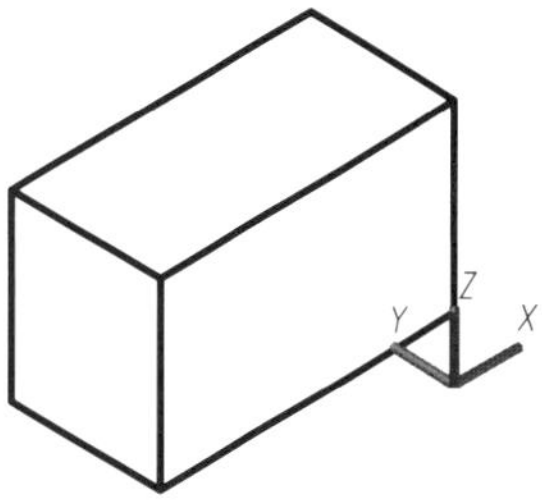

图 5-37　在正前方 20 处创建用户坐标系

2. **在新的位置创建用户坐标系并调整坐标轴的方向**

【例题2】在图5-34所示长方体前表面中心位置创建X轴向右、Y轴向上、Z轴指向用户的用户坐标系。

【操作步骤】

为了便于理解和操作,将创建过程进行分解:首先将坐标系移至长方体前、上棱线的中点;再将坐标系移至长方体前表面的中心位置;最后将坐标系绕X轴旋转90°。

步骤01　在命令行输入UCS并按【Enter】键。

步骤02　指定 UCS 的原点或 [面(F)/命名(NA)/对象(OB)/上一个(P)/视图(V)/世界(W)/X/Y/Z/Z 轴(ZA)] <世界>:

打开状态栏的【对象捕捉】按钮,用光标捕捉长方体前、上棱线的中点。

步骤03　指定 X 轴上的点或 <接受>:

在该提示下直接按【Enter】键。

步骤04　在命令行输入UCS并按【Enter】键。

步骤05　指定 UCS 的原点或 [面(F)/命名(NA)/对象(OB)/上一个(P)/视图(V)/世界(W)/X/Y/Z/Z 轴(ZA)] <世界>:

输入坐标(0,0,-12)并按【Enter】键,使坐标系显示在前表面中心点。

步骤06　指定 X 轴上的点或 <接受>:

在该提示下直接按【Enter】键。

步骤07　在命令行输入UCS,并按【Enter】键。

步骤08　指定 UCS 的原点或 [面(F)/命名(NA)/对象(OB)/上一个(P)/视图(V)/世界(W)/X/Y/Z/Z 轴(ZA)] <世界>:

输入X并按【Enter】键。

这样做的目的是让坐标系绕X轴进行旋转。坐标系的旋转规则:大拇指指向旋转轴正方向,握手时,其他四指的旋转方向就是坐标系的旋转正方向。如果此时将坐标系绕X轴旋转90°,则位置刚好符合要求。

步骤09　指定绕 X 轴的旋转角度:

输入90并按【Enter】键,完成坐标系的旋转,结果如图5-38所示。

3. **在斜面上创建新的用户坐标系**

要基于斜面进行建模时,在斜面上创建用户坐标系将便于模型的创建和对齐操作。

下面是两种在斜面上创建用户坐标系的方法:

【例题3】在图5-39所示楔体的斜面上创建用户坐标系。

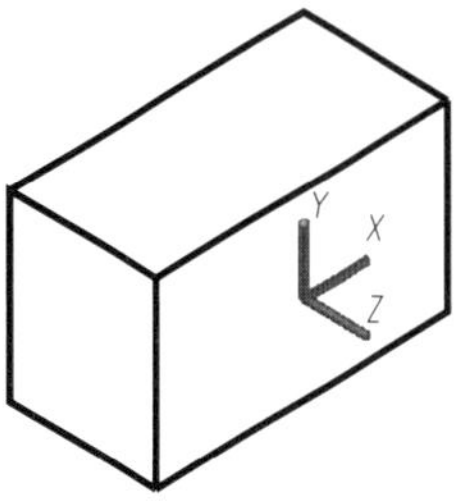

图5-38　在正前表面内创建用户坐标系

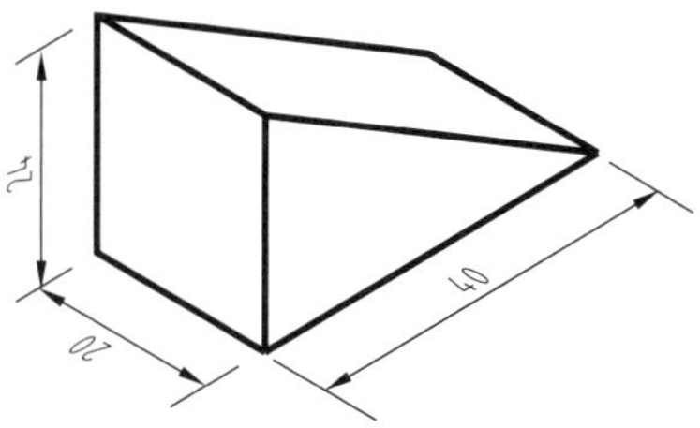

图5-39　在斜面上创建用户坐标系

【操作步骤】

步骤 01　在命令行输入 UCS 并按【Enter】键。

步骤 02　指定 UCS 的原点或 [面(F)/命名(NA)/对象(OB)/上一个(P)/视图(V)/世界(W)/X/Y/Z/Z 轴(ZA)] <世界>:

打开状态栏的【对象捕捉】按钮,捕捉图 5-40(a)中的点 1 作为用户坐标系的原点。

步骤 03　指定 X 轴上的点或 <接受>:

捕捉图 5-40(a)中的点 2 作为 *X* 轴正向上的点。

步骤 04　指定 XY 平面上的点或 <接受>:

捕捉图 5-40(a)中的点 3 作为 *Y* 轴正向上的点,新的用户坐标系如图 5-40(b)所示。

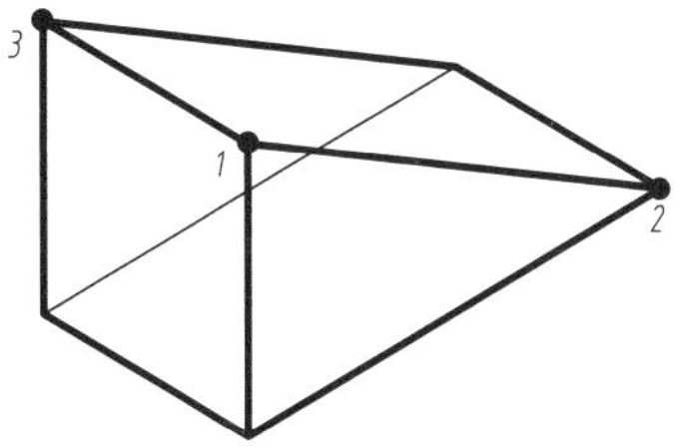

(a) 顶点编号

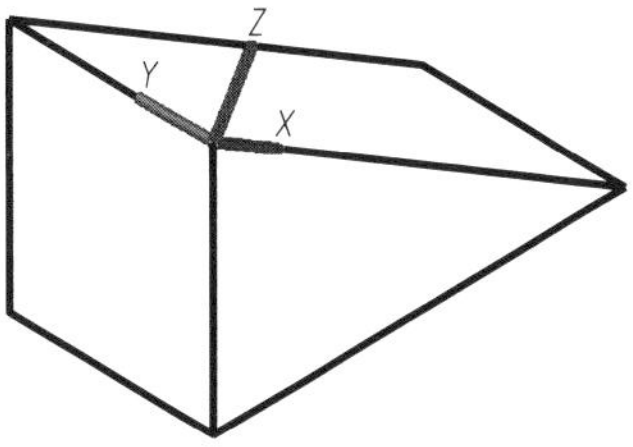

(b) 在斜面上创建用户坐标系

图 5-40　斜面上创建用户坐标系

除了上面的常规做法,还有一种更加快捷的方式,就是利用【动态 UCS】创建用户坐标系,做法如下:

- 单击状态栏中的【动态 UCS】按钮,如图 5-33(c)所示,使该按钮处于亮显状态;
- 在命令行输入 UCS 并按【Enter】键;
- 将光标移至斜面上,当斜面如图 5-41 所示高亮显示时,捕捉端点并按【Enter】键即可。

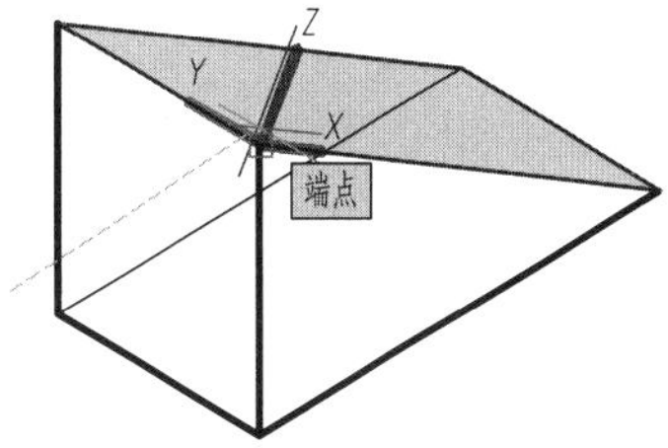

图 5-41　利用【动态 UCS】创建用户坐标系

第6章

组合体建模

组合体建模中，除了需要熟练掌握基本体的创建方法外，还要读者掌握布尔运算、实体编辑和其他三维操作。

6.1 布尔运算

布尔运算包括【并集】、【差集】和【交集】。其中：

- 【并集】可以将两个或多个三维实体合并为一个三维实体；
- 【差集】通过从一个立体中减去另一个立体来创建新的三维实体；
- 【交集】保留两个或两个以上现有三维实体的公共部分创建三维实体。

下面是组合体建模的一个实例，请读者在建模过程中体会布尔运算的操作方法和运算结果。

【例题 1】请试着创建图 6-1 所示的组合体。

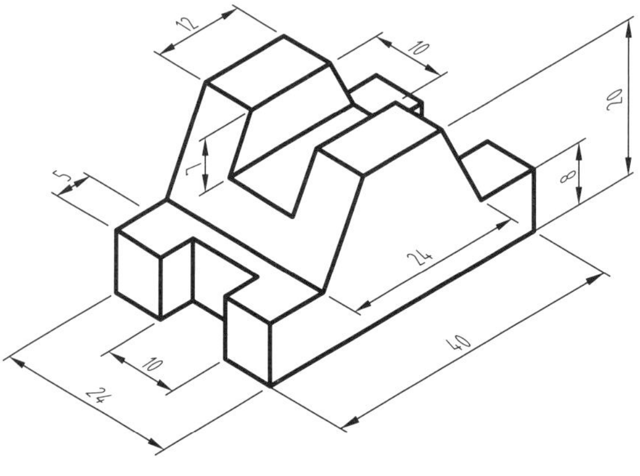

图 6-1　组合体

【绘图步骤】

组合体由基本体按照一定的组合方式组合而成。所以，在组合体建模前，首先要对其进行形体分析，也就是将组合体分解为若干个简单的基本体。

观察图 6-1 的组合体，可将其分解为上、下两部分。下部分可再次分为图 6-2(a)所示的三个长方体；上部分可分为图 6-2(b)所示的若干长方体和楔体。

在三维建模中，依据形体分析的结果，逐步创建基本体 1 ~ 7，同时结合布尔运算并加以组合,则组合体得以构建,下面是具体步骤。

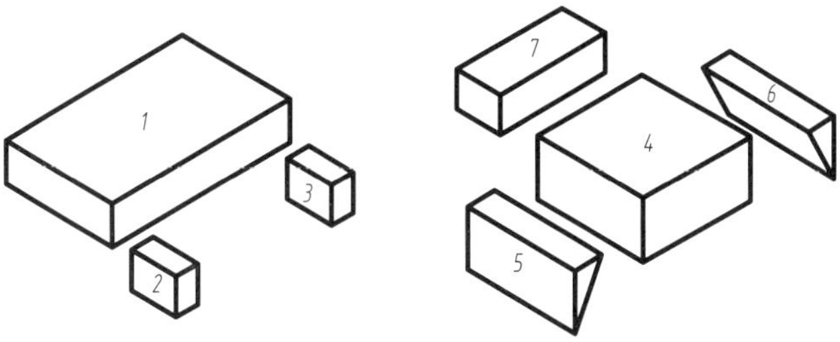

（a）下部结构　　（b）上部结构

图6-2 组合体的形体分析

1. 绘制1号长方体、设置视点、选择合适的视觉样式

步骤01 在命令行输入Box并按【Enter】键。

步骤02 指定第一个角点或 [中心(C)]:

题目并未要求组合体的空间位置,所以在绘图区的任意位置单击,输入底面长方形的一个角点。

步骤03 指定其他角点或 [立方体(C)/长度(L)]:

打开状态栏中的【正交】按钮,输入L并按【Enter】键。

步骤04 指定长度:

移动鼠标指定方向,输入40并按【Enter】键。

步骤05 指定宽度:

移动鼠标指定方向,输入24并按【Enter】键。

步骤06 指定高度或 [两点(2P)]:

移动鼠标指定方向,输入8并按【Enter】键,完成长方体的绘制。

步骤07 依次选择【常用】选项卡→【视图】面板中→【视觉样式】下拉列表中的【概念】选项。

步骤08 依次选择【常用】选项卡→【视图】面板中→【三维导航】下拉列表中的【西南等轴测】选项。

注意:在组合体建模中,在完成第一个基本体的创建后,要及时调整视点和视觉样式,以方便后面模型的创建和观察。

2. 创建用户坐标系

为了方便建模,在2号长方体的顶点处(指的是在组合体中的位置)创建用户坐标系。

步骤09 在命令行输入UCS并按【Enter】键。

步骤10 指定 UCS 的原点或 [面(F)/命名(NA)/对象(OB)/上一个(P)/视图(V)/世界(W)/X/Y/Z/Z 轴(ZA)] <世界>:

状态栏中,关闭【动态UCS】按钮、打开【对象捕捉】按钮,然后用光标捕捉1号长方体左、前、上顶点。

步骤11 指定 X 轴上的点或 <接受>:

在该提示下直接按【Enter】键。此时坐标系图标如图6-3所示。

下面将继续移动并创建新的用户坐标系,使坐标系图标位于2号长方体的顶点处。

步骤 12　在命令行输入 UCS，并按【Enter】键。

步骤 13　指定 UCS 的原点或 [面(F)/命名(NA)/对象(OB)/上一个(P)/视图(V)/世界(W)/X/Y/Z/Z 轴(ZA)] <世界>：

输入坐标(0,7,0)并按【Enter】键。也就是让坐标系沿着 *Y* 轴正向移动 7。

步骤 14　指定 X 轴上的点或 <接受>：

按【Enter】键，此时坐标系图标如图 6-4 所示。

3. 绘制 2、3 号长方体

步骤 15　在当前用户坐标系中创建 2 号长方体。

此时绘制 2 号长方体，其第一个角点的坐标为(0,0,0)。当系统提示输入长、宽、高尺寸时，在确保【正交】打开的状态下，首先用鼠标指定要生成的方向，然后输入对应数值并按【Enter】键。具体过程不再赘述。

步骤 16　通过复制生成 3 号长方体。

将 2 号长方体进行复制，得到 3 号长方体，结果如图 6-5 所示。

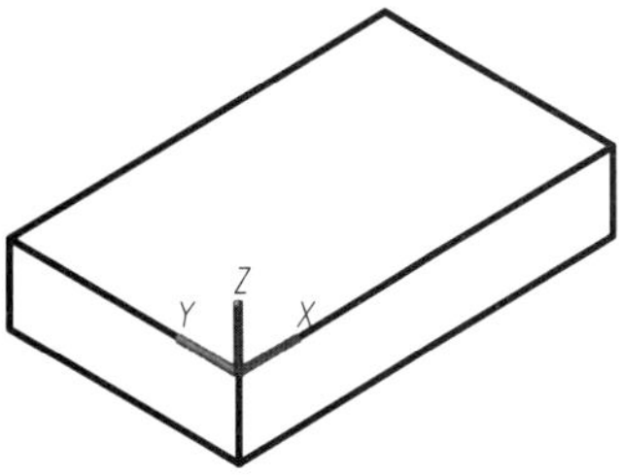

图 6-3　新用户坐标系

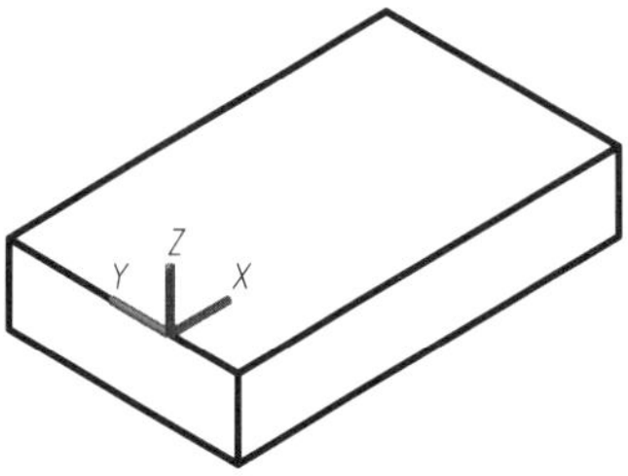

图 6-4　方便建模的用户坐标系

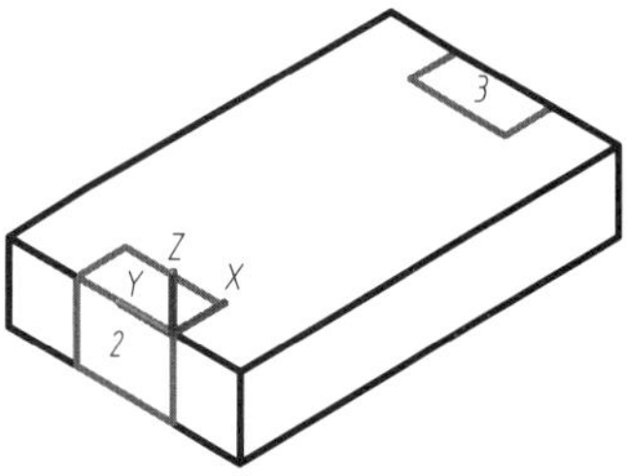

图 6-5　组合体下部结构建模

4. 通过布尔运算生成下部结构

如图 6-5 所示，如果将 2、3 号长方体从 1 号长方体中减去，则在其相应位置出现缺口，从而得到组合体的下部结构。为此，AutoCAD 提供了【差集】命令。

步骤 17　用下列方法之一执行布尔运算之【差集】命令：

- 依次单击【常用】选项卡→【实体编辑】面板→【差集】按钮，如图 6-6 所示；
- 在命令行输入 SUBTRACT，并按【Enter】键。

步骤 18　选择要从中减去的实体、曲面和面域...

用鼠标选取 1 号长方体并按【Enter】键。

步骤 19　选择要减去的实体、曲面和面域...

用鼠标选取 2 号和 3 号长方体并按【Enter】键。这时，组合体的下部结构如图 6-7 所示。

图 6-6　选择【差集】按钮

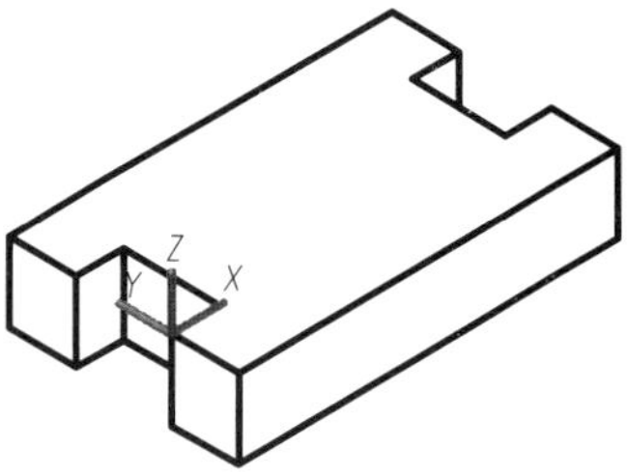

图 6-7　组合体的下部结构

注意:差集运算中,在要减去的实体的位置将出现缺口或空洞,从而形成更为复杂的立体;被减和要减去的实体数目均可大于 1。

5. 继续创建新的用户坐标系

组合体建模过程中,为了建模方便,需要实时创建和调整用户坐标系。所以,UCS 命令在三维建模中的使用频率很高。

下面将继续移动坐标系,使其处于方便建模的位置。

步骤 20　在命令行输入 UCS 并按【Enter】键。

步骤 21　指定 UCS 的原点或 [面(F)/命名(NA)/对象(OB)/上一个(P)/视图(V)/世界(W)/X/Y/Z/Z 轴(ZA)] <世界>:

用鼠标捕捉 1 号长方体前、上棱线的中点。

步骤 22　指定 X 轴上的点或 <接受>:

在该提示下直接按【Enter】键。坐标系如图 6-8(a)所示。

如果按照下面的步骤继续移动坐标系,则建模中坐标的输入将更加方便。当然,此时不再移动坐标系也能完成建模,只需在输入第一个角点坐标时,按照长方体顶点的实际坐标输入即可。至于采用何种方式,请读者定夺。

步骤 23　命令行输入 UCS 并按【Enter】键。

步骤 24　指定 UCS 的原点或 [面(F)/命名(NA)/对象(OB)/上一个(P)/视图(V)/世界(W)/X/Y/Z/Z 轴(ZA)] <世界>:

输入 4 号长方体左下角顶点在当前用户坐标系中的坐标(-12,0,0)并按【Enter】键。

步骤 25　指定 X 轴上的点或 <接受>:

在该提示下直接按【Enter】键。坐标系如图 6-8(b)所示。

6. 按照已知尺寸创建 4 号长方体

7. 在 4 号长方体的左、前、上顶点处创建用户坐标系

根据前面的内容,请读者独自完成上面两步的操作,结果如图 6-9 所示。

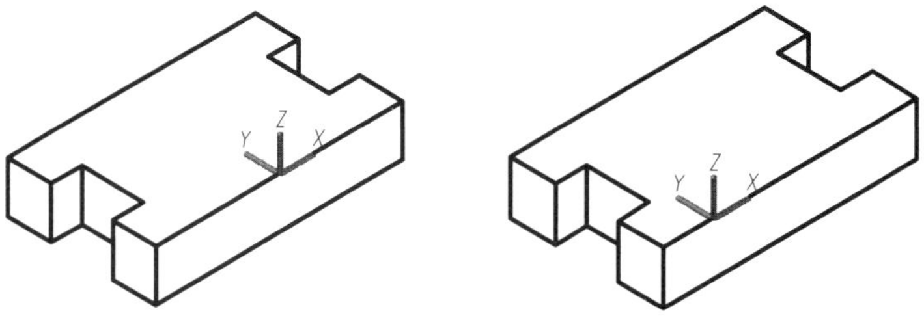

(a) 移动坐标系至棱线的中点　(b) 沿X轴负方向移动坐标系

图 6-8　创建新的用户坐标系

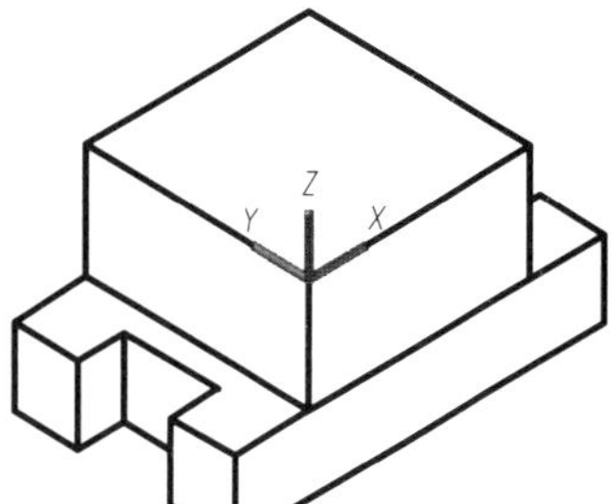

图 6-9　完成 4 号立体建模

8. 创建 5、6 号楔体

步骤 26　在命令行输入 Wedge 并按【Enter】键。

步骤 27　指定第一个角点或 [中心(C)]:

输入(0,0,0)并按【Enter】键。

步骤 28　指定其他角点或 [立方体(C)/长度(L)]:

在此提示下,输入 L 并按【Enter】键,同时请打开状态栏上的【正交】按钮。

步骤 29　指定长度：

步骤 30　指定宽度：

步骤 31　指定高度或 [两点(2P)]：

在上述每个提示下，先移动鼠标给定方向，然后分别输入 6，24，12 并按【Enter】键，完成 5 号楔体绘制，结果如图 6-10(a)所示。

由于 6 号和 5 号楔体为对称关系，所以，可利用二维【镜像】命令生成 6 号楔体。建模中，可选择 4 号长方体顶面长方形两对边的中点作为镜像线上的点，如图 6-10(b)所示。

5、6 号楔体创建完成后，组合体如图 6-10(c)所示。

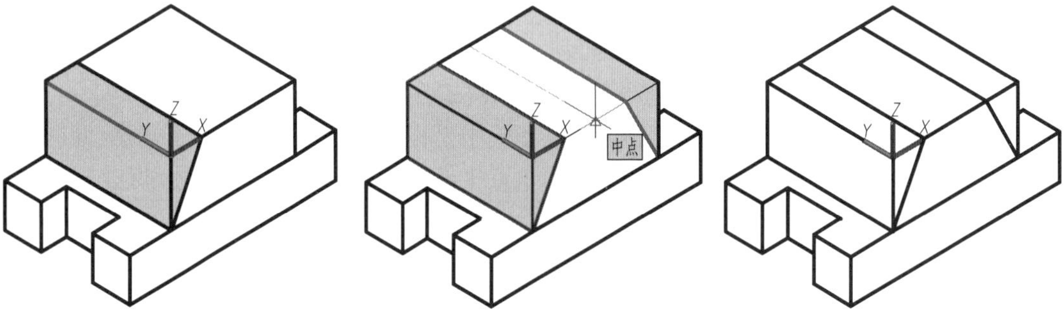

(a) 创建5号楔体　(b) 镜像生成6号楔体　(c) 完成楔体创建

图 6-10　创建 5、6 号楔体

9. 建立新的用户坐标系，绘制 7 号长方体

步骤 32　将当前坐标系沿着 *Y* 轴向前移动 7，创建新的用户坐标系，如图 6-11(a)所示；

步骤 33　创建 7 号长方体，如图 6-11(b)所示。

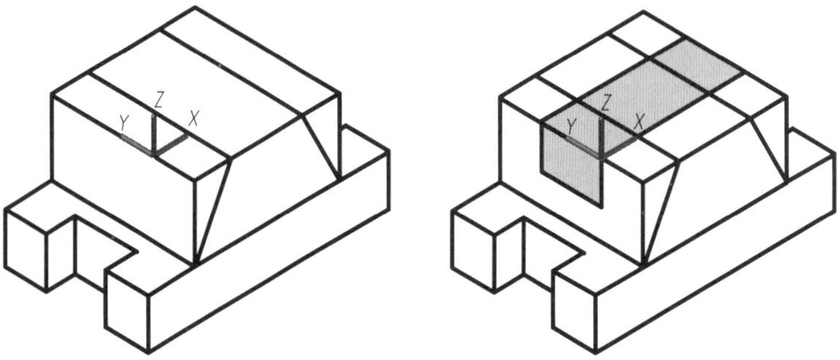

(a) 创建新的用户坐标系　(b) 创建7号长方体

图 6-11　7 号长方体的创建

10. 利用布尔运算，完成组合体建模

首先用【差集】运算生成组合体的上部结构：

步骤 34　命令行输入 SUBTRACT 并按【Enter】键。

步骤 35　选择要从中减去的实体、曲面和面域...

用鼠标选取 4 号长方体并按【Enter】键。

步骤 36　选择要减去的实体、曲面和面域...

用鼠标选取 5、6 和 7 号立体并按【Enter】键。这时，组合体如图 6-12 所示。

然后用【并集】完成组合体整体建模：

步骤 37　用下列方法之一执行布尔运算之【并集】命令：

- 依次单击【常用】选项卡→【实体编辑】面板→【并集】按钮，如图 6-13 所示；
- 在命令行输入 UNION 并按【Enter】键。

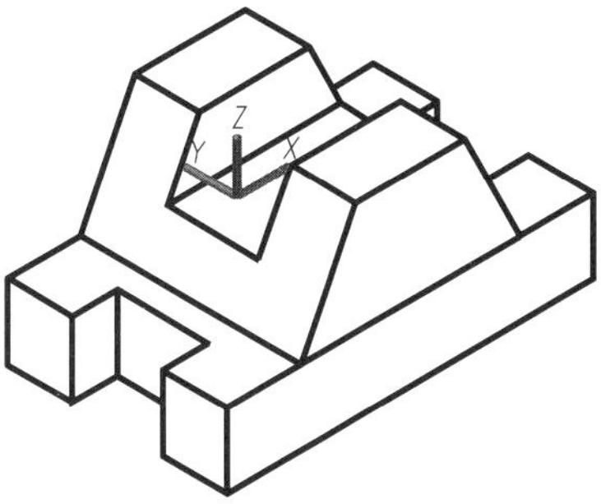

图 6-12　组合体模型

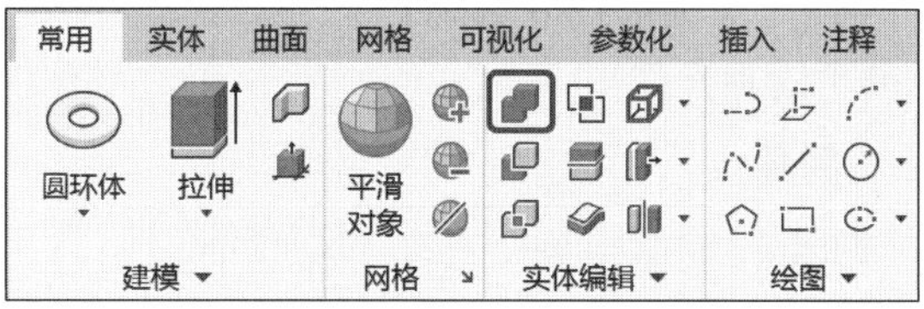

图 6-13　选择【并集】按钮

步骤 38　选择对象：

在该提示下，依次选取组合体的上、下两部分并按【Enter】键。

至此，组合体建模完成。请读者观察图 6-14 和图 6-12 的不同：在执行【并集】命令之前，组合体上、下两部分独立存在，它们之间有分隔线；执行【并集】命令后，两部分立体合二为一，成为一个完整的立体。

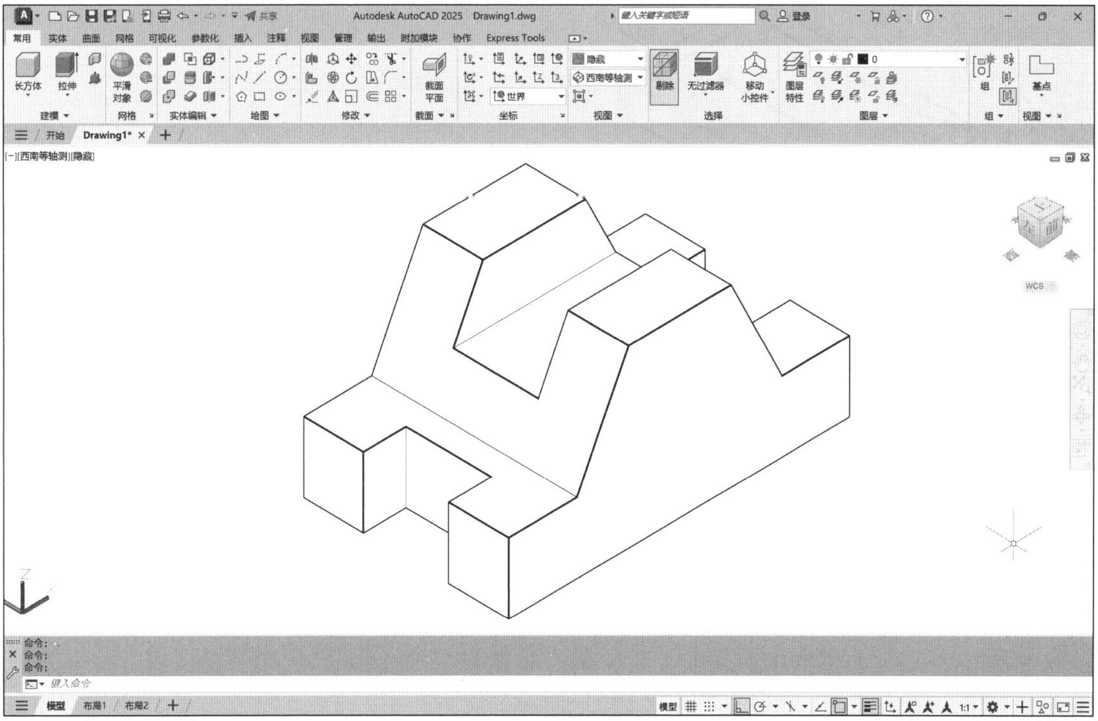

图 6-14　组合体

最后，将坐标系切换为世界坐标系，方便观察模型：

步骤 39　命令行输入 UCS 并按【Enter】键。

步骤 40　指定 UCS 的原点或 [面(F)/命名(NA)/对象(OB)/上一个(P)/视图(V)/世界(W)/X/Y/Z/Z 轴(ZA)] <世界>:

按【Enter】键,这时坐标系图标回到屏幕左下角,方便模型的三维观察。

6.2　倒角、圆角和剖切

【倒角】、【圆角】和【剖切】是三维建模中很常见的三维操作命令,下面通过实例说明这些命令的用法和操作步骤。

1. 倒角

【例题 1】绘制图 6-15 所示的组合体。

【绘图步骤】

该组合体由长方体从其顶面向其他四个侧面倒角而成,绘图步骤如下:

步骤 01　绘制长、宽、高分别为 40、24、8 的长方体并切换视点和视觉样式。

步骤 02　用下列方法之一执行【倒角】命令:

- 依次单击【常用】选项卡→【修改】面板→【倒角】按钮,如图 6-16 所示;
- 在命令行输入 Chamfer 并按【Enter】键。

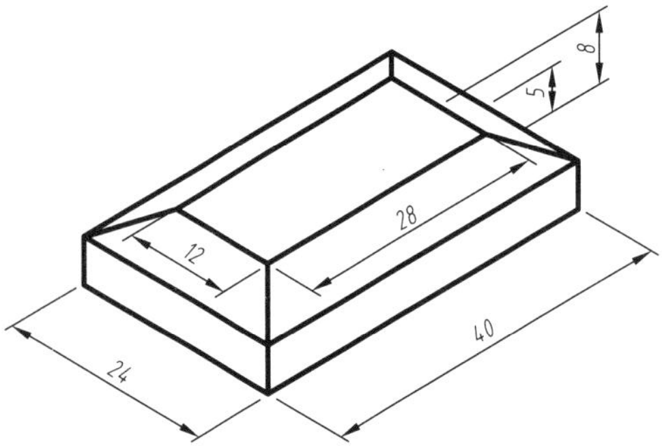

图 6-15　组合体示意图

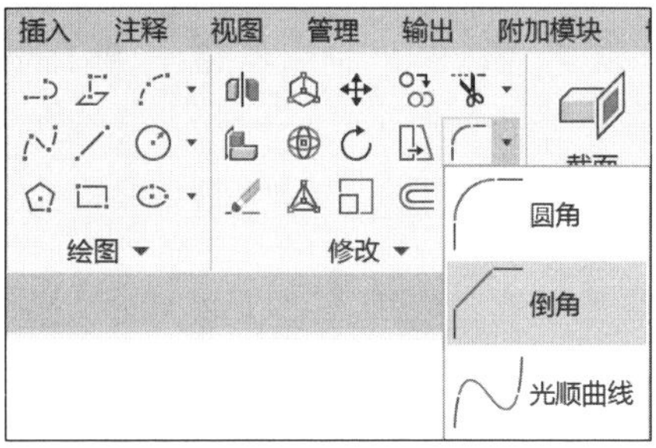

图 6-16　选择【倒角】按钮

步骤 03　选择第一条直线或 [放弃(U)/多段线(P)/距离(D)/角度(A)/修剪(T)/方式(E)/多个(M)]:

选择直线的目的是将包含该直线的立体表面用于倒角的基准面。首先如图 6-17(a)所示选择棱线,选择后的效果如图 6-17(b)所示,蓝色高亮线框是默认选中的倒角基准面。

步骤 04　输入曲面选择选项 [下一个(N)/当前(OK)] <当前(OK)>:

倒角的基准面是立体顶面,所以应输入 N 并按【Enter】键。此时,基准面如图 6-17(c)所示。

步骤 05　输入曲面选择选项 [下一个(N)/当前(OK)] <当前(OK)>:

按【Enter】键确认该基准面,如图 6-17(d)所示。

步骤 06　指定基面倒角距离或 [表达式(E)]:

输入基准面内的倒角距离 6(= [24 - 12]/2)并按【Enter】键。

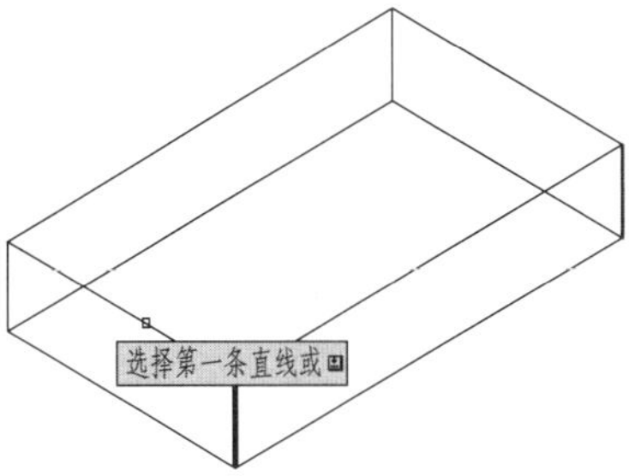

(a) 选择棱线

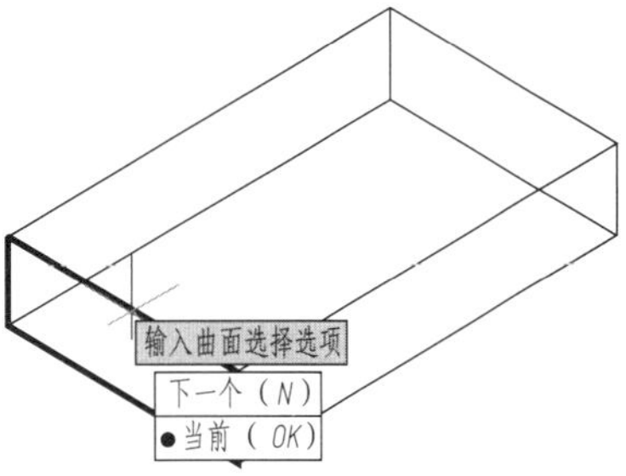

(b) 选择棱线后的结果

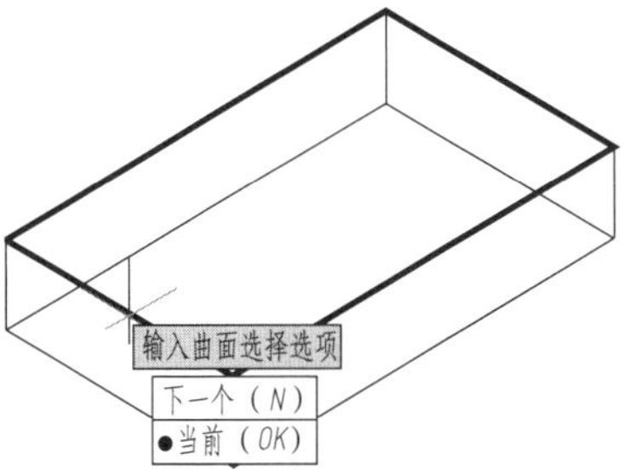

(c) 重新选择基准面

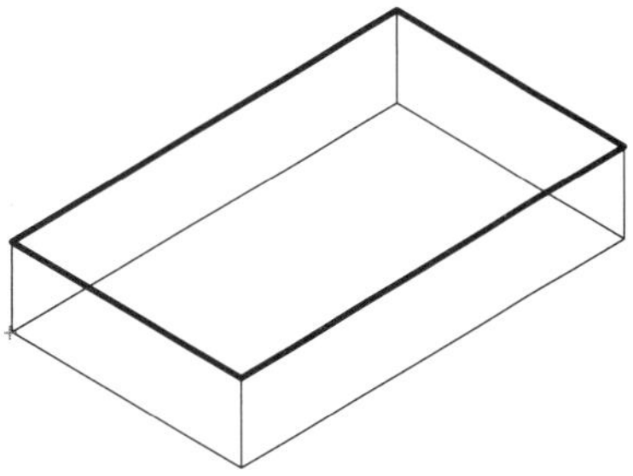

(d) 基准面确认

图 6-17　基准面的选择

步骤 07　指定其他曲面倒角距离或 [表达式(E)]:

输入其他面内的倒角距离 3(=8 −5)并按【Enter】键。

步骤 08　选择边或 [环(L)]:

鼠标选择基准面的任意一边。

如果在选择后按【Enter】键,则系统仅对该条棱线进行倒角处理。

步骤 09　选择边或 [环(L)]:

题目要求以基准面为准,向其他四个侧面倒角,所以此处应选择基准面的四条边。为了更高的选择效率,在此提示下输入 L 并按【Enter】键。

步骤 10　选择环边或 [边(E)]:

鼠标选择基准面的其他三边中的任意一边。

步骤 11　选择环边或 [边(E)]:

按【Enter】键,结果如图 6-18 所示。

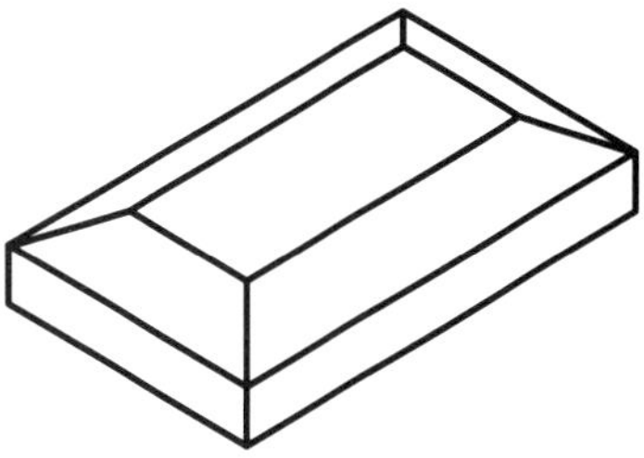

图 6-18　长方体倒角

2. 圆角

【例题 2】绘制图 6-19 所示的组合体。

【绘图步骤】

对长方体前面两条竖直方向的棱线进行圆角处理,即可得到该组合体。

步骤 01　绘制长、宽、高分别为 40、24、8 的长方体并切换视点和视觉样式。

步骤 02　用下列方法之一执行【圆角】命令:

- 依次单击【常用】选项卡→【修改】面板→【圆角】按钮,如图 6-20 所示;
- 在命令行输入 Fillet 并按【Enter】键。

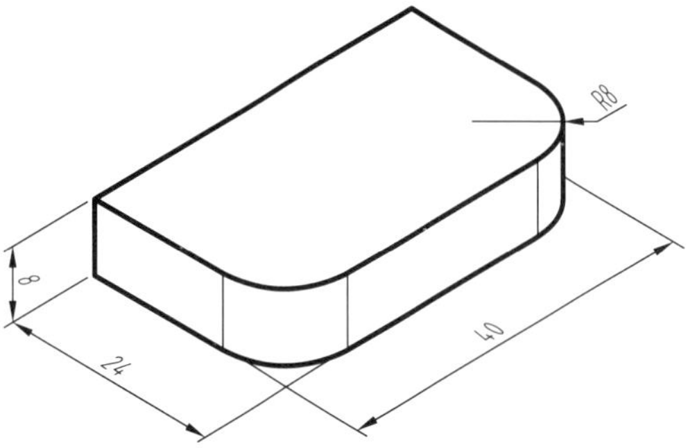

图 6-19　组合体示意图

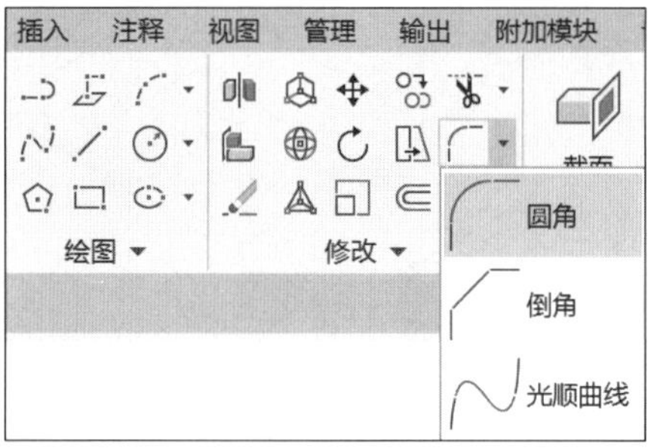

图 6-20　选择【圆角】按钮

步骤 03　选择第一个对象或 [放弃(U)/多段线(P)/半径(R)/修剪(T)/多个(M)]：

如图 6-21(a)所示，选择长方体的棱线。

步骤 04　输入圆角半径或 [表达式(E)]：

输入圆角半径 8 并按【Enter】键。

步骤 05　选择边或 [链(C)/环(L)/半径(R)]：

如图 6-21(b)所示，选取右侧棱线并按【Enter】键，完成立体倒圆角。

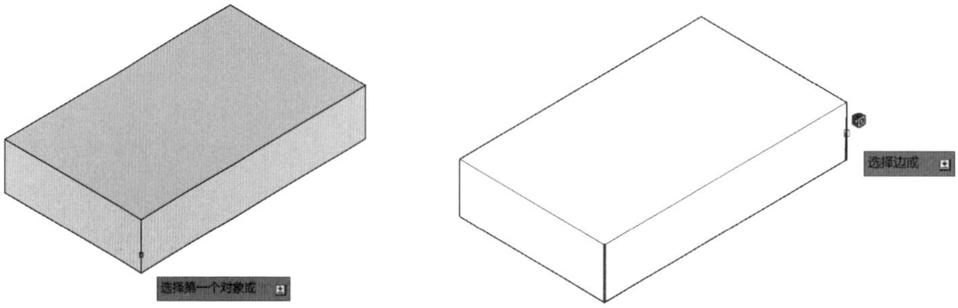

（a）选择左侧棱线　　（b）选择右侧棱线

图 6-21　选取棱线

3. 立体剖切

在三维建模中，可用坐标面或空间任意位置的平面对立体进行剖切，从而完成形体创建。

【例题 3】对上例中的立体沿着其左右对称面进行剖切。

【绘图步骤】

如果将坐标系移至立体长边中点处，则可利用坐标面完成剖切。

步骤 01　将坐标系移至长边中点处，如图 6-22 所示。

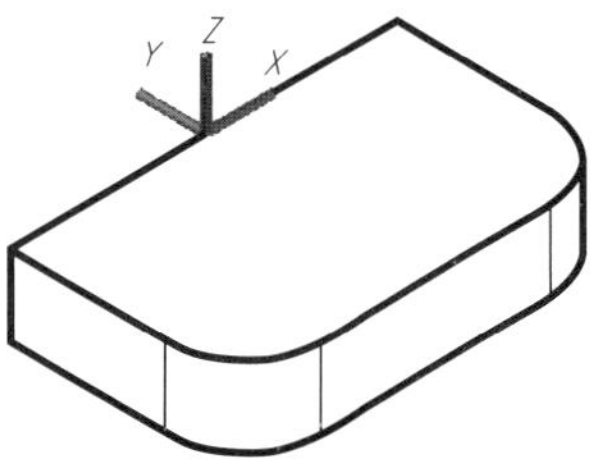

图 6-22　创建用户坐标系

步骤 02　用下列方法之一启动【剖切】命令：

- 依次单击【常用】选项卡→【修改】面板→【圆角】按钮，如图 6-23 所示；
- 在命令行输入 Slice 并按【Enter】键。

步骤 03　选择要剖切的对象：

选择立体并按【Enter】键。

步骤 04　指定切面的起点或 [平面对象(O)/曲面(S)/z 轴(Z)/视图(V)/xy(XY)/yz

(YZ)/zx(ZX)/三点(3)] <三点>:

该步的目的是指定一个剖切平面。为了绘图方便,我们用 *YOZ* 坐标面进行截切。根据系统提示,此处应输入 *YZ* 并按【Enter】键。

步骤 05　指定 YZ 平面上的点 <0,0,0>:

坐标系原点是 *YOZ* 平面内的点,所以按【Enter】键确认即可。

步骤 06　在所需的侧面上指定点或 [保留两个侧面(B)] <保留两个侧面>:

按【Enter】键即可。此时,立体被 *YOZ* 面剖分为两部分,如图 6-24 所示。

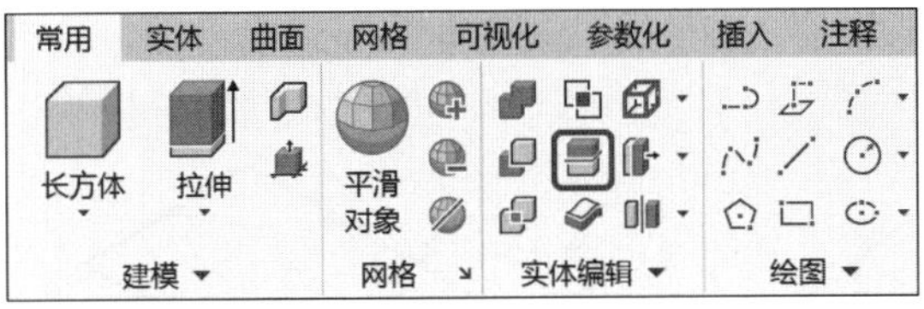

图 6-23　选择【剖切】按钮

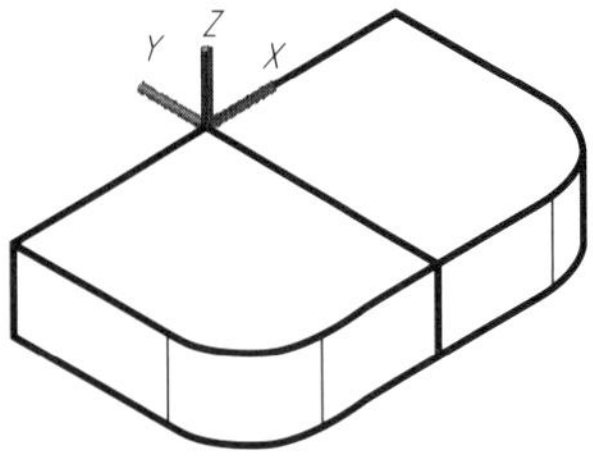

图 6-24　被剖切后的立体

4. 组合体建模

【**例题 4**】请试着创建图 6-25 所示的组合体。

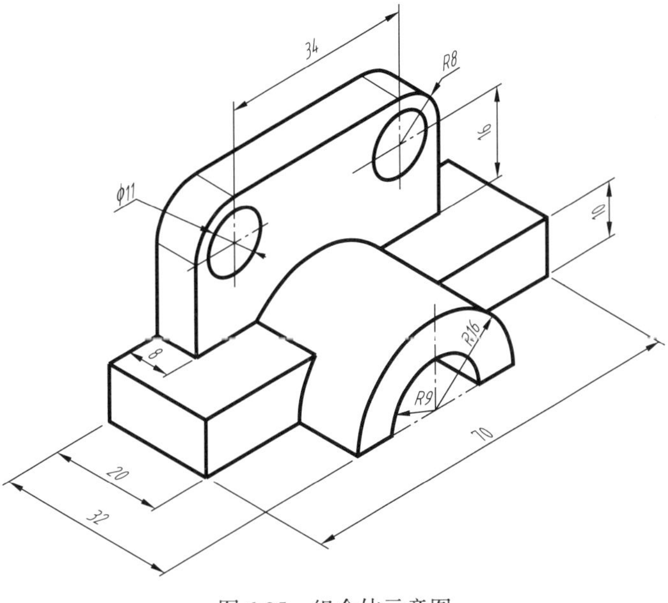

图 6-25　组合体示意图

【**绘图步骤**】

首先对组合体进行如图 6-26 所示的形体分析:1 号立体是组合体底部长方体;2 号立体是叠加在 1 号立体上的带有圆角的长方体;3 号立体为半圆柱筒。

1 号立体:绘制长方体即可;

2 号立体:先绘制长方体,接着对其进行倒圆角,最后在圆角处绘制圆柱体并执行布尔运算;

3 号立体:绘制两个圆柱体后执行布尔运算。

三维建模时,为了更好地观察模型,一般遵循从下到上、由后到前的建模顺序。也就是按照 1 ~ 3 的顺序进行建模操作。

下面的建模步骤给出了较为详细的建模思路，但省略了具体的操作过程。如果读者在建模中遇到命令操作有关问题，请翻阅前面的内容加以参考。

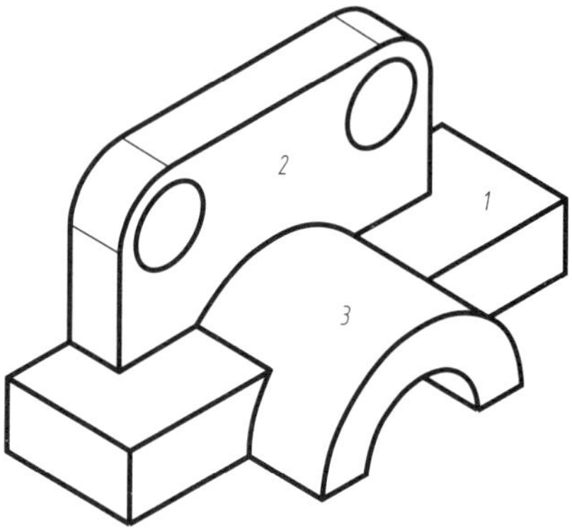

图 6-26　形体分析

步骤 01　创建 1 号长方体并切换视点和视觉样式。

步骤 02　创建新的用户坐标系；

首先将坐标系移至 1 号长方体的左、后、上顶点处，如图 6-27（a）所示；接着沿 X 轴正向移动 10 个单位，使坐标系原点刚好位于 2 号长方体的底面顶点处，如图 6-27（b）所示。

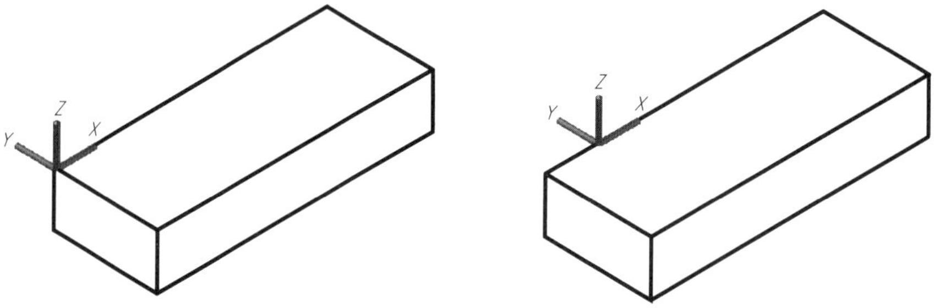

（a）移动坐标系至1号立体的顶点

（b）移动坐标系至2号长方体的顶点

图 6-27　创建用户坐标系

步骤 03　创建 2 号长方体，如图 6-28（a）所示。

步骤 04　对长方体的顶部进行倒圆角，如图 6-28（b）所示。

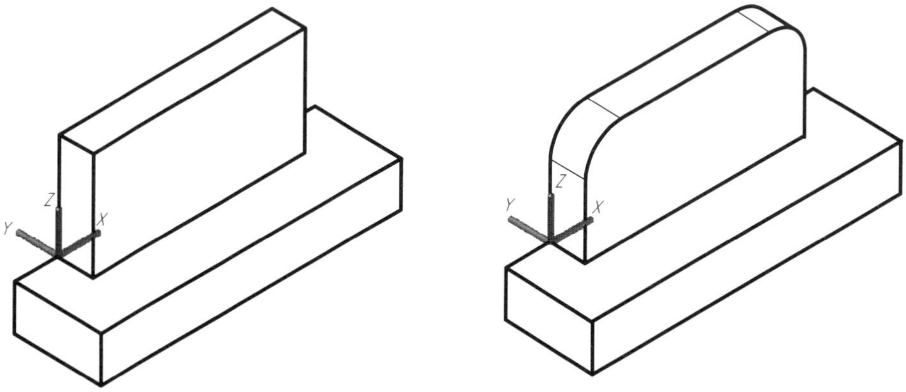

（a）创建2号长方体

（b）对2号长方体进行倒圆角

图 6-28　创建 2 号长方体并倒圆角

步骤 05　移动坐标系至圆角圆心处；先将坐标系平移至圆角圆心，然后将坐标系绕 X 轴旋转 90°，如图 6-29 所示。

注意：在默认情况下，圆柱体的底面位于 XOY 平面内。所以，为了正确建模，必须让 XOY 位于 2 号立体的前表面内。

步骤 06　绘制 2 号立体圆角处的圆柱体；

首先绘制左侧圆柱体，然后对其进行复制，得到右侧圆柱体，结果如图 6-30 所示。

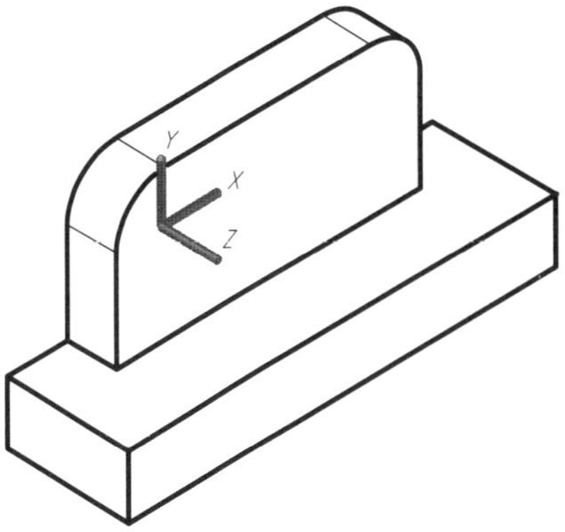

图 6-29　将坐标系移至 2 号立体的圆角圆心处

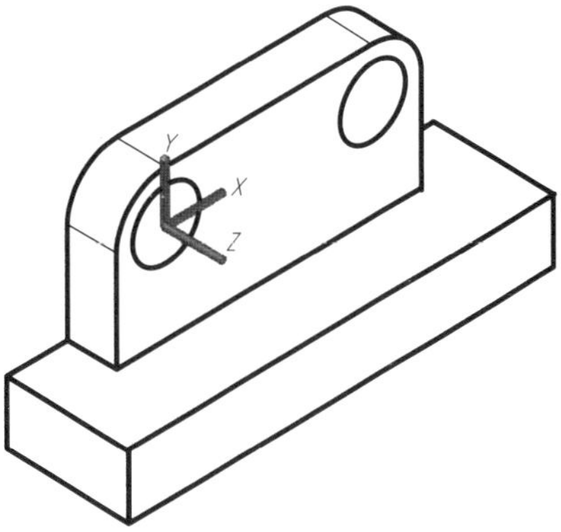

图 6-30　绘制圆柱体

步骤 07　布尔运算；

利用【差集】命令，从 2 号长方体中减去两个圆柱体，从而生成圆柱孔。

步骤 08　创建新的用户坐标系；

先将坐标系移动至 1 号长方体底面可见长边的中点处，然后再沿着 *Z* 轴正方向平移 12，如图 6-31 所示。此时，*XOY* 面和圆柱体的底面共面，从而方便圆柱筒的创建。

步骤 09　绘制底面半径分别为 16 和 9、高为 32 的圆柱体，如图 6-32 所示；

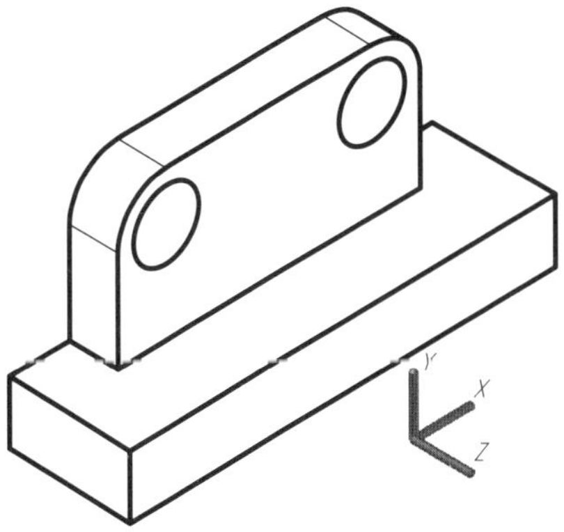

图 6-31　新的用户坐标系

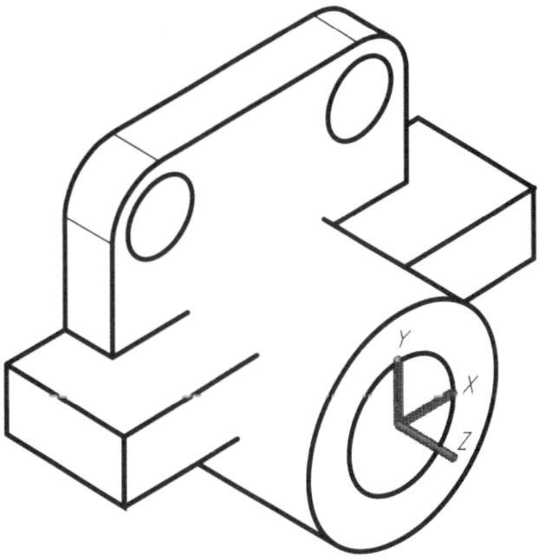

图 6-32　执行布尔运算

步骤 10　布尔运算；

由于底部是小圆柱孔，在进行【差集】运算时，被减数包括 1 号长方体和大圆柱体。【差集】运算结束后，参与运算的 1 号长方体和大圆柱体相互融合，同时在小圆柱体的位置出现圆柱孔。

最后对所有形体执行【并集】运算。执行该操作后，所有基本体组合为一个整体，同时在组合体表面能观察到可见的交线，结果如图 6-33 所示。如果跟图 6-32 进行比对，会显示组合体表面的交线。

步骤 11　以 *XOZ* 面为切平面，对组合体进行剖切并删除剖切平面下面的部分实体，最终完成组合体建模。

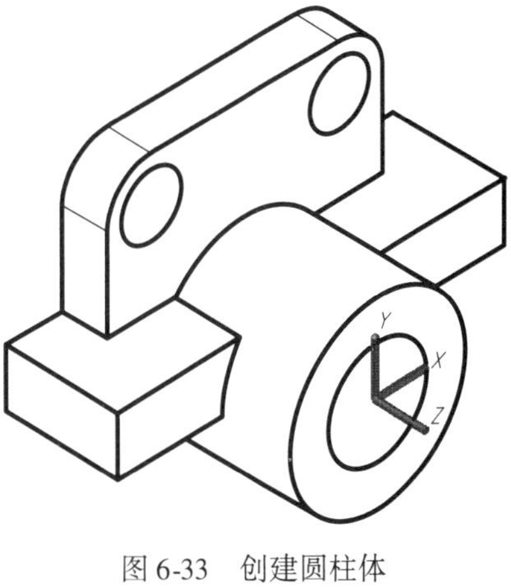

图 6-33　创建圆柱体

6.3 面域及拉伸

1. 面域

面域是由直线、圆弧、圆、椭圆弧、椭圆和样条曲线等组成的二维闭合线框创建的封闭区域。

例如，圆仅代表二维曲线信息，但是用【面域】命令将圆创建成面域后，圆就变成圆形平面。

跟实体一样，多个面域也能通过布尔运算形成更加复杂形状的面域，这就为复杂组合体的建模提供了新的方法和思路。

【例题 1】绘制半径为 6 的圆并创建成面域。

【绘图步骤】

步骤 01　绘制半径为 6 的圆。

步骤 02　用下列方法之一执行【面域】命令：

- 依次单击【常用】选项卡→【绘图】面板→【面域】按钮，如图 6-34 所示；
- 在命令行输入 Region 并按【Enter】键。

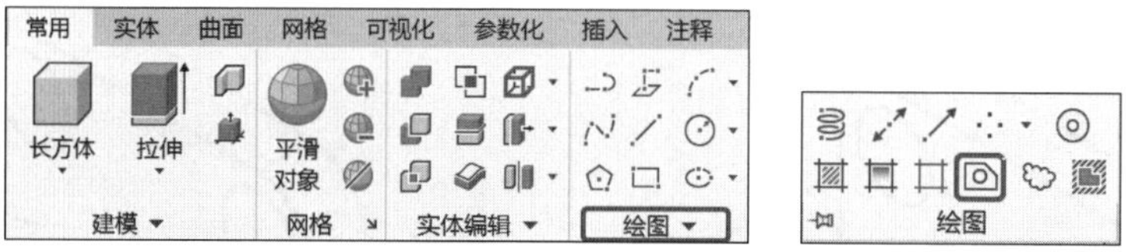

(a)　(b)

图 6-34　选择【面域】按钮

步骤 03　选择对象：

选择绘制的圆并按【Enter】键，面域创建完成。

面域创建已经完成，但是当视觉样式为【二维线框】时看不到任何变化。如果将视觉样式切换为【概念】，就能明显观察到创建面域前后的改变。对此，请读者自己尝试操作。

面域创建中，需要注意系统变量 DELOBJ 对创建结果的影响：

- DELOBJ =3，将闭合线框转换为面域；
- DELOBJ =0，基于闭合线框转换创建面域，同时保留原线框。

在默认情况下，该系统变量的值为 3。

【例题 2】绘制如图 6-35 所示的二维线框并将其转换为面域。

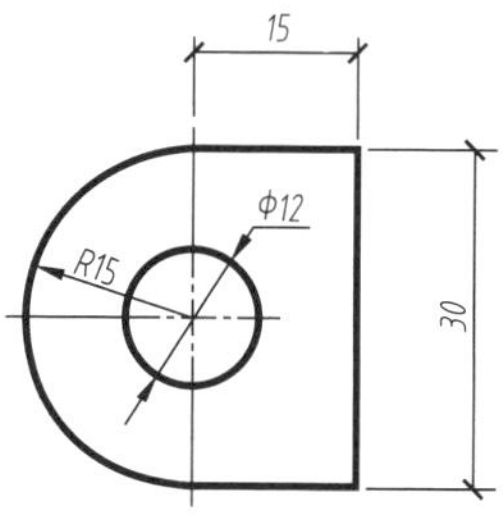

图 6-35　二维线框图

【绘图步骤】

步骤 01　按照图示尺寸绘制二维图。

步骤 02　命令行输入 Region 并按【Enter】键。

步骤 03　选择对象：

选择所有图线并按【Enter】键。由于【面域】命令自动提取封闭线框并创建面域，所以当前的面域个数为 2。

要让圆面所在位置出现圆孔，此处应利用布尔运算的【差集】进行操作。

步骤 04　命令行输入 Subtract 并按【Enter】键。

步骤 05　选择要从中减去的实体、曲面和面域...

选取最大的面域并按【Enter】键。

步骤 06　选择要减去的实体、曲面和面域...

选取圆面并按【Enter】键，完成组合面域的创建，效果如图 6-36 所示。

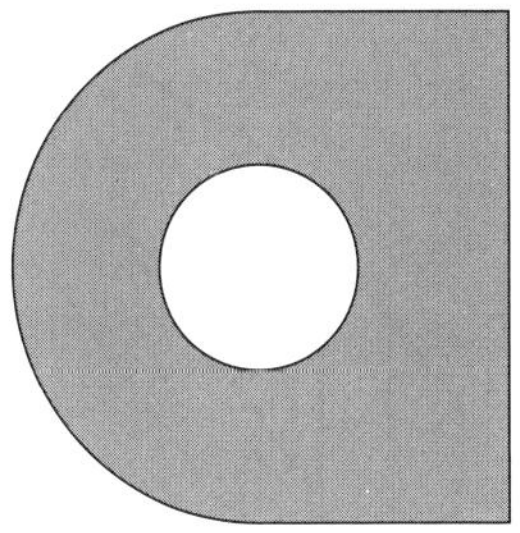

图 6-36　面域

2. **拉伸**

将面域沿着其垂线方向，或者特定路径拉伸后，可以得到立体。拉伸和面域相结合，能创建出横截面比较复杂但沿纵向没有变化的组合体。

【例题 3】绘制如图 6-37 所示的立体。

【绘图步骤】

步骤 01　按照上例的步骤绘制二维线框并将其转换为面域，如图 6-36 所示。

步骤 02　依次选择【常用】选项卡→【视图】面板中→【视觉样式】下拉列表中的【概念】选项。

步骤 03　依次选择【常用】选项卡→【视图】面板中→【三维导航】下拉列表中的【西南等轴测】选项。

步骤 04　用下列方法之一执行【拉伸】命令：

- 依次单击【常用】选项卡→【建模】面板→【拉伸】按钮，如图 6-38 所示；
- 在命令行输入 Extrude 并按【Enter】键。

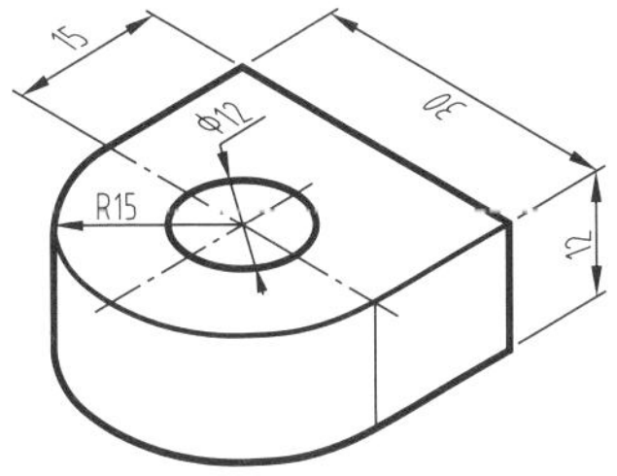

图 6-37　立体示意图

图 6-38　选择【拉伸】按钮

步骤 05　选择要拉伸的对象或 [模式(MO)]：

选择面域并按【Enter】键。

步骤 06　指定拉伸的高度或 [方向(D)/路径(P)/倾斜角(T)/表达式(E)]：

输入拉伸高度 12 并按【Enter】键，完成立体的创建。

3. **组合体建模**

【例题 4】绘制如图 6-39 所示的组合体。

【绘图步骤】

如图 6-40 所示，立体可分为左、右两部分：左侧三棱柱（2 号立体）通过创建三角形面域然后拉伸完成建模；右侧立体（1 号立体）通过绘制前表面、创建面域并拉伸形成实体。最后用【并集】相加，形成完整的组合体。

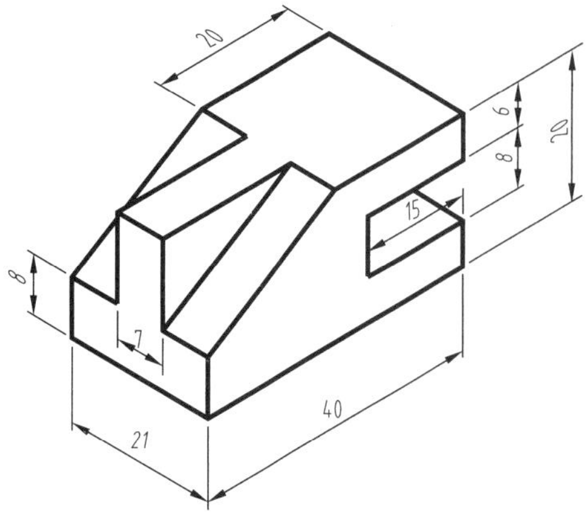

图 6-39　组合体示意图

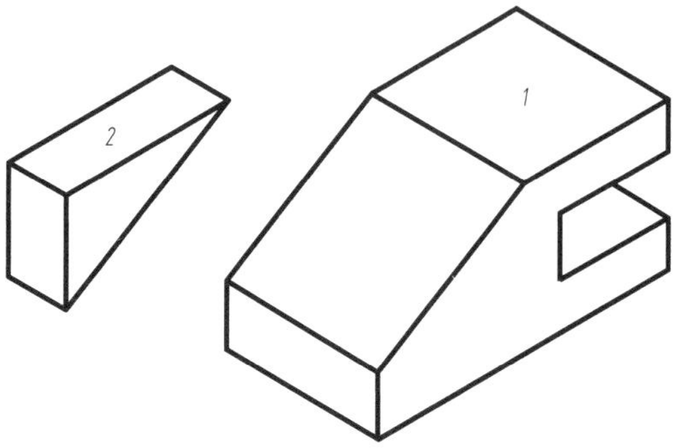

图 6-40　组合体形体分析

步骤 01　依次选择【常用】选项卡→【视图】面板中→【三维导航】下拉列表中的【西南等轴测】选项。

为了绘制组合体前表面，请将坐标系绕 *X* 旋转 90°，使 *XOY* 面呈竖向放置。

步骤 02　输入 UCS 并按【Enter】键。

步骤 03　指定 UCS 的原点或 [面(F)/命名(NA)/对象(OB)/上一个(P)/视图(V)/世界(W)/X/Y/Z/Z 轴(ZA)] <世界>：

输入 X 并按【Enter】键。

步骤 04　指定绕 X 轴的旋转角度：

输入 90 并按【Enter】键，*XOY* 面竖直放置。

接下来，在 *XOY* 面内绘制 1 号立体的前表面并转换成面域。步骤如下：

步骤 05　在 *XOY* 面内绘制如图 6-41 所示的立体前表面。

步骤 06　命令行输入 Region，并按【Enter】键。

步骤 07　选择对象：

选择闭合线框并按【Enter】键，完成面域创建。

接着将生成的面域沿 *Z* 轴拉伸，生成 1 号立体。步骤如下：

步骤 08　命令行输入 Extrude，并按【Enter】键。

步骤 09　选择要拉伸的对象或 [模式(MO)]：

选择面域并按【Enter】键。

步骤 10　指定拉伸的高度或 [方向(D)/路径(P)/倾斜角(T)/表达式(E)]：

输入拉伸高度 21 并按【Enter】键，完成 1 号立体建模，如图 6-42 所示。

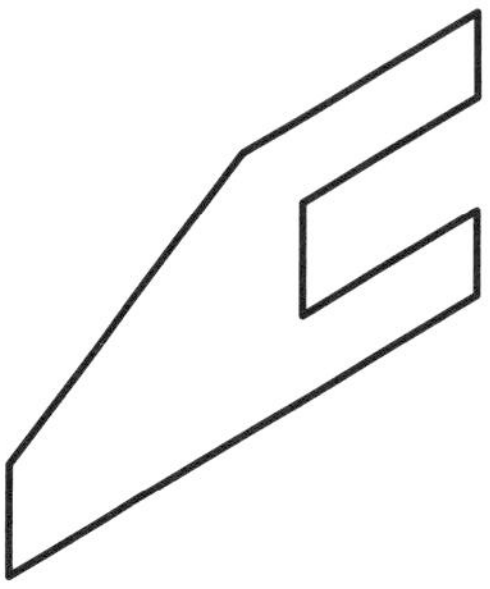

图 6-41　立体前表面

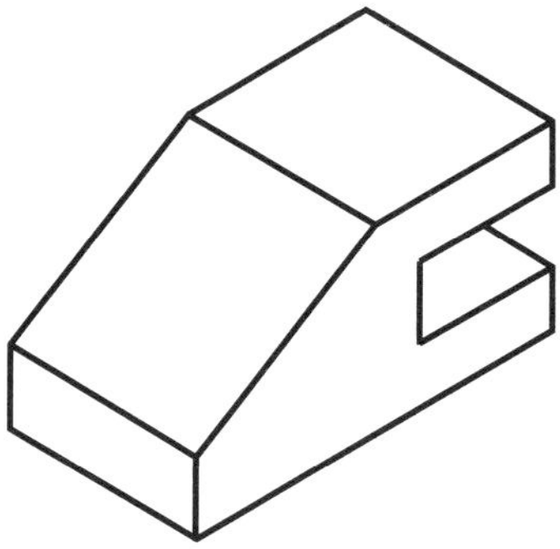

图 6-42　1 号立体

2号立体的创建过程同1号立体,相关过程是:移动坐标系—创建面域—拉伸。下面是具体步骤:

步骤11　如图6-43(a),将坐标系移动至棱线中点;

步骤12　如图6-43(b)所示,将坐标系移动至三棱柱顶点;

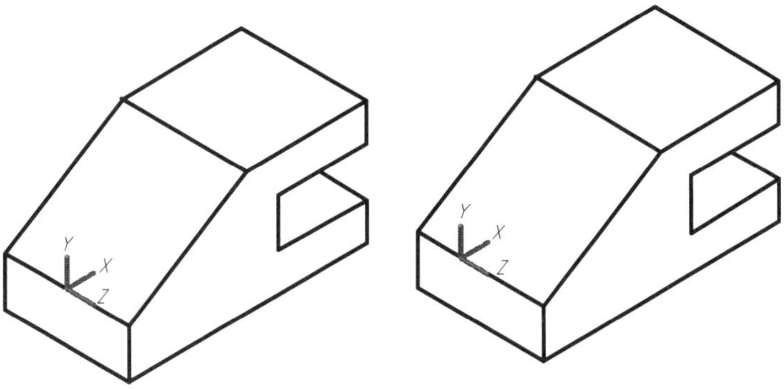

(a)将坐标系移至棱线中点　　(b)将坐标系移至三棱柱顶点处

图6-43　坐标系的创建

步骤13　如图6-44所示,首先在*XOY*面内绘制三角形并创建面域,接着沿*Z*轴正向拉伸完成2号立体创建。此处不再列出详细步骤,读者如有疑问,请参考前面的步骤。

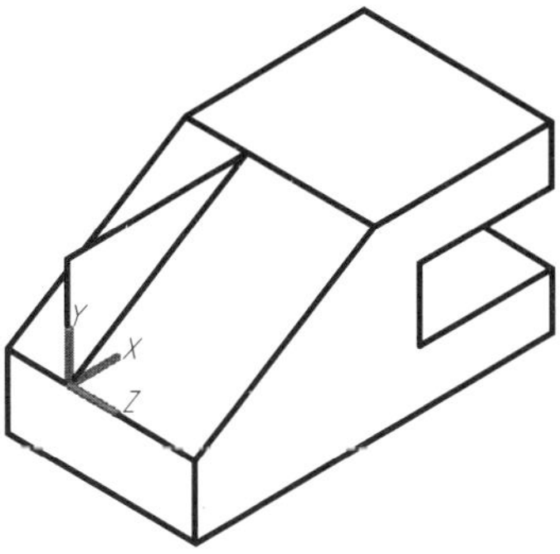

图6-44　绘制三角形并创建面域

步骤14　用【并集】命令将两部分合并,得到组合体的完整模型。

6.4　旋转、放样和扫掠

1. 旋转

旋转指的是通过绕旋转轴扫掠二维对象来创建三维实体或曲面的方法。

【例题1】根据给定的尺寸,绘制图6-45所示陶立克柱的实体模型。

读图6-45,陶立克柱可分为三部分:顶部柱帽、柱身和底部基座。其中柱帽和基座形状相同、位置对称,可通过绘制1/2断面图并旋转而得;柱身可由断面图拉伸得到。下面是具体步骤。

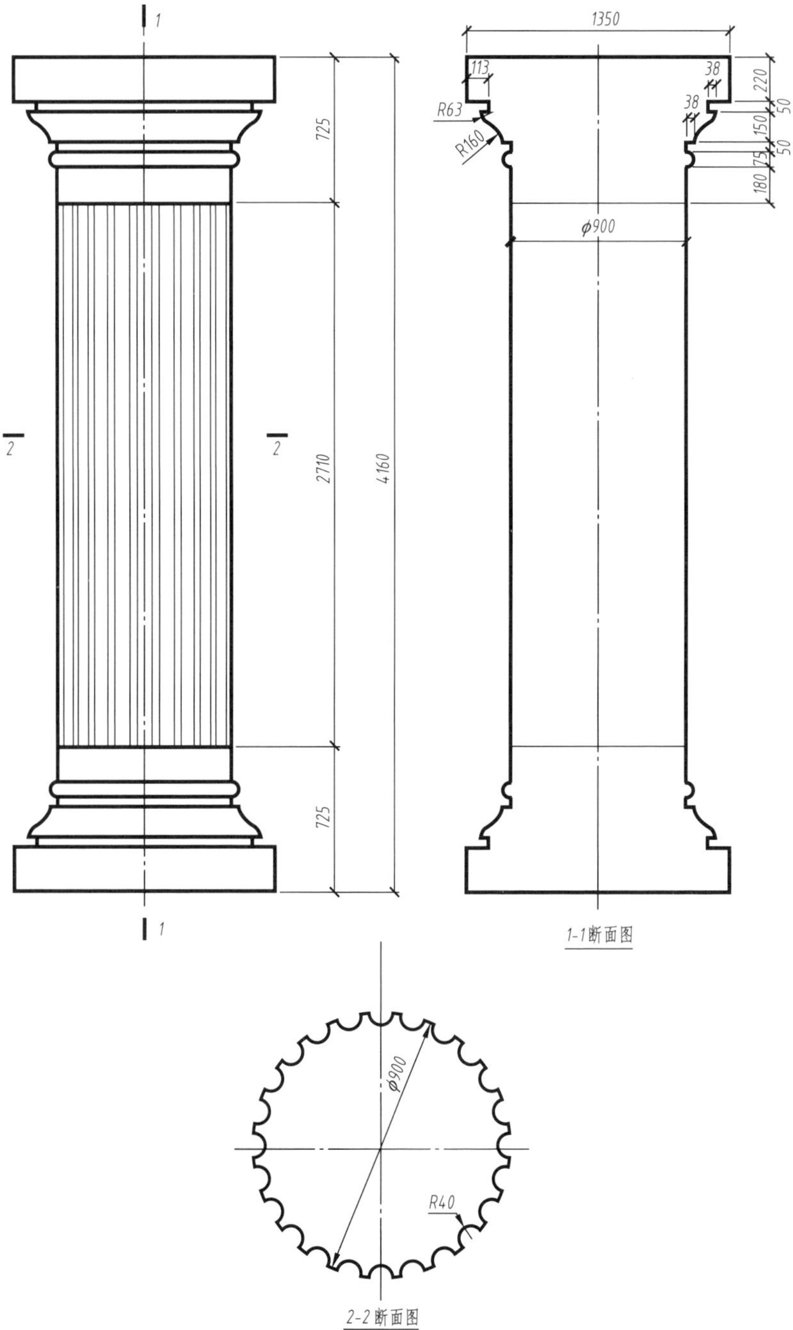

图 6-45　陶立克柱

【绘图步骤】

步骤 01　绘制图 6-46 所示的 1/2 断面并转换为面域;

下面将利用【旋转】命令生成陶立克柱的柱帽模型。

步骤 02　用下列方法之一执行【旋转】命令:

- 依次单击【常用】选项卡→【建模】面板→【旋转】按钮,如图 6-47 所示;
- 在命令行输入 Revolve 并按【Enter】键。

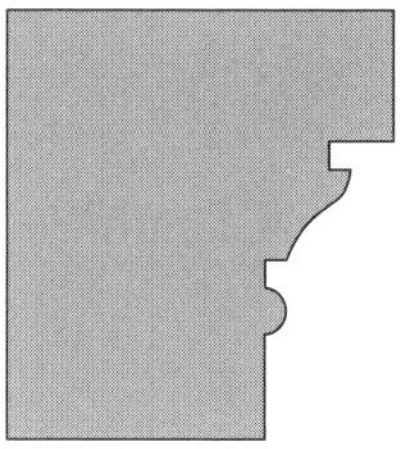

图 6-46　陶立克柱柱帽 1/2 断面图

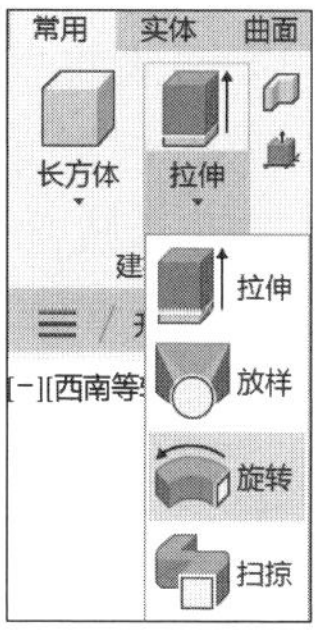

图 6-47　选择【旋转】按钮

步骤 03　选择要旋转的对象或 [模式(MO)]:

选择已创建的面域并按【Enter】键。

步骤 04　指定轴起点或根据以下选项之一定义轴 [对象(O)/X/Y/Z] <对象>:

如图 6-48(a)所示,选取旋转轴上的第一个点。

步骤 05　指定轴端点:

如图 6-48(b)所示,选取旋转轴上的第二个点。

步骤 06　指定旋转角度或 [起点角度(ST)/反转(R)/表达式(EX)] <360>:

在该提示下直接按【Enter】键,让断面绕指定轴旋转 360°,完成柱帽的创建。为了方便观察,请将视点切换为【西南等轴测】,此时模型如图 6-49 所示。

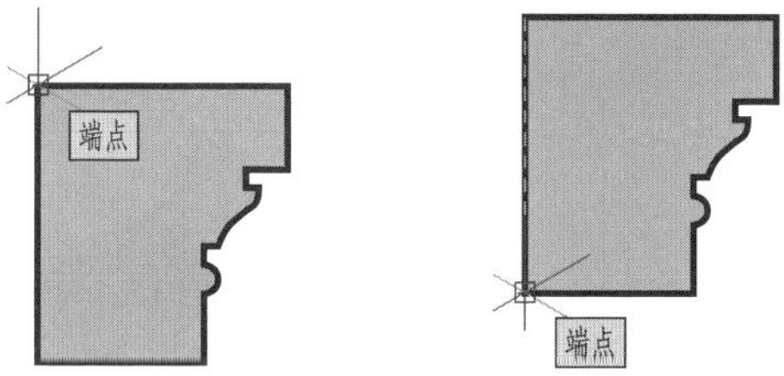

(a) 选取旋转轴上的第一个点　(b) 选取旋转轴上的第二个点

图 6-48　选取旋转轴

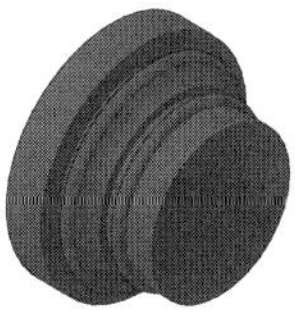

图 6-49　柱帽模型图

接着,按如下步骤移动坐标系并创建柱身:

步骤 07　移动坐标系至柱帽底面圆心并使 *XOY* 坐标面和底面共面。

步骤 08　在当前坐标系的 *XOY* 面内绘制图 6-50 所示的柱身断面图(2 – 2 断面图)并转换成面域,结果如图 6-51 所示。

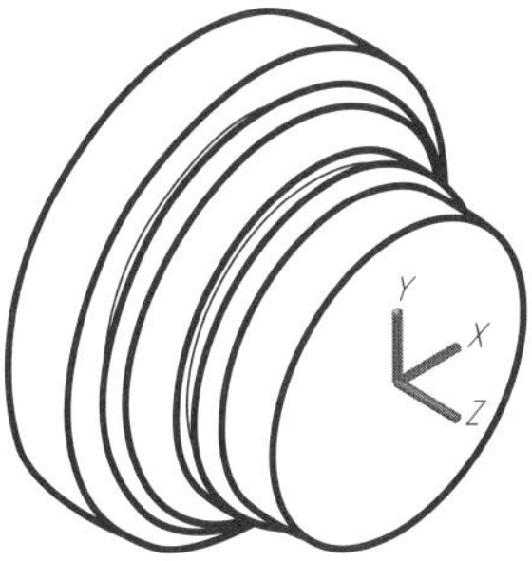

图 6-50　移动坐标系至底面圆心

图 6-51　绘制 2 – 2 断面并创建面域

提示:在当前坐标系的 *XOY* 面内绘制二维图时,由于图线交叉重叠,必然造成阵列、剪切等操作的不便。所以,读者可将当前坐标系平行移动到空间其他任意位置,完成断面绘制并生成面域后,再将面域移至柱帽底面内。

步骤 09　将上一步生成的面域拉伸,形成柱身模型,如图 6-52 所示;最后,移动坐标系并利用【三维镜像】命令完成底部基座的创建。

步骤 10　将当前坐标系沿 *Z* 轴正向移动 1350,即柱身高度的一半;

这样做的目的是:以 *XOY* 为镜像面,将柱帽镜像生成基座。

步骤 11　用下列方法之一执行【三维镜像】命令:

- 依次单击【常用】选项卡→【修改】面板→【三维镜像】按钮,如图 6-53 所示;
- 在命令行输入 Mirror3D 并按【Enter】键。

步骤 12　选择对象:

选择柱帽并按【Enter】键。

步骤 13　指定镜像平面(三点)的第一个点或[对象(O)/最近的(L)/Z 轴(Z)/视图(V)/XY 平面(XY)/YZ 平面(YZ)/ZX 平面(ZX)/三点(3)] <三点>:

输入 *XY* 并按【Enter】键,用以指定 *XOY* 为镜像面。

步骤 14　指定 XY 平面上的点 <0,0,0>:

按【Enter】键,因为坐标系原点就是 *XOY* 面内的点。

步骤 15　是否删除源对象?[是(Y)/否(N)] <否>:

按【Enter】键,不用删除柱帽。

完成以上步骤,陶立克柱的模型如图 6-54 所示。

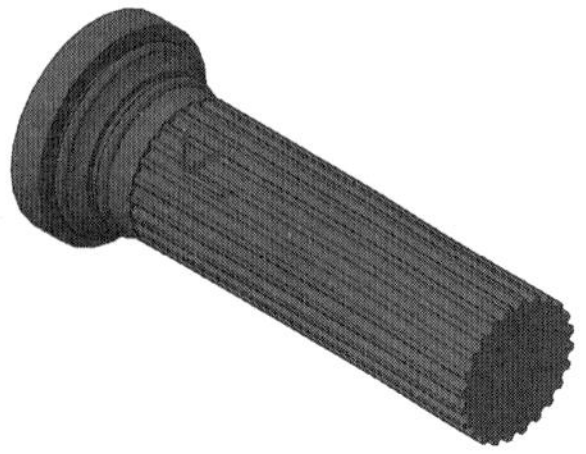

图 6-52　柱身模型

图 6-53　选择【三维镜像】按钮

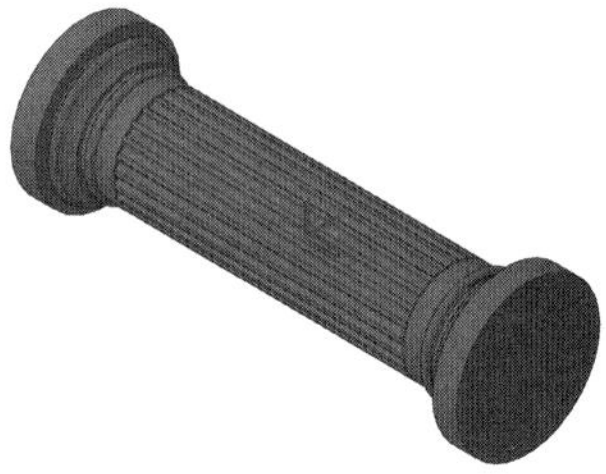

图 6-54　陶立克柱的完整模型

2. **放样**

放样是指通过指定一系列横截面来创建三维实体的方法。放样中,必须至少指定两个横截面。

【例题 2】根据图 6-55 中给定的尺寸,创建栏杆柱模型。

利用【放样】命令时,需要按照顺序依次指定横截面线框。所以,首先按照空间位置绘制栏杆柱顶面、大小发生变化处的横截面和底面的线框。

【绘图步骤】

步骤 01　依次选择【常用】选项卡→【视图】面板中→【三维导航】下拉列表中的【西南等轴测】选项。

步骤 02　由下向上,用【长方形】命令依次绘制栏杆柱顶面(250×220)、中间面积变化处的横截面(250×220、210×180、250×220)和底面(250×220)的长方形线框,结果如图 6-56

所示；

注意：横截面必须是一个图形对象（如多段线、面域等）。也就是说，由 4 条线段围成的闭合线框并不能作为放样中的横截面。

步骤 03　用下列方法之一执行【放样】命令：

- 依次单击【常用】选项卡→【建模】面板→【放样】按钮，如图 6-57 所示；
- 在命令行输入 Loft 并按【Enter】键。

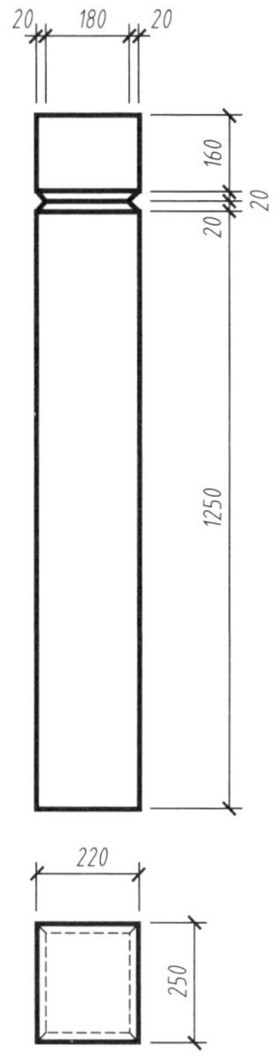

图 6-55　栏杆柱

图 6-56　横截面线框

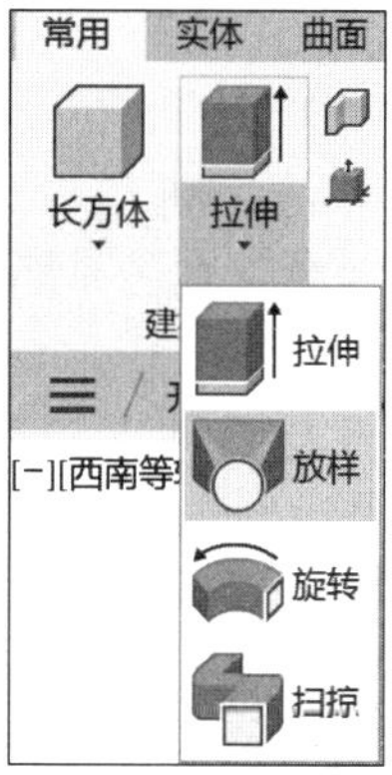

图 6-57　选择【放样】按钮

步骤 04　按放样次序选择横截面或 [点(PO)/合并多条边(J)/模式(MO)]：

在该提示下按照由下向上的顺序依次选择 5 个横截面线框并按【Enter】键，则绘图区的栏杆柱模型如图 6-58 所示。

步骤 05　输入选项 [导向(G)/路径(P)/仅横截面(C)/设置(S)] <仅横截面>：

在默认形况下，AutoCAD 将根据给定的横截面平滑拟合成曲面体。为了得到平面体的栏杆柱，需要对系统默认的拟合方式进行调整。

在该提示下输入 S 并按【Enter】键，弹出如图 6-59(b)所示的对话框，选择【直纹】单选按钮，然后单击【确定】按钮，完成栏杆柱的建模，如图 6-59(a)。

提示：为了快速完成横截面的绘制，可先画底面矩形，然后复制，最后用【偏移】命令生成中间最小的横截面。

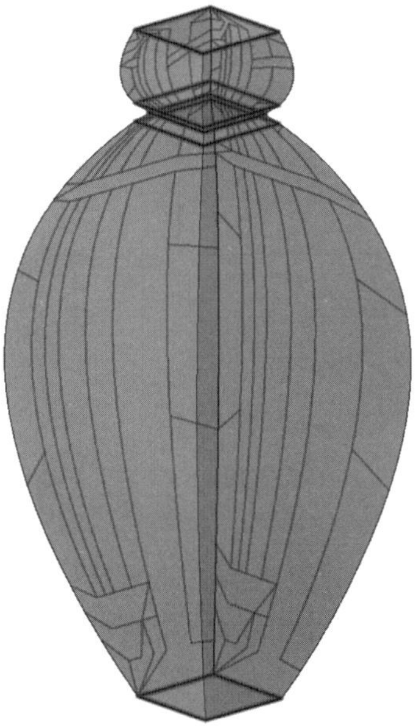

图 6-58　依次选择横截面

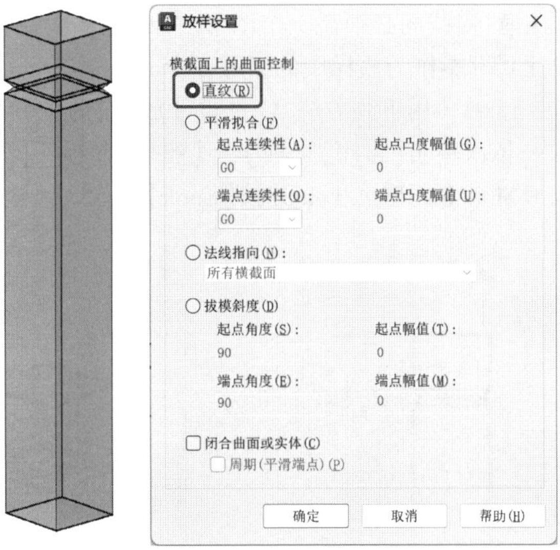

(a)　　(b)

图 6-59　选择【直纹】单选按钮

3. 扫掠

扫掠指的是通过沿开放或闭合路径扫掠二维对象来创建三维实体的方法。在默认情况下，二维对象所在的平面垂直于扫掠路径。

【例题 3】根据图 6-60 中给定的尺寸，创建拱桥模型。

拱桥模型中的各部件均为横截面为圆的杆件。建模中，首先绘制轴线（路径）模型，接着将指定尺寸的圆沿轴线模型中各轴线扫掠即可。

【绘图步骤】

步骤 01　依次选择【常用】选项卡→【视图】面板中→【三维导航】下拉列表中的【西南等轴测】选项。

步骤 02　利用【UCS】命令，将坐标系绕 *X* 轴旋转 90°。

步骤 03　在 *XOY* 平面内：根据图 6-61（a）给定的尺寸，通过指定点 1、2 和 3 完成拱圈轴线的绘制；利用【极轴追踪】绘制互相夹角为 22.5°的斜线，最终效果如图 6-61（b）所示。

步骤 04　利用【UCS】命令，将当前坐标系绕 *X* 轴旋转 10°；这样便能在 *XOY* 面内绘制半径较大的外拱圈。

步骤 05　在 *XOY* 平面内：根据图 6-60 给定的尺寸，通过三点完成外拱圈轴线的绘制；利用【极轴追踪】绘制互相夹角为 22.5°的斜线，最终效果如图 6-62（a）所示。

步骤 06　利用【UCS】命令，将当前坐标系绕 *X* 轴旋转 –10°；该操作用来还原坐标系的空间位置，接下来以 *XOY* 为镜像面完成拱桥拱圈轴线模型的绘制。

步骤 07　将图 6-62（a）所示的轴线模型旋转到图 6-62（b）所示的利于选取的视角，然后执行【三维镜像】完成拱桥三拱圈的创建。

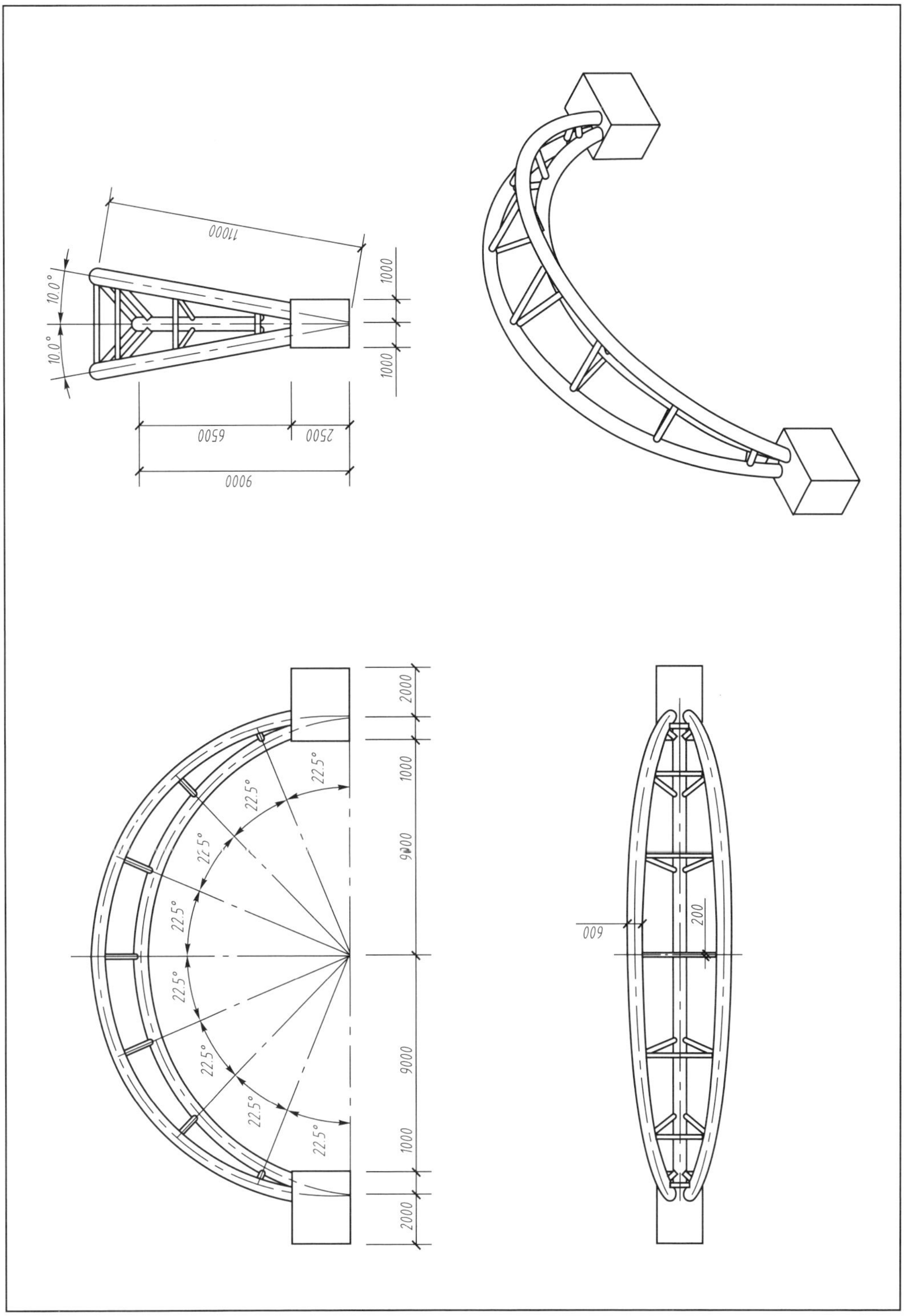
11000
10.0°
10.0°
1000
1000
6500
2500
9000
2000
1000
9000
9000
1000
2000
22.5°
600
200

图6-60　拱桥

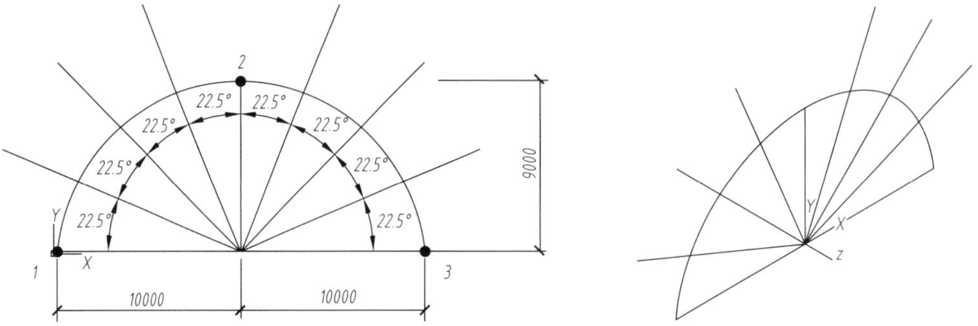

(a) 拱圈尺寸　　(b) 拱圈三维图

图 6-61　拱圈的绘制

步骤 08　旋转模型的观察角度，绘制拱圈之间的横向连接。最终的轴线模型如图 6-63 所示。

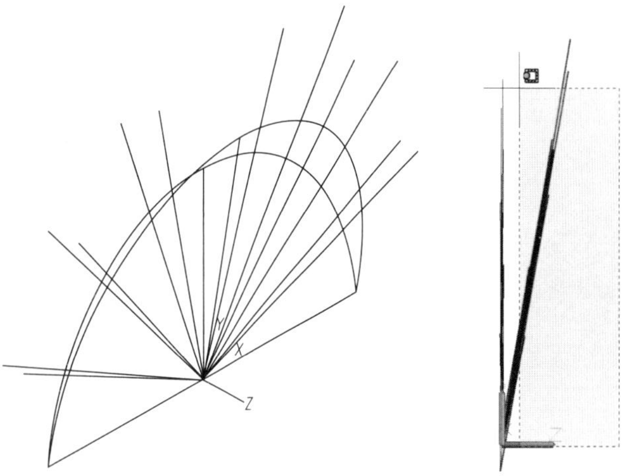

(a) 拱圈　　(b) 利于选取的视角

图 6-62　拱圈轴线模型

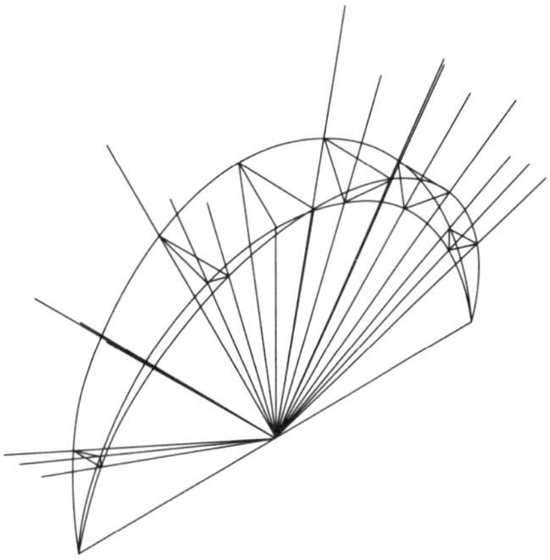

图 6-63　拱桥轴线模型

经过以上步骤，拱桥的轴线模型创建完成。下面将利用【扫掠】命令创建拱桥三维实体模型。

根据图 6-60 中的水平投影图可知，拱桥拱圈横截面圆的半径为 300，横向连接横截面圆的半径为 100。所以，首先在绘图区绘制两个半径分别为 300 和 100 的圆，并将系统变量 DELOBJ 的值设为 0，然后完成扫掠建模。

步骤 09　在绘图区绘制两个半径分别为 300 和 100 的圆。

步骤 10　将系统变量 DELOBJ 的值设为 0。因将系统变量 DELOBJ 的值设为 3 时，扫掠一次后原横截面圆被删除，后面的操作不方便；将系统变量 DELOBJ 的值为 0 时，扫掠一次后原横截面圆被保留，方便重复扫掠操作。

步骤 11　用下列方法之一执行【扫掠】命令：

- 依次单击【常用】选项卡→【建模】面板→【扫掠】按钮，如图 6-64 所示；
- 在命令行输入 Sweep 并按【Enter】键。

步骤 12　选择要扫掠的对象或 [模式(MO)]：

选择大圆并按【Enter】键。

步骤 13　选择扫掠路径或 [对齐(A)/基点(B)/比例(S)/扭曲(T)]：

选择外拱圈，完成一次扫掠。

步骤 14　重复步骤 11－13，完成所有拱圈及横向连接的扫掠建模操作。此时，拱桥模型如图 6-65 所示。

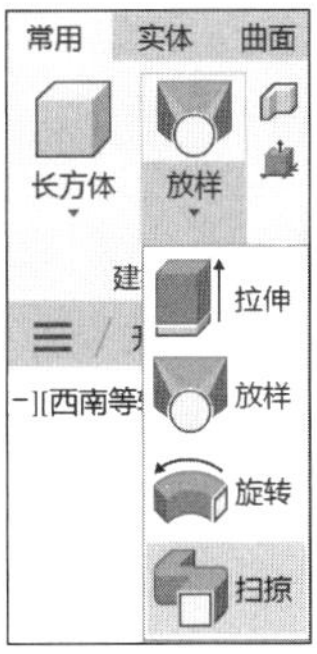

图 6-64　选择【扫掠】按钮

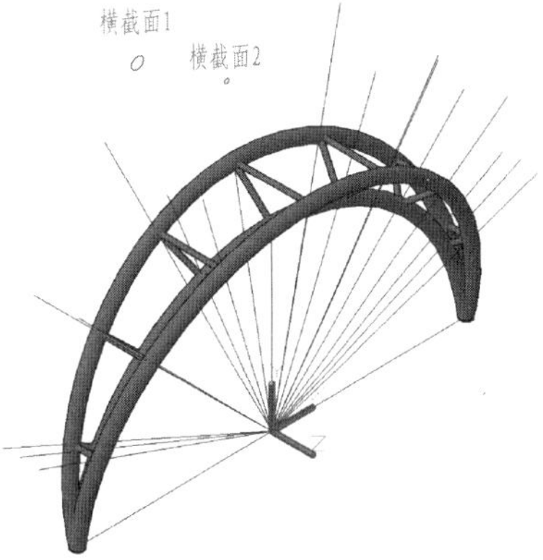

图 6-65　拱桥实体模型

步骤 15　移动坐标系，完成左右两边桥台的创建，从而完成拱桥实体建模。

6.5　由三维实体转换得到三投影图

AutoCAD 不但能创建实体模型，还能由实体获得其三投影图。

1. 提取实体的一个投影图

【例题 1】根据图 6-25 中给定的尺寸，创建组合体模型并提取其水平投影。

【绘图步骤】

步骤 01　完成实体建模，限于篇幅，详细步骤不再列出。

步骤 02　如图 6-66(a)所示，单击状态栏上的【布局 1】选项卡，将 AutoCAD 切换到图纸空间，这时在图纸空间出现图 6-66(b)所示的一个视口。

步骤 03　将光标移至视口内并双击，则空间切换为模型空间，这时用户可对模型进行三维交互操作。

步骤 04　将视点切换为【俯视】，并将组合体移至视口中心位置，如图 6-67 所示。

（a）单击【布局1】选项卡　（b）视口

图 6-66　图纸空间

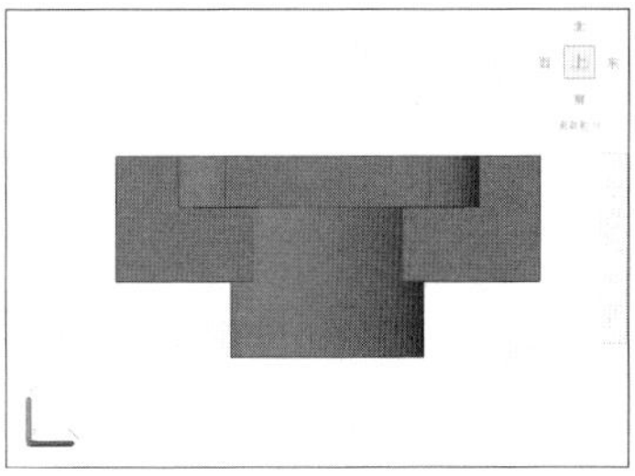

图 6-67　调整后的组合体

设置好组合体的放置位置后,下面可通过命令生成组合体的轮廓线,得到组合体的投影图。

步骤 05　用下列方法之一执行【实体轮廓】命令:

- 依次单击【常用】选项卡→【建模】面板→【实体轮廓】按钮,如图 6-68所示;
- 在命令行输入 Solprof 并按【Enter】键。

图 6-68　选择【实体轮廓】按钮

步骤 06　选择对象:

选择该组合体并按【Enter】键。

步骤 07　是否在单独的图层中显示隐藏的轮廓线? [是(Y)/否(N)] <是>:

按【Enter】键,这就意味着系统将创建新的图层来放置组合体的轮廓线。具体来说,系统将会创建两个图层:

PV－XXX:这种图层用于放置可见的轮廓线,该图层的线型应为实线,线宽为粗实线宽度;

PH－XXX:这种图层用于放置不可见的轮廓线,该图层的线型应为虚线,线宽为中粗。

步骤 08　是否将轮廓线投影到平面? [是(Y)/否(N)] <是>:

该提示下按【Enter】键,确认生成二维投影线。

步骤 09　是否删除相切的边? [是(Y)/否(N)] <是>:

在工程图样中,一般不会保留相切处切线的轮廓,所以按【Enter】键删除。

步骤 10　打开图层特性对话框,将 PH 打头的图层的线型改为虚线;

在默认情况下,PH 打头的图层其线型为实线。所以为了正确表达组合体的投影图,该图层的线型应设置为虚线。

步骤 11　关闭实体所在图层,结果如图 6-69 所示。

提取组合体的投影后,由于组合体的水平投影和实体在当前视角下重合,所以在视口中无法观察到投影图。正确的做法是:将组合体所在的图层关闭,则视口中只显示投影图。

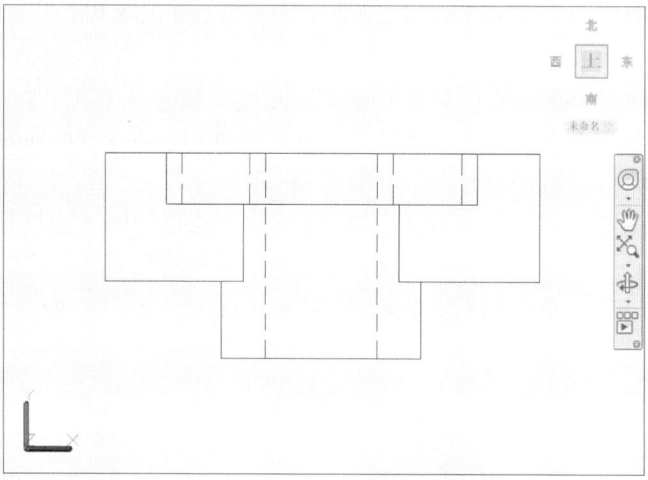

图 6-69　组合体的投影图

2. 提取实体的三个投影图

【例题 2】根据图 6-25 中给定的尺寸,创建组合体模型并提取其三投影图。

【绘图步骤】

步骤 01　完成实体建模。

步骤 02　删除默认的单个视口。如图 6-11(a)所示,单击状态栏上的【布局 1】选项卡,将 AutoCAD 切换到图纸空间,利用【删除】命令选择图 6-66(b)所示的视口边框并删除该视口。

水平投影、正面投影和侧面投影各占一个视口,轴测图占用一个视口。所以,需要在图纸空间创建四个视口,做法如下。

步骤 03　在命令行输入 Vports 并按【Enter】键,弹出图 6-70 所示的对话框。在该对话框中选择左侧的【四个:相等】并单击【确定】按钮。

接下来需要指定两个对角点,用来确定四个视口在图纸空间内的范围。

步骤 04　指定第一个角点或 [布满(F)] <布满>:

单击指定第一个角点。

步骤 05　指定对角点:

单击指定对角点,完成视口创建,结果如图 6-71 所示。

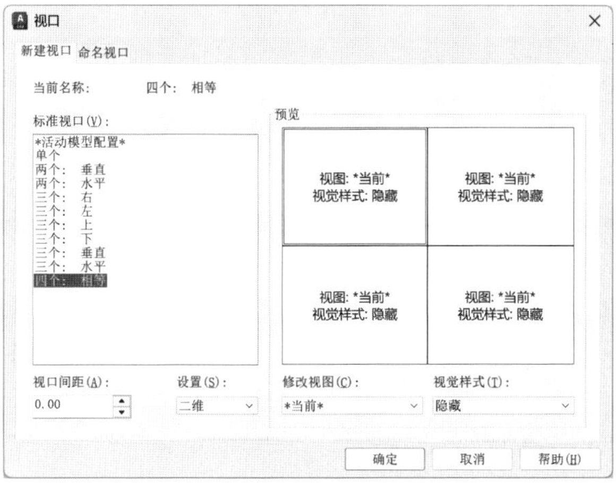

图 6-70　【视口】对话框

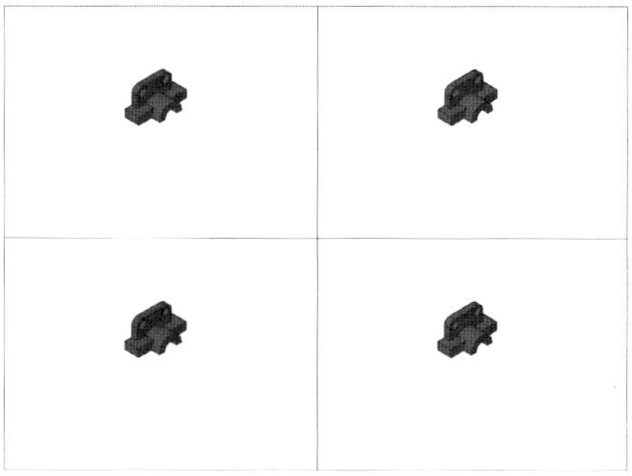

图 6-71　四个视口

视口创建完成后,还需要针对每个视口中的模型调整视点,使其看起来像"投影"。下面三步将完成视点的调整。

步骤 06　将光标移至左上角的视口内并双击,并将视点切换为【前视】模式。

步骤 07　将光标移至右上角的视口内并单击,并将视点切换为【左视】模式。

步骤 08　将光标移至左下角的视口内并单击,并将视点切换为【俯视】模式。视点调整后的效果如图 6-72(a)所示。

在工程图样中,基本投影图应满足"长对正、高平齐、宽相等"的投影规律。观察图 6-72(a)所示,视口中的组合体并不能满足对齐关系,所以在提取轮廓投影之前应调整视口比例以满足位置关系。

步骤 09　在命令行输入 MVsetup 并按【Enter】键。

步骤 10　输入选项 [对齐(A)/创建(C)/缩放视口(S)/选项(O)/标题栏(T)/放弃(U)]:

输入 S 并按【Enter】键。

步骤 11　选择要缩放的视口...

在图6-72(b)中选择四个视口并按【Enter】键。

步骤12　设置视口缩放比例因子。交互(I)/<统一(U)>:

在该提示下按【Enter】键，统一调整视口的缩放比例因子。

步骤13　设置图纸空间单位与模型空间单位的比例... 输入图纸空间单位的数目 <1.0>:

按【Enter】键，默认将图纸空间的单位设置为1。

步骤14　输入模型空间单位的数目 <1.0>:

注意:此处输入的值越大，视口中的模型越小。在具体模型的转换中，可以输入任意值进行反复调整，直到模型和视口的大小相匹配。

根据经验，这里输入0.8并按【Enter】键，结果如图6-72(c)所示。此时模型大小适当，但是左侧两个模型不满足竖向对齐的关系。下面是调整过程:

步骤15　在命令行输入MVsetup并按【Enter】键。

步骤16　输入选项 [对齐(A)/创建(C)/缩放视口(S)/选项(O)/标题栏(T)/放弃(U)]:

输入A并按【Enter】键。

步骤17　输入选项 [角度(A)/水平(H)/垂直对齐(V)/旋转视图(R)/放弃(U)]:

需要将左侧两个模型沿竖向对齐，所以此处输入V并按【Enter】键。

步骤18　指定基点:

如果左下角的视口高亮显示，则将光标移至该视口内，如图6-72(d)所示选择对齐的基准点;如果视口未高亮显示，则将光标移至该视口内并单击，然后选择对齐的基准点。

步骤19　指定视口中平移的目标点:

将光标移至左上角的视口内并单击，然后如图6-72(e)所示选择需要对齐的点，最后按下ESC退出命令。执行该步后，上下模型沿竖向对齐。

步骤20　单击右下角的视口，将模型移至视口中心位置。

调整之后的视口如图6-72(f)所示，四个视口中的模型位置对齐，大小适中。下面将基于四个视口，提取组合体的三面投影及轴测图。

步骤21　在命令行输入Solprof，并按【Enter】键。

步骤22　选择对象:

单击左下角的视口，选择其中的模型并按【Enter】键。

步骤23　是否在单独的图层中显示隐藏的轮廓线? [是(Y)/否(N)] <是>:

步骤24　是否将轮廓线投影到平面? [是(Y)/否(N)] <是>:

步骤25　是否删除相切的边? [是(Y)/否(N)] <是>:

以上三个提示下均按【Enter】键。

步骤26　针对其他三个视口及其中的模型重复第22~26步，完成轮廓投影的提取。

注意:针对每个视口，进行第22~26步的操作后，系统将会自动创建两个分别以PH和PV开头的图层。为了方便后续的操作，在每个视口中提取立体的轮廓投影后，建议读者及时对这两个图层重新命名，以便区分这些图层和各个视口的对应关系。

步骤27　打开图层特性对话框，将PH打头的所有图层的线型设为虚线。

步骤28　关闭实体所在的图层和右下角的视口对应的以PH打头的图层，结果如图6-73所示。

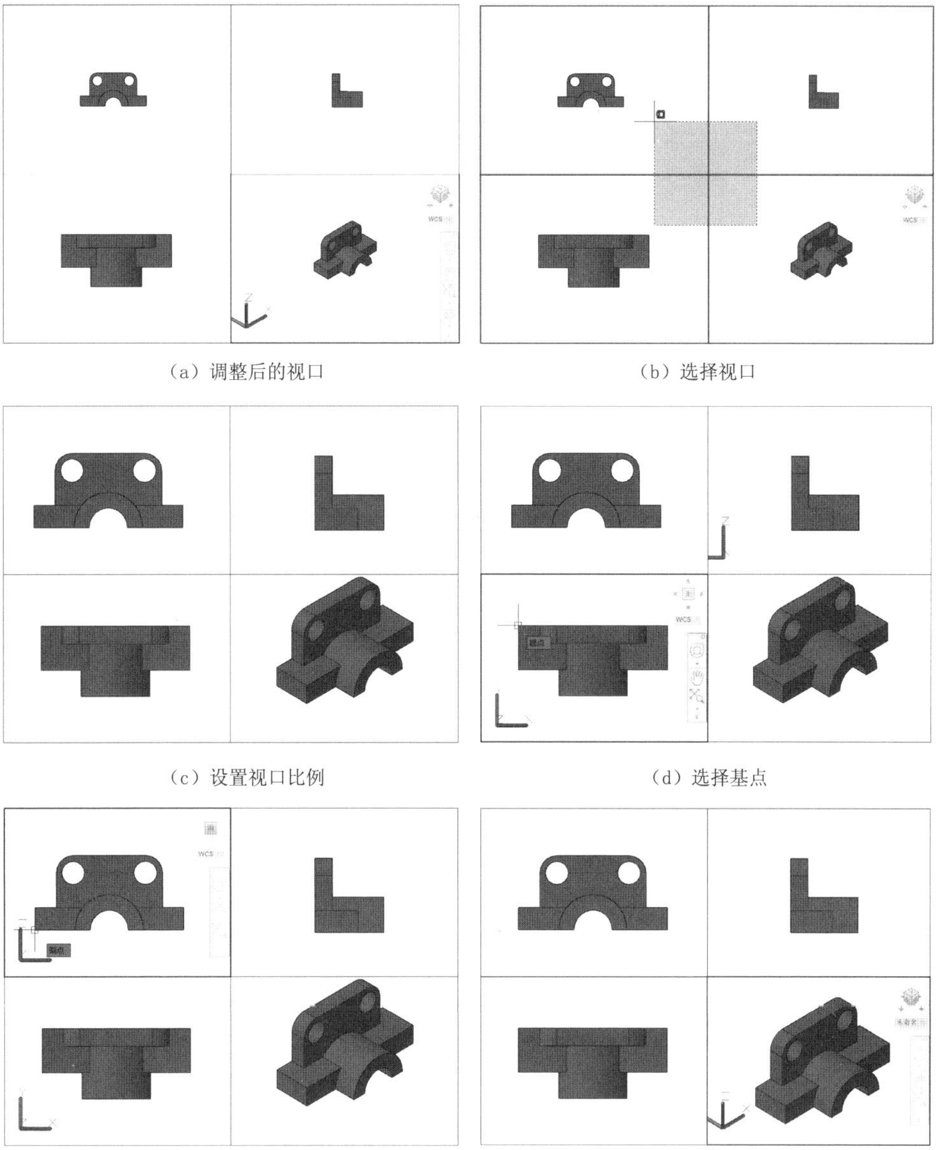

（a）调整后的视口　（b）选择视口

（c）设置视口比例　（d）选择基点

（e）选择对齐的目标点　（f）完成视口调整

图 6-72　视口的调整

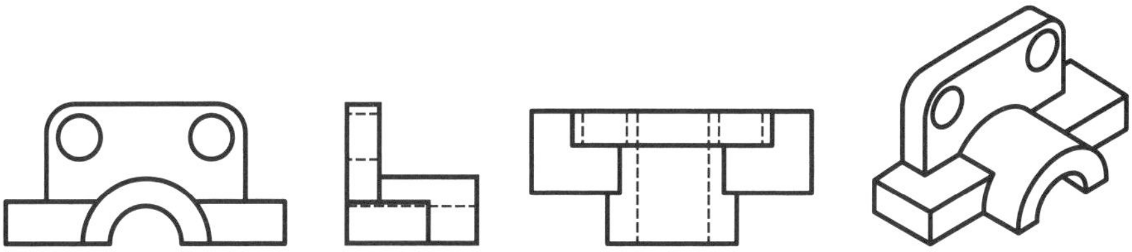

图 6-73　组合体的三投影图

步骤 29　新建图层，补充点画线并完成尺寸标注。

第7章

Visual LISP及用户自定义基础

LISP 是 List Processor(表处理程序)的缩写,主要用于人工智能(AI)领域。

AutoLISP 是人工智能语言 Common LISP 的简化版本,作为通用 LISP 语言的一个小子集,AutoLISP 严格遵循其语法和惯例,但又添加了许多针对 AutoCAD 的功能。Autodesk 公司引入 AutoLISP 作为应用程序编程接口(API),用于扩展和自定义 AutoCAD 功能。借助 AutoLISP,用户可以用适合编写图形应用程序的强大的高级语言来编写宏程序和函数,并开发各种软件包。AutoLISP 易于使用,并且非常灵活,多年来一直是自定义 AutoCAD 的标准。

从 AutoCAD R14 开始,Visual LISP 被引入到 AutoCAD 中,它增强并扩展了 AutoLISP 语言,可以通过 Microsoft ActiveX Automation 接口与对象交互,并扩展了 AutoLISP 响应事件的能力。作为开发工具,Visual LISP 提供了一套完整的集成开发环境(IDE),包括编译器、调试器和其他工具,可以提高自定义 AutoCAD 的效率。另外,Visual LISP 对运行环境没有特殊要求,在 AutoCAD 系统下即可完成对 Visual LISP 的加载和运行。

7.1 Visual LISP 程序的加载和运行

在编程语言中,源代码的运行方式大体分为两种:一是用编译器将程序代码编译链接成可执行程序;二是利用解释器边解释边执行。不管用哪种语言编程,其编译或解释执行的过程总是直截了当的。

Visual LISP 程序的运行方式属于上述第二种,不过由于其较为烦琐的运行过程,我们还需要作出详细说明。

下面是 Visual LISP 程序运行的两种方法:

1. 命令行加载执行

这是一条 Visual LISP 语句:

```
(setq a ( + 3 5))
```

该语句的目的是计算 3 + 5 并将计算结果赋值给整型变量 a。其中,setq 是赋值函数,a 是变量,(+ 3 5)是数学表达式。

Visual LISP 中,赋值之前不需要变量类型申明。也就是说,AutoCAD 将根据用户的代码自动判断变量的类型并进行赋值操作。

在编写数学表达式时,必须将数学运算符置于表达式的最前面,后面顺序出现参与运算的参数或表达式,而且各元素之间要用空格隔开。

Visual LISP 中的语句都要用括号括住。当表达式较为复杂时,括号的数量也较多,在程序书写时应当特别注意。

在“了解”简单的语法规则后,下面将尝试运行该语句。

如图 7-1 所示,在命令行输入该语句并按【Enter】键,则程序运行结束。

为了观察运行结果,需要用鼠标将命令行窗口放大,结果如图 7-2 所示。显然,在命令行窗口的第二行,AutoCAD 打印输出了计算结果。

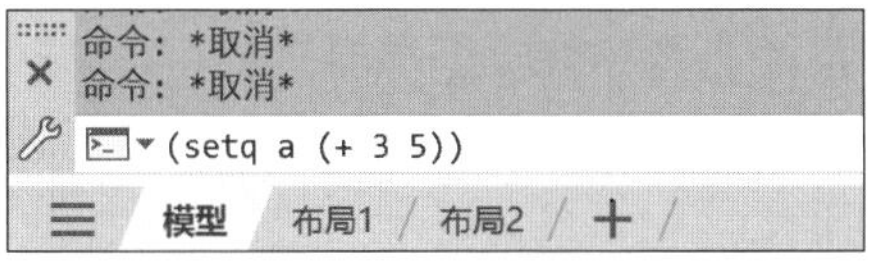

图 7-1　从命令行运行语句

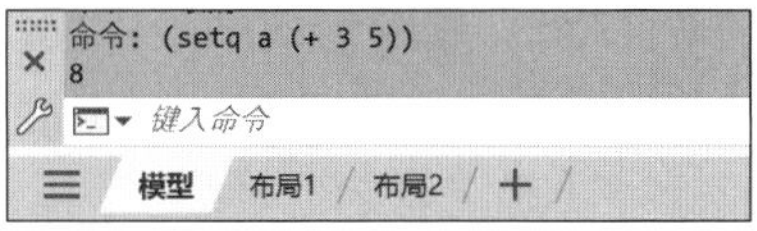

图 7-2　程序运行结果

如果将上述语句进行封装,使其成为自定义函数的函数体,则代码如下:

```
(defun plus35 ()
     (setq a (+ 3 5) )
)
```

其中,defun 用来定义函数,plus35 是函数名。

为了运行测试该自定义函数,将函数代码复制到命令行并按下【Enter】键,结果如图 7-3 所示。

由此可知,系统返回了函数名而非函数体的计算结果。到此为止,AutoCAD 虽然已经知道了一个名为 plus35 的用户自定义函数(这就是程序的加载),但是并没有运行它。

为了运行这个自定义函数,应该用括号将函数名括起来后输入命令行并按下【Enter】键,结果如图 7-4 所示。

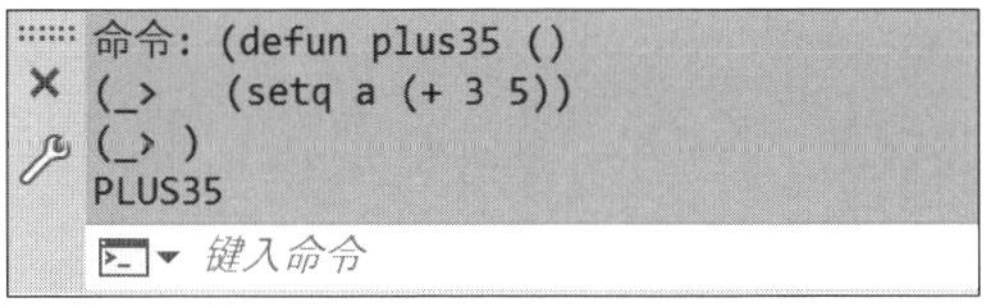

图 7-3　函数的加载

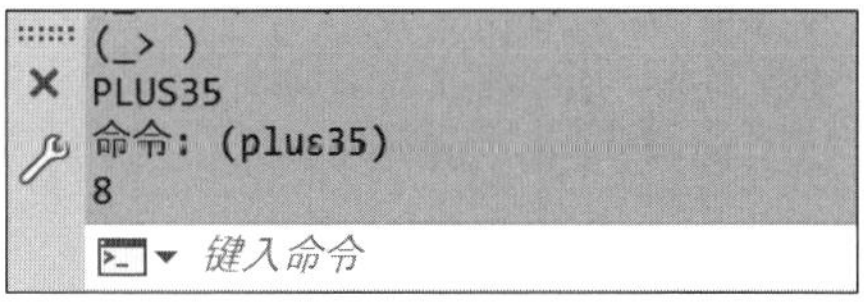

图 7-4　函数运行结果

这种运行方法直截了当,对于简单语句的测试非常方便。但是,当程序较长或者需要反复使用时,这种运行方法就显出了自身的弊端,造成各种不便。

更多的时候,我们采用下面的运行方法。

2. 使用 Load 函数加载

首先,编写需要的程序代码并保存成后缀名为 lsp 的文件。

读者可用 AutoCAD 自身提供的 Visual LISP 编辑器来编写程序,不过在 Win10 系统中,该编辑器的体验并不好。所以,推荐使用 NotePad + + 。

请读者复制前面的自定义函数并将其保存为 first. lsp 文件。

其次,在命令行输入下面的语句来加载自定义函数。

```
(load “first. lsp”)
```

输入上面的语句并按【Enter】键,系统将给出出错信息提示。原因很简单:AutoCAD 根本找不到 first. lsp 文件。

为此,需要创建一个 AutoCAD 能找到的文件夹,并将 first. lsp 放入其中。方法如下:

- 在 AutoCAD 安装目录下创建名为 VLISP 的文件夹并将 first. lsp 放入其中。

在编者的系统中,VLISP 文件夹的存放路径为:D:\Autodesk\AutoCAD 2025\Vlisp。

其实,文件夹的名称和存放位置可以任意。

- 设置文件搜索路径,确保 AutoCAD 能够找到该文件夹及其内部存放的文件。

如图 7-5 所示,依次单击【视图】选项卡 →【界面】面板→【文件选项卡】按钮;弹出图 7-6 所示的对话框后,展开树形列表中的【支持文件搜索路径】,顺次单击【添加】、【浏览】按钮,浏览 D:\Autodesk\AutoCAD 2025\Vlisp 并确定;接着连续单击【上移】按钮使该路径处于顶部位置;最后单击【确定】按钮关闭对话框,结果如图 7-7 所示。

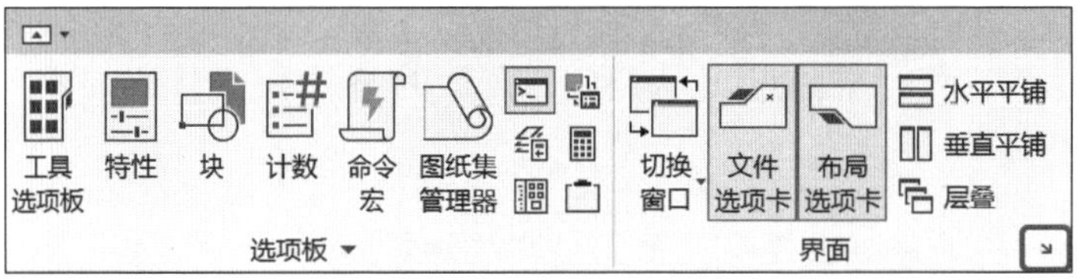

图 7-5 单击【文件选项卡】按钮

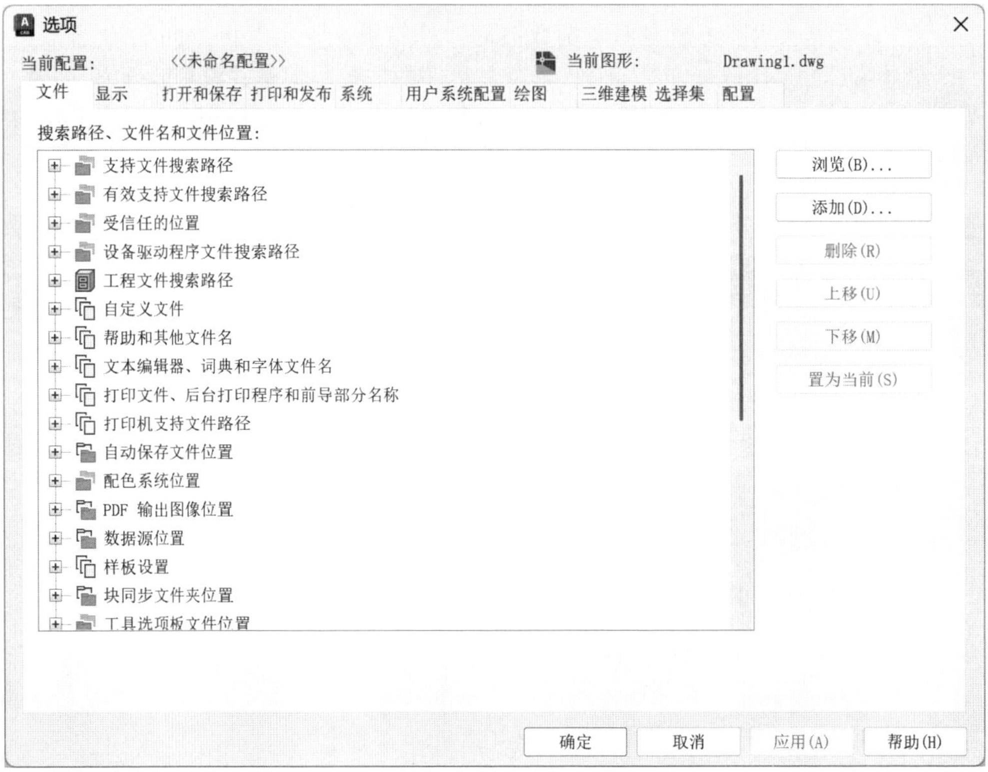

图 7-6 【选项】对话框

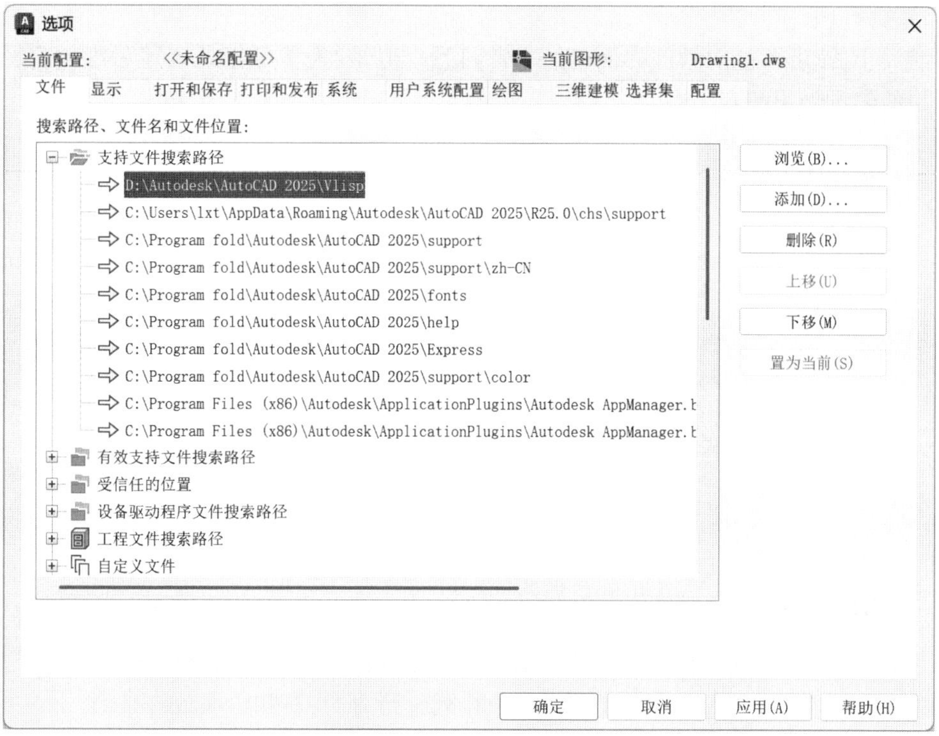

图 7-7　支持文件搜索路径设置

到此为止,已经创建了 AutoCAD 能找到的文件路径并将程序文件置于其中。下面将再次加载程序文件。

如图 7-8 所示,在命令行输入程序文件加载语句并按【Enter】键,系统返回自定义函数名 plus35,说明程序加载成功。

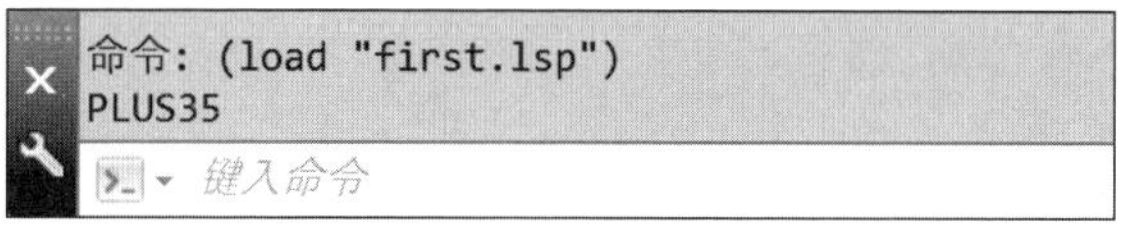

图 7-8　加载程序

相比而言,当程序文件较大时,这种加载运行方法更加方便。

7.2　用户自定义

传统绘图中,用户已经习惯于软件良好的交互操作。一些常用的命令都被安排在软件功能区,这对用户的使用也更具引导性。

如果用 Visual LISP 编写了很多实用性的扩展小程序,但是在程序使用时要求用户记住并输入很多函数名,这种体验显然是很糟糕的。

如果能将扩展小程序对应的命令放置于软件功能区,这将极大地方便用户的使用。下面将对此展开讨论。

1. 几个名词

目前为止,读者可能对软件界面已经非常熟悉。但是,为了更好地表述后续内容,下面对几个常用的名词做出解释。

- 选项卡　如图 7-9 所示,当单击【默认】【插入】等选项卡的名称时,将在其下方出现内部容纳的作图命令。
- 面板　如图 7-9 所示,单击【默认】选项卡时,在该选项卡内从左到右分别为【绘图】、【修改】、【注释】和【图层】等面板,相邻面板之间均用分隔线隔开。

图 7-9　功能区

- 子面板　如图 7-10 所示,在【绘图】面板内整齐地排列着一些常用的绘图命令。其中左起四个命令按钮较大,右侧三个按钮较小且竖向排列。为了满足这种排列效果,就需要在面板内创建左右两个子面板,在左侧子面板内只排列一行,而在右侧子面板内排列三行。
- 行　面板或子面板内的按钮按行排列。图 7-10 中,右侧子面板内应该创建三个行,每行布置一个命令。
- 分隔符　用于在功能区面板的行中创建相关命令、控件、子面板和其他项目的视觉编组。
- 滑出式面板　单击图 7-10 中的【绘图】面板名,展开后的结果如图 7-11 所示,其中下面的区域在默认情况下是隐藏的,只有单击面板名称右侧向下箭头时才可以展开,因此称为滑出式面板。

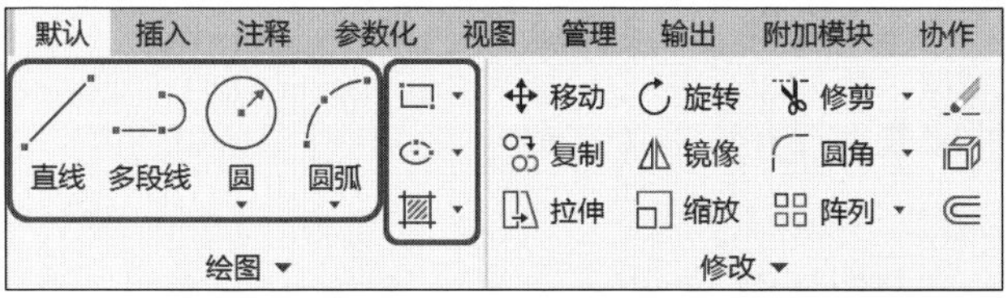

图 7-10　【绘图】面板

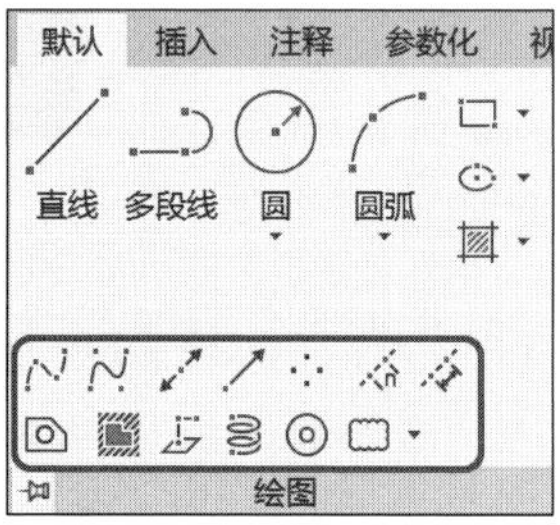

图 7-11　滑出式面板

2. 创建用户界面自定义文件

用户界面自定义文件给用户的定制提供了框架。一旦创建了用户界面自定义文件,则可向定制框架加入想要的内容并加载即可。

下面是创建用户界面自定义文件的步骤:

步骤 01　用下列方法之一执行【用户界面】命令:

- 依次单击【管理】选项卡→【自定义设置】面板→【用户界面】按钮,如图 7-12 所示;
- 在命令行输入 CUI 并按【Enter】键。

图 7-12　单击【用户界面】按钮

步骤 02　弹出图 7-13 所示的对话框后，依次单击【传输】选项卡→【新建】按钮→【保存】按钮，将自定义文件命名为 myCUI. cuix 并保存至 D：\Autodesk\AutoCAD 2025\VLISP。

图 7-13　【自定义用户界面】对话框

为了使用自定义文件，必须先要加载该文件。

步骤 03　在【自定义用户界面】对话框中，单击【自定义】选项卡，然后将光标移至【局部自定义文件】并右击，在弹出的快捷菜单中选择【加载部分自定义文件】选项，如图 7-14 所示。

步骤 04　当弹出图 7-15 所示的文件加载对话框时，从路径 D：\Autodesk\AutoCAD 2025\Vlisp 中选择 myCUI. cuix 并单击【打开】按钮，完成文件加载。

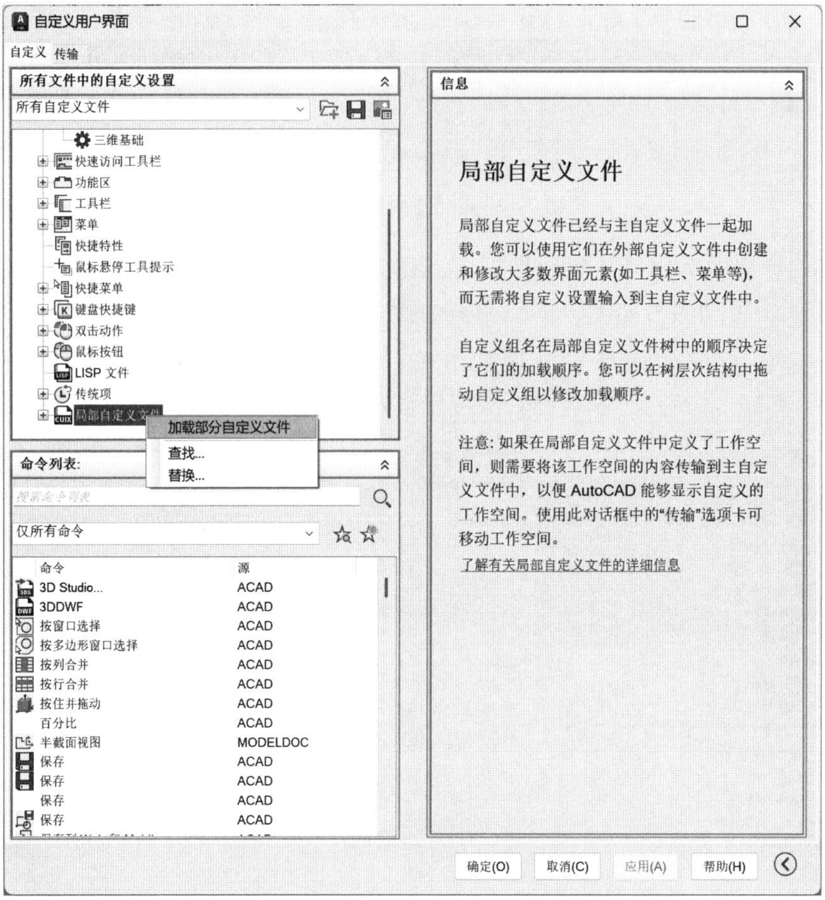

图 7-14 单击【加载部分自定义文件】选项

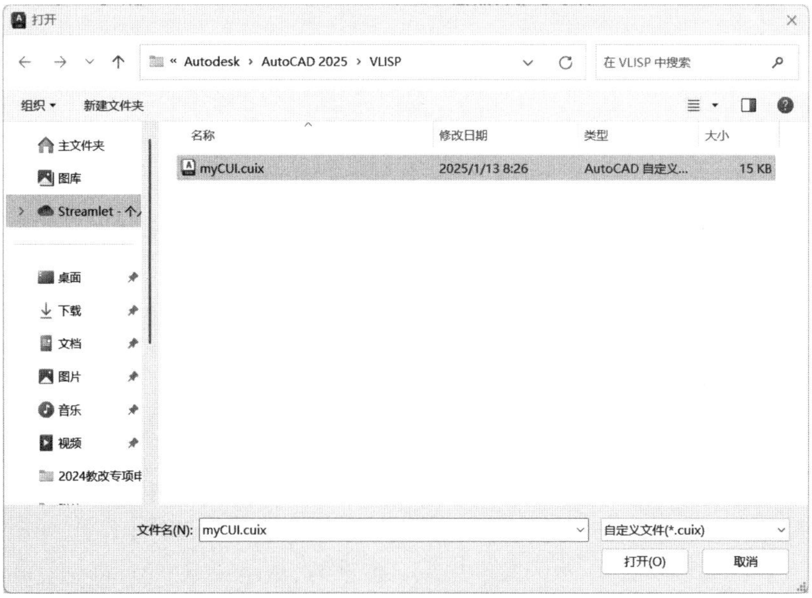

图 7-15 加载自定义文件

步骤 05　再次回到【自定义用户界面】对话框中，其左侧部分已经显示为加载的用户自定义文件，结果如图 7-16 所示。

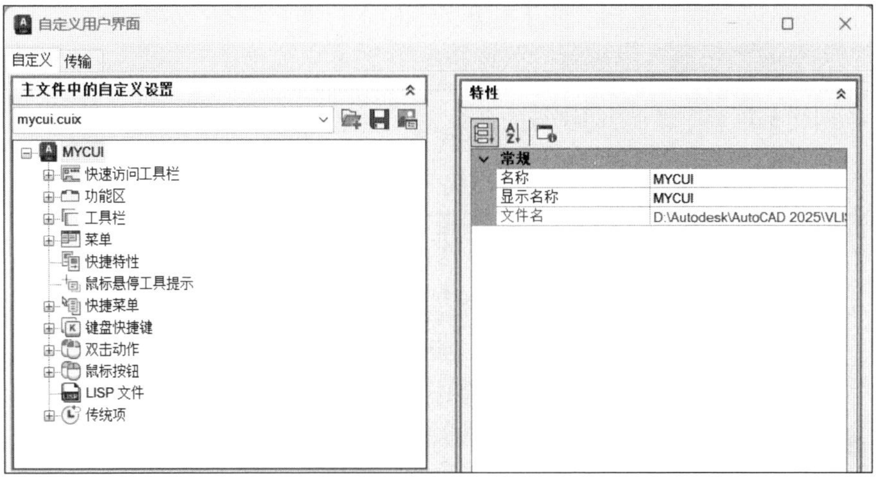

图 7-16　用户自定义文件

3. 创建新命令

为了将用户自定义函数 plus35 作为新命令放置在用户自定义界面上，还需要创建一个新的命令。步骤如下：

步骤 01　打开【自定义用户界面】对话框，单击【创建新命令】按钮，如图 7-17 所示。

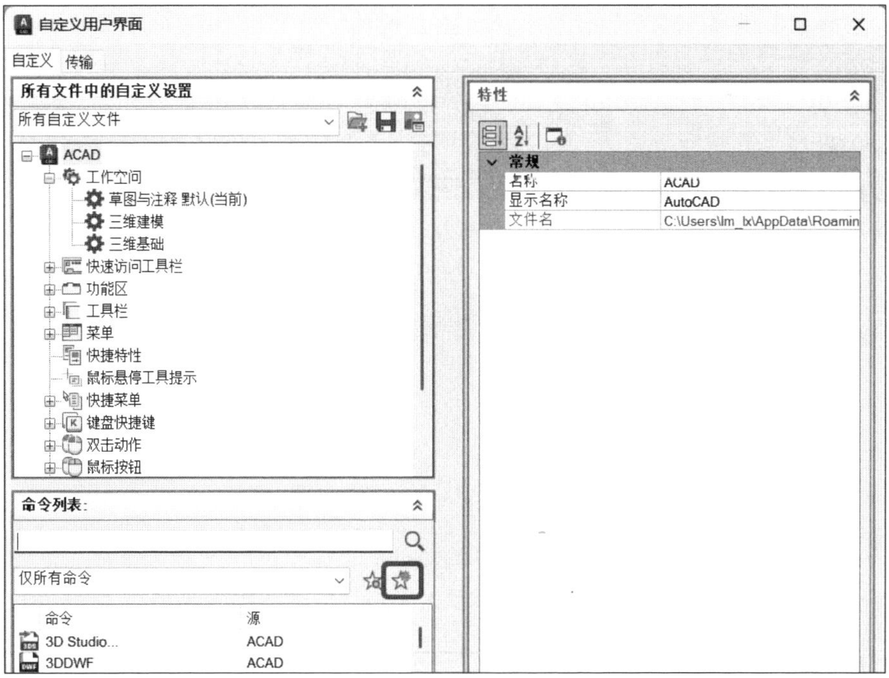

图 7-17　单击【创建新命令】按钮

步骤 02　此时在【命令列表】中出现了新建的命令，如图 7-18 所示。下面是命令属性的设置：

```
名称:plus35
宏:  ^C^C^P(load "first.lsp")  (plus35)
图像:RCDATA_16_SELADD
```

其中:

^C ——是指按一次【Esc】键;

^P ——切换菜单响应开关,使执行的命令显示或者不显示;

(load "first. lsp") ——用来加载程序文件;

(plus35) ——用来执行函数;

Add_plus_16. png ——用户自定义的命令图标。

图 7-18 设置命令属性

4. 创建面板

命令在面板上体现出来就是一个按钮。为了在面板上放置一个按钮,首先应创建一个面板。下面是创建过程:

步骤 01 打开【自定义用户界面】对话框,在下拉列表中选择 myCUI. cuix,如图 7-19 所示。

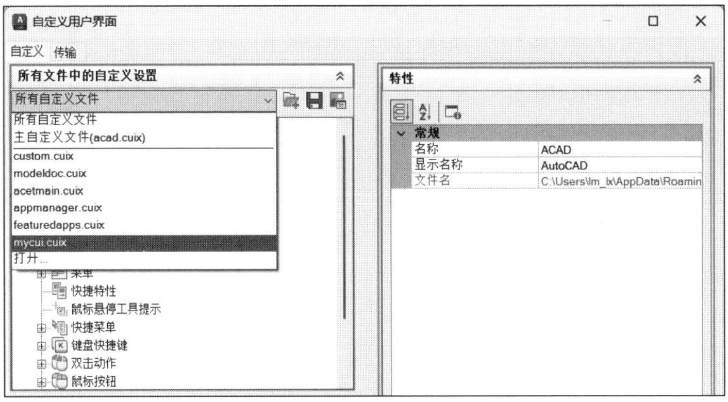

图 7-19　选择用户自定义界面文件

步骤 02　展开树形目录中的【功能区】，将光标移至【面板】并右击，弹出如图 7-20 所示的快捷菜单，再单击【新建面板】菜单项。

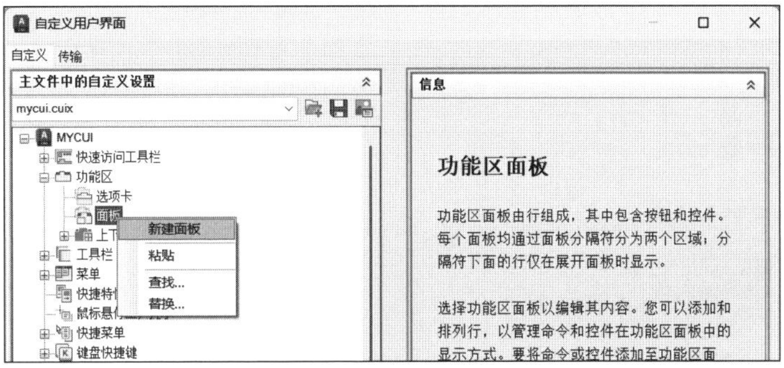

图 7-20　单击【新建面板】按钮

步骤 03　如图 7-21 所示，出现新面板后，将其命名为【自定义面板】。

注意：该面板名称将出现在用户界面上，所以命名时注意其合理性。

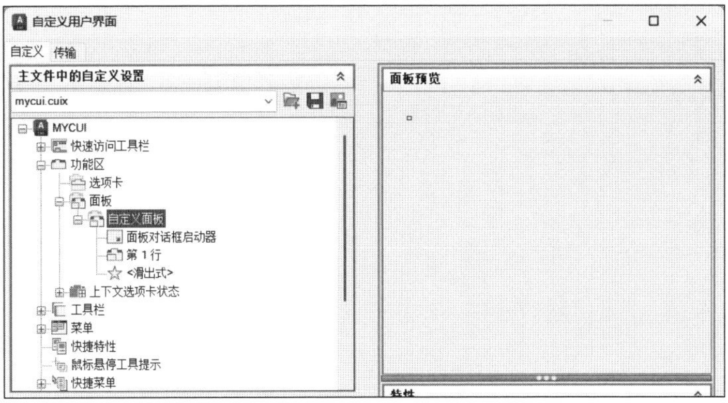

图 7-21　命名面板

步骤 04　新创建的面板为空面板，我们可将新建的命令置于该面板上。

如图 7-22 所示，用鼠标拖拽（按下鼠标并移动）plus35 到【第 1 行】。然后单击图 7-23 中【第 1 行】下方的【plus35】，并将【特性】中的【按钮样式】设置为【带文字的大图像（竖直）】。

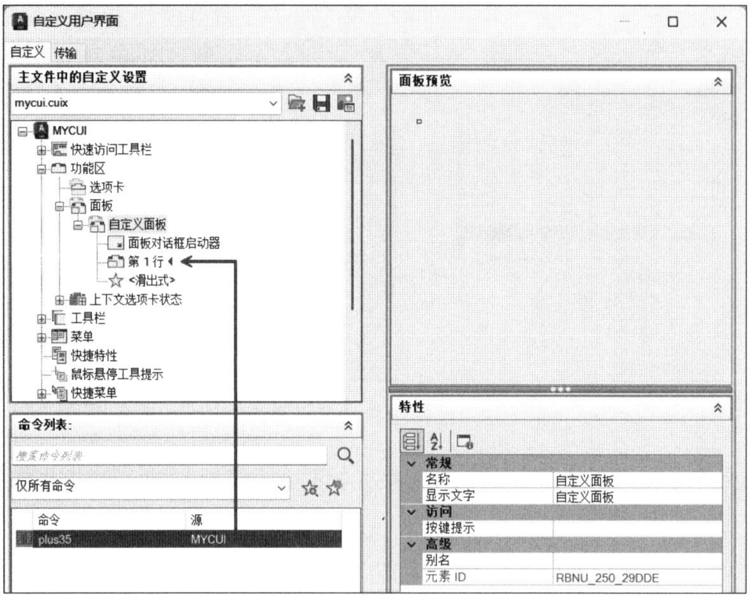

图 7-22　拖拽命令到面板

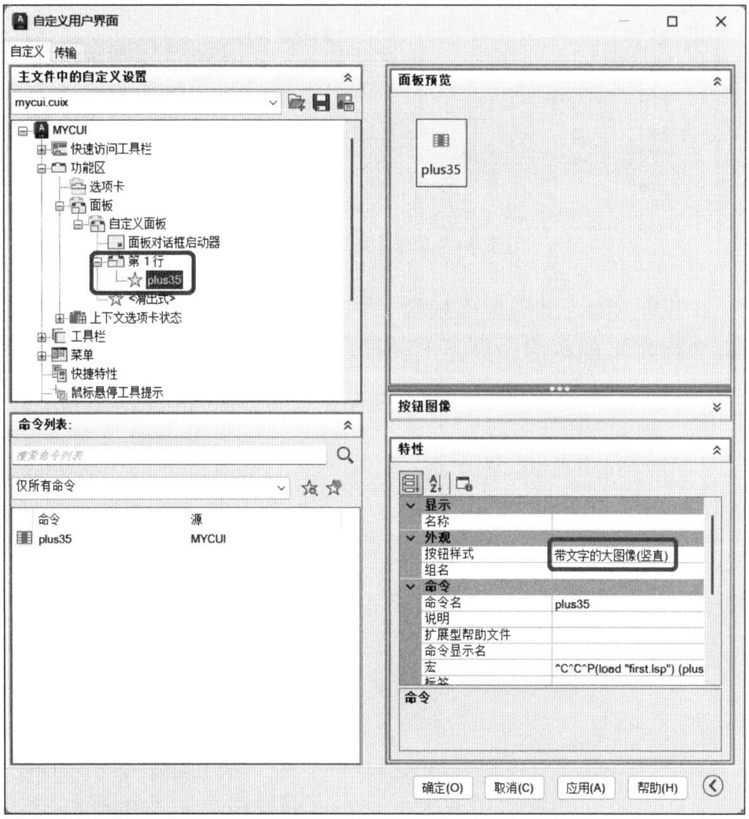

图 7-23　设置按钮样式

目前为止，已经将命令置于新建面板上。为了显示面板，还需要创建一个选项卡。如果读者未理解，可返回前面阅读用户界面相关的几个名词。

5. 创建选项卡

选项卡用来放置面板。下面是创建过程：

步骤 01 如图 7-24 所示，右击【选项卡】按钮，在弹出的快捷菜单中选择【新建选项卡】选项。

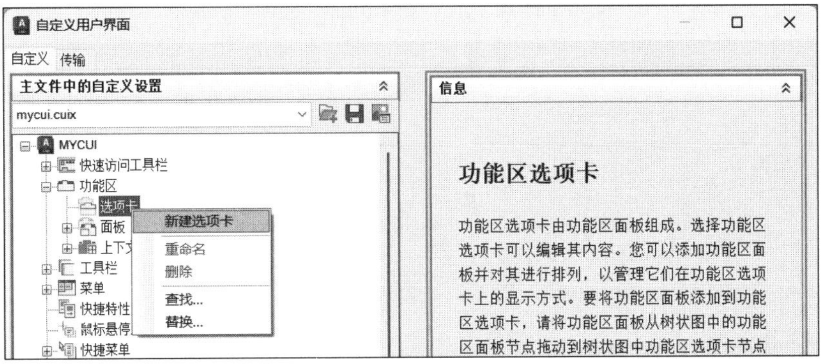

图 7-24 选择【新建选项卡】选项

步骤 02 将新建选项卡命名为【自定义选项卡】，如图 7-25 所示。

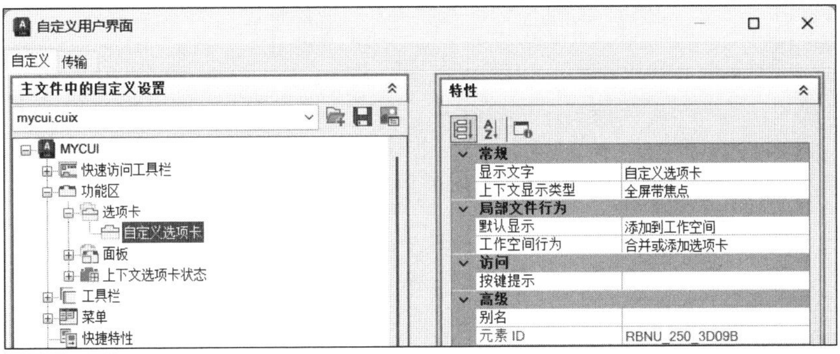

图 7-25 命名新建选项卡

步骤 03 将【自定义面板】拖拽至【自定义选项卡】，如图 7-26 所示。

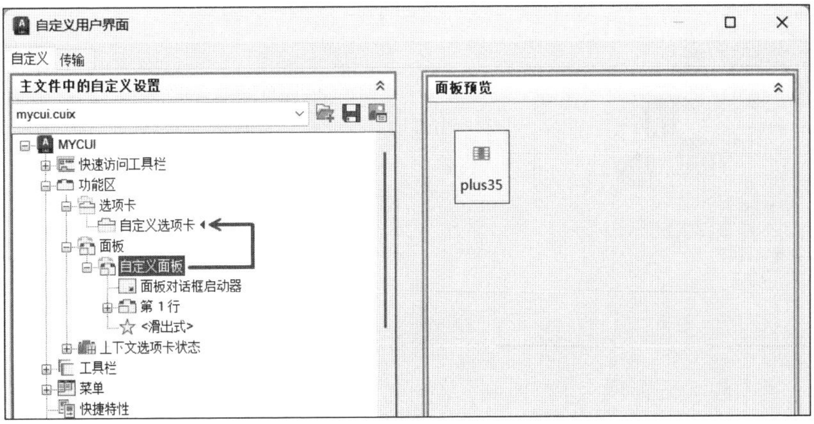

图 7-26 将【自定义面板】拖拽至【自定义选项卡】

经过以上步骤，已经将含有命令的面板置于新建选项卡上。为了在软件界面上显示自定义选项卡，还需要指定该选项卡的位置。

6. 设置选项卡的位置

在默认情况下，AutoCAD 的工作空间为【草图与注释】。为了将自定义选项卡在【草图与注释】工作空间显示出来，则需要将自定义选项卡拖拽到该工作空间的功能区。步骤如下：

步骤 01　如图 7-27 所示，首先单击【草图与注释】按钮，然后单击【功能区选项卡】按钮。

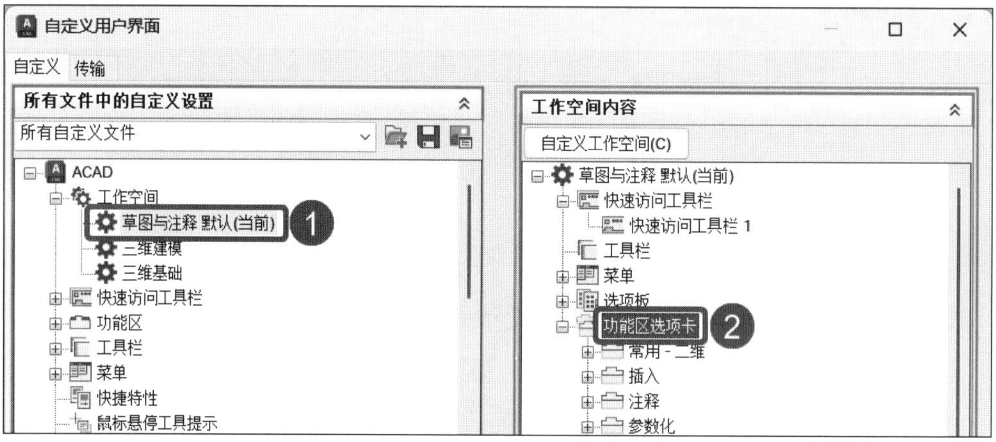

图 7-27　查找【草图与注释】的功能区

步骤 02　如图 7-28 所示，按照顺序展开树形目录列表，找到【自定义选项卡】。

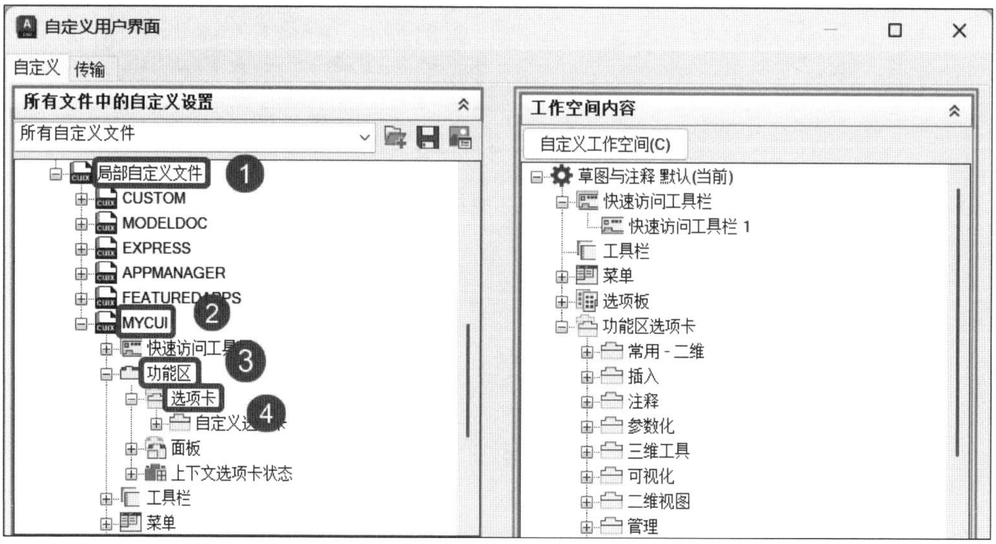

图 7-28　查找【自定义选项卡】

步骤 03　将【自定义选项卡】拖拽到【草图与注释】的功能区，如图 7-29 所示。

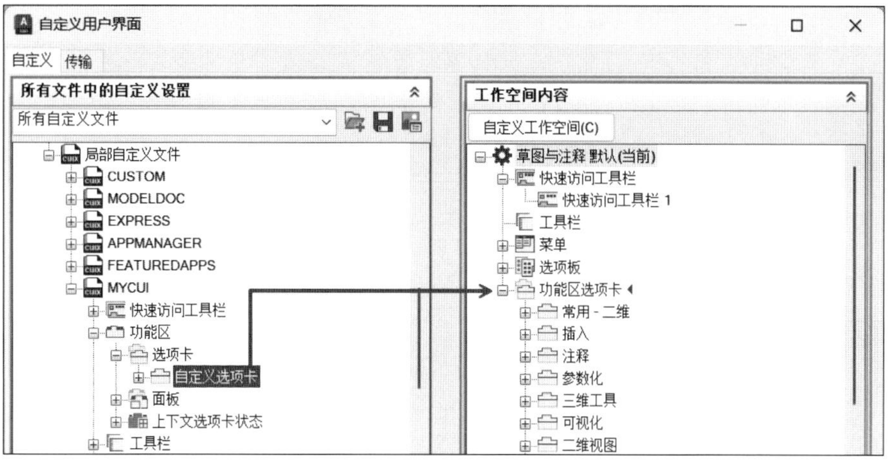

图 7-29　将【自定义选项卡】拖拽到【草图与注释】的功能区

步骤 04　最后单击【确定】按钮，退出【自定义用户界面】对话框，完成了用户界面的自定义。

稍作等待后，用户自定义结果加载显示完毕，结果如图 7-30 所示。由图可知，自定义选项卡、自定义面板和自定义命令都按照预想得以显示。

单击自定义按钮，然后观察命令行窗口，则证明程序的加载和运行都是正确的。

图 7-30　用户自定义界面

当自定义命令较为复杂时，鼠标帮助文件将会非常重要。如图 7-31 所示，将光标悬停在自定义按钮上，弹出了简单的鼠标帮助文件。该帮助文件非常简单，以至于只有一个函数名。为了给出详细的帮助信息，需要定义帮助文件。

图 7-31　帮助信息

7. 帮助文件

为了制作帮助文件，需要编写一个后缀为 . xaml 的文件。其实，AutoCAD 的开发者早就想到了我们的困难，所以提供了帮助文件的编写框架：

```
<ResourceDictionary
  xmlns="http://schemas.microsoft.com/winfx/2006/xaml/presentation"
  xmlns:x="http://schemas.microsoft.com/winfx/2006/xaml"
  xmlns:src="clr-namespace:Autodesk.Windows;assembly=AdWindows">
   <src:RibbonToolTip x:Key="MYEH_CMD_0001">
   <src:RibbonToolTip.ExpandedContent>
   <StackPanel>
     <TextBlock TextAlignment="left" LineHeight="30" >
```

该命令用来计算 3 +5 的值,详细代码如下:

```
</TextBlock>
<Image Source="images/help.jpg" Width="Auto" Height="Auto">
</Image>
 </StackPanel>
 </src:RibbonToolTip.ExpandedContent>
 </src:RibbonToolTip>
</ResourceDictionary>
```

其中:

x:Key——用来定义帮助文件的编号;

<StackPanel> </StackPanel>——定义了一个面板,用来放置帮助文件中文本和图片信息;

<TextBlock> </TextBlock>——定义了一个行高为 30、文本左对齐的文本块;

<Image> </Image>——用来放置名为 help.jpg 的图片。

制作帮助文件时,只需要用文本和图片替换相应的内容即可。下面是详细的步骤:

步骤 01　将上述代码命名为 myhelp.xaml 并保存至路径 D:\Autodesk\AutoCAD 2025\Vlisp。

步骤 02　制作帮助文件需要的图片 help.jpg 并保存至路径 D:\Autodesk\AutoCAD 2025\Vlisp\images。

步骤 03　打开【自定义用户界面】对话框,按照图 7-32 所示的顺序操作。

图 7-32　设置帮助文件

步骤 04　弹出图 7-33 所示的文件加载对话框后，选择 myhelp. xaml 并单击【打开】按钮。

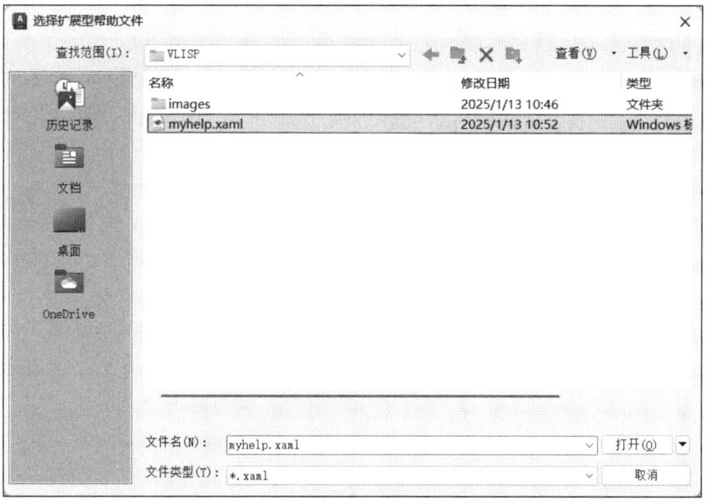

图 7-33　加载帮助文件

步骤 05　帮助文件加载后，将弹出图 7-34 所示的对话框，从中选择帮助文件的编号后，单击【确定】按钮退出对话框。

步骤 06　回到【自定义用户界面】对话框，单击【确定】按钮完成帮助文件的加载。

步骤 07　回到软件主界面，将鼠标悬停在自定义命令上方，则帮助信息提示如图 7-35 所示。

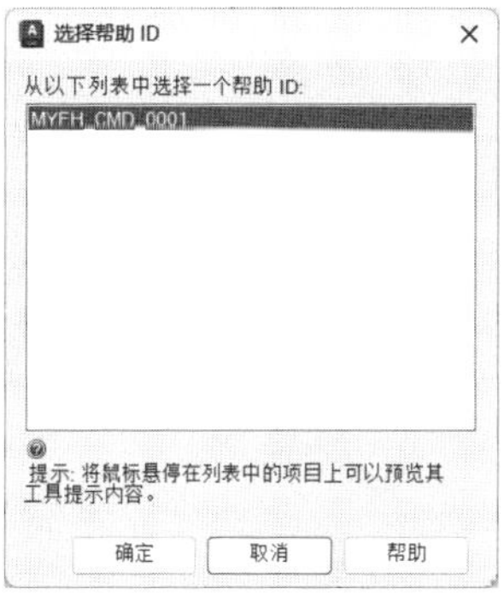

图 7-34　帮助文件编号

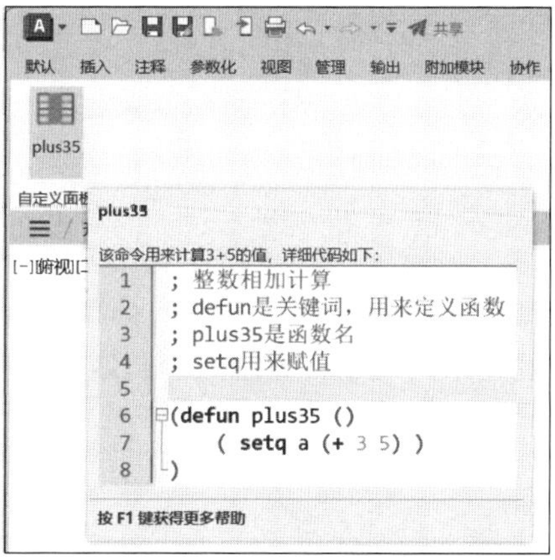

图 7-35　帮助信息提示

8. 用户自定义的一点补充

前述内容可以帮助读者将自定义功能显示在用户界面上。但是当功能按钮较多时，就需要一定的布局方法来布置每个按钮的位置。

AutoCAD 中的命令很多，其中一些是使用频率较高的。为了更高的工作效率，我们可以将这些按钮在软件界面上重新组织和安排。

下面我们将尝试重新组织和排列一些系统提供的命令。

步骤 01　创建用户自定义文件。

如图 7-36 所示，依次单击【管理】选项卡→【自定义设置】按钮→【用户界面】按钮，打开图 7-37 所示的【自定义用户界面】对话框，然后按照图中顺序单击各个按钮，将用户自定义文件命名为 second. cuix 并保存至路径 D:\Autodesk\AutoCAD 2025\Vlisp。

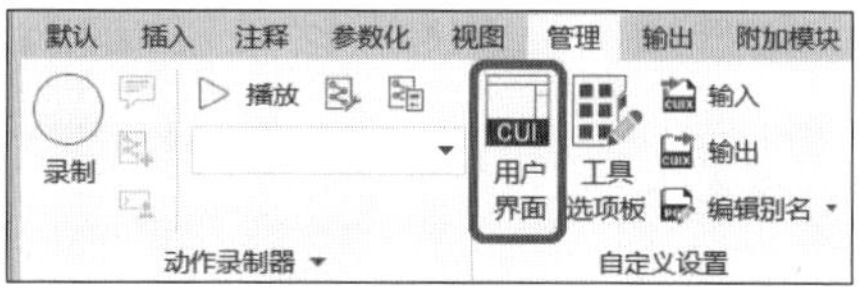

图 7-36 单击【用户界面】按钮

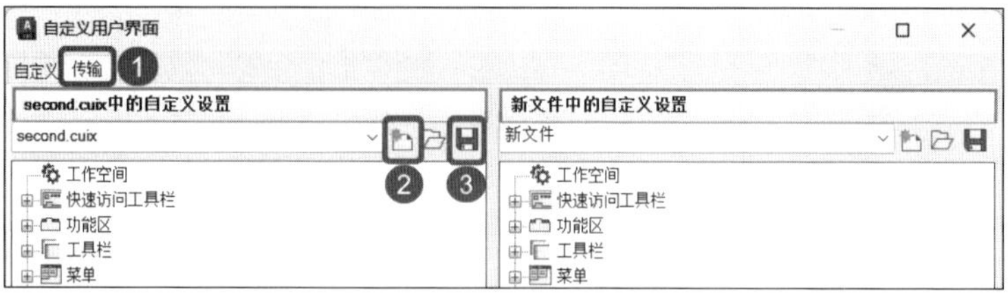

图 7-37 【自定义用户界面】对话框

步骤 02 加载用户自定义文件。

单击图 7-37 中的【自定义】选项卡，将光标移至树形列表中的【局部自定义文件】并右击，在弹出的快捷菜单中选择【加载部分自定义文件】选项，如图 7-38 所示。

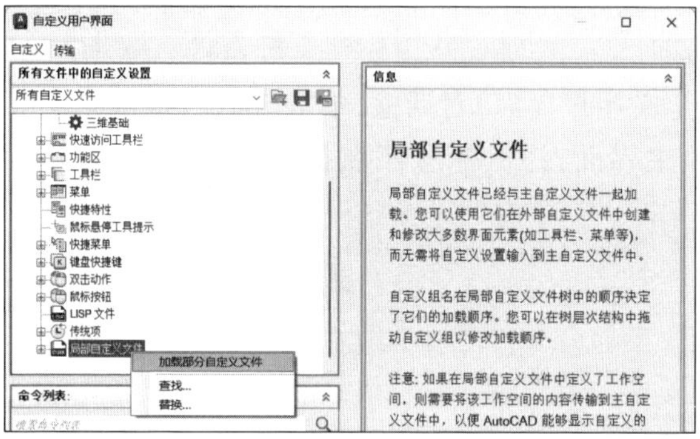

图 7-38 单击【加载部分自定义文件】选项

弹出图 7-39 所示的文件加载对话框后双击 second. cuix 完成加载。此时，【自定义用户界面】对话框的树形列表中将显示用户自定义文件的框架结构。

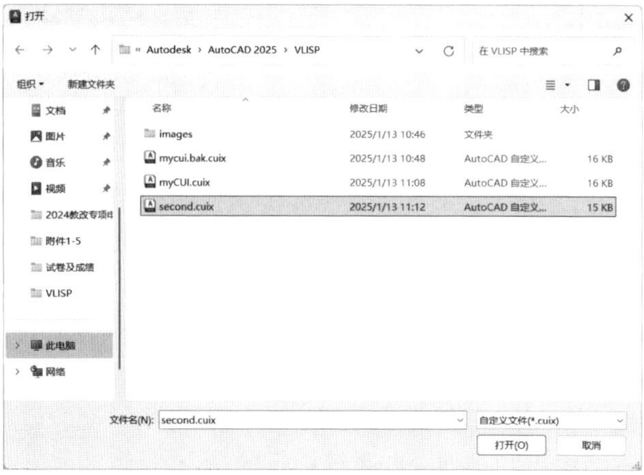

图 7-39 加载自定义文件

步骤 03 创建新面板。

如图 7-40 所示,在用户自定义文件框架中右击【面板】按钮,在快捷菜单中选择【新建面板】选项,将新面板命名为【常用绘图命令】后,结果如图 7-41 所示。

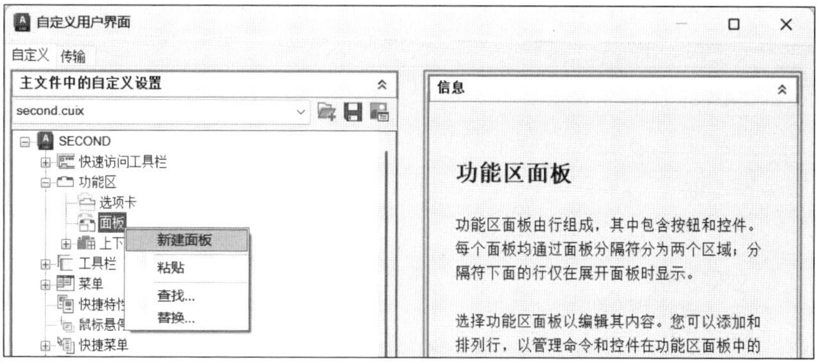

图 7-40 单击【新建面板】

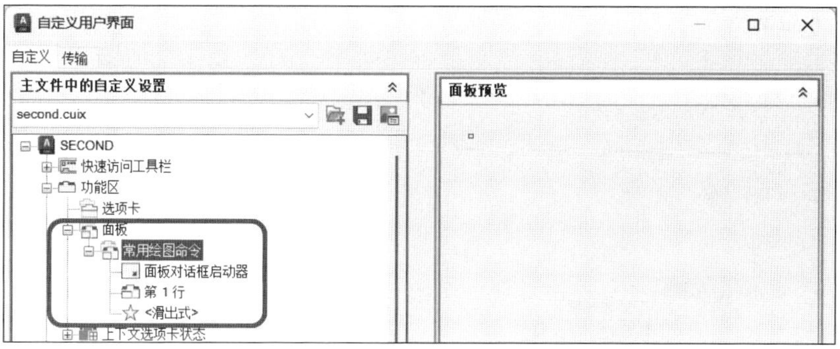

图 7-41 创建新面板

步骤 04 向【常用绘图命令】面板添加命令按钮。

首先来看已有面板内命令按钮的排列方式。当【绘图】面板未展开时,其结构如图 7-42(a)所示;当【绘图】面板展开后,结构如图 7-42(b)所示,面板内布置有两行按钮;由图 7-42(c)可知,第一行内有两个子面板,第一个子面板内只有一行按钮,而第二个子面板内有三行按钮。

为了向新建面板内添加按钮,也应采用同样的方法进行布局。下面是具体过程:

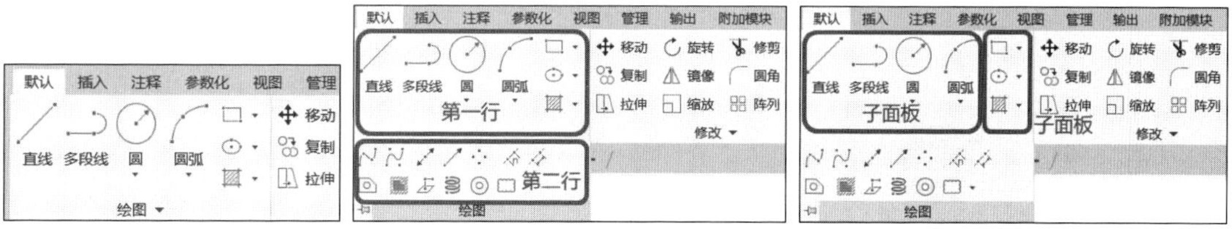

(a)面板未展开时 (b)面板展开时 (c)子面板

图 7-42 面板内的命令按钮

首先,在【常用绘图命令】面板内新建一行。

如图 7-43(a)所示,在默认情况下,新建面板内只有一行;为了新建一行,如图 7-43(b)所示,右击【常用绘图命令】面板并选择【新建行】选项;结果如图 7-43(c)所示。

此时,在【常用绘图命令】面板内一共有两行。两行之间有【滑出式】选项说明其后第二行内的按钮在默认情况下处于隐藏状态。

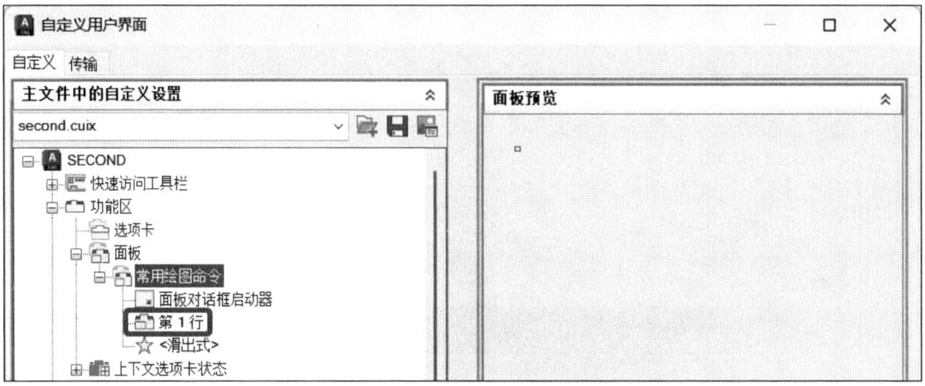

(a) 面板内的行

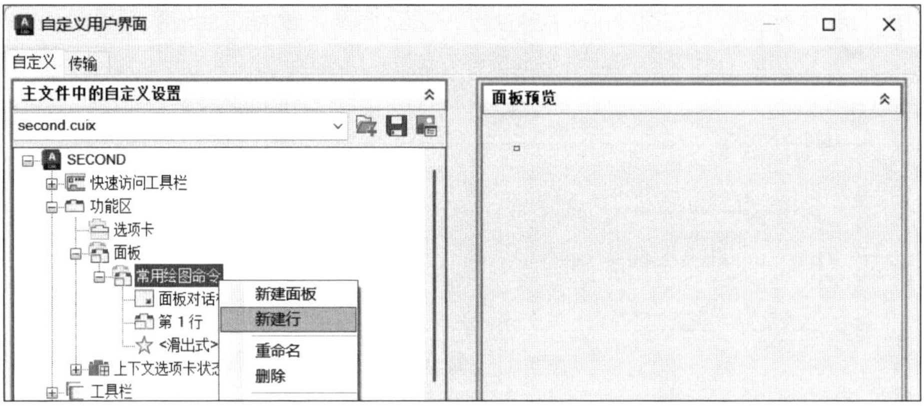

(b) 在面板内新建行

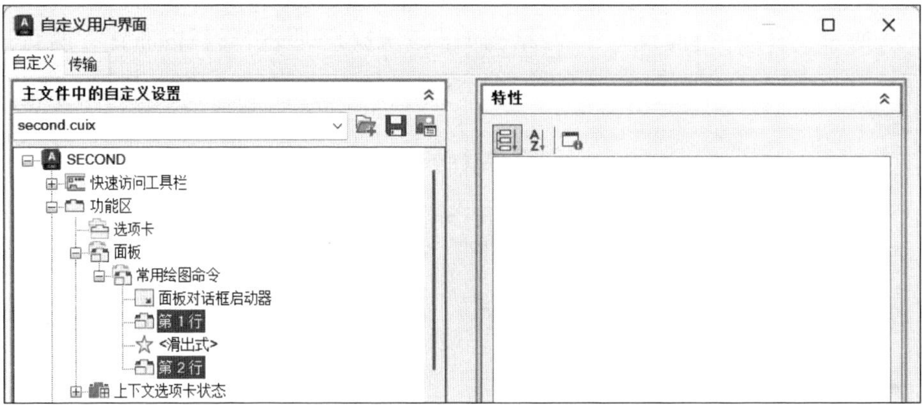

(c) 面板内有两行

图 7-43 在面板内添加新行

其次,在第 1 行内创建两个子面板。

为了在第 1 行内创建两个子面板,右击图 7-44(a)中的【第 1 行】,在快捷菜单中选择【新建子面板】选项，结果如图 7-44(b)所示。

用同样的方法新建第二个子面板，最终的结果如图 7-44(c)所示。

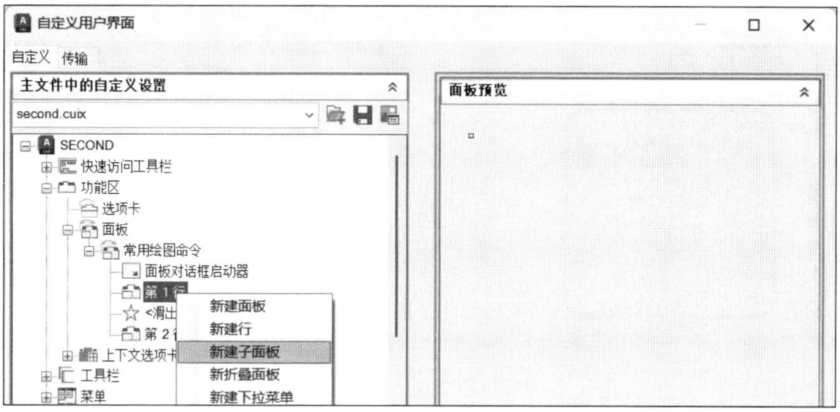

(a) 选择【新建子面板】

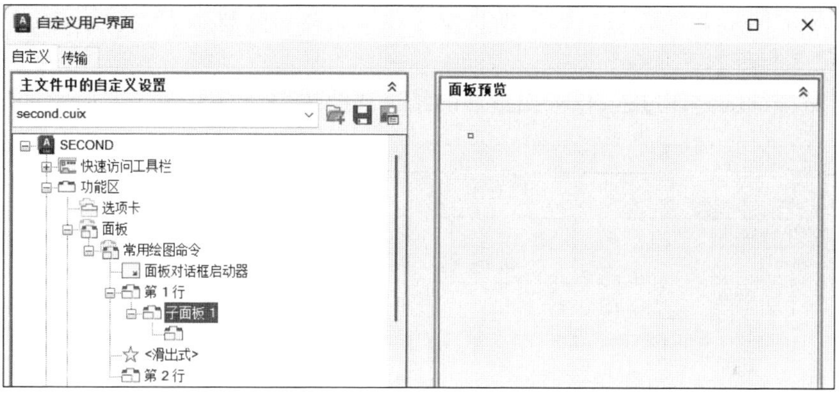

(b) 创建第一个子面板

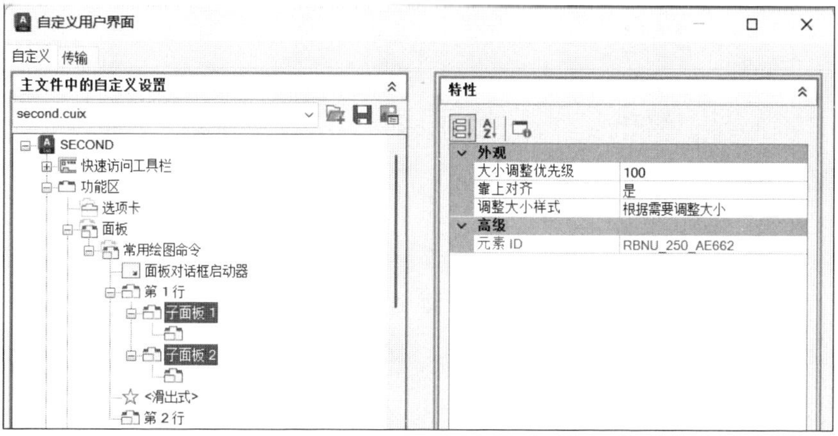

(c) 两个子面板

图 7-44　创建两个子面板

最后，在第二个子面板内创建 3 行。

做法比较简单，这里仅列出图 7-45 所示的结果。

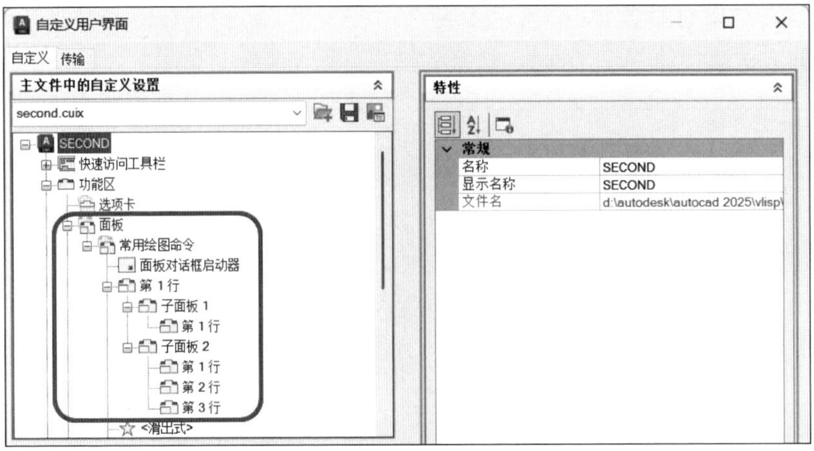

图 7-45 创建三行

一旦做好了布局,接下来将需要的命令按钮拖拽至合适的位置即可。具体做法是:

向子面板 1 的第 1 行放入 3 个按钮;向子面板 2 的每一行放入 1 个按钮;向【常用绘图命令】面板的第 2 行放入 3 个按钮。

此处省略详细的制作过程,仅列出最后的结果如图 7-46 所示。

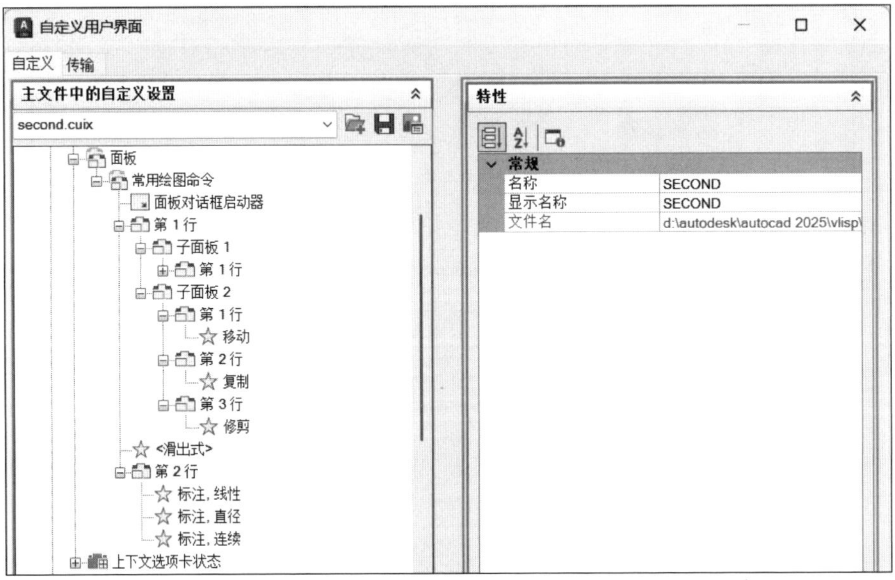

图 7-46 添加命令按钮

注意:为了取得良好的布局效果,请将前 3 个按钮的【按钮样式】设置为【带文字的大图像(竖直)】。

步骤 05 创建新的选项卡以便放置面板。

如图 7-47(a)所示,右击【选项卡】按钮,选择快捷菜单中的【新建选项卡】选项,将新的选项卡命名为【常用命令】,如图 7-47(b)所示。

最后,用鼠标拖拽【常用绘图命令】面板至【常用命令】选项卡,结果如图 7-47(c)所示。

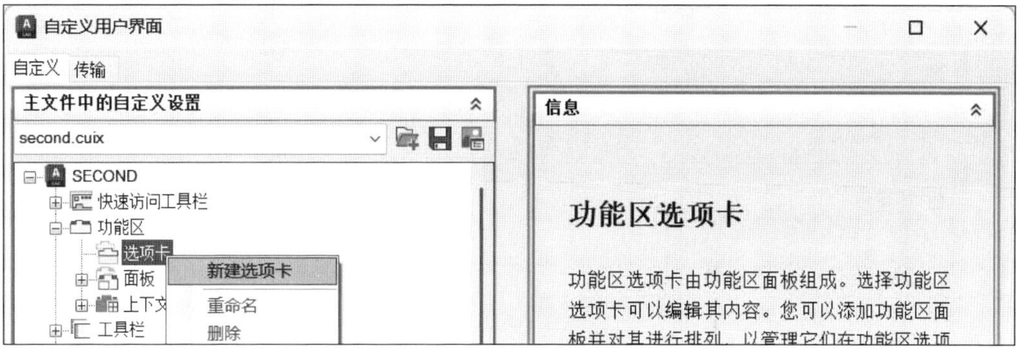

（a）单击【新建选项卡】

（b）命名选项卡

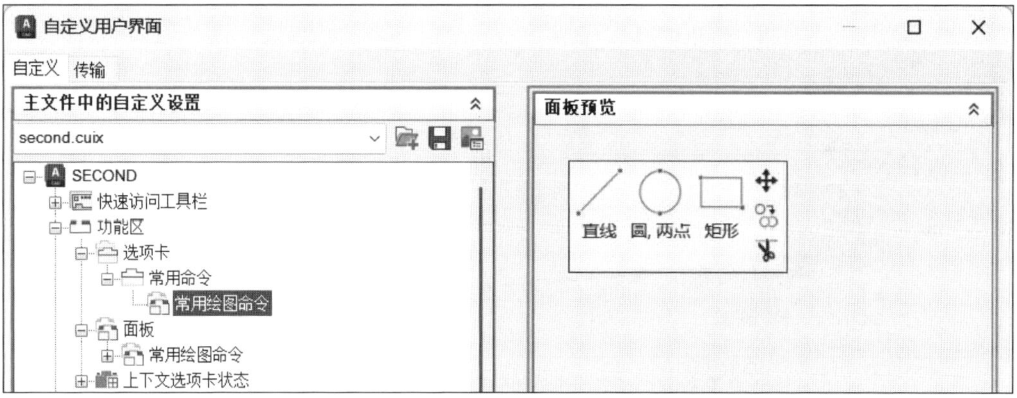

（c）向选项卡添加面板

图 7-47　创建新选项卡

步骤 06　创建新的工作空间并将【常用命令】选项卡添加至新工作空间里功能区的选项卡上。

如图 7-48(a)所示，右击【工作空间】按钮，然后在快捷菜单中选择【新建工作空间】选项，重新命名后，结果如图 7-48(b)所示。

如图 7-48(c)所示，将【常用命令】选项卡拖拽至新工作空间里功能区的选项卡上。

步骤 07　切换工作空间，观察定制结果。

如图 7-49 所示，切换工作空间后，自定义工作空间的用户界面如图 7-50 所示。将面板完全展开后，则结果如图 7-51 所示。

（a）选择【新建工作空间】

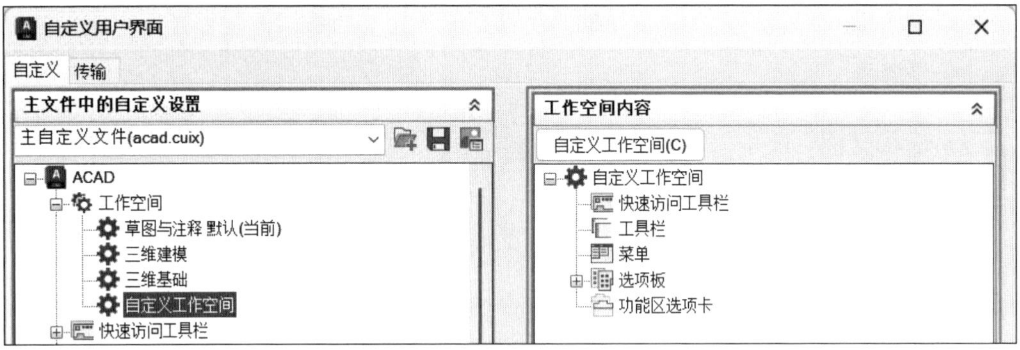

（b）命名新建工作空间

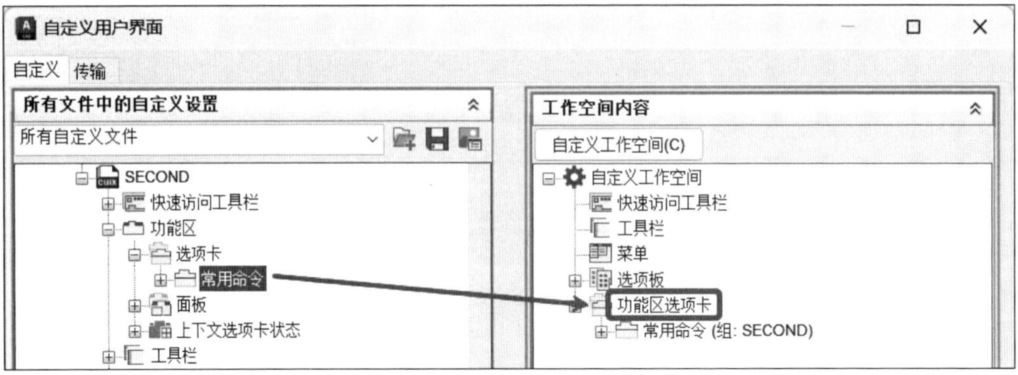

（c）将【常用命令】选项卡添加至新工作空间里功能区的选项卡上

图 7-48　创建新的工作空间

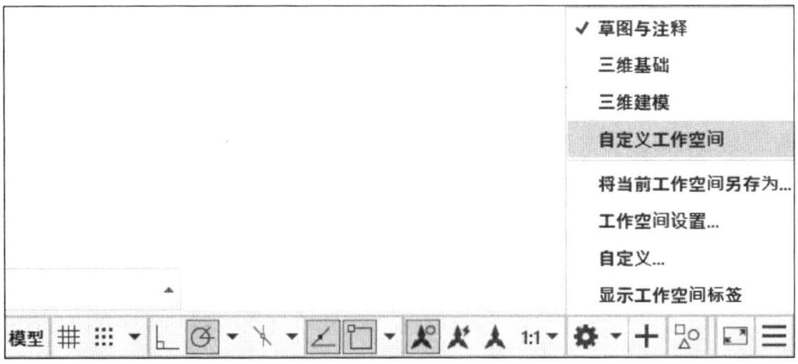

图 7-49　切换工作空间

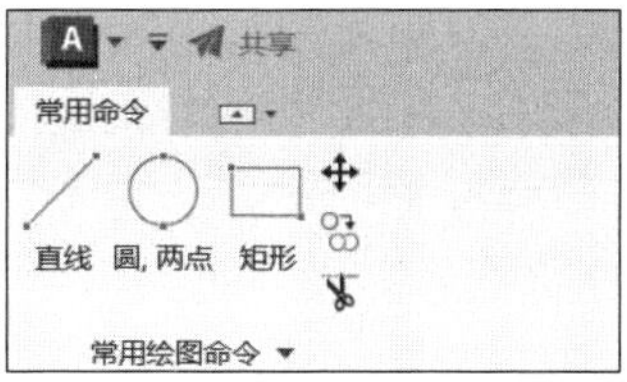

图 7-50　自定义工作空间

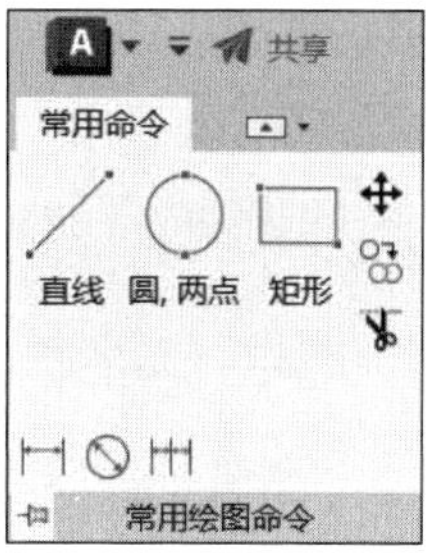

图 7-51　展开后的面板

到此为止，已经详细讨论了如何定制用户界面。接下来介绍 Visual LISP 程序设计本身。

7.3　Visual LISP 的基础语法

对于编程语言，首先应该了解和掌握其语法结构。下面是 Visual LISP 中常量、变量与表达式的常见规定。

7.3.1　常量

Visual LISP 有四个内建常量，它们分别是：

t　　真假值中的真值；

nil　　空值，同时代表假值；

pi　　圆周率 π 值；

pause　双反斜线“\\”字符。

7.3.2　变量

和其他程序设计语言不同，Visual LISP 在设定变量的时候，不需要提前申明变量的类型，而是用 setq( ) 函数直接指定变量及变量值，如：

```
(setq a 12)
(setq b 22.5)
(setq c "Hello,Word!")
```

第一行代码定义 a 为整型变量，值为 12；第二行代码定义 b 为实型变量，值为 22.5；第三行代码定义 c 为字符型变量，值为“Hello,Word!”。

也可以一次定义多个变量并赋值：

```
(setq a 12 b 22.5 c "Hello,Word!")
```

由上述可知：Visual LISP 变量的类型可以是整数、实数或字符串等，最终的类型完全是由用户所指定的内容而定。

为了测试运行结果，请读者将上述语句输入命令提示窗口并按【Enter】键，观察运行情况。

在 Visual LISP 中，所有的“语句”都是以表的形式存在。表是指放在一对相匹配的左、右括号中的一个或多个元素的有序集合。如：

```
(setq x (+ y z))
```

该语句令变量 x = y + z，这是一个完整、有效的表。表中每一个元素之间要用空格隔开，同时，表也是可以任意嵌套的。

提示:如果需要在 AutoCAD 的命令提示窗口中查询变量的值,则在变量名前加上一个惊叹号“!”,如:

```
Command: (setq a 12 b 22.5 c "Hello,Word!")
"Hello,Word!"
Command:!a
12
Command:!b
22.5
Command:!c
"Hello,Word!"
```

注意:为了表述方便,我们使用 Command:来代表命令行。读者在进行语句测试时,只需输入冒号以后的内容并按【Enter】键即可。

7.3.3 表达式

Visual LISP 中,表达式采用了运算符前置的写法。

```
Command:  (+ 2 3)
5
Command:  (- 2 3)
 -1
Command:  (* 2 3)
6
Command:  (/ 2 3)
0
Command:  (- (+ 32 25) (* 7 8))
1
```

Visual LISP 程序中,成对的括号较多,编写程序时要特别注意括号的匹配,对于较复杂的表达式,应该先写括号,然后填入需要的表元素,例如表达式(32 +25) - (7 * 8)可以这样写:

第一步:()

第二步:(- () ())

第三步:(- (+ 32 25) (* 7 8))

最后完成表达式的编写。

注意:在 Visual LISP 中,(/ 2 3)的值为 0,(/ 2,0 3)和(/ 2 3.0) 的值为 0.666667。也就是说,当参与计算的参数均为整数,则计算结果也为整数;如果有一个参数为实数,则计算结果也为实数。

7.3.4 自定义函数

在程序设计中,由于语言的内置函数并不能完全满足使用的要求,这时就需要自定义函数。

下面是一个自定义函数,用来计算两个数的和。

```
(defun plus (a b)
    (setq c (+ a b))
)
```

和前面定义的 plus35 函数有所不同,plus 函数的后面出现了两个参数 a 和 b。函数调用时,函数名后面紧跟的两个参数值将分别被自动赋值给 a 和 b,然后相加并将和赋值给 c。

将上面的程序代码输入命令行,加载成功后,系统返回自定义函数名 plus。

为了运行该函数,应该在命令行按照下面的格式输入:

```
Command:  (plus 3 5 )
```

则返回计算结果为 8。

函数运行结束后,通过下面的语句来查询 a、b 和 c 的值:

```
Command:  !a
Command:  !b
Command:  !c
```

系统返回的结果是:a、b 的值为 nil(空值),而 c 的值为 8。

这就说明,函数运行时,a 的值为 3,b 的值为 5;而函数运行结束后,系统自动释放了参数 a、b 占用的存储空间,其值变为空。c 的值非空,说明 c 一直占有存储空间。我们将 c 称为全局变量。

如果要让 c 和 a、b 一样,运行后即释放存储空间,则函数应变为:

```
(defun plus32 (a b / c)
    (setq c (+ a b))
)
```

加载运行该函数,然后查询变量的值,发现其值均为空。斜杠之后的变量 c 被定义为局部变量,函数运行结束后马上释放其存储空间。

注意:斜杠前后一定要有空格。

为了节约存储空间,一般情况下应将中间变量申明为局部变量。作为初学者,程序调试期间可用全局变量,一旦运行稳定,再将中间变量申明为局部变量。

7.3.5　常用的几个函数

- getint 函数:用来获得一个整型数。用法如下:

```
(getint)
```

执行该语句,发现命令行没有任何响应。但实际上,命令行已经在等待用户输入一个整型值。如果输入一个任意整数,则命令行返回该整数值,函数成功调用。

为了良好的交互性,一般应在函数中加入提示性的字符:

```
(getint "\n 请输入一个整型数:")
```

执行该语句,命令行将出现中文提示性字符。请读者自行测试。

- getreal 函数:用来获得一个实型数。用法如下:

```
(getreal "\n 请输入一个实型数:")
```

- getstring 函数:用来获得一个字符串。用法如下:

```
(getstring "\n 请输入一个字符串:")
```

- getdist 函数:用来获得距离值。可以直接输入距离值,或者用鼠标在绘图区单击输入两个点,计算两点之间的距离并返回。用法如下:

```
(getdist "\n 请输入距离大小:")
```

- getangle 函数:用来获得角度值。可以直接输入角度值,或者用鼠标在绘图区单击输入两个点,计算两点连线和 X 轴正向的夹角并返回其弧度值。用法如下:

```
(getangle "\n 请输入倾斜角度:")
```

- getpoint 函数:用来获得点的坐标。可以直接输入坐标分量,或者用鼠标在绘图区单击输入。用法如下:

```
(getpoint "\n 请输入点的坐标:")
```

- princ 函数:用来输出信息。用法如下:

```
(princ "计算结束!")
```

7.3.6 用 Visual LISP 调用 AutoCAD 的系统函数

Command 函数可用来调用 AutoCAD 的函数。如果要调用直线命令在两点之间绘制一条直线,则方法如下:

```
(command "line" point1 point2 "")
```

显然,command 函数后分别是:命令名、第一个点的坐标、第二个点的坐标和一对双引号。也就是说,用 command 函数时,后面的命令名要用双引号引起来。直线命令启动后,除非用户明确按【Enter】键,否则将连续绘制直线。为了在绘制一段线后结束绘图,在 command 函数的最后加上一对双引号,其作用相当于按下【Enter】键。

根据前面的表述,为了连接(50,50,0)和(200,200,0)并绘制一条直线,则语句是:

```
(command "line" (50 50 0) (200 200 0) "")
```

将该语句输入命令行,则出现错误信息提示。原因是:AutoCAD 在解释执行程序中的括号时,总会将后面紧跟的第一个参数解释为函数名,而 50 和 200 显然不是。为了解决这个问题,下面给出两种方法:

```
(command "line" '(50 50 0) '(200 200 0) "")
(command "line" (list 50 50 0) (list 200 200 0) "")
```

第一种方法中使用了单引号。单引号也是函数,其作用是将后面紧跟的语句保持原样,不解释执行。此时,AutoCAD 就不再将 50 和 200 当作函数,程序能够正确执行。

第二种方法利用 list 函数将后面的参数形成坐标序列,使程序能够正确执行。

程序虽能正确执行,但是这种写法比较啰嗦,可读性很差。为了良好的可读性,我们作出如下调整:

```
(setq point1 (list 50 50 0))
(setq point2 (list 200 200 0))
(command "line" point1 point2 "")
```

其中,第一行用 list 函数生成坐标序列并赋值给变量 point1,第二行将坐标序列赋值给变量 point2,第三行完成绘图。

这段程序的可读性非常好,但是其扩展性很差。为了更具通用性,将其修改为自定义函数:

```
(defun DrawLine ()
    (setq point1 (list 50 50 0))
    (setq point2 (list 200 200 0))
    (command "line" point1 point2 "")
)
```

为了能通过鼠标在客户区获取任意点的坐标来绘图,将函数内的第二、三行语句加以修改:

```
(defun DrawLine ()
    (setq point1 (getpoint "\n 请输入直线第一个端点的坐标:"))
    (setq point2 (getpoint "\n 请输入直线第二个端点的坐标:"))
    (command "line" point1 point2 "")
)
```

加载运行该函数,然后根据提示信息完成绘图。如果读者观察仔细,就会发现缺少橡皮筋而绘制直线的体验并不好。为了解决这个问题,我们继续修改函数体:

```
(defun DrawLine ()
    (setq point1 (getpoint "\n 请输入直线第一个端点的坐标:"))
    (setq point2 (getpoint point1 "\n 请输入直线第二个端点的坐标:"))
    (command "line" point1 point2 "")
)
```

第三行语句的作用是:获取第二个端点的坐标时,将以第一个端点为准,跟随鼠标的位置生成一条橡皮筋,从而得到更加友好的交互体验。

加载并运行该函数,结果如图 7-52 所示。

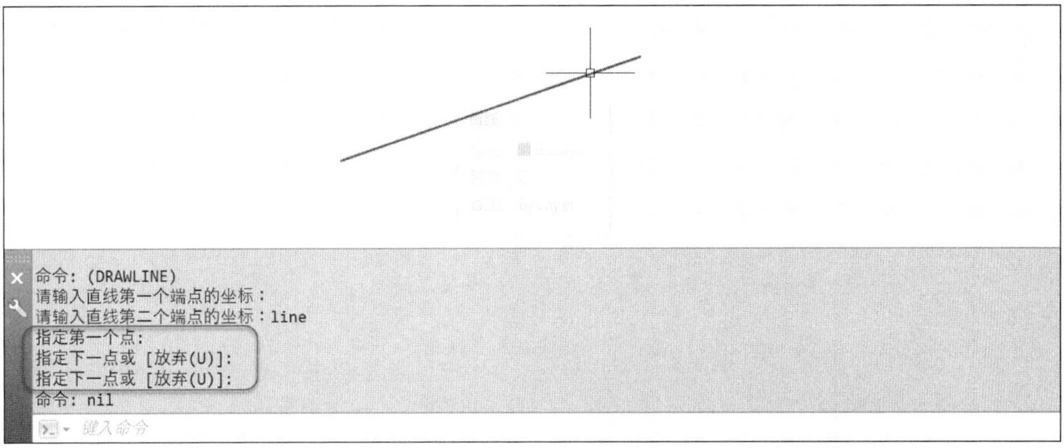

图 7-52　函数运行过程

由图可知,执行自定义函数后,除了给出程序中的信息提示外,还出现了三行其他提示信息。这些多余的信息,恰好是利用系统命令 Line 绘图时会出现的提示,对自定义函数来讲,显然是多余的。所以,还应关闭系统命令响应:

```
(defun DrawLine ()
    (setvar "cmdecho" 0)
    (setq point1 (getpoint"\n 请输入直线第一个端点的坐标:"))
    (setq point2 (getpoint point1"\n 请输入直线第二个端点的坐标:"))
    (command "line" point1 point2 "")
)
```

其中 cmdecho 是系统变量,用来控制系统命令提示是否显示;setvar 函数用来设置系统变量的值。

当再次加载运行时,多余的信息不再出现,函数运行过程的提示信息如图 7-53 所示。

其实变量 cmdecho 的值在默认情况下为 1,而上述程序直接将其更改为 0,这显然不是良好的程序编写习惯。记住:在二次开发中,保持系统的默认状态是二次开发人员的义务。

既要保证系统的原貌,还要执行自定义扩展。开发者应该采用更加优雅的处理方式:

```
(defun DrawLine ()
    (setq oce (getvar "cmdecho"))          ;获取系统变量 cmdecho 的当前值
    (setvar "cmdecho" 0)                   ;设置系统变量 cmdecho 的值为 0,关闭系统命令
                                            响应
    (setq point1 (getpoint"\n 请输入直线第一个端点的坐标:"))
                                           ;获取第一个点的坐标
    (setq point2 (getpoint point1"\n 请输入直线第二个端点的坐标:"))
                                           ;获取第二个点的坐标
    (command "line" point1 point2 "")      ;调用系统命令 Line 绘图
    (setvar "cmdecho" oce)                 ;还原系统变量 cmdecho 的值
)
```

其中:分号后面的语句为程序注释,将被语言解释器忽略;getvar 函数用来获取系统变量的值。

加载运行函数,命令行提示如图 7-54 所示。

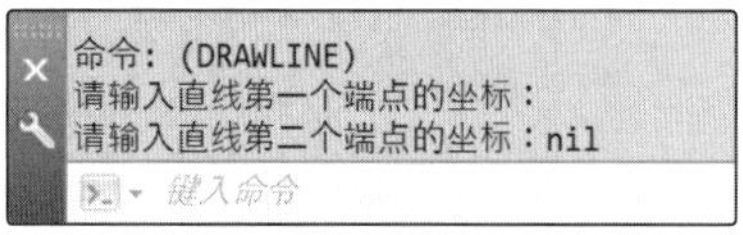

图 7-53　函数运行过程提示信息

图 7-54　命令行提示信息

由于最后一行设置了系统变量的值，所以导致命令行提示中出现了表达式的值 0。为了避免最后一行的值响应，请在程序最后再加一行语句，则完整的函数为：

```
(defun DrawLine ()
    (setq oce (getvar "cmdecho"))          ;获取系统变量 cmdecho 的当前值
    (setvar "cmdecho" 0)                   ;设置系统变量 cmdecho 的值为 0，关闭系统命令
                                            响应
    (setq point1 (getpoint "\n 请输入直线第一个端点的坐标:"))
                                           ;获取第一个点的坐标
    (setq point2 (getpoint point1 "\n 请输入直线第二个端点的坐标:"))
                                           ;获取第二个点的坐标
    (command "line" point1 point2 "")      ;调用系统命令 Line 绘图
    (setvar "cmdecho" oce)                 ;还原系统变量 cmdecho 的值
    (princ)                                ;关闭最后一行的值响应
)
```

到目前为止，绘制直线的通用程序编写完毕。读者可用该函数替换前面的函数 plus35 并通过自定义用户界面来执行。

下面将讨论如何绘制矩形。

如图 7-55(a)所示，绘制矩形需要 4 个顶点的坐标。但仔细分析后，其实只要给出矩形两个对角点的坐标，则其他两个顶点的坐标便处于已知状态，如图 7-55(b)所示。

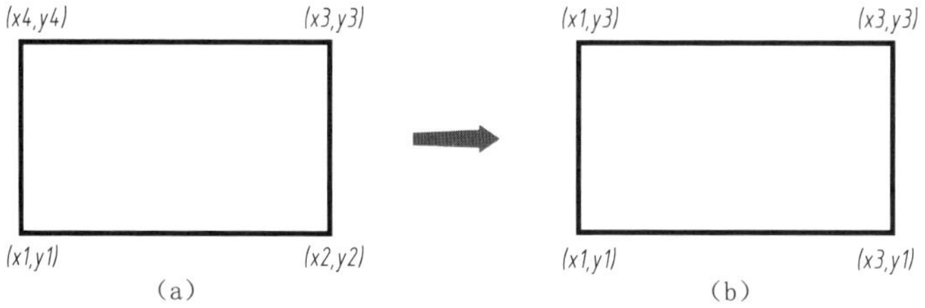

图 7-55　矩形顶点坐标

现在的问题是：知道点的坐标序列，如何获得其中的坐标分量？

首先给变量赋值：

```
(setq point1 (list 50 81 32))
```

为了得到坐标序列中的第一个元素，应使用 car 函数，用法如下：

```
(car point1)
```

要取得坐标序列中的第二个元素，应使用 cadr 函数，用法为：

```
(cadr point1)
```

而第三个元素的获取应使用 caddr 函数，用法如下：

```
(caddr point1)
```

由此可知，如果获取矩形第一个点的坐标序列并赋值给 point1，获取其对角点的坐标序列赋值给 point3，则另外两个顶点的坐标序列为：

```
((car point3) (cadr point1) 0))
((car point1) (cadr point3) 0))
```

将其赋值给其他两个顶点，则相应的语句为：

```
(setq point2 (list (car point3) (cadr point1) 0))
(setq point4 (list (car point1) (cadr point3) 0))
```

同时，为了更加友好地使用体验，在获取对角点时应用 getcorner 而非 getpoint 函数，其用法如下：

```
(setq point3 (getcorner point1"\n 请输入对角点的坐标："))
```

将 DrawLine 函数修改后，得到绘制矩形的函数为：

```
(defun DrawRectangle ()
    (setq oce (getvar "cmdecho"))                ;获取系统变量 cmdecho 的当前值
    (setvar "cmdecho" 0)                         ;设置系统变量 cmdecho 的值为 0，关闭系
                                                  统命令响应
    (setq point1 (getpoint"\n 请输入矩形第一个顶点的坐标："))
                                                 ;获取矩形第一个点的坐标
    (setq point3 (getcorner point1"\n 请输入对角点的坐标："))
                                                 ;获取对角点的坐标
    (setq point2 (list (car point3) (cadr point1) 0))
                                                 ;第二个顶点的坐标
    (setq point4 (list (car point1) (cadr point3) 0))
                                                 ;第四个顶点的坐标
    (command "line" point1 point2 point3 point4 "close")
                                                 ;调用系统命令 Line 绘图
    (setvar "cmdecho" oce)                       ;还原系统变量 cmdecho 的值
    (princ)                                      ;关闭最后一行的值响应
)
```

加载运行该函数，指定矩形两个对角点即可完成图形的绘制。

7.3.7　流程控制语句

程序设计中，流程语句用来实现程序逻辑的控制。下面是一些常见的流程语句的用法。

1. 判断语句

if 函数是常用的判断分支语句，它的结构如下：

```
(if ()        ;判断
   ()         ;条件成立时执行
   ()         ;条件不成立时执行
)
```

需要注意的是，在这种结构的 if 语句中，条件判断后的执行语句只能是一条。如果有多条执行语句，则应使用 progn 函数将多条语句进行合并，结构如下：

```
(if ()            ;判断
   (progn         ;条件成立时执行
     ()
   )
   (progn         ;条件不成立时执行
     ()
   )
)
```

为了说明该选择语句的用法,请看下面两个例子。

如果要输入任意的成绩,用程序判断是否达到及格,则可利用上述 if 结构,填入判断和执行语句后,代码如下:

```
(defun grade()
    (setq num (getreal "\n 请输入考试成绩:"))
    (if (> num 60)
          (princ "及格!")       ;条件成立时执行
          (princ "不及格!")     ;条件不成立时执行
    )
    (princ)
)
```

如果要在判断分数后执行更多的语句,则代码应为:

```
(defun grade()
   (setq num (getreal "\n 请输入考试成绩:"))
   (if (> num 60)
        (progn                          ;条件成立时执行
          (princ "成绩及格。\n")
          (princ "请您继续努力!")
        )
         (princ"不及格!")               ;条件不成立时执行
    )
    (princ)
)
```

总的来说,If 函数适合简单条件的判断。当需要判断的语句较多时,我们应该使用 cond 函数,其语法结构如下:

```
(cond
   (() ())      ;情况一
   (() ())      ;情况二
   (() ())      ;情况三
   (t   ())     ;上述情况外
)
```

同样地,条件判断后如果有多条执行语句,则应使用 progn 函数将多条语句进行合并,结构如下:

```
(cond
    (()  (progn     ;情况一
           ()       ;情况一成立时执行
    ))
    (()  (progn     ;情况二
           ()       ;情况二成立时执行
    ))
    (()  (progn     ;情况三
           ()       ;情况三成立时执行
    ))
    (t   (progn     ;上述情况外
           ()       ;上述情况外执行
    ))
)
```

在上例的基础上,如果需要判断成绩所在的区间,则使用 cond 函数就非常方便。将条件判断语句和执行语句输入 cond 函数的语法结构,代码如下:

```
(defun grade ()
    (setq num (getreal "\n 请输入考试成绩:"))
    (cond
      ((< num 60) (princ "E"))
      ((< num 70) (princ "D"))
      ((< num 80) (princ "C"))
      ((< num 90) (princ"B"))
      (    t         (princ "A"))
    )
    (princ)
)
```

请读者加载并执行该函数,观察函数执行情况。

2. 循环语句

循环语句用来重复执行程序代码。Visual LISP 有两个循环函数:repeat 和 while。

如果是确定次数的循环,则 repeat 语句非常方便,其语法结构如下:

```
(repeat  n      ;n 为循环次数
   ( )          ;循环语句一
   ( )          ;循环语句二...
)
```

如果需要从 1 加到 100,可以用 repeat 函数来实现:

```
(defun addnum ()
  (setq sum 0)
  (setq i 0)
  (repeat  100
      (setq i (+ i 1))
      (setq sum (+ sum i) )
  )
  (princ sum)
  (princ)
)
```

While 函数会一直循环下去,直到条件不成立为止。其语法结构如下:

```
(while  ( )       ;条件判断语句
   ( )            ;循环语句一
   ( )            ;循环语句二...
)
```

如果将 1 累加到 100 用 while 函数来实现的话,则代码如下:

```
(defun addnum ()
    (setq sum 0)
    (setq i 0)
    (while (< i 100)
       (setq i (+ i 1))
       (setq sum (+ sum i) )
    )
    (princ sum)
    (princ)
)
```

7.3.8　数据文件

对于程序设计来说,数据文件相当重要。当程序中需要输入大量数据时,可以借助于数据文件保存数据,数据可由程序自动生成或人工录入,从而节省时间,避免数据录入错误。Visual Lisp 中数据文件的操作比较简单,下面给出数据文件的通用操作方法。

为了读取数据文件中的数据，首先要用 open 函数打开数据文件并指定文件所在的路径和文件的读取模式，用法如下：

```
(setq fp (open "D:/Autodesk/AutoCAD 2025/Vlisp/point. txt" "r"))
```

其中文件的读取模式有：r——读出；w——写入；a——添加。

为了说明数据读取和写入的具体方法，先在 point. txt 文件中存入以下数据并保存：

```
(0 0)
(200 0)
(200 100)
(0 100)
```

为了逐行读取 point. txt 文件中的坐标，可用 read - line 函数：

```
(setq pt1 (read - line fp))
```

在命令行执行上述语句后，结果如图 7-56 所示。

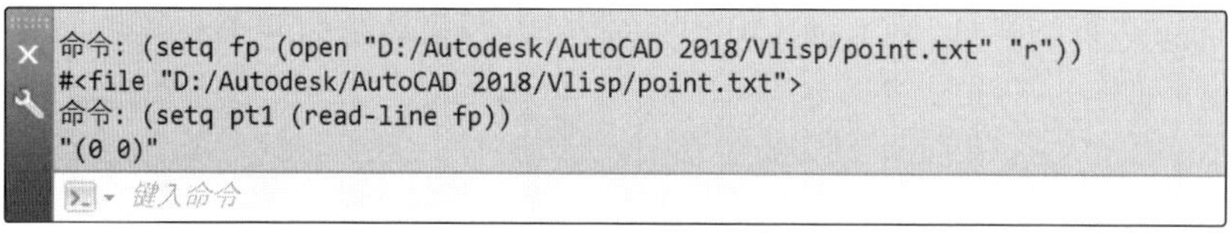

图 7-56 命令行执行文件读取语句

由图 7-56 可知，read - line 函数读取数据后，自动给数据添加了一对双引号。为了去掉数据外面的双引号，还需要用 read 函数执行一次：

```
(setq pt1 (read pt1))
```

当结束数据的读取或写入操作时，应及时关闭数据文件。相关的语句如下：

```
(close fp)
```

下面是一个数据文件操作的例子。该例的目的是读取 point 数据文件中的数据并绘制首尾相接的封闭线段，程序如下：

```
(defun DrawMLine ()
    (setq oce (getvar "cmdecho"))                          ;保存系统变量的值
    (setvar "cmdecho" 0)                                   ;改变系统变量的值
    (setq fp (open "D:/Autodesk/AutoCAD 2025/Vlisp/point. txt" "r"))
                                                           ;打开数据文件
    (setq pt1 (read - line fp))                            ;读出第一行数据
    (setq pt1 (read pt1))                                  ;去掉数据双引号
    (setq pt11 pt1)                                        ;备份数据，用于闭合图形
    (while (/= (setq pt2 (read - line fp)) nil)            ;循环读取，直到数据文件结尾
        (setq pt2 (read pt2))                              ;当 read - line 返回 nil 时，说明
                                                            已经读到文件末尾
        (command "line" pt1 pt2 "")
        (setq pt1 pt2)
    )
    (command "line" pt1 pt11 "")                           ;最后闭合折线
    (command "zoom" "e")                                   ;满屏显示
    (close fp)                                             ;关闭文件
    (setvar "cmdecho" oce)                                 ;恢复变量的值
    (princ)
)
```

加载运行后，结果如图 7-57 所示。

图 7-57　读取数据文件并绘图

如果要向数据文件写入数据，其做法和读取文件的方法类似，不过将读取语句替换为写入语句即可。

如图 7-58 所示，已知一个四边形，请用鼠标拾取的方式将顶点坐标写入数据文件。

根据前面的内容，可编写以下程序：

```
(defun WriteCoordOfPoint()
      (setq oce (getvar "cmdecho"))        ;保存系统变量的值
      (setvar "cmdecho" 0)                 ;改变系统变量的值
      (setq fp (open "D:/Autodesk/AutoCAD 2025/Vlisp/coord.txt" "w"))
                                           ;新建并打开数据文件
      (while (/= (setq point (getpoint "\n 请拾取点或[按【Enter】键结束拾取]:")) nil)
          (princ point fp)                 ;将数据写入文件
          (princ "\n"  fp)                 ;按【Enter】键换行
      )
      (close fp)                           ;关闭文件
      (setvar "cmdecho" oce)               ;恢复变量的值
      (princ)
)
```

加载运行后，用鼠标拾取四边形的四个顶点，则数据文件中的数据如图 7-59 所示。

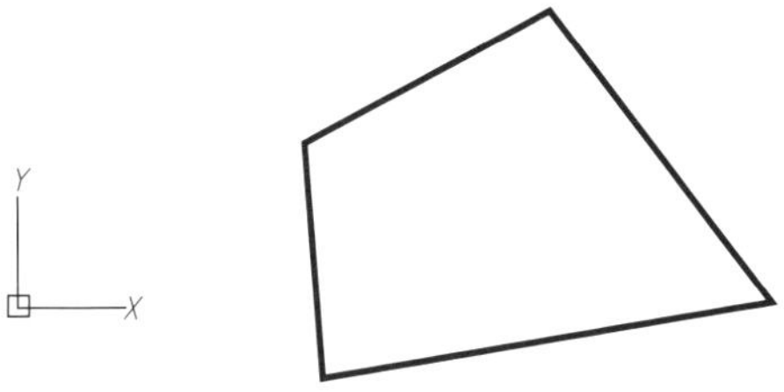

图 7-58　四边形

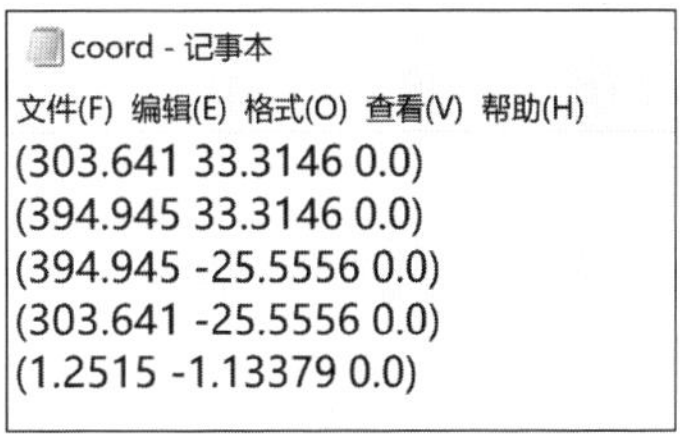
coord - 记事本
文件(F) 编辑(E) 格式(O) 查看(V) 帮助(H)
(303.641 33.3146 0.0)
(394.945 33.3146 0.0)
(394.945 -25.5556 0.0)
(303.641 -25.5556 0.0)
(1.2515 -1.13379 0.0)

图 7-59　四边形顶点坐标

7.3.9　ActiveX 对象的控制和访问

Visual LISP 可通过群码来控制图形对象，但是群码数目繁多、对象数据更新不方便、处理速度慢。

而 AutoCAD ActiveX 可以使用户能够在 AutoCAD 的内部以编程的方式操控图形对象。借助于 Visual LISP 增加的用于 ActiveX 对象控制和访问的函数，用户可直接操控 ActiveX 对象，执行速度得到很大的提高。

下面分别就 ActiveX 对象控制和访问的常见用法加以讨论。

1. ActiveX 对象属性数据的获取

在 AutoCAD 的绘图区绘制端点坐标分别为(90,90)和(200,200)的一段直线。

为了获取该直线的详细数据,首先应调用 vl - load - com 函数来初始化 ActiveX 环境,用法如下:

```
(vl-load-com)
```

接着用 entsel 函数交互选择直线对象并将返回结果赋值给变量 info:

```
(setq info (entsel))
```

选择直线后,系统将返回下列数据:

```
(<图元名: 2ca7f741870> (134.494 135.086 0.0))
```

其中 <图元名: 2ca7f741870>为直线的名称,(134.494 135.086 0.0)为拾取点的坐标。为了操控该直线,必须要获取直线的名称,方法如下:

```
(setq objname (car info))
```

语句执行后,系统将返回直线的名称: <图元名: 2ca7f741870>。

由于当前得到的直线对象是普通类型的图形对象,为了对其进一步操作,应将其转换为 ActiveX 对象,转换语句为:

```
(setq xobj (vlax-ename->vla-object objname))
```

经过转换后,系统将返回直线 ActiveX 对象的名称:#<VLA - OBJECT IAcadLine 000002ca6e7dae18>。

要得到直线的详细数据,请使用函数 vlax - dump - object,用法如下:

```
(vlax-dump-object xobj)
```

函数执行后,系统返回如下信息:

```
;IAcadLine: AutoCAD Line 接口
;特性值:
;   Angle (RO) = 0.785398
;   Application (RO) = #<VLA-OBJECT IAcadApplication 00007ff73af951a8>
;   Delta (RO) = (110.0 110.0 0.0)
;   Document (RO) = #<VLA-OBJECT IAcadDocument 000002ca7f0ebf48>
;   EndPoint = (200.0 200.0 0.0)
;   EntityTransparency = "ByLayer"
;   Handle (RO) = "7F"
;   HasExtensionDictionary (RO) = 0
;   Hyperlinks (RO) = #<VLA-OBJECT IAcadHyperlinks 000002ca6e3ccac8>
;   Layer = "0"
;   Length (RO) = 155.563
;   Linetype = "ByLayer"
;   LinetypeScale = 1.0
;   Lineweight = -1
;   Material = "ByLayer"
;   Normal = (0.0 0.0 1.0)
;   ObjectID (RO) = 42
;   ObjectName (RO) = "AcDbLine"
;   OwnerID (RO) = 43
;   PlotStyleName = "ByLayer"
;   StartPoint = (90.0 90.0 0.0)
;   Thickness = 0.0
;   TrueColor = #<VLA-OBJECT IAcadAcCmColor 000002ca6e3cb4a0>
;   Visible = -1
```

快速阅读上面的信息，读者就能获得该直线的一些特征值：起点坐标、终点坐标、坐标差、倾角、所属图层、长度、线型比例等。

为了获取直线起始端点的坐标，应该用如下语句：

```
(setq xarray (vla-get-startpoint xobj))
```

其返回值为：#<variant 8197 ... >，这是 ActiveX 对象所用的 variant 数组。要获取 variant 数组中的值，还应将 variant 数组转换为安全数组：

```
(setq safearray (vlax-variant-value xarray))
```

然后得到坐标列表：

```
(setq startpoint (vlax-safearray->list safearray))
```

执行该语句后，函数返回直线起始点的坐标列表。

为了方便阅读，下面列出完整的代码：

```
(defun GetLineInfo ()
     (vl-load-com)                                   ;初始化 ActiveX 环境
     (setq oce (getvar "cmdecho"))                   ;保存系统变量的值
     (setvar "cmdecho" 0)                            ;改变系统变量的值
     (setq info (entsel "\n 请选择一条直线:"))        ;设置选择集
     (setq objname (car info))                       ;取得对象名称
     (setq xobj (vlax-ename->vla-object objname))
                                                     ;将对象转换为 ActiveX 类型的对象
     ; (vlax-dump-object xobj)                       ;列出直线的详细数据
     (setq xarray (vla-get-startpoint xobj))         ;取得直线的起始点坐标
     (setq safearray (vlax-variant-value xarray))
                                                     ;将 variant 变量转换为安全数组
     (setq startpoint (vlax-safearray->list safearray))
                                                     ;取得安全数组的内容
     (princ startpoint)                              (princ "\n 直线的端点坐标是:")
     (setvar "cmdecho" oce)                          ;还原系统变量 cmdecho 的值
     (princ)                                         ;关闭最后一行的值响应
)
```

请读者加载该函数并观察运行结果。

2. ActiveX 对象属性数据的更新

对图形对象常见的操作除了获取其数据信息，还有更改其数据信息。有了前面的基础，数据信息的更改就比较简单。

请读者在绘图区绘制任意一段直线，然后编程将其起始点的坐标修改为输入的新坐标。

直线的选择、对象类型的转换和前例没有任何区别。这里新增的内容是点坐标的输入及其类型的转换，以及直线端点坐标的更新。

为了获得新的坐标点，应利用下面的语句：

```
(setq newpoint (getpoint "\n 请输入端点坐标:"))
```

由于默认的坐标列表并不能在 ActiveX 类型对象的操控函数中使用，所以应将其转换为 variant 变量。转换语句为：

```
(setq newpoint (vlax-3d-point newpoint))
```

最后用函数 vla-put-startpoint 更新坐标即可：

```
(vla-put-startpoint xobj newpoint)
```

下面是完整的程序代码，请读者加载并尝试运行。

```
(defun SetLineInfo ()
    (vl - load - com)                                      ;初始化 ActiveX 环境
    (setq oce (getvar "cmdecho"))                          ;保存系统变量的值
    (setvar "cmdecho" 0)                                   ;改变系统变量的值
    (setq info (entsel "\n 请选择一条直线:"))              ;设置选择集
    (setq newpoint (getpoint "\n 请输入端点坐标:"))        ;请求输入直线端点的坐标
    (setq newpoint (vlax - 3d - point newpoint))           ;将坐标列表转换为 variant 变量
    (setq objname (car info))                              ;取得对象名称
    (setq xobj (vlax - ename - >vla - object objname))     ;将对象转换为 ActiveX 类型的对象
    (vla - put - startpoint xobj newpoint)                 ;更新坐标
    (setvar "cmdecho" oce)                                 ;还原系统变量 cmdecho 的值
    (princ)                                                ;关闭最后一行的值响应
)
```

3. 图形对象的创建

图形对象数据的获取和更新是常见的操作。从工程使用的角度讲,通过编程创建新的图形对象是非常重要的。

下面通过例子来讨论如何通过 ActiveX 创建图形对象。

已知圆心和半径,请编程绘制圆。

visual LISP 绘制圆的常用语句是

```
(command "circle" (list 0 0 0) 50)
```

但是通过 ActiveX 创建圆的方法却截然不同,下面是创建的思路和具体方法。

在 AutoCAD 中,ActiveX 模型对象的层次结构如图 7-60 所示。

也就是说,为了在绘图区创建图形对象,应逐步获取 AutoCAD 应用程序对象实例、当前图形文件对象和模型空间对象。在这之后,用户才被准许进入模型空间进行绘图。

为了获取 AutoCAD 应用程序对象实例,应使用下面的语句:

```
(setq acadobj (vlax - get - acad - object))
```

接着获取当前图形文件对象:

```
(setq dwgobj (vla - get - ActiveDocument acadobj))
```

最后获得模型空间对象:

```
(setq mspace (vla - get - ModelSpace dwgobj))
```

这时,才能向绘图区添加图形对象。下面是创建圆的伪代码:

```
(vla - addcircle mspace 圆心 半径)
```

由于默认的坐标列表并不被 ActiveX 接口函数接受,所以在使用坐标前应将其转换为系统期待的格式。方法如下:

```
(vlax - 3d - point newpoint)
```

结合前面讨论,最后给出完整的创建圆的代码:

```
(defun DrawCircle ()
    (vl - load - com)                                      ;初始化 ActiveX 环境
    (setq oce (getvar "cmdecho"))                          ;保存系统变量的值
    (setvar "cmdecho" 0)                                   ;改变系统变量的值
    (setq acadobj (vlax - get - acad - object))            ;获取 AutoCAD 的对象模型
    (setq dwgobj (vla - get - ActiveDocument acadobj))     ;获取当前图形文件
    (setq mspace (vla - get - ModelSpace dwgobj))          ;获取模型空间
    (setq newpoint (getpoint "\n 请输入圆心坐标:"))        ;请求输入圆心坐标
    (setq newdis (getreal "\n 请输入圆的半径:"))           ;请求输入圆半径
    (setq newpoint (vlax - 3d - point newpoint))           ;将坐标列表转换为 variant 变量
    (vla - addcircle mspace newpoint newdis)               ;创建圆
    (setvar "cmdecho" oce)                                 ;还原系统变量 cmdecho 的值
    (princ)                                                ;关闭最后一行的值响应
)
```

只要掌握了图形对象的创建、属性数据的提取和更新等通用操作后，读者便能对其自行修改，开发、扩展自己的应用程序。

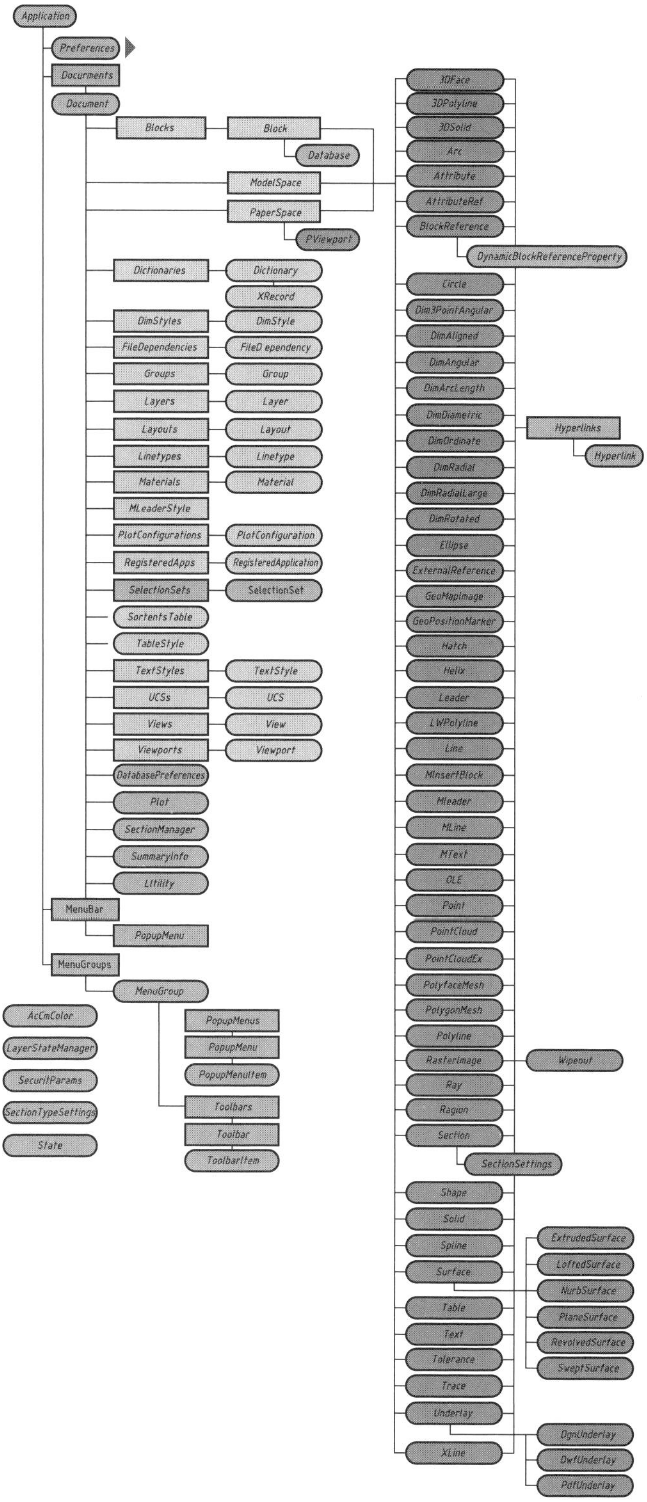

图 7-60　对象模型层次关系

4. 图层的创建

二维绘图之前,一般都要创建若干图层。在设置好图层的颜色、线型和线宽等属性后,才开始绘图工作。

用键鼠完成这种重复性的工作,效率普遍较为低下。显然,编写程序脚本使工作自动化是首选方式。

创建图层前,首先应获取应用程序的对象实例、当前图形文件对象等。

接着应获得图层集合对象:

```
(setq layersobj (vla-get-layers dwgobj))
```

其中 dwgobj 为当前图形文件。

然后可用下列语句添加新的图层并顺序指定图层的颜色、线型和线宽:

```
(setq layer1 (vla-add layersobj "粗实线"))
(vla-put-color layer1 2)
(vla-put-linetype layer1 "continuous")
(vla-put-lineweight layer1 acLnWt035)
```

其中,vla-add 函数创建了名为“粗实线”的图层,vla-put-xxx 函数顺序指定了图层的颜色、线型和线宽。

需要注意的是,线宽 acLnWt035 表明其宽度为 0.35。其实,acLnWt035 只是线宽枚举类型的众多值之一。

各种线宽枚举类型的值包括:acLnWtByLayer、acLnWtByBlock、acLnWtByLwDefault、acLnWt000、acLnWt005、acLnWt009、acLnWt013、acLnWt015、acLnWt018、acLnWt020、acLnWt025、acLnWt030、acLnWt035、acLnWt040、acLnWt050、acLnWt053、acLnWt060、acLnWt070、acLnWt080、acLnWt090、acLnWt100、acLnWt106、acLnWt120、acLnWt140、acLnWt158、acLnWt200、acLnWt211,如图 7-61 所示。

设置图层线型时,如果图 7-62 所示的【选择线型】对话框中已经有需要的线型,则使用函数 vla-put-linetype 加载线型时不会有任何问题。

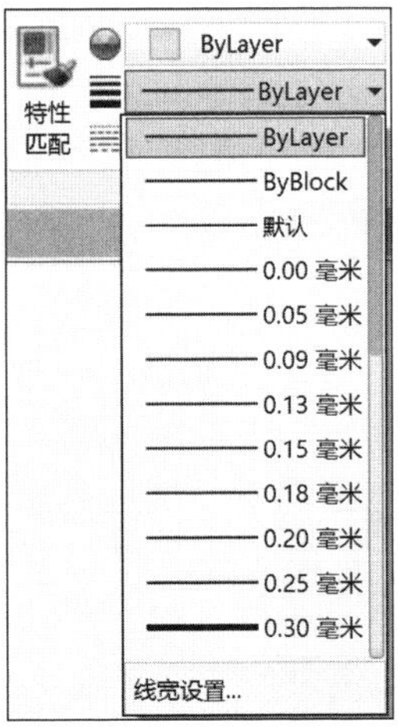

图 7-61　线宽设置下拉列表

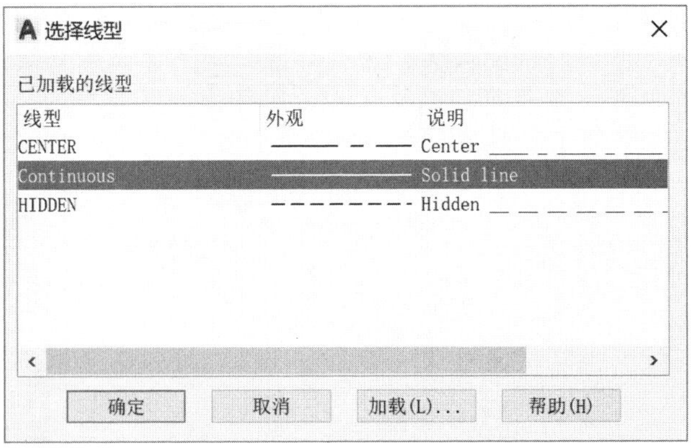

图 7-62　【选择线型】对话框

但是当图 7-62 所示的对话框中没有需要的线型时,线型设置将会失败。为了正确加载,首先应从线型库中加载需要的线型,然后将其设置到图层。方法如下:

```
(vla - Load (vla - get - Linetypes dwgobj) "hidden" "acad. lin")
```

其中,函数 vla – get – Linetypes 用来获得图 7-62 所示的【选择线型】对话框中的现有线型集合;vla – Load 函数用来从线型库中加载需要的线型。

综合以上内容,如果在首次打开 AutoCAD 时需要创建 3 个图层,其属性分别为:

粗实线层:颜色为黄色,线型为实线,线宽为 0.35;
虚 线 层:颜色为绿色,线型为虚线,线宽为 0.30;
点画线层:颜色为青色,线型为点画线,线宽为默认。

则完整的代码如下:

```
(defun CreatLayers ()
  (vl - load - com)                                          ;初始化 ActiveX 环境
  (setq oce (getvar "cmdecho"))                              ;保存系统变量的值
  (setvar "cmdecho" 0)                                       ;改变系统变量的值
  (setq acadobj (vlax - get - acad - object))                ;获取 AutoCAD 的对象模型
  (setq dwgobj (vla - get - ActiveDocument acadobj))         ;获取当前图形文件
  (setq mspace (vla - get - ModelSpace dwgobj))              ;获取模型空间
  (setq layersobj (vla - get - layers dwgobj))               ;获取图层集合
  (setq found1 :vlax - false found2 :vlax - false)           ;查看线型选择对话框中是否有虚
                                                              线和点画线
  (vlax - for entry (vla - get - Linetypes dwgobj)
      (if (= (vla - get - Name entry) "hidden")
            (setq found1 :vlax - true)
      )
         (if (= (vla - get - Name entry) "center")
            (setq found2 :vlax - true)
      )
  )
  (if (= found1 :vlax - false)                               ;如果没有虚线和点画线,就从线型
                                                              库中加载
       (vla - Load (vla - get - Linetypes dwgobj) "hidden" "acad. lin")
  )
  (if (= found2 :vlax - false)
       (vla - Load (vla - get - Linetypes dwgobj) "center" "acad. lin")
  )
  (setq layer1 (vla - add layersobj "粗实线层"))             ;创建粗实线层,线宽为 0.35
  (vla - put - color layer1 2)
  (vla - put - linetype layer1 "continuous")
  (vla - put - lineweight layer1 acLnWt035)
  (setq layer2 (vla - add layersobj "虚线层"))               ;创建虚线层,线宽为 0.3
  (vla - put - color layer2 3)
  (vla - put - linetype layer2 "hidden")
  (vla - put - lineweight layer2 acLnWt030)
  (setq layer3 (vla - add layersobj "点画线层"))             ;创建点画线层,线宽为默认
  (vla - put - color layer3 4)
  (vla - put - linetype layer3 "center")
  (vla - put - lineweight layer3 acLnWtByLwDefault)
  (vla - put - ActiveLayer dwgobj layer1)                    ;将粗实线层设置为当前层
  (vla - put - LineWeightDisplay (vla - get - Preferences dwgobj) :vlax - true)
                                                             ;打开线宽显示
  (setvar "cmdecho" oce)                                     ;还原系统变量 cmdecho 的值
  (princ)                                                    ;关闭最后一行的值响应
)
```

打开 AutoCAD,加载运行该函数,则运行结果如图 7-63 所示。

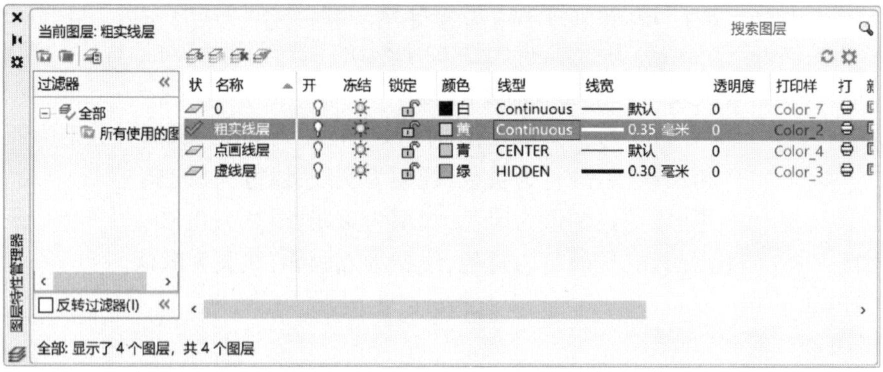

图 7-63 图层的创建

注意:该函数仅仅给出了创建图层的一般流程,程序中没有任何容错代码。如果已经存在相同名称的图层,则程序运行时将会出错。

为了编写健壮的代码,读者必须添加足够的容错语句。

5. 和 Excel 的数据交换

ActiveX 函数接口可以使 AutoCAD 和 Excel、word 之间进行数据交换,这种编程方式可以极大地提高编程的效率和程序的延展性。

为了更好地编写程序,先看如图 7-64 所示的 Excel 对象模型层次关系图。

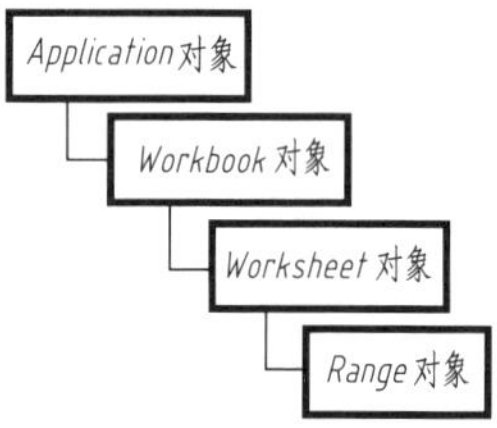

图 7-64 对象模型层次关系图

从实际应用来看,当打开 Excel 时,就生成了一个应用程序(Application)对象的实例。如果在菜单中选择【文件】→【新建】选项,创建了一个新的工作簿后,就相当于在工作簿集合中添加了一个工作簿(workbook)对象,同时系统在默认的工作表集合中添加了一个工作表(worksheet)对象。

在实际应用中,工作表对应一张完整的表格。而这个表格是由每一个单元格(range)组成。多个单元格又可以组成一个更大的表格区域(range)。因此,range 可以代表行、列、单元格(cell)等。

这就说明,为了操控 Excel 内部的单元格,必须先要按顺序获得一系列对象的句柄:

```
(setq XLobj (vlax - create - object "Excel. Application"))
(setq wb - obj (vlax - invoke - method
      (vlax - get - property XLobj 'WorkBooks)
'Add))
(setq sheetobj (MX - get - activesheet wb - obj))
(setq cells (MX - get - cells sheetobj))
```

其中,函数 vlax - create - object 用来创建应用程序对象的实例;函数 vlax - invoke - method 通过启动 Add 方法向工作簿集合添加一个新的工作簿;函数 MX - get - activesheet 用来获得当前的工作表对象;函数 MX - get - cells 用于获得单元格对象。

当然,为了实例化应用程序,我们还需指定 Excel 应用程序的安装目录:

```
(setq exlib
         "C:\\Program Files (x86)
             \\Microsoft Office
             \\root
             \\Office16
             \\EXCEL. EXE"
)
```

并导入 Excel 程序资源库,以便在程序中调用相关函数。语句如下:

```
(vlax - import - type - library
              :tlb - filename  exlib
              :methods - prefix  "MX - "
              :properties - prefix  "MX - "
              :constants - prefix  "MX - "
)
```

最后,还应退出 Excel 程序并释放内存:

```
          (vlax - invoke - method XLobj 'quit)
(vlax - release - object XLobj)
```

如果不这样做,则删除 Excel 文件时将会遇到麻烦。

如果要打开 Excel 并向其中写入数据,然后读取并打印出来。完整的代码如下:

```
(defun WriteToExcel()
   (vl - load - com)                                  ;初始化 ActiveX 环境
   (setq exlib                                        ;添入 EXCEL 应用程序资源库
         "C:\\Program Files (x86)
             \\Microsoft Office
             \\root
             \\Office16
             \\EXCEL. EXE"
   )
   (if (null MX - acos)                               ;并指定函数前缀
         (vlax - import - type - library              ;判断 EXCEL 资源库是否已被加载
             :tlb - filenameexlib
             :methods - prefix"MX - "
             :properties - prefix"MX - "
             :constants - prefix"MX - "
         )
   )
   (setq XLobj (vlax - create - object "Excel. Application"))
                                                      ;创建应用程序对象
   (setq wb - obj  (vlax - invoke - method            ;创建工作簿
         (vlax - get - property XLobj 'WorkBooks)
   'Add))
   (setq sheetobj (MX - get - activesheet wb - obj)) ;创建工作表
   (setq cells (MX - get - cells sheetobj))          ;获取单元格对象
   (setq ceobj -1 -1 (vlax - variant - value          ;创建单元格(1,1)对象,并写入文字
         (MX - get - item cells 1 1)
   ))
   (MX - put - value2 ceobj -1 -1 "行列 11")
   (setq ceobj -1 -2 (vlax - variant - value          ;创建单元格(1,2)对象,并写入文字
   (MX - get - item cells 1 2)
   ))
   (MX - put - value2 ceobj -1 -2 "行列 12")
   (setq ceobj -1 -3 (vlax - variant - value          ;创建单元格(1,3)对象,并写入文字
   (MX - get - item cells 1 3)
   ))
   (MX - put - value2 ceobj -1 -3 "行列 13 ")
   (setq cell -1 -1 (vlax - variant - value (MX - get - value ceobj -1 -1)))
                                                      ;取出单元格中的内容
   (princ "\nCELL -1 -1 = ") (princ cell -1 -1)
   (setq cell -1 -2 (vlax - variant - value (MX - get - value ceobj -1 -2)))
   (princ "\nCELL -1 -2 = ") (princ cell -1 -2)
   (setq cell -1 -3 (vlax - variant - value (MX - get - value ceobj -1 -3)))
   (princ "\nCELL -1 -3 = ") (princ cell -1 -3)
   (setq filename "C:\\Users\\LXT\\Desktop\\test. xlsx")
                                                      ;将 EXCEL 目前的文件保存为 xltest1. xls
   (vlax - invoke - method wb - obj "Saveas" filename nil nil nil nil nil nil)
   (vlax - invoke - method XLobj 'quit)               ;退出 EXCEL
   (vlax - release - object XLobj)
   (setq XLobj nil)
   (princ)
 )
```

其中部分语句看起来足够简单，此处不再详细说明。请读者打开 AutoCAD 并加载运行，则程序将在桌面上自动生成一个 Excel 文件。打开该文件，其内容如图 7-65 所示。

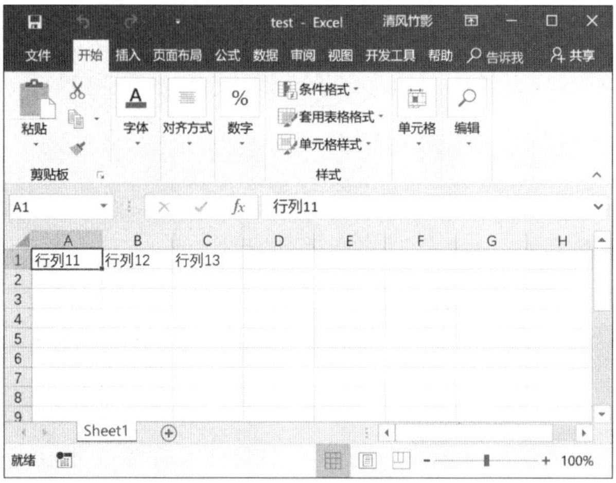

图 7-65　Excel 文件中的内容

6. 将数据写入 word 文档

和 Excel 一样，word 也有其对象模型层次关系表，如图 7-66 所示。

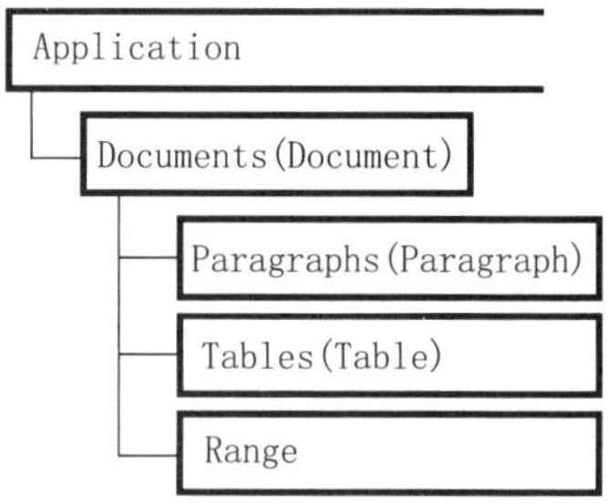

图 7-66　对象模型层次关系图

其中，Application 对象代表 Word 应用程序，是所有其他 Word 对象的最顶层对象。Application 对象包含可返回最高级对象的属性和方法，通过使用这些属性和方法可以控制整个 Word 环境。在程序中必须要通过这个对象启动 Word，才可以实现对 Word 程序的控制；进而可以打开 Word 文档，实现对其他对象的控制。

Document 对象代表一篇 Word 文档，这个对象是 Word 程序设计的重点。Document 对象是 Documents 集合中的一个元素，Documents 集合包含 Word 当前打开的所有 Document 对象。在应用程序中当打开一个已有的 Word 文档或者建立一个新的 Word 文档时，就建立了一个新的 Document 对象并将其加入 Documents 集合。因此，一般都可以通过 Documents 集合对象来访问具体的 Document 对象。

Paragraph 对象代表一个段落。

Range 对象代表文档中的一个连续范围，每一个 Range 对象由一个起始和一个终止字符位置定义。

为了在 AutoCAD 中操控 word，其做法和思路与对 excel 的操控是一样的。在指定资源路径并完成资源加载后，要顺序获取各种对象并写入内容，然后退出程序并释放内存空间。

下面是向 Word 中写入一句话的完整程序代码：

```
(defun WriteToWord ()
   (vl - load - com)                                          ;初始化 ActiveX 环境
   (setq mwlib "C:\\Program Files (x86)                       ;设置资源路径
                     \\Microsoft Office
                     \\root
                     \\Office16
```

```
                    \\MSWORD.olb")
    (if mwlib                                                    ;加载资源库
      (vlax - import - type - library
        :tlb - filename            mwlib
          :methods - prefix         "MW - "
          :properties - prefix      "MW - "
          :constants - prefix       "MW - "
      )
      (alert "Word typelib 文件不存在")
    )
    (setq WORDobj (vlax - create - object "WORD.Application"))
                                                                 ;创建应用程序对象
    (setq docs (vlax - get - property WORDobj 'documents))  ;获得文件集合对象
    (setq docobj (vlax - invoke - method docs 'Add))           ;新建文档
    (setq pgobj (MW - get - paragraphs docobj))                ;获得段落集合对象
    (setq lastpgobj (MW - get - last pgobj))                   ;获得最后一段的对象集合
    (setq range (MW - get - range lastpgobj))                  ;获得最后一段的范围
    (MW - put - bold range 1)                                  ;设置字体为粗体
    (MW - insertafter range "这里是 AutoCAD。")                ;插入文字
    (setq filename "C:\\Users\\LXT\\Desktop\\test.doc")      ;设置保留路径
    (vlax - invoke - method docobj "Saveas" filename nil nil nil nil nil nil)
                                                                 ;保存文件
    (vlax - invoke - method WORDobj 'quit)                     ;退出并释放内存
    (vlax - release - object WORDobj)
    (setq WORDobj nil)
    (princ)
)
```

请读者加载并运行,结果如图 7-67 所示。

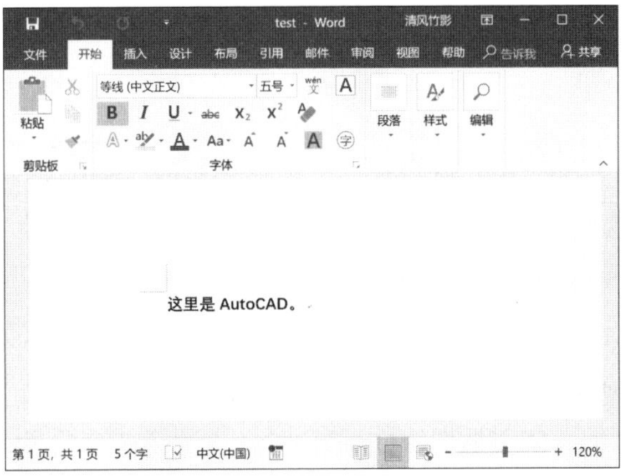

图 7-67 向 word 写入文本

7.4 对话框控制语言(DCL)

Visual LISP 只能提供程序逻辑业务,如果需要表现层,则对话框控制语言(DCL)是必需的。通过对话框控制语言,我们可以创建用于人机交互的对话框,大大增加交互的友好性。

接下来的篇幅中,首先将讨论对话框的描述方法,然后讲述如何用 Visual LISP 编程驱动对话框工作。

DCL 的基本语法格式如下：

```
dcl_demo : dialog                  //定义了一个名为"dcl_demo" 的对话框
{
        label = "我的对话框";      //对话框标题栏
        … …
        ok_cancel;                 // "确定"和"取消"按钮
}
```

其中，对话框的名称和组件名 dialog 之间有一个冒号，前后各有一空格；定义对话框内部控件时，要用大括号括住定义语句，而且每个语句之后必须加一个分号作为结尾；跟 Visual LISP 的注释不同，DCL 程序内部的注释以双斜线开头。

这种用语言描述的对话框不能直观地观察到对话框的布局结构。为了观察和了解对话框的外观样式，一般采用以下步骤：

步骤 01　编写文件并保存

打开 Visual LISP 编辑器，键入以下代码并保存(文件名和路径任意)。

```
dcl_demo : dialog
{
        label = "自定义对话框";
        ok_cancel;
}
```

步骤 02　预览对话框

依次单击 Visual LISP 编辑器顶部菜单栏中的【工具】→【界面工具】→【预览编辑中的 DCL】按钮，弹出图 7-68 所示的对话框。在该对话框中输入要预览的对话框名称，然后单击【确定】按钮。

此时，系统将界面切回 AutoCAD 主界面并显示用户定义的对话框，如图 7-69 所示。

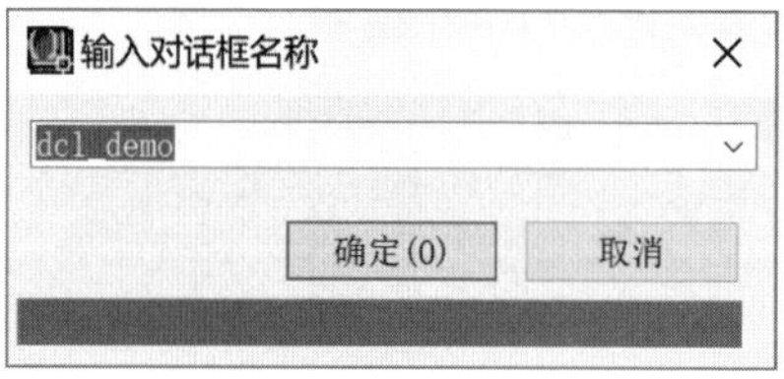

图 7-68　输入对话框名称

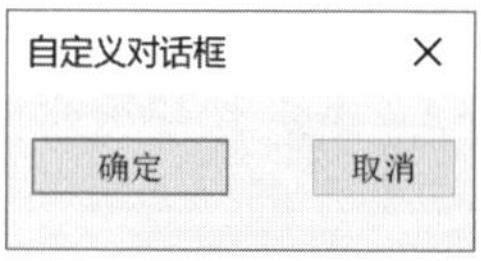

图 7-69　自定义对话框

预览结束后，单击对话框上的【确定】按钮，可再次返回 Visual LISP 编辑器进行调整和编辑。到目前为止，只能观察对话框的样式。至于如何用程序驱动对话框工作，之后会进行讨论。下面是程序中常用的一些对话框组件，请读者键入预览并进行测试。

1. 单选钮

单选按钮的 DCL 程序如下：

```
dcl_demo : dialog
{
      label = "示例对话框";
      : radio_button                       //定义一个单选按钮
              {
                     key = "myradio";      //单选按钮的引用名称
                     label = "单选按钮!";  //单选按钮的说明文字
              }
      ok_cancel;
}
```

运行程序,结果如图 7-70 所示。

2. 复选钮

复选钮的 DCL 程序如下:

```
dcl_demo : dialog
{
      label = "示例对话框";
      :toggle                               //定义一个复选按钮
           {
                 key = " mytoggle ";        //复选按钮的引用名称
                 label = "复选按钮!";       //复选按钮的说明文字
           }
       ok_cancel;
}
```

运行程序,结果如图 7-71 所示。

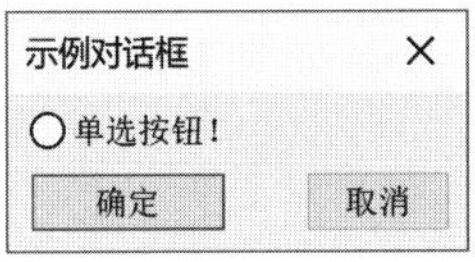

图 7-70　单选按钮示例

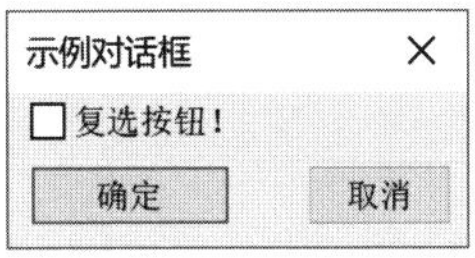

图 7-71　复选按钮示例

3. 按钮

按钮的 DCL 程序如下:

```
dcl_demo : dialog
{
      label = "示例对话框";
      :button                              //定义一个按钮
             {
                 key = " mybutton ";       //按钮的引用名称
                 label = "按钮";           //按钮的说明性文字
             }
       ok_cancel;
}
```

运行程序,结果如图 7-72 所示。

4. 编辑框

编辑框的程序如下:

```
dcl_demo : dialog
{
      label = "示例对话框";
      :edit_box                            //定义一个按钮
             {
                key = " myeditbox ";       //按钮的引用名称
                label = "编辑框:";         //按钮的说明性文字
             }
       ok_cancel;
}
```

运行程序,结果如图 7-73 所示。

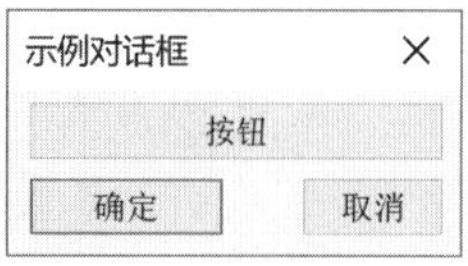

图 7-72　按钮示例

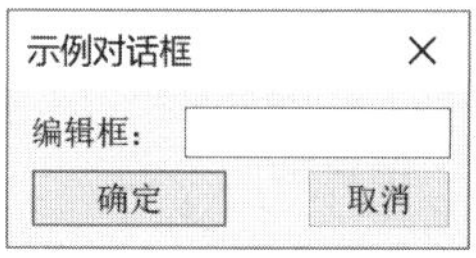

图 7-73　编辑框示例

5. 标签栏

标签栏的程序为：

```
dcl_demo : dialog
{
      label = "示例对话框";                              //对话框标题栏上的内容
      :text                                             //定义一个标签
           {
              key = " mytext ";                         //标签的引用名称
              label = "标签栏,用作文字性说明!";          //标签的说明性文字
           }
       ok_cancel;
}
```

运行程序，结果如图 7-74 所示。

6. 滚动条

滚动条的程序如下：

```
dcl_demo : dialog
{
     label = "示例对话框";
     :slider                                   //定义一个滚动条
            {
             key = " myslider ";               //滚动条的引用名称
              layout = horizontal;             //滚动条是水平放置的
              max_value = 100;                 //滚动条的最大值为 100
              min_value = 1;                   //滚动条的最小值为 1
              value = 50;                      //滚动条的初始值为 50
            }
      ok_cancel;
}
```

运行程序，结果如图 7-75 所示。

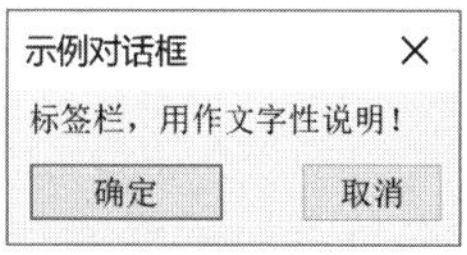

图 7-74　标签示例

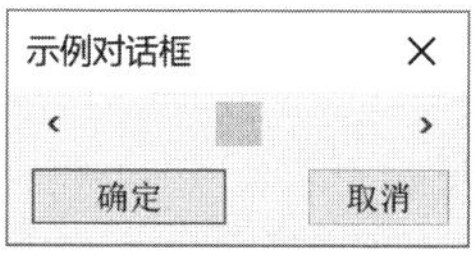

图 7-75　滚动条示例

7. 下拉列表框

下拉列表框的程序如下：

```
dcl_demo : dialog
{
   label = "示例对话框";
   : popup_list                                //定义下拉列表框
     {
        key = "mypopup";                       //下拉列表框的引用名称
```

```
        label = "在下拉列表框中选择:";            //下拉列表框的说明性文字
        list = "选项 1 \n 选项 2 \n 选项 3";      //下拉列表框的内容
        edit_width = 12;                          //下拉列表框的宽度
    }
  ok_cancel;
}
```

运行程序,结果如图 7-76 所示。

8. 列表框

列表框的程序如下:

```
dcl_demo : dialog
{
     label = "示例对话框";
     : list_box                                    //定义列表框
        {
          key = "mylist";                          //列表框的引用名称
          label = "列表框:";                       //列表框的说明性文字
           list = "选项 1 \n 选项 2 \n 选项 3";    //列表框中的内容
           height = 12;                            //列表框的高度
        }
      ok_cancel;
}
```

运行程序,结果如图 7-77 所示。

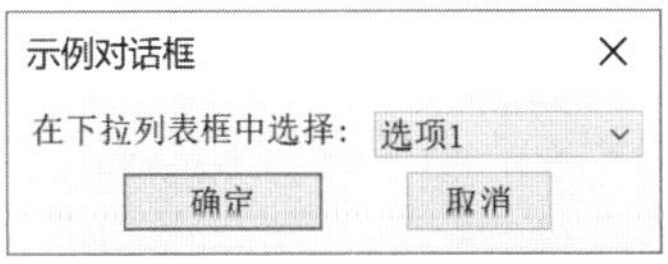

图 7-76　下拉列表框示例

图 7-77　列表框示例

到目前为止,读者仅能看到对话框的外观样式。为了将对话框用于程序中,还需要编写对话框的驱动程序。

下面以单选按钮为例来讲述对话框驱动程序的编写思路。

【例题 1】编写如图 7-78 所示的对话框及其驱动程序,并将用户的选择输出到命令行。

该对话框中共有 4 个单选按钮且成一组分布。为了方便书写对话框程序,先给出对话框框架,然后添加对话框组件。步骤如下:

步骤 01　首先编写对话框外部框架:

```
dcl_demo : dialog
{
     label = "示例对话框";
     ok_only;
}
```

运行代码,结果如图 7-79 所示。

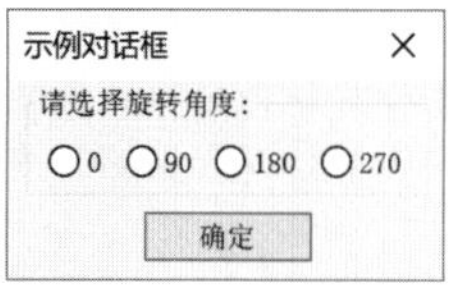

图 7-78　单选按钮应用

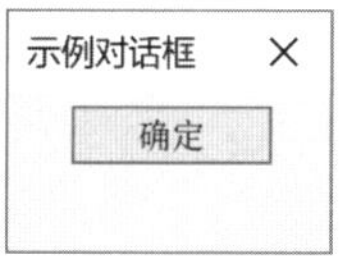

图 7-79　对话框框架

步骤 02　在对话框中添加编组框,代码如下:

```
dcl_demo : dialog
{
      label = "示例对话框";
      : boxed_radio_row
          {
             key = "rot_angle";
             label = "请选择旋转角度:";
          }
       ok_only;
}
```

boxed_radio_row 说明要定义的组件为编组框,该编组框的名称由 key 属性确定,而 label 属性定义了编组框的文字性说明。

运行代码,结果如图 7-80 所示。

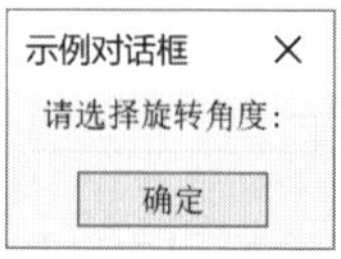

图 7-80　编组框的定义

编组框的作用就是将同种类型的组件进行编组,使其在外观上更易识别。按照题目的要求,接着应该在编组框内连续定义 4 个单选按钮。

步骤 03　定义 4 个单选按钮,代码为:

```
dcl_demo : dialog
{
      label = "示例对话框";
        : boxed_radio_row
        {
           key = "rot_angle";
           label = "请选择旋转角度:";

           : radio_button
              {
                key = "angle0";
                label = "0";
              }
           : radio_button
              {
                key = "angle90";
                label = "90";
              }
           : radio_button
              {
                key = "angle180";
                label = "180";
              }
           : radio_button
              {
                key = "angle270";
                label = "270";
              }
         }
       ok_only;
}
```

如此，便得到题目要求的对话框样式。完成对话框的编写后，还需编写其驱动程序。下面是具体步骤：

步骤 04 保存对话框程序并加载。

将上述 DCL 文件保存为 D:/Autodesk/AutoCAD 2025/Vlisp/dialog.dcl 后，再利用函数 load_dialog 进行加载，方法如下：

```
(load_dialog "dialog.dcl")
```

为了方便编程和提高代码的可读性，一般将加载语句写成：

```
(setq dcl_id  (load_dialog "dialog.dcl"))
```

如此，对话框文件加载后，程序将文件识别码赋值给变量 dcl_id。

步骤 05 打开对话框。

用函数 new_dialog 打开对话框，用法如下：

```
(new_dialog "dcl_demo" dcl_id)
```

其中，dcl_demo 为对话框的名称，dcl_id 为对话框文件的识别码。

按照顺序，对话框一旦打开，就应该将其显示出来。但是在一般情况下，显示之前还需要设置对话框组件的一些状态。

步骤 06 将第 1 个单选按钮设置为选中状态。

一般情况下，应该给单选按钮组一个默认值。这个例子中，我们将第 1 个单选按钮设置为选中状态。为此，应用 set_tile 函数来完成设置：

```
(set_tile "angle0" "1")
```

其中，angle0 为第 1 个单选按钮的名称，1 表示该按钮处于选中状态。

函数 set_tile 仅在外观上使单选按钮呈现选中状态，为了在程序中使用该状态，还需要用变量同步记录单选按钮对应的值：

```
(setq r_ang 0)
```

其中，r_ang 为自定义变量，用来记录 dangq 选中的单选按钮的值。

步骤 07 设置用户鼠标动作。

当用户单击任意一个单选按钮时，程序都应响应用户的选择并将被选中按钮的值记录下来。为此，需要设置鼠标动作响应函数。

函数 action_tile 用来设置对话框组件的鼠标动作，其使用方法如下：

```
(action_tile "rot_angle" "自定义动作函数")
```

其中，rot_angle 为编组组件的名称，第二个参数为自定义动作函数。通过 action_tile 函数设置后，一旦用户用鼠标单击了编组组件中的任意一个单选按钮，AutoCAD 系统都将第一时间调用自定义动作函数。

为了正确记录当前被选中的单选按钮的值，将自定义动作函数，定义如下：

```
(defun choose (ang)
  (cond
    ((= ang "angle0")   (setq r_ang 0))
    ((= ang "angle90")  (setq r_ang 90))
    ((= ang "angle180") (setq r_ang 180))
    ((= ang "angle270") (setq r_ang 270))
  )
)
```

然后将此函数加入对话框组件的动作设置语句：

```
(action_tile "rot_angle" "(choose $value)")
```

这时，当用户单击任意一个单选按钮时，AutoCAD 自动将该按钮的名称赋值给变量 $value，同时调用 choose 函数。

由 choose 函数的结构可知，用户的选择不同，变量 r_ang 将记录对应的角度值。

注意：$value 是系统变量，不需要单独定义。

除此以外，还需要设置【确定】按钮的动作函数。一般来讲，用户单击【确定】按钮后，对话框自然销毁，所以，其动作函数的设置如下：

```
(action_tile "accept" "(done_dialog)")
```

其中，accept 为【确定】按钮的名称，done_dialog 函数用来结束对话框的显示。

步骤 08 显示对话框。

为了显示打开的对话框，应使用函数 start_dialog，其用法如下：

```
(start_dialog)
```

步骤 09 完整的驱动程序。

为了便于读者阅读，下面给出完整的对话框驱动程序：

```
(defun myradio()
    (setq dcl_id  (load_dialog "dialog.dcl"))          ;加载对话框文件,将返回文件识别码
                                                       的值赋予 dcl_id
    (if(not (new_dialog "dcl_demo" dcl_id)) (exit));检查打开对话框是否成功
    (defun choose(ang)                                 ;回调函数
      (cond
        ((= ang "angle0"  ) (setq r_ang 0  ))
        ((= ang "angle90" ) (setq r_ang 90 ))
        ((= ang "angle180") (setq r_ang 180))
        ((= ang "angle270") (setq r_ang 270))
      )
    )
    (set_tile "angle0" "1")                            ;设定第一个单选按钮处于选中状态
    (setq r_ang 0)                                     ;将 r_ang 的初始值设为 0
    (action_tile "rot_angle" "(choose $value)")        ;用户选择的时候进行判断,返回所选
                                                       的值
    (action_tile "accept" "(done_dialog)")             ;如果单击确定按钮,则销毁对话框
    (start_dialog)                                     ;显示对话框
    (princ "\n 当前角度为  ")                           ;将所选的数值进行输出
    (princ r_ang)
    (princ "度!")
    (unload_dialog dcl_id)                             ;卸载对话框文件
    (princ)
)
```

将该函数保存为 D:/Autodesk/AutoCAD 2025/Vlisp/first.lsp，以便后期加载运行。

步骤 10 加载并运行。

在命令行输入下面的语句进行加载并运行：

```
(load"first.lsp")
(myradio)
```

结果如图 7-81 所示。

【例题 2】创建图 7-82 所示的对话框并输出用户输入的内容。

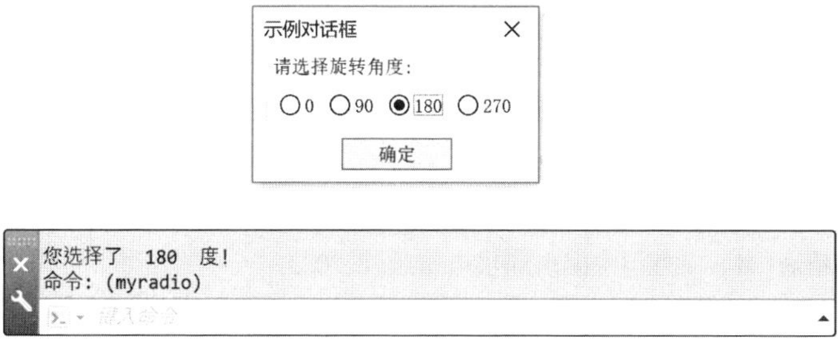

图 7-81　程序运行结果

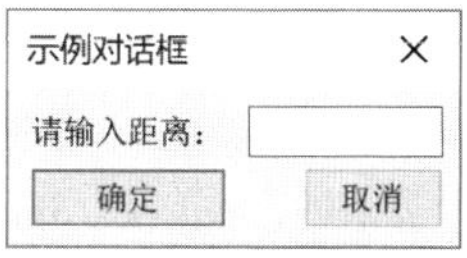

图 7-82　编辑框的应用

步骤 01　编写对话框描述文件并保存;

```
dcl_demo : dialog
{
     label = "示例对话框";
     :edit_box
           {
              key = "text";
              label = "请输入距离:";
           }
     ok_cancel;
}
```

步骤 02　编写对话框驱动程序。

```
(defun puttext ()
  (setq dcl_id (load_dialog "dialog.dcl"))                ;加载对话框文件,将文件识别码的值
                                                           赋予 dcl_id
  (if (not (new_dialog "dcl_demo" dcl_id)) (exit))        ;检查对话框的创建是否成功
  (mode_tile "text" 2)                                    ;使编辑框具有焦点
  (action_tile "text" "(setq thetext $value)")            ;设置编辑框的动作函数
  (setq oke (start_dialog))                               ;开始接受用户的输入,如果用户单击
                                                           "确定",则 oke = 1
  ;将所输入的内容进行输出
  (if (= oke 1) (progn (princ "\n 距离为:") (princ thetext)))
  (unload_dialog dcl_id)                                  ;卸载对话框文件
  (princ)
)
```

读者可能注意到,驱动程序的框架基本相同,不同的仅仅是针对不同组件的代码设置。其中函数 mode_tile 用来设定组件的当前状态,当组件名后的参数为 2 时,则该组件处于激活状态并能进行输入操作。action_tile 函数的作用是,当用户单击【确定】按钮后,自动获取编辑框内的内容并将其赋值给变量 thetext。

对于其他的组件,限于篇幅,就不再一一展开。请读者参阅相关技术资料。

参 考 文 献

[1] 天工在线. AutoCAD 2024 从入门到精通[M]. 北京:中国水利水电出版社,2023.

[2] 吴永进, 林美樱. AutoCAD 完全应用指南[M]. 北京:科学出版社, 2011.

[3] 吴永进, 林美樱. AutoCAD2011 中文版完全应用指南:入门与提高篇[M]. 北京:科学出版社, 2011.

[4] 冯健, 蒋永生, 吴京. 土木工程 CAD[M]. 南京:东南大学出版社, 2012.

[5] CAD 辅助设计教育研究室. 中文版 AutoCAD2014 实用教程[M]. 北京:人民邮电出版社, 2015.

[6] 吴慕辉, 马朝霞. 土木工程制图与 CAD/BIM 技术[M]. 北京:化学工业出版社, 2017.

[7] 郭秀娟, 于全通, 范小鸥. AutoLISP 语言程序设计[M]. 北京:化学工业出版社, 2008.

[8] 李学志, 方戈亮, 孙力红. Visual LISP 程序设计[M]. 北京:清华大学出版社, 2010.

[9] 周乐来, 马婧. AutoCAD2008 Visual LISP 二次开发入门到精通[M]. 北京:机械工业出版社, 2008.